# 三元材料前驱体

## 产线设计及生产应用

**Precursors for Lithium-ion Battery Ternary Cathode Materials**

Production Line Design
and
Process Application

王伟东　杨　凯　关豪元　等编著

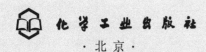

化学工业出版社

·北京·

# 内 容 简 介

本书简单介绍了三元材料前驱体制备的基础理论知识，重点阐述了三元前驱体工业生产方式、原料生产工艺及品质、工业生产流程及设备、生产线的设计方法，以及规模化生产的管理和控制要点。

本书可供三元前驱体行业的工艺、生产、设计、研发技术人员参考；也可供相关高等院校的大学生、研究生学习。

图书在版编目（CIP）数据

三元材料前驱体：产线设计及生产应用/王伟东等编著. —北京：化学工业出版社，2021.4（2023.1重印）
ISBN 978-7-122-38396-9

Ⅰ. ①三…　Ⅱ. ①王…　Ⅲ. ①锂离子电池-材料
Ⅳ. ①TM912

中国版本图书馆 CIP 数据核字（2021）第 017076 号

责任编辑：张　艳　宋湘玲
文字编辑：毕梅芳　林　丹
责任校对：宋　玮
装帧设计：王晓宇

出版发行：化学工业出版社
　　　　　（北京市东城区青年湖南街 13 号　邮政编码 100011）
印　　装：北京科印技术咨询服务有限公司数码印刷分部
开　　本：787mm×1092mm　1/16　印张 24　字数 567 千字
版　　次：2021 年 5 月北京第 1 版
印　　次：2023 年 1 月北京第 4 次印刷
购书咨询：010-64518888
售后服务：010-64518899
网　　址：http://www.cip.com.cn
定　　价：198.00 元

# 前言

三元前驱体是三元正极材料的关键原料，它终端应用于动力电池、储能电池以及 3C 数码电池。随着锂电池三元材料的普及应用，三元前驱体的产量增长迅速。2019 年全球三元前驱体市场出货量约 33 万吨，经济产值折合人民币约 300 亿元。其中我国三元前驱体出货量约 28 万吨，约占全球出货量的 85%，较 2018 年同期增长约 25%。其增量部分主要源于三元前驱体出口量的增加。2019 年我国三元前驱体出口量约 7 万吨，其中 97% 出口韩国，较 2018 年同期增长约 54%，创造出口贸易总额约人民币 70 亿元。

三元前驱体的规模还在持续增长，我国已经成为全球最大的三元前驱体生产基地。2019 年国内三元前驱体总产能超过 50 万吨，较 2018 年增长约 60%。规划 5 年内总产能超过 150 万吨，届时三元前驱体行业将会成为千亿元的新兴材料产业。

三元前驱体行业快速发展的同时，企业的装备、工艺技术还存在较大差异，产品也各有特色，没有统一标准。目前国内外还没有三元前驱体相关的书籍。编写一本三元前驱体工业生产专著对推动三元前驱体产业规模化以及行业标准化有重要意义。

笔者总结自身十多年的技术开发和产业经验，针对三元前驱体行业发展现状编写了此书。书中从三元前驱体制备的基础理论出发，分析了三元前驱体工业生产方式及特点；介绍了三元前驱体原料的生产工艺与品质、三元前驱体生产工艺流程及设备；阐述了三元前驱体生产线的设计方法、规模化生产管理与控制要点。本书可供三元前驱体行业的工艺、生产、设计、研发技术人员参考；也可供相关高等院校的大学生、研究生学习。

全书编写由王伟东组织、策划。编写工作由深圳市新创材料科技有限公司的三元材料技术团队完成。全书共分 7 章，其中第 1 章由王伟东、杨凯、关豪元编写；第 2、3 章由杨凯、关豪元、丁倩倩编写；第 4、5 章由杨凯、关豪元、丁倩倩编写；第 6 章由王伟东、杨凯编写；第 7 章由杨凯、丁倩倩、关豪元编写。感谢张芳为本书做的大量资料收集及整理等工作。

由于笔者水平所限，书中疏漏之处在所难免，恳请读者批评指正。

编著者

2020 年 6 月于深圳大鹏湾

# 目录
CONTENTS

## 第5章

## 公辅设备及环保工程　　　　　　　　　　　　　　　233

## 第6章

## 三元前驱体生产线设计及投资、运行成本概算　　275

# 第 7 章

## 三元前驱体的规模化生产      349

第**1**章

# 三元前驱体制备理论基础

# 1.1
## 概述

三元材料前驱体（简称三元前驱体）是制备三元正极材料的主要原料，它常有镍钴锰复合氢氧化物 $[Ni_x Co_y Mn_z (OH)_2]$ 和镍钴锰复合碳酸盐 $(Ni_x Co_y Mn_z CO_3)$ 两种。由于镍钴锰复合碳酸盐烧结三元正极材料时烧失率高，所以三元前驱体一般指的是镍钴锰复合氢氧化物。行业中三元前驱体的生产工艺为"湿法"工艺，即镍、钴、锰盐混合溶液，氢氧化钠溶液，氨水溶液在液相中发生沉淀反应，得到镍钴锰复合氢氧化物。一般包含如下步骤。

① 原材料配制：根据组分配比分别将镍、钴、锰盐，氢氧化钠，氨水与纯水混合成一定浓度溶液。

② 沉淀反应：将配制好的镍、钴、锰盐混合溶液，氢氧化钠溶液，氨水溶液流至反应釜发生沉淀反应，制备得到三元前驱体浆料。

③ 洗涤：将三元前驱体浆料固液分离、清洗，得到三元前驱体滤饼。分离出的废水经废水设备处理。

④ 干燥：将三元前驱体滤饼进行烘烤，去除水分，得到三元前驱体粉体。

⑤ 粉体后处理：将三元前驱体粉体经过批混、除铁、过筛，得到三元前驱体产品。

# 1.2
## 原材料配制理论基础

三元前驱体的原材料配制包括镍、钴、锰盐混合溶液，氢氧化钠溶液以及氨水溶液的配制三部分。

### 1.2.1 镍、钴、锰盐的性状分析

三元前驱体采用的镍、钴、锰源比较常见的有氯化盐、硫酸盐、硝酸盐。氯化盐中 $Cl^-$ 容易加速不锈钢的腐蚀，对设备、管道造成损害，对设备的使用材质有一定的限制，而且 $Cl^-$ 在后期不容易去除，容易夹带于三元前驱体中，对后续的三元正极材料的烧结过程及性能会产生不良影响；硝酸盐比较贵，没有成本优势，且 $NO_3^-$ 也对后续的烧结有不利影响；硫酸盐便宜，且对设备无害，因此一般选择硫酸盐作为三元前驱体的镍、钴、锰源。

#### 1.2.1.1 硫酸盐的风化热力学分析

商用的硫酸镍、硫酸钴、硫酸锰产品多为结晶水化合物。如硫酸镍的结晶水化合物有

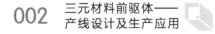

$NiSO_4 \cdot 6H_2O$、$NiSO_4 \cdot 7H_2O$，市面上的硫酸镍是以 $NiSO_4 \cdot 6H_2O$ 为主、混有少量 $NiSO_4 \cdot 7H_2O$ 的混合物；硫酸钴的结晶水化合物有 $CoSO_4 \cdot 7H_2O$、$CoSO_4 \cdot 6H_2O$，市面上常见的为 $CoSO_4 \cdot 7H_2O$；硫酸锰的结晶水化合物有 $MnSO_4 \cdot 7H_2O$、$MnSO_4 \cdot 5H_2O$、$MnSO_4 \cdot 4H_2O$、$MnSO_4 \cdot H_2O$，市面上常见的为 $MnSO_4 \cdot H_2O$。

　　风化是指结晶水化合物在室温和干燥空气中失去结晶水的现象。对于结晶水化合物应考虑是否具有易风化的特性。硫酸盐一旦在存储过程中发生了风化，可能会引起硫酸盐的一些物理特性发生变化，如板结，还可能会影响盐中的金属含量。

　　风化实际上是一个化学变化，可以由吉布斯自由能的变化 $\Delta G$ 来判断其难易程度。

　　① $NiSO_4 \cdot 7H_2O$ 的风化热力学分析：$NiSO_4 \cdot 7H_2O$ 如果产生风化，化学反应如式(1-1)。

$$NiSO_4 \cdot 7H_2O(s) \Longrightarrow NiSO_4 \cdot 6H_2O(s) + H_2O(g) \tag{1-1}$$

式(1-1)的吉布斯自由能变化为：

$$\Delta_r G_1^{\ominus} = \Delta G_f^{\ominus}(NiSO_4 \cdot 6H_2O, s) + \Delta G_f^{\ominus}(H_2O, g) - \Delta G_f^{\ominus}(NiSO_4 \cdot 7H_2O, s)$$
$$= -531.78 + (-54.634) - (-588.49) = 2.076(kcal/mol)$$

　　式中，$\Delta_r G_1^{\ominus}$ 为式(1-1)的吉布斯自由能变，kcal/mol；$\Delta G_f^{\ominus}$ 为物质的标准生成吉布斯自由能（查表 1-1），kcal/mol（1cal=4.1840J）。

表 1-1　物质的标准热力学数据[1]（25℃，100kPa）

| 物质名称 | $\Delta G_f^{\ominus}/(kcal/mol)$ | $\Delta H_f^{\ominus}/(kcal/mol)$ | $\Delta S^{\ominus}/[cal/(mol \cdot K)]$ |
|---|---|---|---|
| $NiSO_4 \cdot 7H_2O(s)$ | -588.49 | -711.36 | 90.57 |
| $NiSO_4 \cdot 6H_2O(s)$ | -531.78 | -641.21 | 79.94 |
| $NiSO_4(s)$ | -181.6 | -208.63 | 22 |
| $Ni(OH)_2(s)$ | -106.9 | -126.6 | 21.0 |
| $NiO(s)$ | -50.6 | -57.3 | 9.08 |
| $Ni^{2+}(aq)$ | -10.9 | -12.9 | -30.8 |
| $Ni^{2+}(g)$ | — | 700.32 | — |
| $CoSO_4 \cdot 7H_2O(s)$ | -591.26 | -712.22 | 97.05 |
| $CoSO_4 \cdot 6H_2O(s)$ | -534.35 | -641.4 | 87.86 |
| $CoSO_4(s)$ | -187.0 | -212.3 | 28.2 |
| $Co(OH)_2(s)$ | -108.6 | -129.0 | 19.0 |
| $CoO(s)$ | -51.17 | — | — |
| $Co_3O_4(s)$ | -185 | -213 | 24.5 |
| $Co^{2+}(aq)$ | -13.0 | -13.9 | -27 |
| $Co^{2+}(g)$ | — | 679.17 | — |
| $MnSO_4 \cdot H_2O(s)$ | -339.9② | -329.0 | 36.55① |
| $MnSO_4(s)$ | -228.83 | -254.60 | 26.8 |
| $Mn(OH)_2(s)$ | -147.0 | -166.2 | 23.7 |
| $MnO(s)$ | -86.74 | -92.07 | 14.27 |
| $MnO_2(s)$ | -111.18 | -124.29 | 12.68 |

| 物质名称 | $\Delta G_f^{\ominus}/(\text{kcal/mol})$ | $\Delta H_f^{\ominus}/(\text{kcal/mol})$ | $\Delta S^{\ominus}/[\text{cal/(mol·K)}]$ |
|---|---|---|---|
| $Mn^{2+}(aq)$ | −54.5 | −52.76 | −17.6 |
| $Mn^{2+}(g)$ | — | 602.1 | — |
| $H_2O(g)$ | −54.634 | −57.796 | 45.104 |
| $H_2O(l)$ | −56.687 | −68.315 | 16.71 |
| $OH^-(aq)$ | −37.594 | −54.970 | −2.57 |
| $OH^-(g)$ | — | −33.67 | — |
| $O_2(g)$ | 0 | 0 | 49.003 |
| $SO_4^{2-}(aq)$ | −177.97 | −217.32 | 4.8 |
| $SO_4^{2-}(g)$ | — | −171.45 | — |
| $Na^+(aq)$ | −62.593 | −57.39 | 14.1 |
| $Na^+(g)$ | — | 145.55 | — |
| $NaOH(s)$ | −90.709 | −101.723 | 15.405 |
| $NH_3(g)$ | −3.94 | −11.02 | 45.97 |
| $NH_3(aq)$ | −6.35 | −19.19 | 26.6 |

① 由于 $MnSO_4·H_2O(s)$ 的标准摩尔熵未查到，根据：$\Delta S^{\ominus}(NiSO_4·6H_2O,s)=\Delta S^{\ominus}(NiSO_4,s)+6\Delta S_1^{\ominus}$ $(H_2O，结晶水)$，算出结晶水的标准熵：$\Delta S_1^{\ominus}(H_2O，结晶水)=(79.94-22)/6=9.66[\text{cal/(mol·K)}]$。根据 $\Delta S^{\ominus}$ $(CoSO_4·7H_2O,s)=\Delta S^{\ominus}(CoSO_4,s)+7\Delta S_2^{\ominus}(H_2O，结晶水)$，算出结晶水的标准熵：$\Delta S_2^{\ominus}(H_2O，结晶水)=(97.05-28.2)/7=9.84[\text{cal/(mol·K)}]$。两者算出的结晶水的标准熵很接近，取两者的平均值作为结晶水的标准熵 $\Delta S^{\ominus}$ $(H_2O，结晶水)=(9.66+9.84)/2=9.75[\text{cal/(mol·K)}]$。那么 $\Delta S^{\ominus}(MnSO_4·H_2O,s)=\Delta S^{\ominus}(MnSO_4,s)+\Delta S^{\ominus}$ $(H_2O，结晶水)=26.8+9.75=36.55[\text{cal/(mol·K)}]$。

② 由于 $MnSO_4·H_2O(s)$ 的 $\Delta G_f^{\ominus}$ 未查到，根据①所计算的 $\Delta S^{\ominus}(MnSO_4·H_2O,s)$ 为 $36.55\text{cal/(mol·K)}$，则硫酸锰的标准生成吉布斯自由能 $\Delta G_f^{\ominus}(MnSO_4·H_2O,s)=\Delta H_f^{\ominus}(MnSO_4·H_2O,s)-298.15\times\Delta S^{\ominus}(MnSO_4·H_2O,s)/1000=-339.9\text{kcal/mol}$。

注：表中 $\Delta G_f^{\ominus}$、$\Delta H_f^{\ominus}$、$\Delta S^{\ominus}$ 分别为标准生成吉布斯自由能、标准生成焓和标准生成熵。

根据化学平衡等温方程式：

$$\Delta_r G^{\ominus}=-RT\ln K^{\ominus} \tag{1-2}$$

式中，$K^{\ominus}$ 为标准平衡常数；$R$ 为气体常数，值为 $8.314\text{J/(mol·K)}$；$T$ 为热力学温度，K。

式(1-1) 的标准平衡常数为：

$$K^{\ominus}=p(H_2O,g) \tag{1-3}$$

式中，$p(H_2O,g)$ 为空气中的水蒸气平衡分压，atm（$1\text{atm}=101.325\text{kPa}$）。

将式(1-3) 代入式(1-2) 中，求得水蒸气平衡分压 $[p(H_2O,g)]=0.0300\text{atm}$。查得 25℃下，空气中饱和水蒸气分压为 $0.0313\text{atm}$，此时空气中的相对湿度 $H$ 为：

$$H=\frac{0.0300}{0.0313}\times100\%=95.8\%$$

所以在 25℃条件下，$NiSO_4·7H_2O$ 在低于相对湿度 95.8% 的环境下，就会容易风化失水。

② $NiSO_4 \cdot 6H_2O$ 的风化热力学分析：$NiSO_4 \cdot 6H_2O$ 如果产生风化，化学反应式如式(1-4)：

$$NiSO_4 \cdot 6H_2O(s) = NiSO_4(s) + 6H_2O(g) \quad (1-4)$$

式(1-4)的吉布斯自由能变化为：

$$\Delta_r G_2^\ominus = \Delta G_f^\ominus(NiSO_4, s) + 6\Delta G_f^\ominus(H_2O, g) - \Delta G_f^\ominus(NiSO_4 \cdot 6H_2O, s)$$
$$= -181.6 + 6 \times (-54.634) - (-531.78) = 22.376 (kcal/mol)$$

式(1-4)中的标准平衡常数为：

$$K^\ominus = [p(H_2O, g)]^6 \quad (1-5)$$

将式(1-5)代入式(1-2)中，求得水蒸气平衡分压 $[p(H_2O, g)] = 1.84 \times 10^{-3}$ atm，空气中的相对湿度 $H$ 为 5.88%。

③ $CoSO_4 \cdot 7H_2O$ 的风化热力学分析：$CoSO_4 \cdot 7H_2O$ 如果产生风化，化学反应如式(1-6)、式(1-7)。

$$CoSO_4 \cdot 7H_2O(s) = CoSO_4 \cdot 6H_2O(s) + H_2O(g) \quad (1-6)$$
$$CoSO_4 \cdot 6H_2O(s) = CoSO_4(s) + 6H_2O(g) \quad (1-7)$$

采用类似上面的计算，可求得式(1-6)的水蒸气平衡分压为 $p(H_2O, g) = 0.0215$ atm，空气中的相对湿度 $H$ 为 68.7%。式(1-7)的水蒸气平衡分压 $p(H_2O, g) = 4.09 \times 10^{-3}$ atm，空气的相对湿度 $H$ 为 13%。

④ $MnSO_4 \cdot H_2O$ 的风化热力学分析：$MnSO_4 \cdot H_2O$ 如果产生风化，化学反应如下：

$$MnSO_4 \cdot H_2O(s) = MnSO_4(s) + H_2O(g) \quad (1-8)$$

采用类似上面的计算，求得式(1-8)的水蒸气平衡分压 $p(H_2O, g) = 4.13 \times 10^{-42}$ atm，空气相对湿度趋近于 0，显然，$MnSO_4 \cdot H_2O$ 在自然条件下是一个很稳定的物质。

将几种硫酸盐结晶水化合物的风化热力学条件整理如表1-2。

表 1-2 各种硫酸盐的风化热力学条件 (25℃，100kPa)

| 物质名称 | 风化吉布斯自由能变/(kcal/mol) | 风化热力学条件 |
| --- | --- | --- |
| $NiSO_4 \cdot 7H_2O$ | 2.076 | 环境相对湿度低于 95.8% |
| $NiSO_4 \cdot 6H_2O$ | 22.376 | 环境相对湿度低于 5.88% |
| $CoSO_4 \cdot 7H_2O$ | 2.276 | 环境相对湿度低于 68.7% |
| $CoSO_4 \cdot 6H_2O$ | 19.64 | 环境相对湿度低于 13% |
| $MnSO_4 \cdot H_2O$ | 56.427 | 环境相对湿度趋于 0% |

通过表1-2可以看出，在标准状态的储存条件下，$NiSO_4 \cdot 6H_2O$、$CoSO_4 \cdot 6H_2O$ 和 $MnSO_4 \cdot H_2O$ 在很低的相对湿度下才会发生风化，在相对湿度为 30%～70% 的自然生活条件下不容易风化。而 $NiSO_4 \cdot 7H_2O$ 和 $CoSO_4 \cdot 7H_2O$ 很容易风化。如果环境温度升高，结晶水硫酸盐的失水趋势更大，因此硫酸镍、硫酸钴、硫酸锰应存储在阴凉的环境中。

### 1.2.1.2 硫酸盐的溶解热力学分析

根据热力学第二定律，自然界中任何物质总是自发地朝着势能低和熵增（混乱度增大）的方向进行，硫酸盐的溶解过程也不例外，根据吉布斯自由能 $\Delta G = \Delta H - T\Delta S$，若 $\Delta G < 0$，溶解过程能较易进行，若 $\Delta G > 0$，则溶解过程较难进行，溶解过程中焓变 $\Delta H$ 和熵变 $\Delta S$ 对自由能都有贡献[2]。可从溶解过程中的焓变和熵变这两方面综合分析硫酸盐的溶解过程。

硫酸盐晶体常温存在的形式都是含结晶水的化合物，例如 $NiSO_4 \cdot 6H_2O$、$CoSO_4 \cdot 7H_2O$、$MnSO_4 \cdot H_2O$，其溶解过程可分解成两个过程[3,4]：

① 第一过程为硫酸盐中结晶水与晶体之间的化学键断裂，结晶水解离出来，如式(1-9)。

$$MSO_4 \cdot nH_2O(s) \longrightarrow MSO_4(s) + nH_2O(l) \tag{1-9}$$

此过程的焓变 $\Delta_r H_j^{\ominus}$ 和熵变 $\Delta_r S_j^{\ominus}$ 为：

$$\Delta_r H_j^{\ominus} = \Delta H_f^{\ominus}(MSO_4, s) + n\Delta H_f^{\ominus}(H_2O, l) - \Delta H_f^{\ominus}(MSO_4 \cdot nH_2O, s) \tag{1-10}$$

$$\Delta_r S_j^{\ominus} = \Delta S^{\ominus}(MSO_4, s) + n\Delta S^{\ominus}(H_2O, l) - \Delta S^{\ominus}(MSO_4 \cdot nH_2O, s) \tag{1-11}$$

结晶水解离过程的 $\Delta_r G_j^{\ominus}$ 可由 $\Delta_r H_j^{\ominus}$ 和 $\Delta_r S_j^{\ominus}$ 计算出，如式(1-12)。

$$\Delta_r G_j^{\ominus} = \Delta_r H_j^{\ominus} - 298.15\Delta_r S_j^{\ominus} \tag{1-12}$$

根据表 1-1 各物质的热力学数据，代入式(1-10)、式(1-11) 中，求得硫酸镍、硫酸钴、硫酸锰的结晶水解离过程的 $\Delta_r H_j^{\ominus}$、$\Delta_r S_j^{\ominus}$，再根据式(1-12) 求出 $\Delta_r G_j^{\ominus}$，如表 1-3。

表 1-3　各硫酸盐结晶水解离过程的 $\Delta_r H_j^{\ominus}$、$\Delta_r S_j^{\ominus}$ 和 $\Delta_r G_j^{\ominus}$

| 物质名称 | $\Delta_r H_j^{\ominus}/(kcal/mol)$ | $\Delta_r S_j^{\ominus}/[cal/(mol \cdot K)]$ | $\Delta_r G_j^{\ominus}/(kcal/mol)$ |
|---|---|---|---|
| $NiSO_4 \cdot 6H_2O$ | 22.69 | 42.26 | 10.09 |
| $CoSO_4 \cdot 7H_2O$ | 21.72 | 47.6 | 7.53 |
| $MnSO_4 \cdot H_2O$ | 6.085 | 6.96 | 4.01 |

三种物质的结晶水解离焓变、熵变均大于 0，很明显水解离过程为吸热熵增的过程，结晶水被破坏进入水溶剂中，导致体系的混乱度增大。从解离过程的吉布斯自由能变可以看出，结晶水解离的熵增过程使结晶水解离的趋势增加不少，可见熵增主导着这个过程的进行。

② 第二过程为固体硫酸盐在水中溶解，解离为金属离子和硫酸根离子，如式(1-13)。

$$MSO_4(s) \longrightarrow M^{2+}(aq) + SO_4^{2-}(aq) \tag{1-13}$$

此过程的焓变 $\Delta_r H_{溶解}^{\ominus}$ 和熵变 $\Delta_r S_{溶解}^{\ominus}$ 为：

$$\Delta_r H_{溶解}^{\ominus} = \Delta_r H_f^{\ominus}(M^{2+}, aq) + \Delta H_f^{\ominus}(SO_4^{2-}, aq) - \Delta H_f^{\ominus}(MSO_4, s) \tag{1-14}$$

$$\Delta_r S_{溶解}^{\ominus} = \Delta S^{\ominus}(M^{2+}, aq) + \Delta S^{\ominus}(SO_4^{2-}, aq) - \Delta S^{\ominus}(MSO_4, s) \tag{1-15}$$

同样，固体硫酸盐溶解过程的 $\Delta_r G_{溶解}^{\ominus}$ 可由 $\Delta_r H_{溶解}^{\ominus}$ 和 $\Delta_r S_{溶解}^{\ominus}$ 由式(1-16) 计算出：

$$\Delta_r G_{溶解}^{\ominus} = \Delta_r H_{溶解}^{\ominus} - 298.15\Delta_r S_{溶解}^{\ominus} \tag{1-16}$$

将表 1-1 各物质的热力学数据，代入式(1-14)～式(1-16) 中，求得硫酸镍、硫酸钴、硫酸锰的 $\Delta_r H_{溶解}^{\ominus}$、$\Delta_r S_{溶解}^{\ominus}$ 以及 $\Delta_r G_{溶解}^{\ominus}$，如表 1-4。

三元材料前驱体——
产线设计及生产应用

表 1-4　硫酸盐溶解过程的 $\Delta_r H^{\ominus}_{溶解}$、$\Delta_r S^{\ominus}_{溶解}$ 和 $\Delta_r G^{\ominus}_{溶解}$

| 物质名称 | $\Delta_r H^{\ominus}_{溶解}$/(kcal/mol) | $\Delta_r S^{\ominus}_{溶解}$/[cal/(mol·K)] | $\Delta_r G^{\ominus}_{溶解}$/(kcal/mol) |
| --- | --- | --- | --- |
| $NiSO_4 \cdot 6H_2O$ | −21.59 | −48 | −7.29 |
| $CoSO_4 \cdot 7H_2O$ | −18.92 | −50.4 | −3.89 |
| $MnSO_4 \cdot H_2O$ | −15.48 | −39.6 | −3.67 |

从表 1-4 可知，三种物质的溶解过程焓变、熵变均小于 0，很明显此过程为放热、熵减过程。虽然在硫酸盐溶解过程中，晶格中的离子进入水溶液中，体系的混乱度增大，但是由于离子进入水中与溶剂分子发生水合作用，使溶剂分子定向排列在离子周围，导致硫酸盐溶解过程出现熵减，说明晶格中的离子（金属离子、硫酸根离子）的水合作用很强，导致水合熵减很大。三种物质溶解过程的 $\Delta_r G^{\ominus}_{溶解}$ 均小于 0，虽然这个过程存在着熵减，但是不能抵消焓减的影响，所以焓变是该溶解过程的主导因素，说明一旦结晶水被解离，溶解变得容易进行。

从 $\Delta_r H^{\ominus}_{溶解}$ 数据来看，三种物质在溶解时似乎放热量很大。但是结晶水硫酸盐的溶解有两个过程，要考虑过程①结晶水解离是吸热过程，结晶水硫酸盐溶解热应为过程①和过程②的焓变之和，即：

$$\Delta_r H^{\ominus}_{总} = \Delta_r H^{\ominus}_j + \Delta_r H^{\ominus}_{溶解} \tag{1-17}$$

将表 1-3 和表 1-4 中的数值代入式(1-17)，可得到整个过程的焓变，如表 1-5。

表 1-5　结晶水硫酸盐的 $\Delta_r H^{\ominus}_j$、$\Delta_r H^{\ominus}_{溶解}$ 和 $\Delta_r H^{\ominus}_{总}$

| 物质名称 | $\Delta_r H^{\ominus}_j$/(kcal/mol) | $\Delta_r H^{\ominus}_{溶解}$/(kcal/mol) | $\Delta_r H^{\ominus}_{总}$/(kcal/mol) |
| --- | --- | --- | --- |
| $NiSO_4 \cdot 6H_2O$ | 22.69 | −21.59 | 1.1 |
| $CoSO_4 \cdot 7H_2O$ | 21.72 | −18.92 | 2.8 |
| $MnSO_4 \cdot H_2O$ | 6.085 | −15.48 | −9.395 |

从表 1-5 可看出，硫酸镍和硫酸钴总的溶解焓变为正值，为吸热过程，但吸热量很小，而硫酸锰为放热过程。在三元前驱体的硫酸盐混合溶解过程中，由于硫酸镍和硫酸钴溶解过程吸热，而硫酸锰溶解过程放热，导致溶解过程中的热效应会更小，假设按 Ni：Co：Mn＝5：2：3 比例配制混合硫酸盐溶液，其溶解过程的热效应为：

$$Q = 0.5\Delta_r H^{\ominus}_{总}(NiSO_4 \cdot 6H_2O) + 0.2\Delta_r H^{\ominus}_{总}(CoSO_4 \cdot 7H_2O) + 0.3\Delta_r H^{\ominus}_{总}(MnSO_4 \cdot H_2O)$$
$$= 0.5 \times 1.1 + 0.2 \times 2.8 - 0.3 \times 9.395 = -1.71(kcal/mol)$$

### 1.2.1.3　混合硫酸盐的溶解平衡热力学分析

为保证三元前驱体共沉淀的均匀性，通常将硫酸镍、硫酸钴、硫酸锰按不同比例配制成混合盐溶液，在这个混合盐溶液体系中，由于同离子效应，显然各物质的溶解度不能以单一物质的溶解度来计，对于单一物质，存在如下溶解平衡，如式(1-18)~式(1-20)。

$$NiSO_4(s) \Longrightarrow Ni^{2+}(aq) + SO_4^{2-}(aq) \tag{1-18}$$

$$CoSO_4(s) \Longrightarrow Co^{2+}(aq) + SO_4^{2-}(aq) \tag{1-19}$$

$$MnSO_4(s) \Longrightarrow Mn^{2+}(aq) + SO_4^{2-}(aq) \tag{1-20}$$

假设按 Ni : Co : Mn = 5 : 2 : 3 比例配制总金属浓度 $[M^{2+}](=[Ni]+[Co]+[Mn])$ 为 $x(mol/L)$ 的混合溶液，在温度 $T(℃)$ 下，硫酸盐的溶解度为 $S(g/100g$ 水)，不考虑离子活度的影响，根据式(1-18)~式(1-20)，可得到硫酸镍、硫酸钴、硫酸锰的溶解平衡常数分别为：

$$K_{NiSO_4}=\left(\frac{S_{NiSO_4}\times10}{M_{NiSO_4}}\right)^2 \tag{1-21}$$

$$K_{CoSO_4}=\left(\frac{S_{CoSO_4}\times10}{M_{CoSO_4}}\right)^2 \tag{1-22}$$

$$K_{MnSO_4}=\left(\frac{S_{MnSO_4}\times10}{M_{MnSO_4}}\right)^2 \tag{1-23}$$

式中，$K_{NiSO_4}$、$K_{CoSO_4}$、$K_{MnSO_4}$ 分别为 $NiSO_4$、$CoSO_4$、$MnSO_4$ 的溶解平衡常数；$M_{NiSO_4}$、$M_{CoSO_4}$、$M_{MnSO_4}$ 分别为 $NiSO_4$、$CoSO_4$、$MnSO_4$ 的摩尔质量，g/mol；$S_{NiSO_4}$、$S_{CoSO_4}$、$S_{MnSO_4}$ 分别为 $NiSO_4$、$CoSO_4$、$MnSO_4$ 的溶解度，g/100g。

**表 1-6 不同温度下硫酸盐的溶解度 (g/100g)[5]**

| 名称 | 0℃ | 10℃ | 20℃ | 25℃ | 30℃ | 40℃ | 50℃ | 60℃ | 80℃ |
|------|------|------|------|------|------|------|------|------|------|
| 硫酸镍 | 28.1 | 33 | 38.4 | 41.2 | 44.1 | 48.2 | 52.8 | 56.9 | 66.7 |
| 硫酸钴 | 24.7 | 30.8 | 35.5 | 37.6 | 42 | 48.8 | 51.1 | 55 | 49.3 |
| 硫酸锰 | 52.9 | 59.7 | 62.9 | 64.5 | 62.9 | 60 | 56.8① | 53.6 | 45.6 |

① 由于硫酸锰 50℃ 的溶解度未查到，暂取 40℃ 和 60℃ 的平均值来代替。

在混合硫酸盐体系中，存在如下平衡：

$$MSO_4(s)=\!=\!=M^{2+}(aq)+SO_4^{2-}(aq)(M代表Ni、Co、Mn) \tag{1-24}$$

设定式(1-24)平衡常数为 $K$，设 $[M^{2+}]=[SO_4^{2-}]=x$，则式(1-24) 的平衡常数为：

$$K=[M^{2+}][SO_4^{2-}]=x^2 \tag{1-25}$$

为了方便求解混合硫酸盐体系的溶解平衡常数，可将式(1-24) 拆解：

$$0.5NiSO_4(s)+0.2CoSO_4(s)+0.3MnSO_4(s)=\!=\!=$$
$$0.5Ni^{2+}(aq)+0.2Co^{2+}(aq)+0.3Mn^{2+}(aq)+SO_4^{2-}(aq) \tag{1-26}$$

则根据式(1-26)，其溶解平衡常数可由下式计算：

$$K=[Ni^{2+}]^{0.5}[Co^{2+}]^{0.2}[Mn^{2+}]^{0.3}[SO_4^{2-}]=K_{NiSO_4}^{0.5}K_{CoSO_4}^{0.2}K_{MnSO_4}^{0.3} \tag{1-27}$$

联立式(1-25)、式(1-27)，可求得混合硫酸盐配制的最大浓度 $x$ 为：

$$x=\sqrt{K_{NiSO_4}^{0.5}K_{CoSO_4}^{0.2}K_{MnSO_4}^{0.3}}$$

根据表 1-6 中各种硫酸盐的不同温度下的溶解度数据，得到不同温度下混合硫酸盐溶液配制的最大的浓度 $x$，如表 1-7。图 1-1 为混合硫酸盐配制浓度随温度变化图。

**表 1-7 不同温度下 Ni : Co : Mn = 5 : 2 : 3 比例配制的混合硫酸盐溶液最大浓度**

| 温度/℃ | 0 | 10 | 20 | 25 | 30 | 40 | 50 | 60 | 80 |
|--------|------|------|------|------|------|------|------|------|------|
| 平衡常数 $K$ | 4.65 | 6.41 | 8.14 | 9.08 | 10 | 11.29 | 12.18 | 13.06 | 13.3 |
| 最大配制浓度 $x$/(mol/L) | 2.16 | 2.53 | 2.85 | 3.01 | 3.16 | 3.36 | 3.49 | 3.61 | 3.65 |

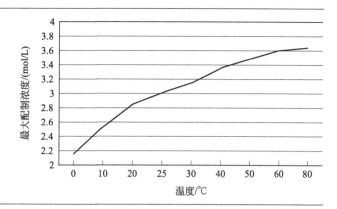

图 1-1
混合硫酸盐配制浓度
随温度变化图

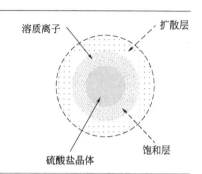

图 1-2
硫酸盐晶体溶解模型

从表 1-7 可以看出，在 0～80℃的温度范围内，按 Ni∶Co∶Mn＝5∶2∶3 比例配制的混合硫酸盐溶液的最低配制浓度为 2.16mol/L，最大为 3.65mol/L，随着温度升高，配制的混合硫酸盐浓度逐渐增大，但继续增加却较为缓慢，从能耗成本的角度来说，加热溶解很不划算，所以一般常在室温条件下进行盐溶液的配制。为了防止盐溶液的析出，一般配制浓度为 2～2.5mol/L。其他不同规格的混合硫酸盐的配制可按此类推。

### 1.2.1.4　混合硫酸盐溶解混合的动力学分析

（1）结晶水硫酸盐的溶解机制　前面对硫酸盐的溶解特性进行了热力学探讨，证明硫酸镍、硫酸钴、硫酸锰都是易溶物质。热力学只能说明溶解趋势，但易溶物质不一定溶解速率大，所以需要对硫酸盐的溶解进行动力学分析。硫酸盐的溶解模型如图 1-2，它的溶解过程可分两个阶段[6,7]：

① 第一阶段为硫酸盐固体颗粒从外界吸收能量，解离结晶水，克服晶格能，溶质离子（$SO_4^{2-}$ 和 $M^{2+}$）从固体颗粒表面溶出，在固液界面形成一层饱和层，饱和层与固体颗粒之间存在着固液平衡：

$$MSO_4(s) \Longrightarrow M^{2+}(aq) + SO_4^{2-}(aq)$$

② 第二阶段为溶质离子（$SO_4^{2-}$ 和 $M^{2+}$）在扩散作用下从饱和层进入不饱和的扩散层，再扩散至水中，形成硫酸盐溶液。

硫酸盐的溶解就是不断重复阶段①、阶段②，直至硫酸盐固体颗粒完全溶解的过程。阶段①与阶段②，哪一步速度最慢，溶解过程则由哪一步控制。由于镍钴锰硫酸盐在水中的溶解度较大，很容易形成过饱和层，其溶解速率主要是受阶段②的影响，阶段②显然和溶质离子的传递速率有关，即扩散速率有关，因此硫酸盐的溶解是由溶质扩散控制的。溶质扩散有两种方式：

a. 靠溶质浓度差驱动的浓度场力，让溶质从高浓度向低浓度扩散，它是依靠离子的微观运动，称之为离子扩散，其扩散速率可由菲克定律来表示：

$$J = -D(\partial c / \partial x)$$

式中，$J$ 为在单位时间内通过垂直于扩散方向的单位截面积的扩散物质流量；$D$ 为扩散系数；$(\partial c / \partial x)$ 为溶质在某一方向的浓度梯度；负号表示从高浓度与低浓度传递。

很显然，溶质在既定的溶剂中，浓度梯度越大，溶质传递速率越快。

b. 靠溶液流动的速度场力，让溶质从高浓度向低浓度的扩散，它是依靠溶液的宏观运动，称之为对流扩散，对流扩散速率可由下式表示：

$$\nu_x = v_x c$$

式中，$\nu_x$ 为某一方向溶质的对流传质速率；$v_x$ 为某一方向溶液流体的速度；$c$ 为溶质的浓度。

很显然，在既定的溶液浓度下，溶液流体的速度越大，溶质传递速率越快。即凡是能增加溶质浓度梯度和溶液流动速度的方式，均可加快硫酸盐的溶解。

(2) 影响硫酸盐溶解速率的因素　溶解速率是指溶剂中单位时间内溶质浓度的增加量，可用 Noyes-Whitney 方程[7]来描述：

$$\frac{\mathrm{d}c}{\mathrm{d}t} = \frac{DS}{Vh}(c_s - c) \tag{1-28}$$

式中，$\mathrm{d}c / \mathrm{d}t$ 为单位时间的溶质浓度的增加量；$D$ 为扩散系数；$S$ 为溶质的比表面积；$V$ 为溶剂体积，L；$h$ 为扩散层厚度；$c_s$ 为溶质在溶剂中的摩尔溶解度；$c$ 为时间 $t$ 时溶质在溶剂中的摩尔浓度。

从 Noyes-Whitney 方程可以看出，它是通过溶质浓度的变化量来描述溶质溶解速率的，因此影响硫酸盐溶解速度主要有下列因素：

① 硫酸盐颗粒的大小：硫酸盐固体颗粒越小，比表面积 $S$ 越大，固液接触面越大，溶质溶解速度就越大。对比三种硫酸盐的颗粒大小，硫酸镍最大，硫酸钴次之（非结块状态），硫酸锰最小，所以硫酸镍溶解速度最小。在配制混合硫酸盐溶液时，可通过观察溶液中是否存在硫酸镍固体颗粒来判断溶液是否溶解完全。

② 硫酸盐在水中的溶解度：硫酸盐的溶解度 $c_s$ 越大，溶液中的浓度差 $(c_s - c)$ 越大，溶质扩散速率越大，溶解速度越快。对于混合硫酸盐溶液，通过表 1-6 的分析可知，通过提高温度可以增加混合硫酸盐的溶解度，但提高温度后溶解度增加幅度不是很大，考虑到能耗成本，一般控制在 20～40℃下进行溶解较为适宜。

③ 配制硫酸盐溶液的浓度：配制的溶液浓度 $c$ 越高，溶质的浓度差 $(c_s - c)$ 越小，溶质扩散速率越慢，溶质溶解速度越慢；反之溶液浓度 $c$ 越低，溶质的浓度差越大，溶质扩散速率越快，溶质溶解速度越快。根据表 1-7，在 25℃下硫酸盐的混合溶液最大浓度为 3.01mol/L，虽然 2mol/L 和 2.5mol/L 都在配制限度以下，但 2mol/L 溶液的溶解速率要比 2.5mol/L 溶液大。

④ 溶剂的体积 $V$：式(1-28) 表观上看出溶质的体积 $V$ 越大，溶质的溶出速率越小，其实它表达的是当溶剂的体积 $V$ 越大时，其溶质的浓度变化量越小。对于溶剂体积应该

用溶剂的质量增加量来表示，对于式(1-28)应转化成单位时间内溶质的质量增量，如下式：

$$\frac{\mathrm{d}m}{\mathrm{d}t} = DS\left(\frac{m_s}{h} - \frac{m}{Vh}\right)$$

式中，$\mathrm{d}m/\mathrm{d}t$ 为单位时间内溶质的质量增加量；$m_s$ 为溶质在溶剂中的质量溶解度。所以溶剂的体积越大，溶质的溶解速率越快。

⑤ 溶液流体的运动速率：固体颗粒在溶解过程中，在溶解过程的第二阶段仅仅通过离子扩散，扩散推动力非常小，因此溶质的扩散速率较小，导致扩散层厚度（$h$）很厚，其溶解速度较慢。如果增加溶液流体的运动速率，溶质通过对流扩散方式传质，可减小扩散层厚度 $h$，从而加快溶解速率。搅拌溶解无疑是增加溶液流体速度的最佳手段，搅拌不仅可以增加溶液流体的运动速率，还会不断更新不饱和扩散层与水之间的接触面积，从而极大地减小扩散层的厚度 $h$。一般来说，搅拌强度越大，流体速度越快，对流传质速率越快，扩散层厚度 $h$ 越薄，溶解速率越快。虽然搅拌可让溶质离子的扩散层变薄，但不能消除，故搅拌速率增加到一定程度时对溶解速率不再影响。

## 1.2.2 氢氧化钠的性状分析

三元前驱体的另一种重要原料是沉淀剂，适用于沉淀剂的主要为氢氧化钾和氢氧化钠，两种物质的性质相差无几，氢氧化钾的价格更高，故行业中都选择氢氧化钠作为制备三元前驱体的沉淀剂。

### 1.2.2.1 氢氧化钠的溶解热力学分析

和硫酸盐的溶解一样，氢氧化钠的溶解过程也可由溶解的焓变和熵变进行分析，其溶解过程是固体氢氧化钠在水溶液中解离成钠离子和氢氧根离子，如式(1-29)。

$$\mathrm{NaOH(s)} =\!\!=\!\!= \mathrm{Na^+(aq)} + \mathrm{OH^-(aq)} \tag{1-29}$$

此过程的焓变 $\Delta_r H^{\ominus}_{溶解}$ 和熵变 $\Delta_r S^{\ominus}_{溶解}$ 为：

$$\Delta_r H^{\ominus}_{溶解}(\mathrm{NaOH,s}) = \Delta H^{\ominus}_f(\mathrm{Na^+,aq}) + \Delta H^{\ominus}_f(\mathrm{OH^-,aq}) - \Delta H^{\ominus}_f(\mathrm{NaOH,s})$$
$$= -57.39 + (-54.97) - (-101.723) = -10.637(\mathrm{kcal/mol})$$

$$\Delta_r S^{\ominus}_{溶解}(\mathrm{NaOH,s}) = \Delta S^{\ominus}(\mathrm{Na^+,aq}) + \Delta S^{\ominus}(\mathrm{OH^-,aq}) - \Delta S^{\ominus}(\mathrm{NaOH,s})$$
$$= 14.1 + (-2.57) - 15.405 = -3.875[\mathrm{cal/(mol \cdot K)}]$$

根据 $\Delta_r H^{\ominus}_{溶解}$ 和 $\Delta_r S^{\ominus}_{溶解}$，计算溶解过程中的 $\Delta_r G^{\ominus}_{溶解}$：

$$\Delta_r G^{\ominus}_{溶解}(\mathrm{NaOH,s}) = \Delta_r H^{\ominus}_{溶解} - T\Delta_r S^{\ominus}_{溶解} = -10.637 - 298.15 \times (-3.875)/1000$$
$$= -9.482(\mathrm{kcal/mol})$$

从上述的计算可知，氢氧化钠的溶解是一个焓减、熵减的过程，焓减值较大说明其溶解过程会强烈放热。为了能够直观反应其放热状态，可以进行相关近似计算：现假设用 25℃的纯水配制成 6000L、4mol/L 的氢氧化钠溶液，不考虑热散失，氢氧化钠的溶解热全部用来加热溶液，氢氧化钠溶液的比热容为 4.0kJ/(kg·℃)，密度为 1200kg/m³，溶液的最后温度为 $t$℃，则：$4 \times 6000 \times |\Delta_r H^{\ominus}_{溶解}(\mathrm{NaOH,s})| = 4 \times (t-25) \times 6 \times 1200$，求得 $t \approx 62$℃。

熵减说明 $Na^+$ 和 $OH^-$ 的水合作用较强，离子的水合熵减效应强于离子解离的熵增效应，导致其溶解过程的熵变为负值，总体来说焓减占主导作用，熵减影响很小。$\Delta_r G^{\ominus}_{溶解}$ 是很大的负值，表明氢氧化钠的溶解有很强的自发趋势。

### 1.2.2.2 氢氧化钠溶液的固液相平衡分析

从 1.2.2.1 节的分析可知，氢氧化钠的溶解有很强的自发趋势，且是个放热过程。根据氢氧化钠的固液相图（图 1-3），不同浓度氢氧化钠溶液析出不同结晶水的化合物，为了弄清楚其中的变化，先对氢氧化钠溶解过程的能量变化做一些讨论。

图 1-3
氢氧化钠溶液相图[8]

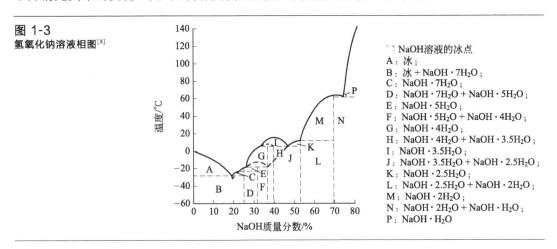

┑: NaOH 溶液的冰点
A：冰；
B：冰 + $NaOH \cdot 7H_2O$；
C：$NaOH \cdot 7H_2O$；
D：$NaOH \cdot 7H_2O + NaOH \cdot 5H_2O$；
E：$NaOH \cdot 5H_2O$；
F：$NaOH \cdot 5H_2O + NaOH \cdot 4H_2O$；
G：$NaOH \cdot 4H_2O$；
H：$NaOH \cdot 4H_2O + NaOH \cdot 3.5H_2O$；
I：$NaOH \cdot 3.5H_2O$；
J：$NaOH \cdot 3.5H_2O + NaOH \cdot 2.5H_2O$；
K：$NaOH \cdot 2.5H_2O$；
L：$NaOH \cdot 2.5H_2O + NaOH \cdot 2H_2O$；
M：$NaOH \cdot 2H_2O$；
N：$NaOH \cdot 2H_2O + NaOH \cdot H_2O$；
P：$NaOH \cdot H_2O$

根据热力学原理，物质的能量变化过程只和物质的始态、终态有关，和过程变化无关，对氢氧化钠的溶解过程设定一个热力学循环（见图 1-4）[9]。

图 1-4
NaOH 溶解的热力学循环

根据图 1-4，可将氢氧化钠溶解分解成两个过程：①氢氧化钠解离成气态 $Na^+$ 和 $OH^-$，此过程为吸热，其吸热能量等于 NaOH 的晶格能 $U$，过程由固态变为气态，是个熵增的过程，$\Delta S_1 > 0$；②气态的 $Na^+$ 和 $OH^-$ 与水发生水合，形成液态的 $Na^+$ 和 $OH^-$，此步为放热过程，其放出的能量等于 $Na^+$ 和 $OH^-$ 的水合焓之和，即 $-[\Delta H_{水合}(Na^+) + \Delta H_{水合}(OH^-)]$。由于离子的水合作用让水分子发生定向排列，体系的混乱度减少，所以是个熵减的过程，$\Delta S_2 < 0$。因此，氢氧化钠溶解过程的能量取决于晶格能 $U$ 和 $[\Delta H_{水合}(Na^+) + \Delta H_{水合}(OH^-)]$ 之差，当 $U > [\Delta H_{水合}(Na^+) + \Delta H_{水合}(OH^-)]$ 时，整个溶解过程的能量变化为正值，晶体很难溶解；反之 $U < [\Delta H_{水合}(Na^+) + \Delta H_{水合}(OH^-)]$，整个溶解过程的能量变化为负值，晶体则很容易溶解；当 $U$ 和 $[\Delta H_{水合}(Na^+) + \Delta H_{水合}(OH^-)]$ 相差不多时，根据 $\Delta G = \Delta H - T\Delta S$，熵变 $\Delta S$ 起着主导溶解的重要因素。

由于晶格能 $U$ 基本为定值，而 $OH^-$ 的水合焓和氢氧化钠的浓度有极大关系，随着氢氧化钠的浓度升高，$OH^-$ 的水合作用逐渐降低，这是因为 $OH^-$ 与水分子结合力为氢键，如图 1-5。氢键具有饱和性和方向性，饱和性是指当水分子中的 O 原子负电压云和 $OH^-$ 的 O 原子负电子云具有相互排斥性，当形成 O—H…：O 氢键后，溶液中其他 $OH^-$ 的 O 原子很难再接近这个 H 原子；方向性是指只有当 O—H…：O 在同一条直线上时最强（两个 O 原子相隔最远），同时在可能范围内氢键的方向和 $OH^-$ 的 O 原子的对称轴一致，这样可使 O 原子中负电荷分布最多的部分最接近氢原子，这样形成的氢键最稳定。当氢氧化钠溶液浓度较低时，溶液中的 $OH^-$ 与水分子形成的氢键相隔较远，各离子之间的氢键相互影响较小；当氢氧化钠溶液的浓度较高时，溶液内 $OH^-$ 与水分子形成的氢键相隔较近，各种氢键的 O 原子的负电子云容易发生排斥，导致氢键的方向发生偏离，从而引起氢键的不稳定，导致 $OH^-$ 水合作用减弱。

**图 1-5**
水合氢氧根离子的结构[10]

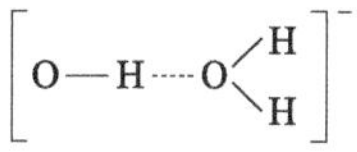

$$\left[ O-H\cdots O\begin{subarray}{c} H \\ H \end{subarray} \right]^-$$

$H_3O_2^-$

如图 1-3，当溶液浓度在 0～20％时，氢氧化钠的溶液浓度低，各种氢键相隔较远，相互之间基本不会受到电子云排斥影响，不会影响 $OH^-$ 和水分子的水合作用，析出的结晶水合物为七水氢氧化钠，$OH^-$ 的水合作用释放出的能量较多，反应放热较多，所以随着氢氧化钠的浓度升高，溶液的凝固点逐渐降低。从另外一个角度来说，小于 20％的氢氧化钠溶液还基本符合稀溶液的依数性，即稀溶液与纯溶剂（水）相比其凝固点下降，下降的多少和溶液浓度成正比。

当溶液浓度大于 20％时，随着氢氧化钠溶液浓度升高，氢键之间的距离逐渐接近，排斥力逐渐增大，导致氢键的方向偏离原来的方向，稳定性下降，所以 $OH^-$ 和水分子的水合作用逐渐减弱。从图 1-3 也可知，随着 NaOH 的浓度升高，析出的氢氧化钠晶体的结晶水也越来越少，离子的水合作用释放出的能量减少，导致晶格能 $U$ 和 $[\Delta H_{水合}(Na^+) + \Delta H_{水合}(OH^-)]$ 的差异变小，这时候熵变对氢氧化钠的溶解起主导作用。由于水合作用下降，水分子的定向排列减小，熵减值 $\Delta S_2$ 减少，有可能导致整个溶解熵变 $(|\Delta S_1| - |\Delta S_2|)$ 为正值，根据 $\Delta G = \Delta H - T\Delta S$，当 $\Delta S > 0$ 时，温度越高，$-T\Delta S$ 项值越负，$\Delta G$ 越负，溶解趋势越大。由于氢氧化钠的固液平衡中有结晶水生成，因此溶解总熵变 $\Delta_r S_{溶解}$ 为：

$$\Delta_r S_{溶解} = \Delta S^{\ominus}(Na^+, aq) + \Delta S^{\ominus}(OH^-, aq) + n\Delta S^{\ominus}(H_2O, l) - \Delta S^{\ominus}(NaOH \cdot nH_2O, s) \tag{1-30}$$

$$\Delta S^{\ominus}(NaOH \cdot nH_2O, s) = \Delta S^{\ominus}(NaOH, s) + n\Delta S^{\ominus}(H_2O, 结晶水) \tag{1-31}$$

将表 1-1 中的热力学数值 [结晶水的熵值按表 1-2 计算的 $9.75cal/(mol \cdot K)$] 代入式 (1-30)、式 (1-31) 中，有：

$$\Delta_r S_{溶解} = 14.1 + (-2.57) + 16.71n - 15.405 - 9.75n = 6.96n - 3.875$$

当 $\Delta_r S_{溶解} > 0$ 时，$n > 0.56$。说明超过 1 个结晶水的氢氧化钠的溶解熵就为正值。所以当氢氧化钠浓度增加，水合作用下降时，熵变逐渐起着溶解的主导因素。随温度升高，溶解度增大，随着氢氧化钠浓度的升高，溶液的凝固点逐渐升高。

三元前驱体制备过程中，由于液碱投料方便，行业内大部分都使用液碱。市面上销售的液碱的浓度基本在30%～50%。从图1-3可知，30%～50%的氢氧化钠的凝固点在0～20℃。应根据当地的环境温度选择合适的液碱浓度，或对液碱的储存增加保温、伴热措施，防止液碱晶体析出对生产造成影响。

## 1.2.3 氨水的性状分析

氨水是三元前驱体生产的重要原料，其对于后续的沉淀结晶反应起着至关重要的作用。

### 1.2.3.1 氨的水合作用热力学分析

$NH_3$在水中溶解度较大，主要因为$NH_3$能与水发生较好的水合作用。由于N原子有较大的电负性和较小的原子半径，能和极性水分子的H—O键形成氢键[11]。由于氢键具有饱和性，当氢键达到饱和，氨不再溶解。氨的溶解过程也可由热力学分析，氨的溶解过程可由式(1-32)表示。

$$NH_3(g) \Longrightarrow NH_3(aq) \tag{1-32}$$

根据式(1-32)，氨的溶解焓变$\Delta_r H_{溶解}^{\ominus}$、熵变$\Delta_r S_{溶解}^{\ominus}$以及自由能变$\Delta_r G_{溶解}^{\ominus}$为：

$\Delta_r H_{溶解}^{\ominus}(NH_3) = \Delta_r H_f^{\ominus}(NH_3,aq) - \Delta H_f^{\ominus}(NH_3,g) = (-19.19) - (-11.02) = -8.17(kcal/mol)$

$\Delta_r S_{溶解}^{\ominus}(NH_3) = \Delta S^{\ominus}(NH_3,aq) - \Delta S^{\ominus}(NH_3,g) = 26.6 - 45.97 = -19.37[cal/(mol \cdot K)]$

$\Delta_r G_{溶解}^{\ominus}(NH_3) = \Delta_r H_{溶解}^{\ominus}(NH_3) - T\Delta_r S_{溶解}^{\ominus}(NH_3) = -8.17 - 298.15 \times (-19.37)/1000$
$= -2.39(kcal/mol)$

氨的溶解为放热熵减的过程，且放热值和熵减值都很大，熵减值很大是因为氨的水合作用强，氨由混乱度很大的气态变为溶液中的定向排列水合氨分子的结果。从溶解的角度，$\Delta_r G_{溶解}^{\ominus}(NH_3) < 0$，证明氨的溶解较容易进行，但负值不大，表面氨的溶解有一定的可逆性，具有易挥发性。溶解为放热过程，表明氨的溶解度随温度的升高而降低，如表1-8。

表 1-8　在 101.325kPa 下，不同温度下水中能溶解氨的质量分数[5]

| 温度/℃ | 0 | 5 | 10 | 15 | 20 | 25 | 30 | 40 | 50 | 60 | 80 |
|---|---|---|---|---|---|---|---|---|---|---|---|
| 溶解氨的质量分数/% | 89.50 | 77.50 | 68.50 | 60.00 | 53.10 | 47.00 | 40.90 | 31.60 | 23.50 | 16.80 | 6.50 |

氨水见光和受热易分解，主要原因是氨与水分子结合的氢键被破坏，导致氨的逸出。如果向氨水中加入强碱如NaOH，氨气很容易从溶液中挥发出来。有观点认为是$NH_3 \cdot H_2O$发生了电离，如式(1-33)，加入强碱后，增加了$OH^-$的浓度导致反应向逆反应方向进行，从而加速氨的挥发。

$$NH_3 \cdot H_2O \Longrightarrow NH_4^+ + OH^- \tag{1-33}$$

假设浓度10mol/L $NH_3 \cdot H_2O$的电离度为$\alpha$，已知氨水的电离常数$K_{电离} = 1.8 \times 10^{-5}$（25℃），由式(1-33)有$(10\alpha \times 10\alpha)/[10(1-\alpha)] = K_{电离}$，求得$\alpha = 0.136\%$。这证

 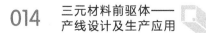

明氨水在水中发生的电离很小，基本上都以水合氨的形式存在，所以氨挥发的根本原因并不在此，而是由于强碱如 NaOH 中的 $Na^+$、$OH^-$ 与溶剂水分子有更好的水合作用，从而破坏掉 $NH_3 \cdot H_2O$ 中的氢键导致氨水的解离，离子的标准水合焓可由下面的经验公式[3]来计算：

$$\Delta_r H^{\ominus}_{水合}(X^{n\pm}) = -[-\Delta H^{\ominus}_f(X^{n\pm}, aq) + \Delta H^{\ominus}_f(X^{n\pm}, g) - 429n/4.186] \quad (1-34)$$

式中，$\Delta_r H^{\ominus}_{水合}(X^{n\pm})$ 为离子的标准水合焓，kcal/mol；$n$ 为离子价态，正离子取正值，负离子取负值。

将表 1-1 的热力学数值代入式(1-34)可分别求得 $Na^+$、$OH^-$、$NH_3$ 的水合焓：

对于 $Na^+$：$\Delta_r H^{\ominus}_{水合}(Na^+) = -(57.39 + 145.55 - 429 \times 1/4.186) = -100.46(kcal/mol)$

对于 $OH^-$：$\Delta_r H^{\ominus}_{水合}(OH^-) = -(54.970 - 33.67 - 429 \times (-1)/4.186) = -123.78(kcal/mol)$

对于 $NH_3$：$\Delta_r H^{\ominus}_{水合}(NH_3) = \Delta_r H^{\ominus}_{溶解}(NH_3) = -8.17(kcal/mol)$

显然 $|\Delta H^{\ominus}_{水合}(Na^+) + \Delta H^{\ominus}_{水合}(OH^-)|$ 远远大于 $\Delta_r H^{\ominus}_{水合}(NH_3)$，所以一旦有碱加入氨水当中，氨与水的结合作用减弱，从而加速氨的挥发。

### 1.2.3.2 氨水的气液相平衡分析

从上面的分析可知，氨气具有易挥发性，而且氨气溶于水后基本以水合氨的形式存在，电离很少，所以氨水的溶解气液平衡服从亨利定律，即氨气在水中的浓度与氨在气相中的平衡分压成正比[12]：

$$p_{NH_3} = E\gamma x_{NH_3} \quad (1-35)$$

式中，$p_{NH_3}$ 为氨在气相中的平衡分压，kPa；$x_{NH_3}$ 为氨在水中的摩尔分数；$\gamma$ 为校正系数，用于校正与理想溶液的差别，$x_{NH_3}$ 越趋近于 0，$\gamma$ 越趋近于 1；$E$ 为氨的亨利常数，kPa。

根据拉乌尔定律，溶液中各组分的蒸气压等于纯组分的蒸气压乘以摩尔分数[12]：

$$p_{NH_3} = p^*_{NH_3}\gamma x_{NH_3} \quad (1-36)$$

式中，$p^*_{NH_3}$ 为氨的饱和蒸气压。

当亨利定律与拉乌尔定律等价时，$E = p^*_{NH_3}$，因此亨利常数和溶质的饱和蒸气压有着同样的性质。根据克劳修斯-克拉珀龙方程，物质的饱和蒸气压随温度的变化关系[12]为：

$$\ln p = -\frac{\Delta_{vap} H_m}{RT} + C \quad (1-37)$$

式中，$p$ 为物质在某一温度下的饱和蒸气压；$\Delta_{vap} H_m$ 为摩尔气化热；$R$ 为气体常数；$T$ 为温度；$C$ 为常数。

从式(1-37)可以看出，物质的饱和蒸气压 $p$ 随温度 $T$ 的升高而升高，亨利常数也应和物质的饱和蒸气压有相同的性质，即随温度的升高亨利常数变大。

根据道尔顿分压定律，气体的分压和总压的关系为[12]：

$$p_i = p_{总} y_i \quad (1-38)$$

式中，$y_i$ 为气体的摩尔分数；$p_总$ 为气体的总压；$p_i$ 为某组分气体的分压。

把气体的分压和总压联系起来，当溶质气体在气相中的含量不变时，总压增大，气体的分压增大。

根据相率[12]，自由度 $f = C - \Phi + 2$。式中，$C$ 为独立组分数；$\Phi$ 为相数；2 为温度和压力两个变量。

在氨水平衡体系中，独立组分为气态中的氨气、溶质氨和溶剂水 3 个，相数为气、液两相，其自由度 $f = 3 - 2 + 2 = 3$，即在温度、压力、气、液组成的四个变量中，有 3 个独立变量，另外一个是它们的函数，

$$y = f(T, p, x)$$

式中，$y$ 为气相中氨的含量；$x$ 为液相中氨的含量。

① 温度对氨水挥发的影响。当氨的气相氨含量 $y$ 和外界压力 $p_外$ 一定时，即氨气的平衡分压 $p(NH_3, g)$ 一定，根据式(1-35) 和式(1-37)，温度 $T$ 越高，亨利常数 $E$ 增大，氨在水中含量 $x(NH_3, aq)$ 越低。这说明温度越高，氨水越容易挥发。所以氨水必须存储在阴凉、低温的环境下。

② 总压对氨水挥发的影响。当气相中的氨含量 $y$ 一定时，温度 $T$ 一定时，当总压 $p$ 增大时，平衡分压 $p(NH_3, g)$ 增大，根据式(1-35)，那么氨在水中的含量 $x(NH_3, aq)$ 增加，说明总压越大，氨的溶解度越高。所以氨水存储时必须防止罐内压力的减小，最好能储存在恒压罐中。

③ 气体平衡分压对氨水挥发的影响。当温度、外压一定时，氨在气相中的平衡分压 $p(NH_3, g)$ 越大，即气相中氨含量 $y$ 越大时，根据式(1-35)，液相中的氨含量 $x(NH_3, aq)$ 也越大。这说明氨水存储的环境要密闭，如果对氨水溶液上方进行负压收集，气相中氨含量减少，那么为保持平衡分压，液相中的氨气会逸出到气相弥补这一部分损失，从而加速氨水的挥发。

④ 氨水浓度对氨水挥发的影响。当温度、压强一定时，氨在水中 $x(NH_3, aq)$ 的浓度越高时，根据式(1-35) 和式(1-38)，氨在气相的平衡分压 $p(NH_3, g)$ 越大，氨在气相中含量 $y$ 越高。这说明氨水浓度越高，越容易挥发，因此选择低浓度的氨水储存可以减少氨水的挥发损失；反之如果氨水挥发较为严重时，可以增大溶剂水的量，减少氨水挥发。

### 1.2.3.3 氨水的固液相平衡分析

氨水的溶剂为水，当氨水开始凝固达到平衡时，有克拉珀龙方程[12]，如式(1-39)。它表示氨水达到固液平衡后，水的蒸汽压随温度的变化关系。

$$\frac{\mathrm{d}p}{\mathrm{d}T} = \frac{\Delta_{ful} H_m(H_2O)}{T \Delta_{ful} V_m(H_2O)} \tag{1-39}$$

式中，$\mathrm{d}p/\mathrm{d}T$ 为水的饱和蒸汽压随温度的变化率；$\Delta_{ful} H_m(H_2O)$ 为冰的熔化摩尔焓；$\Delta_{ful} V_m(H_2O)$ 为水的熔化摩尔体积。

考虑冰的熔点受压强影响不大，将式(1-39) 改写成：

$$\Delta T = \frac{\Delta p T \Delta_{ful} V_m(H_2O)}{\Delta_{ful} H_m(H_2O)} \tag{1-40}$$

当氨水溶液浓度较低时，溶剂水服从拉乌尔定律：

三元材料前驱体——
产线设计及生产应用

$$p(H_2O) = p^*(H_2O)x_{水}$$ (1-41)

式中，$p(H_2O)$ 为氨水溶液中水的饱和蒸汽压；$p^*(H_2O)$ 为纯水的饱和蒸汽压；$x_{水}$ 为氨水中水的摩尔分数。

因此，氨水溶液和纯水之间，水的饱和蒸汽压的变化为：

$$\Delta p = p(H_2O) - p^*(H_2O) = p^*(H_2O)x_{水} - p^*(H_2O) = -p^*(H_2O)x_{NH_3}$$ (1-42)

式中，$x_{NH_3}$ 为氨水中氨的摩尔分数。

由于拉乌尔定律的前提条件是理想溶液，如果对于实际溶液，应加一个校正系数 $\gamma$，溶液越稀，$\gamma$ 越趋近于 1，那么式(1-42)改写成：

$$\Delta p = -p^*(H_2O)\gamma x_{NH_3}$$ (1-43)

将式(1-43)代入式(1-40)中得

$$\Delta T = \frac{-RT_{凝固}^2(H_2O)\gamma x_{NH_3}}{\Delta_{ful}H_m(H_2O)}$$ (1-44)

式(1-44)即为氨水的凝固点下降公式。它表明在氨水浓度较低的范围内，随着氨水浓度的增加凝固点会降低，其根本原因就是氨水溶液相比于纯水，由于气相中多了一种组分氨，导致水的饱和蒸汽压下降而引起凝固点下降，氨的浓度越大，则下降越厉害。

已知冰在 273K 的标准熔化摩尔焓为 6.0kJ/mol，$\gamma$ 取 1，通过式(1-44)可计算出不同浓度的氨水的凝固点（表1-9）。

**表1-9 不同浓度的氨水的凝固点**

| 氨浓度(摩尔分数)/% | 2 | 5 | 8 | 10 | 12 | 15 |
|---|---|---|---|---|---|---|
| 氨浓度(质量分数)/% | 1.89 | 4.76 | 7.59 | 9.5 | 11.41 | 14.28 |
| 氨水的凝固点/℃ | -2.06 | -5.16 | -8.26 | -10.33 | -12.39 | -14.75 |

当 $\gamma$ 取 1 时，由式(1-44)计算出的数值仅在氨水浓度较低的情况下和实际情况较为吻合。三元前驱体制备采用的氨水浓度通常较低，所以根据式(1-44)和表1-9来指导氨水的存储是没有问题的。

# 1.3
# 沉淀反应理论基础

三元前驱体的沉淀反应是三元前驱体制备的核心步骤，它的反应实质是共沉淀，即 $Ni^{2+}$、$Co^{2+}$、$Mn^{2+}$ 与 $OH^-$ 一起沉淀形成均匀的复合的 $M(OH)_2$（M 代表 $Ni^{2+}$、$Co^{2+}$、$Mn^{2+}$）。

## 1.3.1 $Ni^{2+}$、$Co^{2+}$、$Mn^{2+}$ 的沉淀化学反应

### 1.3.1.1 氨水的作用分析

对于 $Ni^{2+}$、$Co^{2+}$、$Mn^{2+}$ 与 $OH^-$ 之间的反应式如式(1-45)～式(1-47)。

$$Ni^{2+}(aq)+2OH^-(aq) \Longrightarrow Ni(OH)_2(s) \tag{1-45}$$

$$Co^{2+}(aq)+2OH^-(aq) \Longrightarrow Co(OH)_2(s) \tag{1-46}$$

$$Mn^{2+}(aq)+2OH^-(aq) \Longrightarrow Mn(OH)_2(s) \tag{1-47}$$

对于式(1-45)～式(1-47) 的沉淀平衡常数为：

$$K_M = \frac{1}{K_{sp}} \tag{1-48}$$

式中，$K_M$ 为沉淀平衡常数；$K_{sp}$ 为溶度积常数。

$Ni(OH)_2$、$Co(OH)_2$、$Mn(OH)_2$ 的溶度积与沉淀平衡常数如表 1-10。

**表 1-10　$Ni(OH)_2$、$Co(OH)_2$、$Mn(OH)_2$ 的溶度积与沉淀平衡常数[1]**

| 物质名称 | 溶度积($K_{sp}$) | 沉淀平衡常数($K_M$) |
|---|---|---|
| $Ni(OH)_2$ | $10^{-14.7}$ | $10^{14.7}$ |
| $Co(OH)_2$ | $10^{-14.8}$ | $10^{14.8}$ |
| $Mn(OH)_2$ | $10^{-10.74}$ | $10^{10.74}$ |

从表 1-10 可以看出，$Ni(OH)_2$ 和 $Co(OH)_2$ 的沉淀平衡常数很大，它们的沉淀速率几乎是 $Mn(OH)_2$ 的 $10^4$ 倍，如果直接让 $Ni^{2+}$、$Co^{2+}$、$Mn^{2+}$ 与沉淀剂沉淀，显然沉淀速率过快，且无法达到共沉淀的要求。当加入氨水后，氨与 $Ni^{2+}$、$Co^{2+}$、$Mn^{2+}$ 有配位作用，其配位作用如下：

① 镍氨配合物存在多种配体形式，假设解离常数为 $D_{Ni}$，其反应式及解离平衡常数如表 1-11。

**表 1-11　镍氨配合物的反应式与解离平衡常数[13,14]**

| 序号 | 反应式 | 解离平衡常数($D_{Ni}$) |
|---|---|---|
| 1 | $NiNH_3^{2+}(aq) \Longrightarrow Ni^{2+}(aq)+NH_3(aq)$ | $10^{-2.8}$ |
| 2 | $Ni(NH_3)_2^{2+}(aq) \Longrightarrow Ni^{2+}(aq)+2NH_3(aq)$ | $10^{-4.04}$ |
| 3 | $Ni(NH_3)_3^{2+}(aq) \Longrightarrow Ni^{2+}(aq)+3NH_3(aq)$ | $10^{-5.77}$ |
| 4 | $Ni(NH_3)_4^{2+}(aq) \Longrightarrow Ni^{2+}(aq)+4NH_3(aq)$ | $10^{-6.96}$ |
| 5 | $Ni(NH_3)_5^{2+}(aq) \Longrightarrow Ni^{2+}(aq)+5NH_3(aq)$ | $10^{-2.71}$ |
| 6 | $Ni(NH_3)_6^{2+}(aq) \Longrightarrow Ni^{2+}(aq)+6NH_3(aq)$ | $10^{-2.74}$ |

根据表 1-11，镍氨配合物主要存在形式是 $Ni(NH_3)_2^{2+}$、$Ni(NH_3)_3^{2+}$、$Ni(NH_3)_4^{2+}$，镍氨配合物的总解离反应基本为序号 2、3、4 反应式的总和，镍氨配合的总解离常数 $D_{Ni}=(10^{-4.04}\times10^{-5.77}\times10^{-6.96})^{1/3}=10^{-5.59}$，即：

$$Ni(NH_3)_n^{2+}(aq) \Longrightarrow Ni^{2+}(aq)+nNH_3(aq), D_{Ni}=10^{-5.59} \tag{1-49}$$

② 钴氨配合物也存在多种配体形式，假设解离常数为 $D_{Co}$，其反应式及解离平衡常数如表 1-12。

根据表 1-12，钴氨配合物主要存在形式为 $Co(NH_3)_4^{2+}$、$Co(NH_3)_5^{2+}$、$Co(NH_3)_6^{2+}$，钴氨配合物的总解离反应基本为序号 4、5、6 反应式的总和，钴氨配合的总解离常数 $D_{Co}=(10^{-5.55}\times10^{-5.71}\times10^{-5.11})^{1/3}=10^{-5.46}$，即：

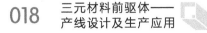

三元材料前驱体——
产线设计及生产应用

$$Co(NH_3)_n^{2+}(aq) \Longrightarrow Co^{2+}(aq) + nNH_3(aq), D_{Co} = 10^{-5.46} \qquad (1-50)$$

**表 1-12  钴氨配合物的反应式与解离平衡常数[13,14]**

| 序号 | 反应式 | 解离平衡常数($D_{Co}$) |
|---|---|---|
| 1 | $CoNH_3^{2+}(aq) \Longrightarrow Co^{2+}(aq) + NH_3(aq)$ | $10^{-2.11}$ |
| 2 | $Co(NH_3)_2^{2+}(aq) \Longrightarrow Co^{2+}(aq) + 2NH_3(aq)$ | $10^{-3.74}$ |
| 3 | $Co(NH_3)_3^{2+}(aq) \Longrightarrow Co^{2+}(aq) + 3NH_3(aq)$ | $10^{-4.79}$ |
| 4 | $Co(NH_3)_4^{2+}(aq) \Longrightarrow Co^{2+}(aq) + 4NH_3(aq)$ | $10^{-5.55}$ |
| 5 | $Co(NH_3)_5^{2+}(aq) \Longrightarrow Co^{2+}(aq) + 5NH_3(aq)$ | $10^{-5.71}$ |
| 6 | $Co(NH_3)_6^{2+}(aq) \Longrightarrow Co^{2+}(aq) + 6NH_3(aq)$ | $10^{-5.11}$ |

③ 锰氨配合物也存在多种配体形式，假设解离常数为 $D_{Mn}$，其反应式及解离平衡常数如表 1-13。

**表 1-13  锰氨配合物的反应式与解离平衡常数[13,14]**

| 序号 | 反应式 | 解离平衡常数($D_{Mn}$) |
|---|---|---|
| 1 | $MnNH_3(aq)^{2+} \Longrightarrow Mn^{2+}(aq) + NH_3(aq)$ | $10^{-1.0}$ |
| 2 | $Mn(NH_3)_2^{2+}(aq) \Longrightarrow Mn^{2+}(aq) + 2NH_3(aq)$ | $10^{-1.54}$ |
| 3 | $Mn(NH_3)_3^{2+}(aq) \Longrightarrow Mn^{2+}(aq) + 3NH_3(aq)$ | $10^{-1.70}$ |
| 4 | $Mn(NH_3)_4^{2+}(aq) \Longrightarrow Mn^{2+}(aq) + 4NH_3(aq)$ | $10^{-1.30}$ |

根据表 1-13，锰氨配合物和氨的配位作用较弱，主要存在形式为 $Mn(NH_3)_2^{2+}$、$Mn(NH_3)_3^{2+}$、$Mn(NH_3)_4^{2+}$，锰氨配合的总解离反应基本为序号 2、3、4 的总和，因此锰氨配合反应的总解离常数 $D_{Mn}$ 为 $(10^{-1.54} \times 10^{-1.70} \times 10^{-1.30})^{1/3} = 10^{-1.51}$，即：

$$Mn(NH_3)_n^{2+}(aq) \Longrightarrow Mn^{2+}(aq) + nNH_3(aq), D_{Mn} = 10^{-1.51} \qquad (1-51)$$

从式(1-49)~式(1-51) 可以看出，$Ni^{2+}$、$Co^{2+}$ 与 $NH_3$ 的配位效应较好，锰的配位效应很差。当 $Ni^{2+}$、$Co^{2+}$、$Mn^{2+}$ 与 $OH^-$ 的沉淀体系中加入氨水后，反应中出现了竞争反应，一方面 $Ni^{2+}$、$Co^{2+}$、$Mn^{2+}$ 与 $NH_3$ 发生配位反应，另一方面 $Ni^{2+}$、$Co^{2+}$、$Mn^{2+}$ 与 $OH^-$ 发生沉淀反应：

$$M(NH_3)_n^{2+} \Longrightarrow M^{2+} + nNH_3 \qquad (1-52)$$

$$M^{2+} + 2OH^- \Longrightarrow M(OH)_2 \qquad (1-53)$$

将式(1-52)、式(1-53)（式中 $M^{2+}$ 代表 $Ni^{2+}$、$Co^{2+}$、$Mn^{2+}$）相加得到 $Ni^{2+}$、$Co^{2+}$、$Mn^{2+}$ 共沉淀的总反应式为：

$$M(NH_3)_n^{2+} + 2OH^- \Longrightarrow M(OH)_2 + nNH_3 \qquad (1-54)$$

式(1-54) 的总反应平衡常数为：

$$K_{总} = \frac{[NH_3]^n}{[M(NH_3)_n^{2+}][OH^-]^2} = \frac{[NH_3]^n[M^{2+}]}{[M(NH_3)_n^{2+}]} \times \frac{1}{[M^{2+}][OH^-]} = D_M K_M \qquad (1-55)$$

将表 1-10 和式(1-49)~式(1-51) 中相应的平衡常数代入式(1-55)，求得 $Ni^{2+}$、$Co^{2+}$、$Mn^{2+}$ 加入氨水前、后沉淀平衡常数 $K_{总}$，如表 1-14。

表 1-14　$Ni^{2+}$、$Co^{2+}$、$Mn^{2+}$ 加入氨水前后的沉淀平衡常数

| 离子名称 | $Ni^{2+}$ | $Co^{2+}$ | $Mn^{2+}$ |
|---|---|---|---|
| 沉淀平衡常数（未加入氨水） | $10^{14.7}$ | $10^{14.8}$ | $10^{10.74}$ |
| 氨配合物解离常数 | $10^{-5.59}$ | $10^{-5.46}$ | $10^{-1.51}$ |
| 沉淀平衡常数（加入氨水后） | $10^{9.11}$ | $10^{9.34}$ | $10^{9.23}$ |

由表 1-14 可知，加入氨水后，氨水不仅使 $Ni^{2+}$、$Co^{2+}$、$Mn^{2+}$ 的沉淀速率降低了，而且还使 $Ni^{2+}$、$Co^{2+}$、$Mn^{2+}$ 沉淀速率为同一数量级，从化学反应的角度达到了共沉淀的要求，可见氨水在三元前驱体共沉淀的体系中起着至关重要的作用。

### 1.3.1.2　$Ni^{2+}$、$Co^{2+}$、$Mn^{2+}$ 的共沉淀体系物料平衡分析

$Ni^{2+}$、$Co^{2+}$、$Mn^{2+}$ 的共沉淀体系比较复杂，有三种金属离子的沉淀反应，也有三种金属离子的配位反应，还有氨的亲质子反应、水的电离，整个体系存在的反应如表 1-15。

表 1-15　三元前驱体共沉淀反应体系中存在的反应[13,14]

| 反应式 | 平衡常数 |
|---|---|
| $H_2O \rightleftharpoons H^+ + OH^-$ | $K_w = 10^{-14}$ |
| $NH_3 + H^+ \rightleftharpoons NH_4^+$ | $K_b = 10^{9.27}$ |
| $Ni^{2+} + 2OH^- \rightleftharpoons Ni(OH)_2$ | $K_{Ni} = 10^{14.7}$ |
| $Co^{2+} + 2OH^- \rightleftharpoons Co(OH)_2$ | $K_{Co} = 10^{14.8}$ |
| $Mn^{2+} + 2OH^- \rightleftharpoons Mn(OH)_2$ | $K_{Mn} = 10^{10.74}$ |
| $Ni^{2+} + NH_3 \rightleftharpoons NiNH_3^{2+}$ | $\beta_{Ni1} = 10^{2.8}$ |
| $Ni^{2+} + 2NH_3 \rightleftharpoons Ni(NH_3)_2^{2+}$ | $\beta_{Ni2} = 10^{4.04}$ |
| $Ni^{2+} + 3NH_3 \rightleftharpoons Ni(NH_3)_3^{2+}$ | $\beta_{Ni3} = 10^{5.77}$ |
| $Ni^{2+} + 4NH_3 \rightleftharpoons Ni(NH_3)_4^{2+}$ | $\beta_{Ni4} = 10^{6.96}$ |
| $Ni^{2+} + 5NH_3 \rightleftharpoons Ni(NH_3)_5^{2+}$ | $\beta_{Ni5} = 10^{2.71}$ |
| $Ni^{2+} + 6NH_3 \rightleftharpoons Ni(NH_3)_6^{2+}$ | $\beta_{Ni6} = 10^{2.74}$ |
| $Co^{2+} + NH_3 \rightleftharpoons CoNH_3^{2+}$ | $\beta_{Co1} = 10^{2.11}$ |
| $Co^{2+} + 2NH_3 \rightleftharpoons Co(NH_3)_2^{2+}$ | $\beta_{Co2} = 10^{3.74}$ |
| $Co^{2+} + 3NH_3 \rightleftharpoons Co(NH_3)_3^{2+}$ | $\beta_{Co3} = 10^{4.79}$ |
| $Co^{2+} + 4NH_3 \rightleftharpoons Co(NH_3)_4^{2+}$ | $\beta_{Co4} = 10^{5.55}$ |
| $Co^{2+} + 5NH_3 \rightleftharpoons Co(NH_3)_5^{2+}$ | $\beta_{Co5} = 10^{5.71}$ |
| $Co^{2+} + 6NH_3 \rightleftharpoons Co(NH_3)_6^{2+}$ | $\beta_{Co6} = 10^{5.11}$ |
| $Mn^{2+} + NH_3 \rightleftharpoons MnNH_3^{2+}$ | $\beta_{Mn1} = 10^{1.0}$ |
| $Mn^{2+} + 2NH_3 \rightleftharpoons Mn(NH_3)_2^{2+}$ | $\beta_{Mn2} = 10^{1.54}$ |
| $Mn^{2+} + 3NH_3 \rightleftharpoons Mn(NH_3)_3^{2+}$ | $\beta_{Mn3} = 10^{1.70}$ |
| $Mn^{2+} + 4NH_3 \rightleftharpoons Mn(NH_3)_4^{2+}$ | $\beta_{Mn4} = 10^{1.30}$ |

三元材料前驱体——
产线设计及生产应用

设在反应体系中加入的总镍、总钴、总锰、总碱、总氨浓度分别表示为 [Ni]、[Co]、[Mn]、[OH]、[N]，那么各元素在共沉淀体系中的存在形式浓度表示如表1-16。

表 1-16　各元素在共沉淀体系中的存在形式浓度表示

| 总浓度表示 | 存在形式浓度表示 |
| --- | --- |
| [Ni] | $[Ni^{2+}]$、$[NiNH_3^{2+}]$、$[Ni(NH_3)_2^{2+}]$、$[Ni(NH_3)_3^{2+}]$、$[Ni(NH_3)_4^{2+}]$、$[Ni(NH_3)_5^{2+}]$、$[Ni(NH_3)_6^{2+}]$、$[Ni(OH)_2]$ |
| [Co] | $[Co^{2+}]$、$[CoNH_3^{2+}]$、$[Co(NH_3)_2^{2+}]$、$[Co(NH_3)_3^{2+}]$、$[Co(NH_3)_4^{2+}]$、$[Co(NH_3)_5^{2+}]$、$[Co(NH_3)_6^{2+}]$、$[Co(OH)_2]$ |
| [Mn] | $[Mn^{2+}]$、$[MnNH_3^{2+}]$、$[Mn(NH_3)_2^{2+}]$、$[Mn(NH_3)_3^{2+}]$、$[Mn(NH_3)_4^{2+}]$、$[Mn(OH)_2]$ |
| [OH] | $[OH^-]$、$[Ni(OH)_2]$、$[Co(OH)_2]$、$[Mn(OH)_2]$ |
| [N] | $[NH_3]$、$[NH_4^+]$、$[NiNH_3^{2+}]$、$[Ni(NH_3)_2^{2+}]$、$[Ni(NH_3)_3^{2+}]$、$[Ni(NH_3)_4^{2+}]$、$[Ni(NH_3)_5^{2+}]$、$[Ni(NH_3)_6^{2+}]$、$[CoNH_3^{2+}]$、$[Co(NH_3)_2^{2+}]$、$[Co(NH_3)_3^{2+}]$、$[Co(NH_3)_4^{2+}]$、$[Co(NH_3)_5^{2+}]$、$[Co(NH_3)_6^{2+}]$、$[MnNH_3^{2+}]$、$[Mn(NH_3)_2^{2+}]$、$[Mn(NH_3)_3^{2+}]$、$[Mn(NH_3)_4^{2+}]$、$[Mn(OH)_2]$ |

注：表中均为在溶液反应体系中的游离浓度。

对于 $Ni^{2+}$、$Co^{2+}$、$Mn^{2+}$ 的共沉淀反应，总反应式有（M 代表 $Ni^{2+}$、$Co^{2+}$、$Mn^{2+}$）：

$$M^{2+}+2OH^-+nNH_3 = M(OH)_2+nNH_3 \qquad (1\text{-}56)$$

从式(1-56)可以看出，总氨浓度和总金属浓度存在定量的比值关系，即 $[N]/[M]=n$（$[M]=[Ni]+[Co]+[Mn]$）。根据表 1-15 知道，共沉淀体系中配位反应十分复杂，$Ni^{2+}$、$Co^{2+}$、$Mn^{2+}$ 均能和氨发生配位，都有多种形式的配合物，且配位常数各不相同，因此 $n$ 值很难计量。在控制 $Ni^{2+}$、$Co^{2+}$、$Mn^{2+}$ 实现均匀、缓慢、完全的共沉淀的条件下，假设总金属浓度一定，则 $n$ 值跟溶液的碱度即 pH 有关，所以有一定的合适的范围。设总金属浓度 $[M]=1mol/L$，则需要的总氨浓度为 $n$ mol/L，根据表 1-16，体系中存在以下元素物料平衡：

$$[Ni]-[Ni(OH)_2]=[Ni^{2+}]+[NiNH_3^{2+}]+[Ni(NH_3)_2^{2+}]+[Ni(NH_3)_3^{2+}]+$$
$$[Ni(NH_3)_4^{2+}]+[Ni(NH_3)_5^{2+}]+[Ni(NH_3)_6^{2+}] \qquad (1\text{-}57)$$

$$[Co]-[Co(OH)_2]=[Co^{2+}]+[CoNH_3^{2+}]+[Co(NH_3)_2^{2+}]+[Co(NH_3)_3^{2+}]+$$
$$[Co(NH_3)_4^{2+}]+[Co(NH_3)_5^{2+}]+[Co(NH_3)_6^{2+}] \qquad (1\text{-}58)$$

$$[Mn]-[Mn(OH)_2]=[Mn^{2+}]+[MnNH_3^{2+}]+[Mn(NH_3)_2^{2+}]+[Mn(NH_3)_3^{2+}]$$
$$+[Mn(NH_3)_4^{2+}] \qquad (1\text{-}59)$$

$$[N]=[NH_3]+[NH_4^+]+[NiNH_3^{2+}]+2[Ni(NH_3)_2^{2+}]+3[Ni(NH_3)_3^{2+}]+$$
$$4[Ni(NH_3)_4^{2+}]+5[Ni(NH_3)_5^{2+}]+6[Ni(NH_3)_6^{2+}]+[CoNH_3^{2+}]+$$
$$2[Co(NH_3)_2^{2+}]+3[Co(NH_3)_3^{2+}]+4[Co(NH_3)_4^{2+}]+$$
$$5[Co(NH_3)_5^{2+}]+6[Co(NH_3)_6^{2+}]+[MnNH_3^{2+}]+$$
$$2[Mn(NH_3)_2^{2+}]+3[Mn(NH_3)_3^{2+}]+4[Mn(NH_3)_4^{2+}] \qquad (1\text{-}60)$$

为了把式(1-57)～式(1-60)的未知量减少，根据表 1-15 将各种物质的浓度全部转换成与 pH 值和游离氨浓度 $[NH_3]$ 的关系，如表 1-17：

**表 1-17　体系中各种物质浓度与 pH、[NH₃] 关系**

| 序号 | 关系 |
|---|---|
| 1 | $[H^+]=10^{-pH}$ |
| 2 | $[OH^-]=K_w/[H^+]=10^{pH-14}$ |
| 3 | $[Ni^{2+}]=1/(K_{Ni}[OH^-]^2)=10^{13.3-2pH}$ |
| 4 | $[Co^{2+}]=1/(K_{Co}[OH^-]^2)=10^{13.2-2pH}$ |
| 5 | $[Mn^{2+}]=1/(K_{Mn}[OH^-]^2)=10^{17.26-2pH}$ |
| 6 | $[NH_4^+]=[NH_3][H^+]K_b=[NH_3]\times10^{9.27-pH}$ |
| 7 | $[NiNH_3^{2+}]=[NH_3][Ni^{2+}]\beta_{Ni1}=[NH_3]\times10^{16.1-2pH}$ |
| 8 | $[Ni(NH_3)_2^{2+}]=[NH_3]^2[Ni^{2+}]\beta_{Ni2}=[NH_3]^2\times10^{17.34-2pH}$ |
| 9 | $[Ni(NH_3)_3^{2+}]=[NH_3]^3[Ni^{2+}]\beta_{Ni3}=[NH_3]^3\times10^{19.07-2pH}$ |
| 10 | $[Ni(NH_3)_4^{2+}]=[NH_3]^4[Ni^{2+}]\beta_{Ni4}=[NH_3]^4\times10^{20.26-2pH}$ |
| 11 | $[Ni(NH_3)_5^{2+}]=[NH_3]^5[Ni^{2+}]\beta_{Ni4}=[NH_3]^5\times10^{16.01-2pH}$ |
| 12 | $[Ni(NH_3)_6^{2+}]=[NH_3]^6[Ni^{2+}]\beta_{Ni4}=[NH_3]^6\times10^{16.04-2pH}$ |
| 13 | $[CoNH_3^{2+}]=[NH_3][Co^{2+}]\beta_{Co1}=[NH_3]\times10^{15.31-2pH}$ |
| 14 | $[Co(NH_3)_2^{2+}]=[NH_3]^2[Co^{2+}]\beta_{Co2}=[NH_3]^2\times10^{16.94-2pH}$ |
| 15 | $[Co(NH_3)_3^{2+}]=[NH_3]^3[Co^{2+}]\beta_{Co3}=[NH_3]^3\times10^{17.99-2pH}$ |
| 16 | $[Co(NH_3)_4^{2+}]=[NH_3]^4[Co^{2+}]\beta_{Co4}=[NH_3]^4\times10^{18.75-2pH}$ |
| 17 | $[Co(NH_3)_5^{2+}]=[NH_3]^5[Co^{2+}]\beta_{Co5}=[NH_3]^5\times10^{18.91-2pH}$ |
| 18 | $[Co(NH_3)_6^{2+}]=[NH_3]^6[Co^{2+}]\beta_{Co6}=[NH_3]^6\times10^{18.31-2pH}$ |
| 19 | $[MnNH_3^{2+}]=[NH_3][Mn^{2+}]\beta_{Mn1}=[NH_3]\times10^{18.26-2pH}$ |
| 20 | $[Mn(NH_3)_2^{2+}]=[NH_3]^2[Mn^{2+}]\beta_{Mn2}=[NH_3]^2\times10^{18.8-2pH}$ |
| 21 | $[Mn(NH_3)_3^{2+}]=[NH_3]^3[Mn^{2+}]\beta_{Mn3}=[NH_3]^3\times10^{18.96-2pH}$ |
| 22 | $[Mn(NH_3)_4^{2+}]=[NH_3]^4[Mn^{2+}]\beta_{Mn4}=[NH_3]^4\times10^{18.56-2pH}$ |

将表 1-17 的数值代入式(1-57) ～式(1-60)

$$[Ni]-[Ni(OH)_2]=10^{13.3-2pH}+[NH_3]\times10^{16.1-2pH}+[NH_3]^2\times10^{17.34-2pH}+$$
$$[NH_3]^3\times10^{19.07-2pH}+[NH_3]^4\times10^{20.26-2pH}+[NH_3]^5\times$$
$$10^{16.01-2pH}+[NH_3]^6\times10^{16.04-2pH} \tag{1-61}$$

$$[Co]-[Co(OH)_2]=10^{13.2-2pH}+[NH_3]\times10^{15.31-2pH}+[NH_3]^2\times10^{16.94-2pH}+$$
$$[NH_3]^3\times10^{17.99-2pH}+[NH_3]^4\times10^{18.75-2pH}+[NH_3]^5\times$$
$$10^{18.91-2pH}+[NH_3]^6\times10^{18.31-2pH} \tag{1-62}$$

$$[Mn]-[Mn(OH)_2]=10^{17.26-2pH}+[NH_3]\times10^{18.26-2pH}+[NH_3]^2\times10^{18.8-2pH}+$$
$$[NH_3]^3\times10^{18.96-2pH}+[NH_3]^4\times10^{18.56-2pH} \tag{1-63}$$

$$[N]=[NH_3](1+10^{9.27-pH}+10^{16.1-2pH}+10^{15.31-2pH}+10^{18.26-2pH})+$$
$$[NH_3]^2(10^{17.64-2pH}+10^{17.24-2pH}+10^{19.1-2pH})+$$
$$[NH_3]^3(10^{19.55-2pH}+10^{18.47-2pH}+10^{19.44-2pH})+$$
$$[NH_3]^4(10^{20.86-2pH}+10^{19.35-2pH}+10^{19.16-2pH})+$$
$$[NH_3]^5(10^{16.71-2pH}+10^{19.61-2pH})+[NH_3]^6$$
$$(10^{16.82-2pH}+10^{19.09-2pH}) \tag{1-64}$$

根据式(1-64)可知，假设总氨浓度 [N] 一定，游离氨的浓度 [NH₃] 和 pH 值有着对应关系，不同的 pH 值下可求出不同的游离氨 [NH₃]，然后将得到的不同的 pH-[NH₃] 值代入式(1-61)、式(1-62)、式(1-63)，即可求得总氨浓度一定的情况下，不同 pH 值条件的（[M]－[M(OH)₂]）的值（M 代表 Ni、Co、Mn）。（[M]－[M(OH)₂]）

代表着金属离子的完全反应程度，值越小，说明沉淀反应越完全。

假设溶液中 $SO_4^{2-}$ 和 $Na^+$ 的电荷相等，溶液体系中电荷平衡有：

$$2[Ni^{2+}]+2[Co^{2+}]+2[Mn^{2+}]+[NH_4^+]+[H^+]+2[NiNH_3^{2+}]+2[Ni(NH_3)_2^{2+}]$$
$$+2[Ni(NH_3)_3^{2+}]+2[Ni(NH_3)_4^{2+}]+2[Ni(NH_3)_5^{2+}]+2[Ni(NH_3)_6^{2+}]$$
$$+2[CoNH_3^{2+}]+2[Co(NH_3)_2^{2+}]+2[Co(NH_3)_3^{2+}]+2[Co(NH_3)_4^{2+}]$$
$$+2[Co(NH_3)_5^{2+}]+2[Co(NH_3)_6^{2+}]+2[MnNH_3^{2+}]+2[Mn(NH_3)_2^{2+}]$$
$$+2[Mn(NH_3)_3^{2+}]+2[Mn(NH_3)_4^{2+}]=[OH^-] \tag{1-65}$$

将表 1-17 的数值代入式(1-65) 得：

$$10^{13.6-2pH}+10^{13.5-2pH}+10^{17.56-2pH}+10^{-pH}+[NH_3](10^{9.27-pH}+10^{16.4-2pH}$$
$$+10^{15.61-2pH}+10^{18.56-2pH})+[NH_3]^2(10^{17.64-2pH}+10^{17.24-2pH}+10^{19.1-2pH})$$
$$+[NH_3]^3(10^{19.37-2pH}+10^{18.29-2pH}+10^{19.26-2pH})+[NH_3]^4(10^{20.56-2pH}$$
$$+10^{19.05-2pH}+10^{18.86-2pH})+[NH_3]^5(10^{16.31-2pH}+10^{19.21-2pH})+[NH_3]^6$$
$$(10^{16.34-2pH}+10^{18.61-2pH})=10^{pH-14} \tag{1-66}$$

对于式(1-66)，恒有 $10^{pH-14}>10^{17.56-2pH}$，求得 pH>10.52，因此共沉淀体系中 pH 的范围为 10.52～14。

设总氨浓度 [N] (mol/L) 分别为 0.1、0.3、0.4、0.5、0.7、1，然后在不同总氨浓度 [N] 下分别在 pH=10.6～14 范围内取多个点，根据式(1-64) 求得不同 pH 值下游离氨 $[NH_3]$ 的浓度，然后根据式(1-61)、式(1-62)、式(1-63) 求得不同条件下 Ni、Co、Mn 的 $([M]-[M(OH)_2])$，得到 pH-$[NH_3]$ 和 pH-$([M]-[M(OH)_2])$ 的曲线关系，如图 1-6。

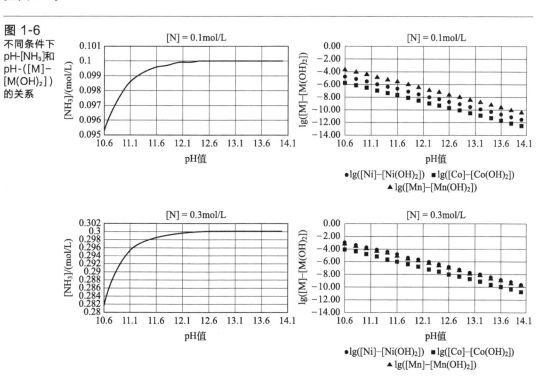

图 1-6
不同条件下 pH-[NH$_3$]和 pH-([M]-[M(OH)$_2$]) 的关系

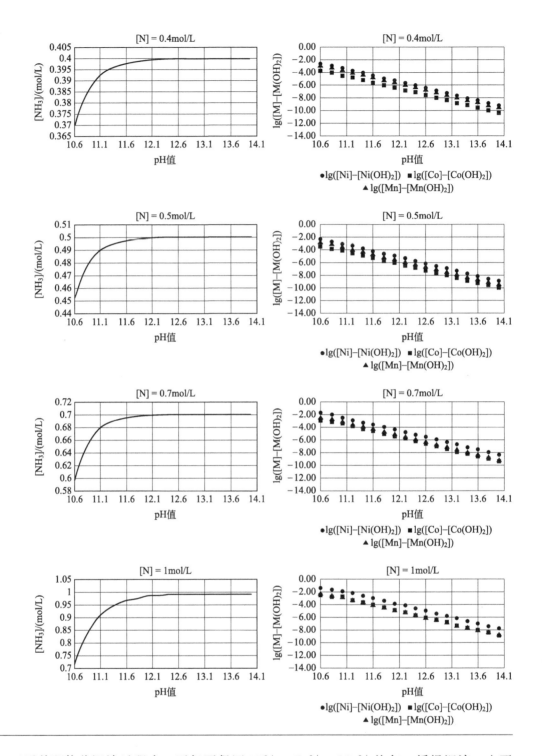

　　三元前驱体共沉淀过程中，不仅要保证 $Ni^{2+}$、$Co^{2+}$、$Mn^{2+}$ 均匀、缓慢沉淀，也要保证 $Ni^{2+}$、$Co^{2+}$、$Mn^{2+}$ 沉淀反应完全（一般认为物质浓度小于 $10^{-5}mol/L$ 时，物质已反应完全），均匀、缓慢沉淀和氨水浓度有关，而沉淀是否完全和 pH 值有关，因此找到一个合适的氨水浓度和 pH 条件是 $Ni^{2+}$、$Co^{2+}$、$Mn^{2+}$ 共沉淀的前提条件。

根据图1-6，在总氨浓度为0.1mol/L的条件下，从pH-lg([M]−[M(OH)$_2$])图可以看出，虽然Ni$^{2+}$、Co$^{2+}$、Mn$^{2+}$能较快沉淀完全，但是Ni$^{2+}$、Co$^{2+}$、Mn$^{2+}$的沉淀速率不一致，这是因为氨水浓度太低，氨和金属离子的配位效应差有关，Ni$^{2+}$、Co$^{2+}$沉淀速率较快。

在总氨浓度为0.7mol/L的条件下，根据pH-lg([M]−[M(OH)$_2$])图可以看出，Ni$^{2+}$小于Co$^{2+}$、Mn$^{2+}$的沉淀速率，速率差异较大，Co$^{2+}$、Mn$^{2+}$需要在pH>11.8才能沉淀完全，Ni$^{2+}$需要在pH>12.3才能沉淀完全。这是因为氨水浓度过高，对金属离子的配位作用较强，Ni$^{2+}$的配位作用远远大于Co$^{2+}$、Mn$^{2+}$；当pH>12.1时，根据pH-[NH$_3$]图可以看出，游离氨已对pH变化不敏感，证明高pH值下氨的配位作用较差，溶液中的OH$^-$较易从金属离子氨配合物中争夺出金属离子，所以在这个体系下就很容易出现低pH下金属离子沉淀不完全，高pH值下金属离子沉淀速率过快的现象。总氨浓度1mol/L和0.7mol/L的情况类似，而且比0.7mol/L的两极分化程度更严重。

当总氨浓度在0.3~0.5mol/L时，从pH-lg([M]−[M(OH)$_2$])图可以看出，Ni$^{2+}$、Co$^{2+}$、Mn$^{2+}$的沉淀速率基本趋于一致，且pH>(11.4~11.6)时就能将Ni$^{2+}$、Co$^{2+}$、Mn$^{2+}$沉淀完全；根据pH-[NH$_3$]图可以看出，当pH>12.1时，游离氨已对pH变化不敏感，所以Ni$^{2+}$、Co$^{2+}$、Mn$^{2+}$共沉淀过程中，总氨浓度在0.3~0.5mol/L的条件下，pH值在11.4~12.1的范围内都能获得缓慢、均匀的共沉淀以及金属损失量小的效果。

由于图表中的数据全是根据标准状态下的反应常数计算出来的，此处的pH值是指温度在25℃时的值，当三元前驱体共沉淀体系的温度和25℃相差很远时，应当进行换算，一般前驱体反应温度在50~60℃，因pH值随温度的升高而降低，所以实际反应pH值要比上述的要低一些。另外，以上数据是反应釜内总金属浓度([Ni]+[Co]+[Mn])=1mol/L时所得的结果，如果溶液体系中([Ni]+[Co]+[Mn])的总浓度不是1mol/L时，由于总氨浓度与总金属的浓度比值是一定的，应根据总氨浓度与总金属浓度的比值进行换算。

### 1.3.1.3　Ni$^{2+}$、Co$^{2+}$、Mn$^{2+}$共沉淀的氧化反应热力学分析

由于Ni、Co、Mn元素都有多种价态的离子及其化合物存在，如果共沉淀之前和共沉淀的过程中出现金属离子价态的改变或生成其他杂质的副反应，会导致三元前驱体比例的偏离以及纯度的降低，所以有必要对共沉淀之前以及共沉淀过程中易出现的氧化副反应进行分析，从而采取预防措施，避免副反应的出现。一般来说，如果体系中离子或化合物发生氧化，其氧化剂均为溶液中的O$_2$。

(1)混合硫酸盐溶解氧化热力学分析　如果混合硫酸盐中的Ni$^{2+}$、Co$^{2+}$、Mn$^{2+}$在进入反应釜沉淀之前发生氧化反应，也会影响Ni$^{2+}$、Co$^{2+}$、Mn$^{2+}$的共沉淀反应。Ni$^{3+}$在溶液中极不稳定，所以主要考虑Co$^{2+}$、Mn$^{2+}$的氧化特性。

① Co$^{2+}$在硫酸盐水溶液中的氧化特性：对于混合硫酸盐，由于Ni$^{2+}$、Co$^{2+}$、Mn$^{2+}$的微弱水解导致溶液略呈酸性，已知酸性溶液中$\varphi_a^{\ominus}$(O$_2$/H$_2$O)=1.229V，电极反应式[1]如下：

$$O_2 + 4H^+ + 4e^- \Longrightarrow 2H_2O, \quad \varphi_a^{\ominus}(O_2/H_2O) = 1.229V \tag{1-67}$$

查得 $\varphi_a^{\ominus}(Co^{3+}/Co^{2+}) = 1.92V$，电极反应式[1]如下：

$$Co^{3+} + e^- \Longrightarrow Co^{2+}, \quad \varphi_a^{\ominus}(Co^{3+}/Co^{2+}) = 1.92V \tag{1-68}$$

将式(1-67)−4×式(1-68)得：

$$O_2 + 4H^+ + 4Co^{2+} \Longrightarrow 4Co^{3+} + 2H_2O \tag{1-69}$$

式(1-69)的吉布斯自由能变化为：

$$\Delta_r G^{\ominus}[式(1-69)] = \Delta_r G^{\ominus}[式(1-67)] - 4\Delta_r G^{\ominus}[式(1-68)] \tag{1-70}$$

又因为吉布斯自由能变和电极电势有如下关系[3]：

$$\Delta_r G = -nF\varphi^{\ominus} \tag{1-71}$$

式中，$n$ 为电子的转移数；$F$ 为法拉第常数，96.485kJ/(V·mol)；$\varphi^{\ominus}$ 为电极反应的标准电极电势，V。

由式(1-70)、式(1-71)可求得式(1-69)的吉布斯自由能变化：

$\Delta_r G^{\ominus}[式(1-69)] = -4 \times 96.485 \times 1.229 - (-4 \times 96.485 \times 1.92) = 266.685 (kJ/mol)$

$\Delta_r G^{\ominus}[式(1-69)]$ 是一个很大的正值，所以 $Co^{2+}$ 在常温水溶液中被氧化几乎不可能发生。

② $Mn^{2+}$ 在硫酸盐水溶液中的氧化特性：查得 $\varphi_a^{\ominus}(Mn^{3+}/Mn^{2+}) = 1.5415V$，电极反应式[1]如下：

$$Mn^{3+} + e^- \Longrightarrow Mn^{2+}, \quad \varphi_a^{\ominus}(Mn^{3+}/Mn^{2+}) = 1.5415V \tag{1-72}$$

同样将式(1-67)−4×式(1-72)得到 $Mn^{2+}$ 被氧化的化学反应式为：

$$O_2 + 4H^+ + 4Mn^{2+} \Longrightarrow 4Mn^{3+} + 2H_2O \tag{1-73}$$

$\Delta_r G^{\ominus}[式(1-73)] = \Delta_r G^{\ominus}[式(1-67)] - 4\Delta_r G^{\ominus}[式(1-72)] = -4 \times 96.485 \times 1.229 - (-4 \times 96.485 \times 1.5415) = 120(kJ/mol)$，$\Delta_r G^{\ominus}[式(1-73)]$ 是一个很大的正值，说明 $Mn^{2+}$ 在常温水溶液中也很难被氧化。

(2) 共沉淀体系中的氧化热力学分析　$Ni^{2+}$、$Co^{2+}$、$Mn^{2+}$ 共沉淀为碱性体系，查得 $O_2/H_2O$ 在碱性溶液中的标准电极电势[1]：

$$O_2 + 2H_2O + 4e^- \Longrightarrow 4OH^-, \quad \varphi_b^{\ominus}(O_2/H_2O) = 0.401V \tag{1-74}$$

$Ni^{2+}$、$Co^{2+}$、$Mn^{2+}$ 在碱性体系中电势图为：

**图 1-7**
$Ni^{2+}$、$Co^{2+}$、$Mn^{2+}$
在碱性体系中电势图[3]

$$Ni(OH)_4 \xrightarrow{0.60V} Ni(OH)_3 \xrightarrow{0.48V} Ni(OH)_2 \xrightarrow{-0.72V} Ni$$

$$CoO_2 \xrightarrow{0.62V} Co(OH)_3 \xrightarrow{0.17V} Co(OH)_2 \xrightarrow{-0.73V} Co$$

$$MnO_2 \xrightarrow{-0.20V} Mn(OH)_3 \xrightarrow{0.15V} Co(OH)_2 \xrightarrow{-1.56V} Mn$$

① $Ni(OH)_2$ 在共沉淀体系中的氧化特性：由图 1-7 写出 $\varphi^{\ominus}[Ni(OH)_3/Ni(OH)_2]$ 的标准电极反应如式(1-75)。

$$Ni(OH)_3 + e^- \Longrightarrow Ni(OH)_2 + OH^-, \quad \varphi^{\ominus}[Ni(OH)_3/Ni(OH)_2] = 0.48V \tag{1-75}$$

将式(1-74)−4×式(1-75)得到 $Ni(OH)_2$ 的氧化反应式：

$$4Ni(OH)_2 + O_2 + 2H_2O \Longrightarrow 4Ni(OH)_3 \tag{1-76}$$

式(1-76)的吉布斯自由能变为:

$$\Delta_r G^{\ominus}[\text{式}(1\text{-}76)]=\Delta_r G^{\ominus}[\text{式}(1\text{-}74)]-4\Delta_r G^{\ominus}[\text{式}(1\text{-}75)]=-4\times 96.485\times 0.401-$$
$$(-4\times 96.485\times 0.48)=30.49(\text{kJ/mol})$$

显然 $Ni(OH)_2$ 的氧化反应在标准状态下很难进行,根据等温方程式:

$$\Delta_r G[\text{式}(1\text{-}76)]=\Delta_r G^{\ominus}[\text{式}(1\text{-}76)]-RT\ln p_{O_2} \tag{1-77}$$

氧气在空气中的摩尔分数为 $21\%$,常压时 ($p_{O_2}$)=21kPa,当 $\Delta_r G[\text{式}(1\text{-}76)]<0$ 时,有自发趋势,求得 $T>368.5K$ 时,$Ni(OH)_2$ 在碱性水溶液中才有氧化趋势。

② $Co(OH)_2$ 在共沉淀体系中的氧化特性:由图 1-7 写出 $\varphi^{\ominus}[Co(OH)_3/Co(OH)_2]$ 的标准电极反应式:

$$Co(OH)_3+e^-=\!=\!=Co(OH)_2+OH^-,\quad \varphi^{\ominus}[Co(OH)_3/Co(OH)_2]=0.17V \tag{1-78}$$

同样将式(1-74)$-4\times$式(1-78)得到 $Co(OH)_2$ 被氧化的化学反应式为:

$$4Co(OH)_2+O_2+2H_2O=\!=\!=4Co(OH)_3 \tag{1-79}$$

可求得式(1-79)的吉布斯自由能变为:

$$\Delta_r G^{\ominus}[\text{式}(1\text{-}79)]=\Delta_r G^{\ominus}[\text{式}(1\text{-}74)]-4\Delta_r G^{\ominus}[\text{式}(1\text{-}78)]$$
$$=-4\times 96.485\times 0.401-(-4\times 96.485\times 0.17)=-89.15(\text{kJ/mol})$$

即在标准大气压下、温度为 25℃时,$Co(OH)_2$ 就有很强的氧化趋势,根据等温方程式:

$$\Delta_r G[\text{式}(1\text{-}79)]=\Delta_r G^{\ominus}[\text{式}(1\text{-}79)]-RT\ln p_{O_2} \tag{1-80}$$

随着温度 $T$ 升高,$\Delta_r G[\text{式}(1\text{-}79)]$ 的值越负,$Co(OH)_2$ 氧化趋势会越大。

③ $Mn(OH)_2$ 在共沉淀体系中的氧化特性:由图 1-7 写出 $\varphi^{\ominus}[Mn(OH)_3/Mn(OH)_2]$ 的电极反应式为:

$$Mn(OH)_3+4e^-=\!=\!=Mn(OH)_2+4OH^-,\quad \varphi^{\ominus}[Mn(OH)_3/Mn(OH)_2]=0.15V \tag{1-81}$$

式(1-74)$-4\times$[式(1-81)]得到 $Mn(OH)_2$ 的氧化反应方程式为:

$$4Mn(OH)_2+O_2+2H_2O=\!=\!=4Mn(OH)_3 \tag{1-82}$$

可求得式(1-82)的吉布斯自由能变为:

$$\Delta_r G^{\ominus}[\text{式}(1\text{-}82)]=\Delta_r G^{\ominus}[\text{式}(1\text{-}74)]-4\Delta_r G^{\ominus}[\text{式}(1\text{-}82)]=-4\times 96.485\times 0.401-$$
$$(-4\times 96.485\times 0.15)=-96.87(\text{kJ/mol})$$

和 $Co(OH)_2$ 一样,即在标准大气压下、温度为 25℃时,$Mn(OH)_2$ 也有很强的氧化趋势,且随着温度的升高,氧化趋势逐渐增大。

另外从图 1-7 可以看出:$\varphi^{\ominus}[Mn(OH)_3/Mn(OH)_2]>\varphi^{\ominus}[MnO_2/Mn(OH)_3]$,即高氧化态的电极比低氧化态电极电势低,所以 $Mn(OH)_3$ 很容易发生歧化反应,生成 $MnO_2$ 和 $Mn(OH)_2$,只要氧气足够,$Mn(OH)_2$ 又会被氧化,直到全部生成 $MnO_2$ 为止。因此 $Mn(OH)_2$ 与氧气的反应非常剧烈。

④ $Co(NH_3)_6^{2+}$ 在共沉淀体系中的氧化特性:$Ni^{2+}$、$Co^{2+}$、$Mn^{2+}$ 共沉淀体系中还存在金属离子氨配合物,查得 $Co(NH_3)_6^{3+}/Co(NH_3)_6^{2+}$ 电极反应式及电极电势[1]为:

$$Co(NH_3)_6^{3+}+e^-=\!=\!=Co(NH_3)_6^{2+},\quad \varphi^{\ominus}[Co(NH_3)_6^{3+}/Co(NH_3)_6^{2+}]=0.108V \tag{1-83}$$

同样将式(1-74)−4×式(1-83)得到 $Co(NH_3)_6^{2+}$ 的氧化反应方程式为：

$$4Co(NH_3)_6^{2+}+O_2+2H_2O \Longrightarrow 4OH^-+4Co(NH_3)_6^{3+} \tag{1-84}$$

求得式(1-84)的吉布斯自由能变为：

$$\Delta_rG^\ominus[式(1\text{-}84)]=\Delta_rG^\ominus[式(1\text{-}74)]-4\Delta_rG^\ominus[式(1\text{-}84)]=-4\times96.485\times0.401-$$
$$(-4\times96.485\times0.108)=-113.08(kJ/mol)$$

显然在标准状态下，$Co(NH_3)_6^{2+}$ 被氧化成 $Co(NH_3)_6^{3+}$ 有极大的自发趋势。从配合物的配体场稳定化能的角度解释[3]是因为 $Co^{2+}$、$Co^{3+}$ 和氨这种强配体形成配合物时，$Co^{2+}$、$Co^{3+}$ 电子能级发生分裂，$Co(NH_3)_6^{2+}$ 形成的是高自旋配合物，而 $Co(NH_3)_6^{3+}$ 形成的是能量低的低自旋配合物，更稳定。所以在有氧化剂存在的条件下，$Co(NH_3)_6^{2+}$ 会更容易生成 $Co(NH_3)_6^{3+}$。

综合上述计算分析，将三元前驱体共沉淀体系中几种物质的氧化特性整理如表1-18。

表1-18　共沉淀体系中几种物质的氧化特性

| 物质名称 | 氧化反应方程式 | $\Delta_rG^\ominus$ /(kJ/mol) | 备注 |
|---|---|---|---|
| $Ni(OH)_2$ | $4Ni(OH)_2+O_2+2H_2O \Longrightarrow 4Ni(OH)_3$ | 30.49 | 较难氧化 |
| $Co(OH)_2$ | $4Co(OH)_2+O_2+2H_2O \Longrightarrow 4Co(OH)_3$ | −89.15 | 较易氧化，且随着温度的升高，氧化趋势增大 |
| $Mn(OH)_2$ | $4Mn(OH)_2+O_2+2H_2O \Longrightarrow 4Mn(OH)_3$ | −96.87 | 较易氧化，且随着温度的升高，氧化趋势增大 |
| $Co(NH_3)_6^{2+}$ | $4Co(NH_3)_6^{2+}+O_2+2H_2O \Longrightarrow$ $4OH^-+4Co(NH_3)_6^{3+}$ | −113.08 | 较易氧化，且随着温度的升高，氧化趋势增大 |

三元前驱体共沉淀体系当中存在多种物质的氧化，这些氧化副反应会给三元前驱体产品的质量带来不利影响，所以沉淀过程必须要在无氧环境下进行。虽然硫酸盐在溶解过程中 $Ni^{2+}$、$Co^{2+}$、$Mn^{2+}$ 不会被氧化，但溶解过程必须也要除氧，防止盐溶液中的氧带入共沉淀体系中导致前驱体氧化。

### 1.3.1.4　$Ni^{2+}$、$Co^{2+}$、$Mn^{2+}$ 共沉淀反应的热效应热力学分析

$Ni^{2+}$、$Co^{2+}$、$Mn^{2+}$ 共沉淀反应可以分为三个步骤：①$Ni^{2+}$、$Co^{2+}$、$Mn^{2+}$ 与氨发生配位形成 $Ni^{2+}$、$Co^{2+}$、$Mn^{2+}$ 氨配合物；②$Ni^{2+}$、$Co^{2+}$、$Mn^{2+}$ 氨配合物发生解离，形成 $Ni^{2+}$、$Co^{2+}$、$Mn^{2+}$ 和氨；③$Ni^{2+}$、$Co^{2+}$、$Mn^{2+}$ 和 $OH^-$ 沉淀，形成 $Ni^{2+}$、$Co^{2+}$、$Mn^{2+}$ 复合氢氧化物。

由于物质的热力学性质跟过程无关，只跟物质的始态和终态有关，虽然在共沉淀过程中发生了许多化学变化，但如果只列出始态和终态，其反应如式(1-85)。

$$x\,Ni^{2+}(aq)+y\,Co^{2+}(aq)+z\,Mn^{2+}(aq)+2OH^-(aq)+n\,NH_3(aq)\Longrightarrow$$
$$Ni_xCo_yMn_z(OH)_2(s)+n\,NH_3(aq)(其中\ x+y+z=1) \tag{1-85}$$

式(1-85)的热效应 $\Delta_rH^\ominus[式(1\text{-}85)]=x\Delta H_f^\ominus[Ni(OH)_2,s]+y\Delta H_f^\ominus[Co(OH)_2,s]+z\Delta H_f^\ominus[Mn(OH)_2,s]-x\Delta H_f^\ominus(Ni^{2+},aq)-y\Delta H_f^\ominus(Co^{2+},aq)-z\Delta H_f^\ominus(Mn^{2+},aq)-2\Delta H_f^\ominus(OH^-,aq)$

假设 $x=0.5$，$y=0.2$，$z=0.3$，将表 1-1 的热力学数据代入求得：
$$\Delta_r H^{\ominus}[式(1\text{-}85)]=-3.962\text{kcal/mol}$$

显然 $Ni^{2+}$、$Co^{2+}$、$Mn^{2+}$ 共沉淀反应是一个放热反应，但放热量不是很大，沉淀反应速率对温度（$>25℃$）不是特别敏感，所以从化学反应的角度来讲，温度对反应进程影响不大，但对于沉淀来说，温度较高时，会减少沉淀对杂质离子的吸附，溶液内离子的"热运动"会增加，易获得纯度较高、粒度较大的沉淀，所以共沉淀反应宜在较高温度下进行。但是前面我们讨论过，温度越高，$Mn(OH)_2$、$Co(OH)_2$、$Co(NH_3)_6^{2+}$ 的氧化趋势会增加，且共沉淀体系的氨也更容易挥发，氨的损失易造成体系中金属离子的配位作用下降，导致沉淀速率加快。所以三元前驱体共沉淀反应的温度不能过高，通常情况下控制在 $60℃$ 以下为宜。

## 1.3.2　$Ni^{2+}$、$Co^{2+}$、$Mn^{2+}$ 共沉淀的反应结晶

沉淀物质可分为结晶形、无定形和非晶形三类：

① 结晶形：外观呈明显的晶粒状，X 射线能表征出特有的晶体结构，其特点是沉淀析出速度慢，溶质分子有足够的时间进行排列，粒子排列有规则。

② 无定形：实际是很小晶粒的聚集体，其特点是沉淀析出速度较快，其结晶度比结晶形要差。

③ 非晶形：X 射线不能表征出一定的晶体结构，析出速度快，粒子排列不规则。一般非晶形沉淀不是很稳定，在一定条件下能转化成无定形。

把沉淀的析出速度减慢就可以把沉淀过程转换为结晶过程。在三元前驱体的共沉淀过程中加入氨水减缓沉淀的析出速度，其目的就是为了得到晶形沉淀，所以三元前驱体的共沉淀过程实际上也是一种结晶的过程，三元前驱体实质为晶体。$\beta\text{-}Ni(OH)_2$、$\beta\text{-}Co(OH)_2$、$Mn(OH)_2$ 都具有相同的 $CdI_2$ 型水镁石结构[14]，所以采用共沉淀法制备的三元前驱体 $[Ni_xCo_yMn_z(OH)_2]$ 和 $\beta\text{-}Ni(OH)_2$ 有着相同的晶体结构，如图 1-8。

图 1-8
三元前驱体的
晶体结构图[15]

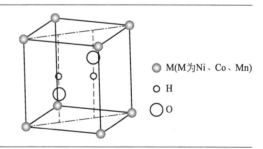

○ M(M为Ni、Co、Mn)
○ H
○ O

结晶是从液相或气相缓慢生成固相的过程，其方法常有蒸发、冷却、解析、化学反应等，见表 1-19。

从表 1-19 可看出，三元前驱体的制备过程属于化学反应结晶，相比于其他三种是利用物质的物理特性如溶解度、凝固点产生的相变，它的制备过程是利用化学变化产生的相变，但其本质都是一样的。

表 1-19　结晶的方法

| 方法 | 定义 | 实例 |
|------|------|------|
| 蒸发 | 通过蒸发溶剂让溶质析出的过程 | 将饱和氯化钾溶液的水溶剂蒸发析出氯化钾晶体 |
| 冷却 | 通过降低溶液温度而让溶质析出的过程 | 将熔融的金属液再冷却形成固体金属锭 |
| 解析 | 通过在溶液中加入某些物质,使溶质的溶解度降低而析出溶质的过程 | 卡那霉素溶于水而不溶于乙醇,在卡那霉素溶液中加入 95% 乙醇,使卡那霉素析出 |
| 化学反应 | 利用化学反应产生一个新的难溶物质的过程 | 通过镍、钴、锰离子与氨水形成配合物后再与沉淀剂化合成固溶体或混合沉淀析出 |

## 1.3.2.1　三元前驱体共沉淀的晶核生成分析

和其他结晶方式一样,三元前驱体的化学反应结晶过程包括晶核的生成和晶体的长大。晶核是指在液相或气相中形成的新相(发生相变)的结晶核心,它是晶体的生长中心。晶核的生成有初级均相成核、初级非均相成核和二次成核三种形式[16]。

初级均相成核是溶液中的溶质自发地在均相中生成晶核的过程;初级非均相成核是溶液中的溶质借助于外来物的表面生成晶核的过程;二次成核是通过溶液中已有的溶质晶体表面的颗粒剥落形成晶核的过程,它是在晶体之间或晶体与其他固体(器壁、搅拌器等)碰撞时所产生的微小晶粒的诱导下发生的。下面从热力学和动力学两个方面对以上三种成核方式进行分析。

(1) 三元前驱体成核的热力学分析

① 初级均相成核:三元前驱体的初级均相成核是指溶液中的 $M^{2+}$ 和 $OH^-$ 通过自身的热运动碰撞在一起,形成晶核的过程,它包含两部分能量的变化,一是从液态变为固态,有新的界面生成,过程需要吸收能量,导致界面吉布斯自由能 $\Delta_r G_s$ 的增加,即 $\Delta_r G_s > 0$;二是从液态变为固态发生相变,过程放出能量,导致相变自由能 $\Delta_r G_t$ 的减少,即 $\Delta_r G_t < 0$。因此总的吉布斯自由能 $\Delta_r G$(均相)变化为:

$$\Delta_r G(均相) = \Delta_r G_s + \Delta_r G_t \tag{1-86}$$

假设生成的晶核为球形,其半径为 $r$,那么生成一个晶核,界面自由能增加为:

$$\Delta_r G_s = 4\pi r^2 \gamma \tag{1-87}$$

式中,$\Delta_r G_s$ 为界面吉布斯自由能变;$\gamma$ 为单位面积上晶体的界面自由能;$r$ 为晶核的半径。

相变实际上是金属离子 $M^{2+}$ 与 $OH^-$ 发生化学反应生成晶体沉淀 $M(OH)_2$(M 代表 Ni、Co、Mn),其相变化学反应式如下:

$$M^{2+}(aq) + OH^-(aq) =\!\!=\!\!= M(OH)_2(s) \tag{1-88}$$

根据等温方程式,由式(1-88)可得到生成一个晶核的相变自由能为:

$$\Delta_r G_t = \Delta_r G_t^{\ominus} + nRT \ln K \tag{1-89}$$

式中,$n$ 为一个晶核所含溶质的物质的量;$K$ 为式(1-88)的平衡常数,$1/([M^{2+}][OH^-]^2)$;$R$ 为气体常数;$T$ 为温度。

当反应达到平衡状态时,$\Delta_r G_t = 0$,那么可得到标准的相变自由能为:

 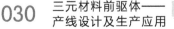

$$\Delta_r G_t^{\ominus} = -nRT \ln K^{\ominus} = nRT \ln K_{sp,M(OH)_2}^{\ominus} \tag{1-90}$$

式中，$K_{sp,M(OH)_2}^{\ominus}$ 为 $M(OH)_2$ 的溶度积。

将式(1-90)代入式(1-89)中：

$$\Delta_r G_t = nRT \ln K_{sp,M(OH)_2}^{\ominus} - nRT \ln([M^{2+}][OH^-]^2) = -nRT \ln \frac{[M^{2+}][OH^-]^2}{K_{sp,M(OH)_2}^{\ominus}} \tag{1-91}$$

定义溶质过饱和度 $S$ 为：

$$S = \frac{[M^{2+}][OH^-]^2}{K_{sp,M(OH)_2}^{\ominus}} \tag{1-92}$$

一个半径为 $r$ 的球形晶核所含溶质的物质的量为：

$$n = \frac{\rho V}{M} = \frac{4\pi r^3 \rho}{3M} \tag{1-93}$$

式中，$M$ 为晶体的摩尔质量；$\rho$ 为晶核的密度；$r$ 为晶核半径。

将式(1-92)、式(1-93)代入式(1-91)中

$$\Delta_r G_t = \left(-\frac{4\pi r^3 \rho RT}{3M}\right) \ln S \tag{1-94}$$

从式(1-94)可以看出，只有当 $S > 1$，即 $[M^{2+}][OH^-]^2 > K_{sp,M(OH)_2}^{\ominus}$ 时，$\Delta_r G_t < 0$，相变才可能发生。

将式(1-87)、式(1-94)代入式(1-86)中，可求得均相成核的能量变化为：

$$\Delta_r G(均相) = 4\pi r^2 \gamma - \frac{4\pi r^3 \rho RT}{3M} \ln S \tag{1-95}$$

当 $\Delta_r G(均相) < 0$ 时，成核才能发生。

用 $\Delta_r G(均相)$ 对 $r$ 微分，$\dfrac{\mathrm{d}\Delta_r G(均相)}{\mathrm{d}r} = 0$，可求得三元前驱体的均相成核的临界半径 $r^*$：

$$r^* = \frac{2\gamma M}{\rho RT} \ln S \tag{1-96}$$

将式(1-96)代入式(1-95)中，可求得临界均相成核吉布斯自由能 $\Delta G_r^*$（均相）：

$$\Delta_r G^*(均相) = \frac{16\pi \gamma^3 M^2}{3(\rho RT \ln S)^2} \tag{1-97}$$

因此只有溶液中的晶核半径 $r > r^*$，克服成核能 $\Delta_r G^*(均相) = \dfrac{16\pi \gamma^3 M^2}{3(\rho RT \ln S)^2}$，晶核才可能稳定生成。

假设某种三元前驱体共沉淀在温度恒定的条件下发生均相成核，即 $T$、$\gamma$、$M$、$R$ 为定值或常数，令：$K_r = \dfrac{2\gamma M}{\rho RT}$，$K_G = \dfrac{16\pi \gamma^3 M^2}{3(\rho RT)^2}$，可将式(1-96)、式(1-97)简化成：

$$r^* = \frac{K_r}{\ln S} \tag{1-98}$$

$$\Delta_r G^*(均相) = \frac{K_G}{(\ln S)^2} \tag{1-99}$$

从式(1-98)、式(1-99)可以看出,过饱和度 $S$ 越大,临界成核半径 $r^*$ 越小,临界均相成核吉布斯自由能 $\Delta_r G^*$(均相)越小,成核越容易进行;反之过饱和度 $S$ 越小,成核越难进行。因此均相成核的驱动力和过饱和度 $S$ 有关,即与溶液中游离的金属离子浓度 $[M^{2+}][OH^-]^2$ 有关。

② 初级非均相成核:三元前驱体的初级非均相成核是指以反应器内的某些部位如挡板、搅拌器等,或其他杂质如反应器壁上料垢的表面为基底,形成晶核的过程,其能量变化和初级均相成核类似。假设晶核在某一曲率半径为 $R$ 的基体表面生成半径为 $r$ 的球冠状晶核,球冠状高度为 $h$,如图1-9。

**图 1-9**
初级非均相成核示意图
$\gamma_{NS}$——晶核与基体间的界面能;
$\gamma_{LS}$——液相与基体间的界面能;
$\gamma_{NL}$——晶核与液相间的界面能;
$\theta$——晶核与平面成核基体之间的接触角

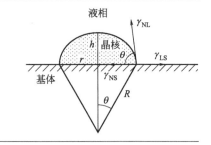

在此过程中产生了晶核和基体之间、晶核与液相之间两个界面,同时也减少了基体与液相一个界面,所以其界面的吉布斯自由能变化为:

$$\Delta_r G_s(\text{非均相}) = A_{NS}\gamma_{NS} + A_{NL}\gamma_{NL} - A_{LS}\gamma_{LS} \tag{1-100}$$

式中,$\Delta_r G_s$(非均相)为非均相成核的界面吉布斯自由能变;$A_{NS}$ 为晶核与基体之间的界面积;$A_{NL}$ 为晶核与液相之间的界面积;$A_{LS}$ 为基体与液相之间的界面积。

根据图1-9,可求得各界面积:

$$A_{NL} = 2\pi Rh = 2\pi R(R - R\cos\theta) = 2\pi R^2(1 - \cos\theta) \tag{1-101}$$

$$A_{LS} = A_{NS} = \pi r^2 = \pi R^2 \sin^2\theta = \pi R^2(1 - \cos^2\theta) \tag{1-102}$$

根据各界面能的平衡关系,可得:

$$\gamma_{LS} = \gamma_{NS} + \gamma_{NL}\cos\theta \tag{1-103}$$

将式(1-101)~式(1-103)代入式(1-100):

$$\Delta_r G_s(\text{非均相}) = \pi R^2(1 - \cos^2\theta)(\gamma_{NS} - \gamma_{LS}) + 2\pi R^2(1 - \cos\theta)\gamma_{NL}$$

$$= -\pi R^2(1 - \cos^2\theta)\gamma_{NL}\cos\theta + 2\pi R^2\gamma_{NL}(1 - \cos\theta) = 4\pi R^2\gamma_{NL} \times \frac{(2 - 3\cos\theta + \cos^3\theta)}{4}$$

$$\tag{1-104}$$

同样,对于非均相成核的相变吉布斯自由能为:

$$\Delta_r G_t(\text{非均相}) = -nRT\ln S \tag{1-105}$$

球冠状晶核的体积 $V_{球冠状}$ 为:

$$V_{球冠状} = \frac{\pi}{3}(3R - h)h^2 = \pi h^2\left(R - \frac{h}{3}\right) = \frac{\pi R^3}{3}(1 - \cos\theta)^2(2 + \cos\theta) \tag{1-106}$$

球冠状晶核的物质的量 $n$ 为:

$$n = \frac{\rho V_{球冠状}}{M} = \frac{\pi \rho R^3}{3M}(1 - \cos\theta)^2(2 + \cos\theta) \tag{1-107}$$

三元材料前驱体——
产线设计及生产应用

将式(1-107)代入式(1-105)：

$$\Delta_r G_t(\text{非均相}) = -\frac{4\pi R^3 \rho RT}{3M} \ln S \times \frac{(2-3\cos\theta+\cos^3\theta)}{4} \tag{1-108}$$

将式(1-104)、式(1-108)相加可得到非均相成核的总的吉布斯自由能变化 $\Delta_r G$（非均相）：

$$\Delta_r G(\text{非均相}) = \left(4\pi R^2 \gamma_{NL} - \frac{4\pi R^3 \rho RT}{3M} \ln S\right) \times \frac{(2-3\cos\theta+\cos^3\theta)}{4} \tag{1-109}$$

将式(1-109)中 $\Delta_r G$（非均相）对 $R$ 微分，$\dfrac{d\Delta_r G(\text{非均相})}{dR}=0$，可得三元前驱体的非均相成核的临界曲率半径 $R^*$：

$$R^* = \frac{2\gamma_{NL} M}{\rho RT} \ln S \times \frac{(2-3\cos\theta+\cos^3\theta)}{4} \tag{1-110}$$

将式(1-110)代入式(1-109)，可得到非均相成核的临界成核能 $\Delta_r G^*$（非均相）：

$$\Delta_r G^*(\text{非均相}) = \frac{16\pi \gamma_{NL}^3 M^2}{3(\rho RT \ln S)^2} \times \frac{(2-3\cos\theta+\cos^3\theta)}{4} \tag{1-111}$$

将式(1-97)代入式(1-111)有：

$$\Delta_r G^*(\text{非均相}) = \Delta_r G^*(\text{均相}) \times \frac{(2-3\cos\theta+\cos^3\theta)}{4} \tag{1-112}$$

从式(1-112)可以看出，非均相成核势垒和均相成核一样，与过饱和度 $S$ 有关，$S$ 越大，$\Delta_r G^*$（非均相）越小，成核越容易，但非均相成核还和 $\theta$ 相关，令：

$$F(\theta) = \frac{2-3\cos\theta+\cos^3\theta}{4} \tag{1-113}$$

即非均相成核势垒是均相成核势垒的 $F(\theta)$ 倍，由于 $0° < \theta < 180°$，$-1 < \cos\theta < 1$，则 $0 < F(\theta) < 1$，所以非均相成核势垒比均相成核势垒小，更容易成核。当成核基底越凸出，$\theta$ 越小，$F$ 值越小，成核势垒越小，越容易成核。当 $\theta=0°$，$F(\theta)=0$，$\Delta_r G^*$（非均相）$=0$，其基底可以作为晶体的晶核生长；$\theta$ 越大，$F$ 值越大，成核势垒越大，越不容易成核；当 $\theta=180°$，成核基体为光滑平面，$F(\theta)=1$，$\Delta_r G^*$（非均相）$=\Delta_r G^*$（均相）。由于非均相成核比均相成核容易，实际过程中反应釜内的搅拌器、挡板等不可避免会成为成核基底，所以初级成核基本还是以非均相成核为主，所以三元前驱体反应釜内一定要保持反应釜内壁光滑，尽量避免有凸出、尖锐的部分，减少非均相成核的发生。

③ 二次成核：通过前面分析可知，初级均相成核、初级非均相成核主要和溶液过饱和度相关，而二次成核是与溶液中晶体相关的成核方式，即溶液中有晶体存在才会发生的成核方式。三元前驱体在生产过程中反应釜内一直有大量的晶体存在，所以二次成核是三元前驱体结晶过程中的一种主要成核方式。二次成核的机理比较复杂，它是以溶液中晶体被外力作用剥落下来的微晶作为形核中心的成核方式，一般认为有两种机理[16]。

a. 流体剪切应力成核。当溶液以较大的流速运动时，与正在生长的晶体形成相对运动，在流体的边界层的剪切应力作用下将附着于晶体表面的一些粒子扫落，如果这些粒子大于临界晶核半径，就会形成晶核，反之就会溶解。

b. 接触成核。晶体在溶液中，由于搅拌会与外部物体（包括另一个晶体）碰撞产生大量的碎片，如果这些碎片的尺寸大于临界晶核的半径，就会形成新的晶核，反之就会溶解。一般包括晶体与搅拌桨之间的碰撞、晶体与容器内壁之间的碰撞、晶体与晶体之间的碰撞。

因此二次成核不仅和溶液过饱和度相关，还和外力（剪切、碰撞）与晶体的接触效果相关。当外力作用一定时，溶液过饱和度 $S$ 越大，晶核临界半径越小，外力只需要从晶体上剥落一个很小的微晶便能发生二次成核；当过饱和度 $S$ 一定时，外力作用越大，从晶体上剥落的微晶越大，越容易发生二次成核。由于二次成核并没有产生新的界面，其成核势垒比初级成核要低，所以二次成核比初级成核更容易发生。

（2）晶体成核速率动力学分析 晶体成核速率是指单位时间、单位体积内形成晶核的数目。假设三元前驱体的成核速率不受溶质扩散的影响，且成核活化能随温度的影响不大，成核速率与溶质分子的碰撞频率和单位体积内溶质分子形成临界晶核的数目相关，根据阿伦尼乌斯方程[16]：

$$I_{成核} = NBe^{-\frac{E_a}{RT}} \tag{1-114}$$

式中，$I_{成核}$ 为单位时间、单位体积内形成晶核的数目；$N$ 为单位体积内溶质离子数；$E_a$ 为单个晶核的成核活化能；$T$ 为温度；$B$ 为碰撞频率因子；$R$ 为气体常数。

① 初级均相成核速率：从前面分析可知，三元前驱体的初级均相成核活化能 $\Delta_r G^*$（均相）$= \dfrac{K_G}{(\ln S)^2}$，因此式（1-114）可转化成：

$$I_{均相成核} = NBe^{-\frac{K_G}{RT(\ln S)^2}} \tag{1-115}$$

式中，$I_{均相成核}$ 为三元前驱体的均相成核速率。

从式（1-115）可以看出，过饱和度 $S$ 越大，$I_{均相成核}$ 越大；反之 $S$ 越小，则 $I_{均相成核}$ 越小。

② 初级非均相成核：从前面分析可知，三元前驱体的初级非均相成核的成核活化能如下式。

$$\Delta_r G^* = \Delta_r G^* F(\theta) = \frac{K_G F(\theta)}{(\ln S)^2} \tag{1-116}$$

将式（1-116）代入式（1-114）有：

$$I_{非均相成核} = NBe^{-\frac{K_G F(\theta)}{RT(\ln S)^2}} \tag{1-117}$$

式中，$I_{非均相成核}$ 为非均相成核速率。

从式（1-117）中可以看出，过饱和度 $S$ 越大，非均相成核速率越快；反之 $S$ 越小，则成核速率越慢。由于 $0 < F(\theta) < 1$，所以 $I_{非均相成核} > I_{均相成核}$。

③ 二次成核：二次成核是一个复杂的过程，对其成核速率还没有具体的理论依据，一般通过实验数据测得，在工业结晶技术上，二次成核速率常采用如下经验公式[16]：

$$I_{二次成核} = K_b M_T^i N^j S^k \tag{1-118}$$

式中，$K_b$ 为二次成核速率与温度相关的常数；$N$ 为搅拌强度；$M_T$ 为固含量；$S$ 为过饱和度；指数 $i$、$j$、$k$ 为受操作条件影响的因子。

根据式（1-118），在结晶过程中，搅拌强度 $N$ 越大、固含量 $M_T$ 和过饱和度 $S$ 越高，二次成核速率越快。

三元前驱体工业化生产是在大量晶体存在及强搅拌的情况下进行的，由于二次成核的势垒较低，初级成核可以忽略不计，当结晶过程中固含量、搅拌强度一定时，总的结晶成核速率可表示为：

$$I_{总}=I_{二次成核}+I_{均相成核}+I_{非均相成核}\approx I_{二次成核}=K_{总}S^k \tag{1-119}$$

式中，$K_{总}$ 为结晶过程中成核速率与温度、搅拌、固含量有关的常数。

可见，晶体的成核速率与过饱和度 $S$ 成幂函数关系，见图 1-10。

图 1-10
晶体的成核速率与过饱
和度 S 的关系图

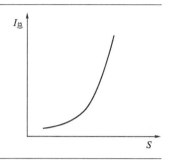

### 1.3.2.2 晶体的生长动力学分析

一旦形成晶核，溶质离子会不断沉积到晶核上去，使晶体得以生长。晶体的生长从宏观角度来讲，是指包含晶体单元的母相从低秩序向高秩序晶相转变的过程。从微观角度来讲，是晶体"基元"的形成并在晶体界面上结晶的过程。所谓"基元"是指组成晶体的最基本的单元，它可以是一个原子、离子、分子，甚至是一个原子或分子聚集体。三元前驱体单个晶体的生长分如下几个过程[17]。

① 基元的形成：在一定溶液条件中，溶液中的金属离子 $M^{2+}$、$M^{2+}(NH_3)_n$、$OH^-$ 都可以是晶体的基元。基元的形成种类和溶液的条件有关，如溶质浓度、pH、氨的浓度等。

② 基元扩散至生长界面：基元通过溶液对流扩散被运送到晶体与溶液之间的相界面，形成一层界面相。

③ 基元在生长界面结晶或脱附：界面相的基元与晶体之间存在着固液平衡，基元从界面相向晶体表面迁移，基元可能在晶体表面堆积结晶，也可能脱附又回到界面相中。当界面相的溶质离子过饱和后，即浓度乘积 $[M^{2+}][OH^-]^2 \geqslant K_{sp[M(OH)_2]}$，则在界面上发生结晶长大，如图 1-11。

图 1-11
晶体生长示意图

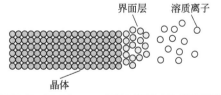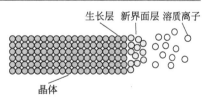

当生长过程中基元较难运送到界面时，即过程②最慢时，生长过程由扩散控制，其生长因素和溶液的搅拌强度、固含量有关，溶液搅拌强度越大，固含量越低，黏度越小，溶

质越容易扩散到晶体表面，晶体长大越容易，反之亦然；当生长界面较难发生相变时，即过程③最慢时，生长过程由表面控制，其生长因素和过饱和度 $S$ 以及晶体表面相关，$S$ 越大，相变驱动力越大，晶体生长越容易，反之亦然。如果晶体表面有杂质如非晶态物质、有机类的杂质阻碍晶体的表面反应，则晶体较难生长。

（1）晶体的生长速率　通过上面对晶体的生长过程分析，可知单个晶体的生长速率应由溶质扩散速率与晶体表面反应速率共同来确定。

① 溶质扩散速率：假设三元前驱体结晶体系中单位时间内 1mol 溶质离子从液相通过界面相扩散到晶体表面需要克服扩散活化能 $q$，那么溶质从液相到固相扩散速率符合玻尔兹曼能量分布定律[18]：

$$Q_{扩散} = n\nu_o e^{-\frac{q}{RT}} \tag{1-120}$$

式中，$Q_{扩散}$ 为溶质的扩散速率；$n$ 为界面溶质离子物质的量；$\nu_o$ 为溶质的跃迁频率；$q$ 为溶质需要克服的扩散活化能；$R$ 为气体常数；$T$ 为温度。

② 表面反应速率：溶质离子在晶体表面结晶，除要克服溶质离子从固相通过界面相迁移到液相的扩散活化能 $q$ 外，还要克服固相解离为液相溶质离子的相变势垒 $-\Delta_r G_t$（和结晶相变自由能相反），因此表面反应速率同样符合玻尔兹曼能量分布定律[18]：

$$Q_{表面反应} = n\nu_o e^{-\frac{q-\Delta_r G_t}{RT}} \tag{1-121}$$

式中，$Q_{表面反应}$ 为表面反应速率；$\Delta_r G_t$ 为三元前驱体的相变自由能，为 $-RT\ln S$。

③ 总的生长速率：溶质离子从液相迁移到固相并发生反应：

$$Q_{总} = Q_{扩散} - Q_{表面反应} = n\nu_o e^{-\frac{q}{RT}} - n\nu_o e^{-\frac{q-\Delta_r G_t}{RT}} = n\nu_o e^{-\frac{q}{RT}}(1-S^{-1}) \tag{1-122}$$

可见晶体的生长速率和 $q$、$T$、$S$ 相关，而 $q$ 和搅拌强度以及溶液黏度相关，搅拌强度越大、溶液黏度越小，$q$ 越小，温度 $T$ 越高，生长速率越大。一般三元前驱体制备过程中搅拌强度、固含量、反应温度一定，且溶质离子能稳定供应，则扩散部分可看出常数。令 $\nu = \nu_o e^{-\frac{q}{RT}}$，式中，$\nu$ 为扩散频率因子，则式(1-122)可转化成：

$$Q_{总} = n\nu(1-S^{-1}) \tag{1-123}$$

从式(1-123)可以看出，晶体的生长速率和过饱和度成正比，当 $S<1$ 时，$Q_{总}<0$，晶体不生长，因此三元前驱体晶体生长的驱动力还是过饱和度 $S$。当过饱和度 $S$ 很高时，$(1-S^{-1})\approx 1$，$Q_{总}=n\nu$，晶体的生长速率以扩散控制为主；当过饱和度 $S$ 较低时，$S$ 趋近于 1 时，$(1-S^{-1})$ 趋近于 0，晶体的生长速率受扩散速率影响不大，主要以表面反应控制为主。

（2）晶体的成核速率与生长速率的关系　通过上述分析可知，晶体的形核速率和生长速率都和过饱和度成正相关的关系，但两者对不同大小的过饱和度的敏感度不同，式(1-123)并未考虑到有成核发生的情况，晶体的成核速率和生长速率在溶液中存在竞争共存的关系，如图 1-12。

当过饱和度很低时，成核未能发生，晶体以生长为主，生长速率随过饱和度的升高而增大，符合式(1-123)，如图 1-12 中Ⅰ区。随着过饱和度的升高，成核速率开始增加，随着溶质被成核的消耗，晶体的生长速率随过饱和度升高开始下降，这是一个晶体成核与晶体生长共存的区域，这并不和式(1-123)矛盾，由于成核消耗了一部分溶质导致过饱和度下降，从而导致了生长速度的下降，如图 1-12 中的Ⅱ区。当过饱和度在低范围时，以生

图 1-12
晶体的成核速率、生长速率与
过饱和度 S 的关系图

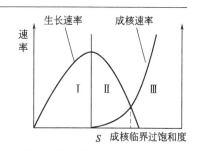

长为主；过饱和度在高范围时，以成核为主；当过饱和度超过成核临界过饱和度后，随着过饱和度的升高，成核速率开始迅速增大，晶体的生长速率开始迅速下降，甚至趋近于零，这时溶液中基本以成核为主，晶体很难长大，趋近于生成无定形沉淀。实际上由于三元前驱体沉淀速率较快，过饱和度很高，其制备过程中过饱和度基本在Ⅱ区和Ⅲ区，为了制备出一定粒度的晶体，三元前驱体的制备过程中一定要控制过饱和度在Ⅱ区，保证成核速率和生长速率可控，避免出现在由于过饱和度较高导致的成核速率极高的Ⅲ区。

### 1.3.2.3 晶体的聚结式生长

前面分析的晶体的生长仅仅是对于单个晶体而言。单个晶体由于颗粒较小，比表面能较大，小颗粒单晶体聚结在一起有利于快速降低比表面能，从热力学角度来说是自发的，所以三元前驱体结晶过程中除了单个晶体自身生长外，多个小颗粒晶体聚结在一起长大成为多晶晶粒，是晶粒长大的主要方式。所谓多晶晶粒是指有众多取向单晶的集合体。

（1）晶体聚结的基本过程　晶体的聚结一般而言，可分为碰撞、黏附、接口固化三个过程[19,20]。

① 碰撞是指在外力的作用下让粒子产生相对运动使多个晶体的粒子发生碰撞，一般来说外力的作用分为两种，一种是布朗运动，另一种是流体的流动，在三元前驱体结晶过程中由于强的搅拌作用，主要是流体的流动使晶体粒子发生碰撞。

② 黏附。晶体粒子之间碰撞之后由于范德华力相互吸引而黏附在一起，由于每个晶体表面有一层溶质离子的界面相，晶体对界面相溶质离子的吸附可参照 DLVO 胶体理论，优先吸附某一种溶质（阴离子或者阳离子）使其带电，然后形成扩散双电层，当界面相相互交联时，有可能因晶体界面相的溶质离子之间的静电排斥而分开。

③ 接口固化。当晶体粒子界面相相互交联时，其界面相的溶质离子（$M^{2+}$、$OH^-$）的浓度总和的乘积大于 $K_{sp[M(OH)_2]}$，其界面相被破坏掉，则溶质粒子在晶体离子之间的接口缝隙处发生化学相变，由于粒子之间通过化学键力连接，相互结合紧密，不容易被分散，如图 1-13。

图 1-13
晶体的聚结过程
示意图

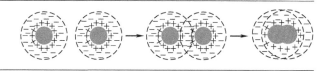

（2）晶体聚结过程的能量变化　从上面分析可知，晶体的聚结主要取决于晶体之间界面相的相互交联能否满足发生相变的要求，其主要包含三个能量的变化：一个是克服溶质离子之间的排斥能 $E_{排斥}$（$>0$）；一个是交联后界面相相变自由能；一个是晶体聚结后比表面能的下降，令晶体聚结后比表面积下降了 $\Delta A$（$<0$），那么晶体聚结过程中的能量变化为：

$$\Delta_r G(聚结) = E_{排斥} + \Delta_r G_t(界面) + \sigma \Delta A \tag{1-124}$$

式中，$\sigma$ 为单位面积晶体的比表面能；$\Delta_r G_t$（界面）为界面相交联后的相变自由能。

界面相的相变也是 $M^{2+}$ 与 $OH^-$ 发生了沉淀反应，其界面相变自由能变可由下式表示：

$$\Delta_r G_t(界面) = -RT \ln S_{界面} \tag{1-125}$$

式中，$S_{界面}$ 为晶体表面界面相交联后的过饱和度。

将式（1-125）代入式（1-124）有：

$$\Delta_r G(聚结) = E_{排斥} - RT \ln S_{界面} + \sigma \Delta A \tag{1-126}$$

因此基体聚结的驱动力为界面过饱和度 $S_{界面}$ 和表面能的降低，$S_{界面}$ 越大，比表面能降低越多，晶体的聚结越容易发生。很显然 $S_{界面}$ 和溶液体系的过饱和度 $S$ 成正相关的关系，溶液中的过饱和度 $S$ 越大，晶体表面界面相溶质离子越多，$S_{界面}$ 越大。令：

$$S_{界面} = kS \tag{1-127}$$

式中，$k$ 为常数。

令晶体的聚结速度为 $K_{聚结}$，那么根据等温方程式：

$$\Delta_r G(聚结) = -RT \ln K_{聚结} \tag{1-128}$$

由于 $M^{2+}$ 与 $OH^-$ 的沉淀反应速率较快，$E_{排斥}$、$\sigma \Delta A$ 相对于相变自由能 $\Delta_r G_t$ 来说可忽略不计，那么晶体的聚结速率取决于界面相变自由能变的大小。根据式（1-127）、式（1-128），晶体的聚结速度为：

$$K_{聚结} = kS \tag{1-129}$$

可见三元前驱体结晶过程中溶液过饱和度 $S$ 越大，聚结速度越快。故晶体的聚结生长不可避免，且贯穿于整个结晶过程，如图 1-14。当溶液过饱和度 $S$ 很小时，甚至小于 1 时，由于单晶颗粒之间的聚结，其界面相交联后的过饱和度依然很小，需要更大的界面交联，这样会导致多晶体之间的团聚现象（图 1-15）。

**图 1-14**
**单晶团聚三元前驱体**

图 1-15
多晶团聚三元前驱体

### 1.3.2.4 晶体的微观形貌分析

（1）晶体的生长模型　每个晶体的生长都有其生长习性，每个晶体生长的平衡形态各不相同，晶体的平衡形态是指不再产生新相的晶体生长的形态。布拉维法则认为晶体的平衡态生长为晶体的晶面沿法线方向向外推移的距离，晶体的不同晶面具有不同的生长速度，面网密度越大，需要的生长质点越多，对生长质点吸引力越小，生长速度越慢；面网密度越小，需要的生长质点越少，对生长质点吸引力越大，生长速度越快。居里-吴里夫原理认为晶体生长的平衡态有最小的比表面能。但实际晶体生长往往在不平衡态的条件下进行，所以得到的晶体形貌会偏离其平衡形态，也就是说同一晶体在不同的晶体生长环境中会生成不同的晶体形貌。

晶体的生长理论有两种模型[21]被广泛接受，一种是层生长理论，另一种是螺旋生长理论。

① 层生长理论：层生长理论由科学家 Kossel 提出，后被 Stranski 加以发展。其理论模型认为晶体在光滑界面上的生长情况，当质点向晶格上堆积时，质点成键越多，释放的能量也就越多，因而越稳定，质点会优先堆积在这个位置，在晶体生长界面常常存在三种堆积位置：三面凹角位、二面凹角位和平坦位，如图 1-16。

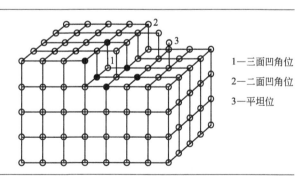

图 1-16
晶体生长界面的三种
堆积位置示意图[21]

1—三面凹角位

2—二面凹角位

3—平坦位

三面凹角位有三面成键，二面凹角位有两面成键，平坦位则只有一面成键，因此三面凹角位会优先堆积，其次为二面凹角位，最后为平坦位。按照这个堆积顺序，晶体的生长会先生长一个行列，再生长一个相邻行列，长满一层原子面后，再长相邻的一层原子面，逐步往外推移。实际晶体可能不会长得这么理想，可能一层未长满，相邻的一层可能已开始生长，形成阶梯式生长。层生长理论假设在平坦位也能够成键，这往往适用于过饱和度比较高的情况下，在过饱和度较低的情况下，平坦位由于成键键能很小，是无法稳定存在的，所以层状理论无法解释在低过饱和度下晶体的生长。

② 螺旋生长理论：螺旋生长理论是由科学家 Burton、Cabreba、Frank 提出的，简称BCF 理论。其理论模型认为实际晶体总是会存在螺旋位错，所谓螺旋位错是指晶体的某一部位相对于晶体的其他部分出现滑移导致晶体出现台阶，这个台阶使晶体边缘处出现了一个二面凹角位，质点优先在此处堆积，并沿着位错中心轴线螺旋式生长，使台阶源永不消失，这样质点永远有一个成键较大的位置堆积。这就很好地解释了低过饱和度下晶体得以生长的原因（如图 1-17）。

图 1-17
晶体螺旋生长
示意图[21]

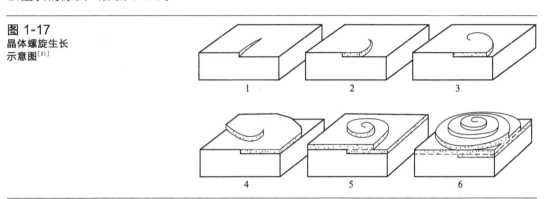

（2）单晶的微观形貌分析　由于三元前驱体实际为氢氧化镍、氢氧化钴、氢氧化锰的复合氢氧化物，而氢氧化镍、氢氧化钴、氢氧化锰的晶体平衡形态均为片状（如图 1-18所示）。在三元前驱体结晶过程中，由于不同结晶环境因素如溶液过饱和度的差异、杂质影响等，会导致三元前驱体的晶体形貌与其平衡形态发生偏离，而得到不同形状的单晶，如图 1-19。

图 1-18
$Ni(OH)_2$、
$Co(OH)_2$ 和
$Mn(OH)_2$
的晶体平衡
形态[22]

$Ni(OH)_2$　　　　　　　$Co(OH)_2$　　　　　　　$Mn(OH)_2$

图 1-19
晶体微观形貌
随过饱和度
变化示意图

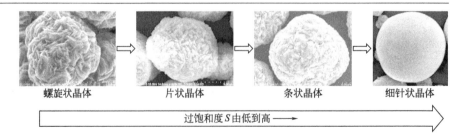

螺旋状晶体　　　　　片状晶体　　　　　条状晶体　　　　　细针状晶体

过饱和度 $S$ 由低到高 ⟶

① 细针状晶体：当溶液过饱和度很高时，成核速率很快，生长速率很慢，晶体优先沿某一晶向生长，呈单向生长，由于成核速率消耗过饱和度较多，生长所需的溶质供应不足，依据层状生长理论，最快生长晶面还未长满，晶体生长已被停止，所以晶体容易发展成为短的细针状。

② 条状晶体：当溶液过饱和度处于中高水平时，比细针状晶体的生长条件的过饱和度低，成核速率开始下降，其晶体生长速度开始增加，晶体开始向两个方向延伸，即二向生长，但晶体生长的溶质供应亦然不足，晶体的晶面未能完全生长已被终止，容易得到短的条状晶。

③ 片状晶体：当溶液过饱和度处于中低水平时，比条状晶体的生长条件的过饱和度低，其生长速度开始大幅度提升，并占据主导地位，晶体生长溶质供应充足，使晶体得到充分发育，并趋近于晶体的平衡形态，容易得到片状晶。

④ 螺旋状晶体：当溶液过饱和度处于低水平时，晶体的成核速率趋近于 0，但生长速率也比较缓慢，晶体为了得以生长，采用螺旋式生长，若溶质供应不足，容易得到短的螺旋晶。

可见晶体的形貌和过饱和度有极大的关系，所以为了得到均一的形貌，必须严格控制晶体结晶过程中过饱和度的稳定。如果结晶过程中过饱和度不稳定，常常会看到多种晶体形貌的混合体，如图 1-20。

**图 1-20**
片状晶和针状晶
的混合颗粒

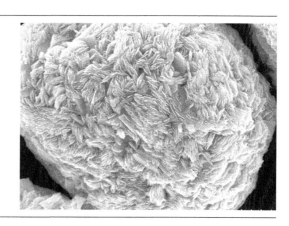

（3）多晶的微观形貌分析　前面讲过居里-吴里夫原理认为晶体生长的平衡态有最小的比表面能，这不仅适用于单晶，也可适用于多晶。三元前驱体的单晶聚结成多晶的过程中同样趋向于形成比表面能最小的形状。相同体积球形的比表面积最小，因此三元前驱体的多晶也最终会趋向于形成球形形貌。

假设多晶体不成球形，其表面必然会有凹面，根据 Kelvin 热力学平衡公式[12]：

$$\ln \frac{c}{c_0} = \frac{2\sigma M}{RT\rho r} \tag{1-130}$$

式中，$c$ 为凹面处晶体的溶解度；$c_0$ 为晶体平面处的溶解度；$\sigma$ 为晶体与溶液间的表面张力；$M$ 为晶体的摩尔质量；$\rho$ 为晶体的密度；$r$ 为凹面处的曲率半径，为负值。

当凹面的曲率半径越大，其位置的晶体的溶解度越大，由于晶体与界面相之间存在固液平衡，导致界面相的溶质浓度增大，界面过饱和度 $S_{界面}$ 增大，因此单晶体会优先聚集在这里，导致其凹面处被填满，晶体会逐渐发育成球形。其实从表面能的角度也可以简单解释，当凹面填满之后使晶体体积能增大，而表面能减小，从热力学的角度来说也是自发的一个过程，所以三元前驱体的多晶平衡形态应为球形。

但是结晶的环境影响可能会导致极度偏离其平衡形态，例如前驱体氧化产生的非晶态物质或有机物附着在晶体表面，会导致其界面相发生变化，晶体不再优先吸附溶质离子，而是优先吸附其他杂质离子，或者根本不发生吸附，导致其无法发生聚结，从而形成疏松无规则形貌；或者在结晶过程中成核速率失去控制，导致爆发式成核而得到无定形的晶体形貌（图 1-21）。

图 1-21
结晶环境对晶体
形貌的影响

氧化后的多晶形貌　　　　　　　　　　　　无定形晶体形貌

### 1.3.2.5　晶体颗粒的粒径分析

晶体的粒径和粒度分布是反映结晶好坏的一个重要指标。粒径是指颗粒的尺寸大小，粒度分布是指一系列粒径区间中不同粒径各自的百分含量，常用 $D_{min}$、$D_{10}$、$D_{50}$、$D_{90}$、$D_{max}$ 来表示，$D_{min}$ 和 $D_{max}$ 是指粒径中的最小值和最大值，$D_{50}$ 是指累计粒度分布百分数达到 50% 时所对应的粒径，它的物理意义是粒径大于它的颗粒占 50%，小于它的颗粒也占 50%，$D_{10}$、$D_{90}$ 依此类推。常常用粒度标准偏差 $\sigma$ 来表示粒度分布离散的程度[23]，$\sigma$ 值越小，粒度分布越集中，反之则分布越宽。

$$\sigma = \left[\sum n_i (D_i - D_{nL})^2 / N\right]^{1/2} \tag{1-131}$$

$$D_{nL} = \sum (n_i D_i) / \sum n_i \tag{1-132}$$

式中，$n_i$ 为 $D_i$ 的粒径个数；$D_i$ 为粒度特征值；$N$ 为总的颗粒个数；$D_{nL}$ 为个数长度平均粒径。

可见只有当各粒度特征值 $D_i$ 越接近时，即各颗粒的粒径大小越相近时，$\sigma$ 越小，粒度分布越集中。反之则粒度分布越宽。

三元前驱体晶体颗粒粒径是由多晶晶体的粒径大小来度量的，晶体颗粒的粒度大小和晶体聚结速度相关，也和晶体的成核速率相关。从前面分析可知，晶体的聚结速度和过饱和度 $S$ 相关，$S$ 越大，聚结速度越快，但晶体的成核速率也和 $S$ 呈正相关的关系，因此必须综合考虑它们之间的关系。

当过饱和度较高时，虽然单晶体的聚结速率较快，但成核速率占据主导，由于成核速率与过饱和度 $S$ 呈指数关系，产生了大量的晶核，所以也聚结出许多细小颗粒多晶，小粒径颗粒百分数增大，粒度特征值减小，粒度分布变宽；当过饱和度处于中等水平时，单晶体的聚结速度较快，晶体的生长速度占据主导，成核速率较小，产生的晶核长大后迅速聚结到原有的二次晶体表面，晶体颗粒粒径呈稳步增长，粒度分布变窄；当过饱和度处于较低水平时，成核速率趋近于0，晶体生长速率也较小，当晶体长大消耗掉过饱和度后，过饱和度所剩无几，晶体的聚结速度也较慢，造成晶体粒度增长缓慢；当过饱和度处于极低水平（$S<1$）时，单晶团聚速度变慢，多晶之间团聚速度加快，粒度快速增长，但颗粒形貌变得不规则。

除去过饱和度处于极低水平（$S<1$）的极端情况，控制粒度的增长和得到窄的粒度分布，除了要保持一定晶体聚结速度之外，更要降低晶体的成核速度。当成核速率仅受过饱和度影响时，降低成核速度的方法是提高晶体的生长速度，粒度的增长速度基本随过饱和度的增加先增加后减小，因此粒度的增长速度和过饱和度有一个最佳值，如图1-22，控制 $S$ 在 A 区，粒度有较好的增长速度，其过饱和度范围的上限就是不能超过成核速率的临界过饱和度。

图 1-22
晶体粒度增长速度与
过饱和度 $S$ 的关系图

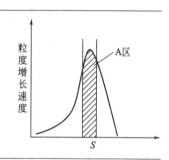

### 1.3.2.6　影响过饱和度的因素

通过前面的分析可知，晶体的成核速率、生长速率、微观形貌、粒度都和过饱和度大小以及过饱和度均匀性有密切的关系，找到三元前驱体结晶过程中影响过饱和度的因素，才能控制结晶。根据前面过饱和度的定义 $S=([M^{2+}][OH^-]^2)/K^{\ominus}_{\mathrm{sp,M(OH)_2}}$，过饱和度和溶液体系的游离 $M^{2+}$ 和 $OH^-$ 浓度相关，凡是能影响两者的因素都会影响 $S$。

① 氨浓度：氨与 $M^{2+}$ 发生配位反应，导致 $[M^{2+}]$ 减小，因此结晶体系中氨浓度越高，$S$ 越小。

② pH 值：pH 值越高，即游离的 $OH^-$ 浓度越高，溶液的过饱和度越高，反之亦然。要注意的是 $S$ 和 $[OH^-]$ 成平方关系，因此在通过 pH 控制溶液的过饱和度 $S$ 时，一定要缓慢变化，防止 $S$ 变化太快。

③ 温度：理论上讲，温度 $T$ 升高，$K^{\ominus}_{\mathrm{sp,M(OH)_2}}$ 增大，过饱和度 $S$ 减小，但温度升高，也会同时增大金属离子氨配合物的解离常数，造成 $[M^{2+}]$ 增大，导致过饱和度 $S$ 增大。由于三元前驱体反应的温度不是很高，对平衡常数影响不大，相比于其他因素，温度对过饱和度的影响几乎可以忽略不计。温度的影响在于温度升高时，溶质离子的热运动增加，导致其溶液中过饱和度 $S$ 更加均匀。

④ 固含量：固含量是指单位体积溶液中固体的质量。相同体积下，固含量越高，水的体积越小，相同盐流量下进入反应釜内瞬时的 $[M^{2+}]$ 越高，溶液的瞬时过饱和度 $S$

增大。同时，固含量增大，体系的黏度增大，溶质离子较难分散，导致局部过饱和度 $S$ 增大。

⑤ 盐溶液流量和盐浓度：盐溶液流量和盐浓度增大时，溶液中瞬时［$M^{2+}$］升高，如果溶质离子不能及时扩散均匀，会导致局部过饱和度 $S$ 增加。

⑥ 搅拌：搅拌在结晶体系中起分散作用，搅拌强度不够，溶质离子分散不好，会在溶液中出现局部过浓现象，导致局部过饱和度 $S$ 增加，结晶的稳定性变差。因此搅拌分散在结晶体系中起着非常重要的作用。

### 1.3.2.7 搅拌混合

搅拌混合在三元前驱体结晶过程中起着极为重要的作用，通过搅拌混合可以让结晶体系中晶体颗粒在液体中均匀悬浮；能够将进入体系的原料溶液分散均匀；能够让溶质离子较快传送到晶体表面，或者增大溶质离子与晶体的接触面积，促进晶体的生长发育；还能够促进结晶过程的传热，保证结晶体系中温度的稳定。所以搅拌混合是否均匀是决定能否得到粒度、形貌均一，发育良好的晶体颗粒的重要因素。

（1）混合的种类　搅拌混合本质上是搅拌器将机械能传递给液体，其传递能量的过程类似于泵的作用，常把搅拌器又称为叶轮，按混合的状态可以分为宏观混合和微观混合。宏观混合是设备尺度上的混合，微观混合是分子级别上的混合。按其扩散作用力，混合常分为主体对流扩散、涡流对流扩散和离子扩散[24]。

① 主体对流扩散：搅拌器转动时，叶轮把能量传递给周围的液体，使液体以很高的速度运动起来，这些高速运动的液体对周围静止、低速的液体产生剪切作用，又推动周围的液体运动，逐步使全部液体在设备范围内的循环流动，称为主体对流扩散。

② 涡流对流扩散：叶轮推动液体高速运动时，高速运动的液体受到强的剪切作用被卷起形成漩涡，这些高速运动的液体对周围静止、低速运动的液体造成强烈的剪切作用，形成更多的漩涡，这些漩涡局部范围内的液体快速而紊乱的流动，称为涡流对流扩散。

③ 离子扩散：由离子运动形成的物质传递，称为离子扩散。

主体对流扩散和涡流对流扩散只能是宏观混合，只有离子扩散是微观混合，但涡流对流扩散能够增加微观混合的表面积，减少离子扩散距离，提高微观混合速率。

（2）搅拌器的性能度量　根据主体对流扩散和涡流对流扩散的定义可知，主体对流扩散主要和液体循环流量有关，涡流对流扩散主要和剪切力有关。具有大的循环流量的搅拌器宏观混合性能最好，具有大的剪切性能的搅拌器有助于提高微观混合速率。因此通常用液体循环性能和剪切性能来度量搅拌器的混合能力。

① 液体循环流量：液体循环流量 $Q$[24]是指单位时间内在设备范围内进行的循环流动液体的体积。

$$Q \propto nd^3 \qquad\qquad (1\text{-}133)$$

式中，$Q$ 为循环流量，$m^3/s$；$n$ 为搅拌器转速，$r/s$；$d$ 为搅拌器直径，$m$。

从式（1-133）可以看出，当搅拌转速 $n$ 越大，直径 $d$ 越大，$Q$ 越大，宏观混合效果越好，所需的混合时间越短。$Q$ 和 $d$ 成三次方的关系，循环流量对搅拌直径特别敏感。

② 剪切性能：搅拌器的剪切性能常用压头 $H$ 来进行度量[24]，叶轮传给单位重量的液体的能量称为搅拌器的压头。

$$H \propto n^2 d^2 \tag{1-134}$$

式中，$n$ 为搅拌器转速，r/s；$d$ 为搅拌器直径，m。

从式(1-134)可以看出，当搅拌转速 $n$ 越大，直径 $d$ 越大，$H$ 越大，搅拌的剪切作用越强。相比于 $Q$，$H$ 对转速的变化更加敏感。

搅拌器对外做功是 $Q$ 和 $H$ 的总和，在搅拌过程中搅拌器的功率消耗是一定的，由于 $Q$ 和 $H$ 对转速、直径的敏感度不一样，不同直径或不同转速下，其功率分配也不一样。搅拌器的功率常由式(1-135)表示。

$$P \propto \rho Q H \tag{1-135}$$

式中，$P$ 为搅拌器功率，W；$\rho$ 为搅拌液体的密度，kg/m$^3$。

将式(1-133)、式(1-134)代入式(1-135)，有：

$$P \propto \rho n^3 d^5 \tag{1-136}$$

当功率 $P$ 一定时，有 $n \propto d^{-5/3}$ 或 $d \propto n^{-3/5}$ 那么 $Q/H \propto d/n \propto d^{8/3}$ 或 $H/Q \propto n/d \propto n^{8/5}$。所以功率一定的情况下，直径长而转速小的搅拌器液体循环流量性能大，而剪切性能小，宏观混合性能最好；直径短而转速高的搅拌器剪切性能大，而液体循环流量性能小。

(3) 流体的流型　搅拌器赋予流体机械能，让流体产生流动，不同的搅拌器会产生不同形式的流体流动状态，一般而言，搅拌流体可分为如下几类（如图 1-23）[24]。

图 1-23
流体的流型
示意图[24]

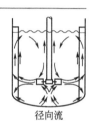

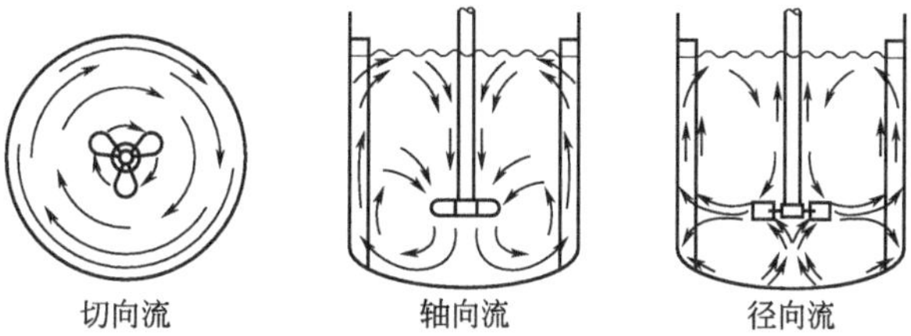

切向流　　　　　轴向流　　　　　径向流

① 轴向流：流体进入桨叶并排出，沿着搅拌轴平行的方向流动，轴向流起源于流体对旋转叶片产生的升力的反作用力。轴向流主要是主体对流扩散作用，具有较大流体循环流量 $Q$ 和低的剪切力 $H$，是有利于宏观混合的流体流型。

② 径向流：流体从桨叶以垂直于搅拌轴的方向排出，沿半径方向运动，然后向上、下输出。径向流主要是涡流对流扩散作用，具有较大的剪切力 $H$，造成的局部涡流扩散剧烈，是有利于提高微观混合速率的流体流型。

③ 切向流：流体围绕着搅拌轴做圆周运动，流体受搅拌的离心作用涌向反应器壁，导致器壁周围的液体上升，而使中心的液体下降，中心形成一个大漩涡，故称"打漩"。这种"打漩"现象会造成液体吸气，在三元前驱体结晶过程中易造成前驱体氧化，如果转速过快，"打漩"现象严重时，几乎不产生轴向混合作用，因此切向流不利于混合，应当避免，避免的措施有加入挡板或者导流筒。

④ 死区、短路：死区是指流动系统中的局部空间，该空间中的流体基本上不参加主流体流动，只在原地做局部运动。流体不按既定路径流动，而走捷径流动，称为短路。死区、短路的存在会导致局部溶液浓度和整体合浓度有差异，不利于混合效果，其原因是搅拌的循环流量 $Q$ 不足，可以通过增加导流筒或提高转速减弱或消除。

可见只有轴向流和径向流有利于混合，切向流、死区、短路都不利于混合，应当避免。

（4）混合机理　三元前驱体结晶体系中的混合过程分为如下几个步骤：①搅拌器的转动让反应釜内的固液混合物通过主体对流扩散达到宏观混合均匀，原料液进入反应釜内通过主体对流扩散分散成微团，达到设备尺度上的混合均匀，微团是指液滴尺度的聚集体；②微团在通过涡流对流扩散的剪切作用进一步拉伸、撕裂，让微团进一步缩小，达到更小尺度的均匀；③小微团进一步通过自身的离子运动而消失，达到离子级别的混合，即微观混合。

步骤①、②、③的溶质均匀性依次增加，溶质过饱和度均匀性也依次增加。在三元前驱体的结晶体系中，反应结晶需要将原料液快速达到离子扩散级别，保证过饱和度的均匀性而让结晶过程稳定，需要形成强的剪切性能流体，增强其微观混合效果。三元前驱体晶体颗粒具有较大的沉降特性，为保证晶体在液体中均匀悬浮，其固液混合物也需要形成强循环性能的流体，保证其好的宏观混合效果，显然强轴向流和强径向流的混合流体才能保证其混合效果最佳。

（5）微观混合对结晶的影响[25]　微观混合效果好，溶质在溶液中分布均匀，过饱和度均匀，晶体的成核速率和生长速率可控；微观混合效果差，则溶质微团未能撕裂开，造成溶质离子局部过浓现象，局部过饱和度过高，会引起局部成核速率升高，从而导致晶体结晶过程偏离既定条件。从混合的角度可将三元前驱体结晶过程分为如下两个过程：

① 盐、碱溶液并流进入反应釜并被分散达到微观混合，其所需要的时间为 $t_{微混}$。
② 溶质离子相互接触发生化学反应而结晶，其所需要的时间为 $t_{反应}$。

当 $t_{微混} < t_{反应}$，表明溶质在反应之前已达到离子级别分布，结晶在均匀的过饱和度下进行，结晶过程稳定，易制备粒度均一、发育良好的晶体；当 $t_{微混} > t_{反应}$，表明溶质未达到离子级别扩散即已开始反应，此时是在有溶质微团下进行的反应，过饱和度不均匀，且溶液中局部过饱和度高。假设成核克服势垒需要的时间为 $t_{诱导}$，由于成核也是化学反应，那么成核时间 $t_{成核} = t_{诱导} + t_{反应}$，局部过饱和度很高，会减少 $t_{诱导}$，导致 $t_{成核}$ 时间减少，成核速率迅速增加。

因此在三元前驱体结晶过程中，一定要控制 $t_{微混} < t_{成核}$ 才能保证混合效果。三元前驱体沉淀反应平衡常数很大，反应速率很快，$t_{反应}$ 非常小，所以应从两个方面着手减小混合效果对结晶的影响。

a. 减少 $t_{微混}$，从前面分析可知，流体的剪切力越大，微观混合速率越快，$t_{微混}$ 越小。虽然提高搅拌轴直径和转速有利于增加其剪切性能，但搅拌器的搅拌强度增大，会导致二次成核速率增加，反而缩小了 $t_{诱导}$，所以流体剪切力选择一定在二次成核速率和微观混合之间作一个权衡，宜选择短直径、高转速的径向流搅拌器。

b. 增大 $t_{诱导}$，增大成核诱导时间可以通过增大盐、碱溶质在溶液中的接触时间，如增大盐、碱喂料点的距离；减少体系中游离的溶质浓度，如减少原料溶液浓度、原料溶液流量、固含量。

## 1.3.2.8　晶体的熟化

实际晶体的结晶过程中总是在非平衡状态下进行，当达到固液平衡状态时，晶体会趋向于自身体系能量最低的方向，这种过程称之为晶体的熟化。晶体熟化的形式常见的有 Ostwald ripening（第二相粒子粗化）、相转移、Oriented attachment ripening（定向附着熟化）。

（1）Ostwald ripening[26,27]　　Ostwald ripening 也叫第二相粒子粗化，它是指由于 Gibbs-Thomsen 效应，小尺寸晶粒不断脱溶后转移到邻近的大颗粒晶体，大颗粒吸收了小颗粒的溶质而长大，而使粒子粗化（如图 1-24）。根据开尔文热力学平衡公式：

$$\ln \frac{c}{c_0} = \frac{2\sigma M}{RT\rho r} \tag{1-137}$$

式中，$c$ 为小晶体的溶解度；$c_0$ 为晶体的平衡溶解度；$\sigma$ 为晶体与溶液间的表面张力；$M$ 为晶体的摩尔质量；$\rho$ 为晶体的密度；$r$ 为晶体的半径。

由式(1-137)可知，晶体的半径 $r$ 越小，溶解度 $c$ 越大；半径 $r$ 越大，溶解度 $c$ 越小。晶体与界面相之间存在着固液平衡，小晶体的界面相的溶质浓度高，大晶体的溶质浓度低，因此小晶体界面相的溶质会向临近的大晶体的溶质转移，大晶体吸收了小晶体的溶质组元而长大。如果平衡时间足够，小晶体会不断脱溶，而大晶体会不断吸收小晶体的溶质长大，直到小晶体完全消失。Ostwald ripening 本质是小晶体的比表面能大，大晶体比表面能小，晶体自发转化为相界面能更低的大晶体过程，所以其驱动力是比表面能的降低。

---

**图 1-24**
Ostwald 熟化示意图

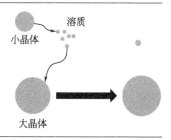

---

**图 1-25**
Ostwald ripening 的三元前驱体图

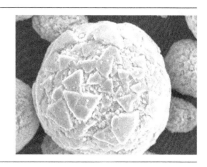

---

一般而言，晶体颗粒越小，Ostwald ripening 熟化速度越快；温度越高，溶质扩散速度越快，Ostwald ripening 熟化速度越快。当时间足够，Ostwald ripening 导致第二相粒子粗化非常严重，会远远大于晶体结晶的尺寸。图 1-25 为三元前驱体 Ostwald ripening 的现象。

（2）相转移[15,27]　　相转移是指晶体由亚稳态转变为稳定的晶体形态的现象。由于晶体可能会有多种结构，如 Ni(OH)$_2$ 有 α 型和 β 型两种结构，α 型 Ni(OH)$_2$ 并不像 β 型

Ni(OH)$_2$紧密堆积，其层间插入了大量与氢键作用的水分子，其层间距比 β 型 Ni(OH)$_2$ 大，且层的取向是随机的，所以 α 型结晶不完整；Co(OH)$_2$ 也有 α 型和 β 型两种结构，同样其 α 型与 β 型相比是不稳定的，易转化为 β 型。但在实际结晶过程中往往处在不平衡的状态，其瞬间的变化不是立刻达到最稳定的热力学状态，而是首先达到自由能损失最小的邻近状态，因为这个邻近状态和母相更接近，相变阻力更小，所以反应沉淀结晶首先析出的是亚稳态的固体相态，然后才慢慢转变为更稳定的固体相态。三元前驱体结晶过程如果结晶速率较快，也是先生成结晶度较差的 α 型氢氧化镍和氢氧化钴，由于晶体在反应釜内结晶过程包含溶质扩散、克服结晶势垒，会有短暂的生长中断期，在此期间会慢慢转化成致密的 β 型。因此结晶要想避免出现这种疏松、结晶度差的亚稳态结构，可以延长结晶时间，或者减缓结晶速度。另外，要避免前驱体的氧化，导致其金属元素价态升高，使其层间吸附大量的阴离子导致其亚稳态结构稳定存在。图 1-26 为三元前驱体的亚稳态相和稳态相的电镜图。

图 1-26
三元前驱体的亚稳态相
和稳态相的电镜图

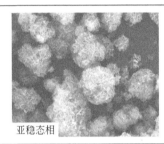
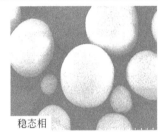

亚稳态相 　　　　　　　　　稳态相

（3）定向附着熟化（Oriented attachment ripening）　Banfield[28]提出了一种新型的晶体熟化机制：取向不一致的单晶纳米颗粒，通过粒子旋转，使得晶格取向一致，然后通过定向附着（Oriented attachment）生长，使这些小单晶生长成为一个取向一致的大单晶。它和 Ostwald ripening 机制不同的是，Ostwald ripening 形成的单晶往往是规则的，Oriented attachment ripening 形成的形貌则没有任何限制。

三元前驱体的多晶往往在聚结过程中由于聚结速度较快，其单晶的取向是各不一致的，如果晶体发育时间够长，相互聚结的单晶可能会通过 Oriented attachment ripening 而形成取向一致的单晶结构，如图 1-27。剖开三元前驱体多晶，内部常看到中心向四周发散的放射性结构。发生 Oriented attachment ripening 的前提条件必须是纳米级单晶颗粒，因此三元前驱体要制备出此种结构必须单晶在纳米级别才行。

图 1-27
发生 Oriented attachment
ripening 的三元前驱体
电镜图

# 1.4
# 纯化理论基础

三元前驱体的纯度是反映它的品质好坏的一个重要指标。三元前驱体纯度越高，杂质越少，烧结出的三元正极材料的性能越优异。

## 1.4.1 三元前驱体的杂质离子

三元前驱体的结晶母液中含有大量的 $SO_4^{2-}$ 和 $Na^+$，虽然晶体在结晶过程中会有高度的选择性，但是在如此多的杂质溶液中结晶，总避免不了杂质引入。

### 1.4.1.1 晶体的表面吸附机理

吸附是分子、原子、离子自动附着在某种固体表面的现象。晶体的生长通过晶体表面吸附溶液中溶质离子而长大，但吸附溶质过程中难免会将溶液中的杂质离子吸附过来，这就是晶体引入杂质的主要原因。

三元前驱体属于离子晶体，$OH^-$ 和金属离子 $M^{2+}$ 通过静电作用形成离子键结合在一起，因此在晶体中每个质点都会受到一个静电力场。根据晶体的层生长理论，晶体的生长通过质点均匀堆积而成，在晶体内部，由于质点的均匀排列，各个质点受到的力场因具有对称性而平衡。在实际结晶过程中，由于结晶环境条件的原因，质点堆积往往不会一层层依次堆积，而是一层未长满已经开始长下一层，呈阶梯式的生长，导致质点排列的周期性、重复性中断，所以从微观角度来说，晶体的表面往往是原子级别凹凸不平的。这样晶体的表层质点的价键是不饱和的，受到的力场的对称性被破坏掉，表现出剩余的键力，该作用力称之为表面力，为了平衡这个表面力，晶体无法像液体那样通过自身收缩来降低表面能，晶体表面会自动捕捉溶液中的离子来平衡这个力场，以达到降低表面自由能的目的[29]。可见表面质点的缺陷越大，表面作用力越大，溶液中的质点越容易往晶体表面堆积，这和层状生长理论和螺旋生长理论的质点优先堆积台阶位是一致的；晶体的比表面越大，这种表面力越大，质点越容易在表面堆积，生长速度越大，这也和居里-吴里夫原理所讲的晶体的晶面表面能越大，生长速度越快一致，可见晶体的表面力是导致晶体表面吸附离子的原因。

晶体表面通过表面力吸附溶液中的离子形成一层界面相，其界面相往往和胶体吸附的扩散双电层[30]较为类似，分为如下两个过程。

① 吸附层的形成：在晶体表面力作用下，晶体会吸附一种电荷离子（正离子或负离子），形成一层吸附层（图 1-28），根据法扬斯规则，晶体会优先吸附溶液中与晶体相同的离子，因为晶体吸附的溶质离子和晶体有着相似的结构，会比较容易平衡这个表面力场。三元前驱体的结晶过程基本可以看作金属离子 $M^{2+}$ 和 $OH^-$ 的等量反应，根据静电引力的计算公式：

$$F = kq^+ q^- / r^2 \tag{1-138}$$

式中，$q^+$、$q^-$ 分别为正、负离子所带电荷；$r$ 为正负离子间的距离；$k$ 是常数。

电荷越大，静电能越大，$M^{2+}$ 带有 2 个电荷，$OH^-$ 只有一个电荷，因此晶体表面极大可能优先捕捉 $M^{2+}$ 形成一层吸附层，当然和金属离子有着电荷相同、半径相近的离子如 $Fe^{2+}$、$Zn^{2+}$、$Mg^{2+}$ 等与晶体表面离子形成的静电力场与 $M^{2+}$ 较为相似，也会被晶体表面吸附至吸附层。

② 扩散层的形成：当吸附层形成后，晶体表面是带正电的，为了维持晶体的电荷平衡，吸附层外还需要吸引与其电荷异性的离子，这一层称之为扩散层，扩散层的离子称之为抗衡离子。当抗衡离子为另一种溶质 $OH^-$ 时，晶体的表面将形成与晶体结构一样的"柔性结构"，为相变释放出大量能量打下基础，扩散层优先吸附 $OH^-$。由于抗衡离子与吸附层的构晶离子通过静电作用相连，根据式(1-138)，电荷越高，$F$ 越大，所以其次是吸附溶液中电荷较高的离子。

**图 1-28**
晶体的表面吸附示意图

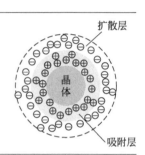

可见，晶体的界面相吸附离子是具有选择性的，正是这种选择性的吸附使得晶体的纯度较高。晶体表面除了存在晶体选择吸附，还存在晶体交换吸附。晶体界面相的扩散层和吸附层的离子均是处于动态平衡的，它有可能待在界面相内，也有可能被其他粒子所交换。当溶液中存在与抗衡离子形成难溶性或难电离化合物的离子，如 $Ca^{2+}$ 能与 $OH^-$ 形成的难溶化合物可能会穿透扩散层将吸附层的构晶离子置换出来，其置换的数量是按电荷等量交换的。

当三元前驱体结晶过程中溶质消耗殆尽，晶体停止生长，但晶体的表面力依然存在，依旧会吸附溶液中离子来平衡表面力场，这时会优先吸附溶液中电荷较高的离子形成吸附层，再吸附一层与吸附层离子电荷相反的离子作为抗衡离子，形成扩散层。

### 1.4.1.2 杂质的吸附

(1) 杂质的吸附过程　假设不考虑晶体对溶剂水的吸附作用，且杂质能较快扩散到晶体表面，可将晶体表面的杂质吸附分为 2 个过程。①离子在水中多数是以水合离子存在的，杂质离子克服水合能，扩散到晶体表面界面相的扩散层；②杂质离子与晶体表面的吸附层离子产生化学键力而释放能量，最后晶体表面能下降。如果杂质离子在晶体的界面相能生成难溶化合物或难电离的物质，则释放的能量更多。

假设杂质离子吸附后晶体的比表面积下降为 $\Delta A < 0$，则吸附过程自由能变化：

$$\Delta G (\text{吸附}) = -\Delta G (\text{水合}) + \Delta G (\text{成键}) + \gamma \Delta A \tag{1-139}$$

式中，$\Delta G$（水合）为杂质离子的水合能；$\Delta G$（成键）为杂质离子与晶体表面形成的化学键能；$\gamma$ 为晶体的表面力。

根据式(1-139)可知，杂质的吸附势垒为 $\Delta G$（吸附），杂质的吸附速率可根据阿伦尼乌斯公式：

$$v（吸附）= N\nu_0 e^{-\frac{\Delta G（吸附）}{RT}} \tag{1-140}$$

式中，$v$（吸附）为杂质的吸附速率；$N$ 为溶液中杂质离子数目；$\nu_0$ 为频率因子。

① 比表面：晶体的比表面越大，比表面能 $\gamma \Delta A$ 下降越大，$\Delta G$（吸附）越小，对杂质吸附速率越快。

② 温度：假设晶体对杂质的吸附在某一温度下为自发过程，$\Delta G$（吸附）$<0$，根据式(1-140)，温度升高，杂质吸附速率下降。

也可从吸附热的角度去解释，晶体表面对杂质的吸附过程为自发过程，根据吸附过程的吉布斯自由能 $\Delta G$（吸附）应小于 0，即：$\Delta G$（吸附）$=\Delta H$（吸附）$-T\Delta S$（吸附）$<0$。由于杂质的吸附为杂质定向排列，是熵减的过程，即 $\Delta S$ 小于 0，那么 $\Delta H$（吸附）$<T\Delta S$（吸附）$<0$。可见吸附是放热过程，温度越高，吸附越不容易进行，吸附速率越慢，反之吸附速率越快。

③ 杂质离子浓度：杂质离子浓度越大，$N$ 越大，杂质吸附速率越快。

④ 杂质离子与晶体表面的成键作用：杂质离子电荷数目越高，静电引力越大，释放能量越大，吸附速率越快。如果杂质离子和晶体形成难溶或难电离的化合物，则释放能量更大，$\Delta G$（成键）越负，吸附速率越大。

⑤ 杂质离子的溶剂化作用：杂质离子和水的溶剂化作用越大，克服的势垒越大，杂质越不容易吸附。一般小半径和高电荷的离子溶剂化作用大。

（2）杂质的吸附方式　三元前驱体晶体对杂质的吸附方式主要有如下几种。

① 形成混晶或固溶体：结晶过程中晶体表面吸附金属离子 $M^{2+}$ 时，如存在 $Fe^{2+}$、$Fe^{3+}$、$Zn^{2+}$、$Mg^{2+}$ 等杂质粒子与三元前驱体的金属离子有相同或相近的电荷和相近的半径，且均和 $OH^-$ 形成难溶化合物，则易与三元前驱体一起沉淀下来形成混晶。如果杂质离子不能被取代则极大可能进入晶格间隙中形成固溶体。另外，$Ca^{2+}$ 虽然半径较大，但由于能与 $OH^-$ 形成难溶化合物，也能通过离子交换吸附进入晶体表面的吸附层，在晶体表面沉淀下来。

② 表面吸附：晶体生长停止后，表面力依旧会捕捉溶液中的杂质离子吸附在晶体表面，由于母液中 $SO_4^{2-}$ 和 $Na^+$ 的浓度较高，易被晶体表面吸附。

③ 包藏：如果结晶过程中结晶速度过快，扩散层吸附的杂质如 $SO_4^{2-}$ 来不及离开晶体表面就被随后沉积下来的晶体所覆盖，包埋在晶体内部，称为包藏。

④ 副反应：从前面分析可知，三元前驱体易发生氧化反应生成非晶态杂质，如 $Co(OH)_2$ 易氧化成非晶态的 $Co(OH)_3$，$Mn(OH)_2$ 易氧化成非晶态的 $MnO_2$，而且这些非晶态的杂质附着在晶体表面会改变晶体的界面相，导致晶体的选择性吸附变差；生成的这些非晶态物质非常细小，比表面能较大，加大了晶体对杂质的表面吸附。三元前驱体的金属离子氧化价态升高后导致晶体晶格内的电荷不平衡，为了维持这种电荷平衡，晶体会对杂质阴离子如 $SO_4^{2-}$ 吸附并进入晶格层间，$SO_4^{2-}$ 与三元前驱体晶体的 $OH^-$ 形成氢键而很难去除。

三元前驱体中的几种杂质类型和存在形式如表 1-20。

表 1-20　三元前驱体中主要杂质的类型及存在形式

| 杂质名称 | 存在晶体的位置 | 存在原因 | 与晶体之间结合力 |
|---|---|---|---|
| $SO_4^{2-}$ | 晶体内部 | 包藏 | 电荷或氢键作用力 |
| | 晶体表面 | 表面吸附 | 电荷作用力 |
| | 晶体内部 | 氧化、高价金属掺杂 | 电荷或氢键作用力 |
| $Na^+$ | 晶体表面 | 表面吸附 | 电荷作用力 |
| $Fe^{2+}$、$Fe^{3+}$、$Zn^{2+}$、$Mg^{2+}$、$Ca^{2+}$ 等 | 晶体晶格 | 混晶/固溶体 | 离子键作用力 |

（3）减少杂质吸附的措施

① 减少结晶体系中杂质离子的浓度：对于金属杂质离子如 $Fe^{2+}$、$Fe^{3+}$、$Zn^{2+}$、$Mg^{2+}$、$Ca^{2+}$ 等，主要来源是原材料。这些杂质离子一旦和三元前驱体形成混晶/固溶体或与 $OH^-$ 形成难溶化合物，是没有办法将其去除的，因此要严格控制原材料中这些杂质的含量。对于 $SO_4^{2-}$ 和 $Na^+$，应尽量降低其浓度，减少其吸附量。

② 控制结晶条件：结晶过程应控制在无氧化条件下进行，避免前驱体的氧化，减少对杂质的吸附量；控制结晶速率不要过快，让晶体在合适的过饱和度下生长，减少晶体对杂质的包藏；尽量在高 pH 值下进行反应，保证溶质 $OH^-$ 供应充足，从而减少对 $SO_4^{2-}$ 的吸附；尽量制备出大颗粒的前驱体，减少晶体的比表面积，降低晶体的杂质吸附量；尽量在较高温度下进行反应结晶，减少杂质的吸附速率。

# 1.4.2　杂质离子的去除方式

对于与三元前驱体晶体形成混晶或固溶体的杂质是几乎没有办法去除的，而对于副反应产生的杂质可以通过严格控制结晶条件予以去除，常见有水洗和陈化两种方式。对于晶体表面吸附引入的杂质常采用水洗的方式去除，而包藏引入的杂质可以采用陈化的方式去除。

## 1.4.2.1　水洗

三元前驱体晶体的水洗过程实际上和杂质吸附过程是相反的，即晶体表面吸附杂质离子形成的界面相被破坏掉，杂质离子迁移到溶剂水中的过程。

（1）水洗过程的能量变化　三元前驱体晶体表面的杂质主要为 $SO_4^{2-}$ 和 $Na^+$（还有少量的 $OH^-$），晶体表面的杂质去除掉后，晶体表面的作用力依然存在，这时晶体会通过吸附水分子来平衡表面作用力，因此水洗过程的能量变化，是晶体表面界面相吸附层与扩散层的杂质离子的静电位能和杂质离子与水的作用能的差值。

离子与水的作用为水合作用，由于离子的电荷密度较高，单独存在时能量较大，离子溶解于水中会与极性水分子产生电场作用，将水分子吸引过来而释放能量才能稳定存在。正离子与水分子的氧端相吸引，负离子与水分子的氢端相吸引，它与极性水分子之间的作用称为离子-偶极作用，如图 1-29，所以离子在水溶液中会被水分子包围而形成水合离子。由于有新的成键，释放出的能量称之为水合能，水合能越大，证明离子与水的作用越大，离子的溶解性越强[31]。

图 1-29
离子的水合作用示意图[31]

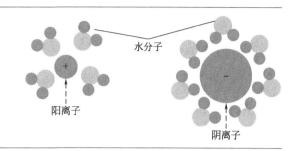

水分子

阳离子

阴离子

图 1-30
硫酸钠溶解的热力学循环

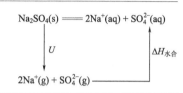

以硫酸钠固体的溶解过程为例，可将硫酸钠的溶解过程分解成硫酸钠吸收能量克服晶格能解离成 $SO_4^{2-}$ 和 $Na^+$，及 $SO_4^{2-}$ 和 $Na^+$ 的水合作用而释放能量两部分，如图 1-30，其溶解过程的能量变化为硫酸钠的晶格能与 $SO_4^{2-}$ 和 $Na^+$ 的水合能的差值。

根据硫酸钠的易溶特性可知，$SO_4^{2-}$ 和 $Na^+$ 的水合能大于硫酸钠的晶格能，而晶体表面界面相的 $SO_4^{2-}$ 和 $Na^+$ 的静电位能肯定远小于硫酸钠的晶格能（否则界面相的 $SO_4^{2-}$ 和 $Na^+$ 会析出形成固体），也小于 $SO_4^{2-}$ 和 $Na^+$ 的水合能之和，所以晶体表面的杂质水洗过程是个能量降低的过程。从热力学角度来说，晶体表面杂质水洗过程应较易进行，晶体表面的杂质水洗原理是基于杂质离子在水中有较好的溶解性。

（2）杂质离子的水洗动力学分析　杂质离子吸附模型可参照胶体吸附模型，而杂质离子迁移到水中溶解过程则可参照前面讲过的硫酸盐的溶解模型，如图 1-31。

图 1-31
杂质离子的水洗模型

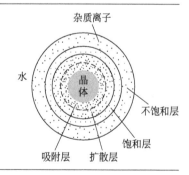

杂质离子

水

晶体

不饱和层

饱和层

吸附层　扩散层

杂质离子的水洗过程可由如下两个过程构成：①杂质离子克服晶体表面的吸附作用从晶体界面相迁出，并在杂质离子和水之间的界面形成一层饱和层；②杂质离子在扩散的作用下，从饱和层扩散到不饱和层，然后再扩散至水中溶解。

杂质离子迁移到水中的速率越快，杂质离子越易从晶体表面去除。杂质离子迁移到水中的速率和杂质离子与水之间的饱和层和不饱和层有关。饱和层越易形成，不饱和层厚度越小，杂质离子越易迁入水中。

饱和层的形成和晶体表面界面相中的杂质离子的迁出速率有关。假设晶体表面的杂质离子之间的电场力为 $F_1$，晶体表面的界面相的厚度为 $d_1$，那么杂质离子迁移出晶体表面要克服做的功为 $W$，则有：

$$W_1 = F_1 d_1 = k d_1 \frac{q^+ q^-}{r^2} \tag{1-141}$$

从式(1-141)可以看出，杂质离子的半径越小，电荷越高，电场力 $F_1$ 越大，杂质离子迁出要克服的功 $W_1$ 越大，杂质离子越难迁出，所以半径较小，电荷较高的杂质离子较难去除，反之亦然；晶体的比表面积越大，吸附的杂质离子越多，界面层厚度 $d_1$ 越大，杂质离子迁出要克服的功 $W_1$ 越大，杂质离子越难迁出，所以比表面积大的晶体表面的杂质离子较难去除，反之亦然；晶体表面对杂质吸附为放热反应，温度越低，杂质离子越容易被吸附，杂质离子越难迁出，所以水的温度越低，杂质越难去除，反之亦然。

而不饱和层的厚度和杂质离子的扩散速率相关，杂质离子扩散速率分为离子扩散和对流扩散。离子扩散是指离子通过自身的浓度差从高浓度向低浓度扩散，浓度差越大，扩散速率越快，所以对于等量的晶体来说，水的量越大，浓度差越大，杂质迁入水中的速率越快，杂质越易去除；温度越高，离子的热运动速率越大，扩散速率越快，所以水的温度越高，杂质迁入水中的速率越快，杂质越易去除，反之亦然。

对流扩散是指通过溶液的速度场力缩短离子的扩散距离，因此溶液的速度场力越大，杂质离子与水的接触面积越大，界面的不饱和层越薄，杂质迁入水中的速率越快，因此通过外力（如搅拌）增加水的流动速度能增大杂质迁入水中的速率，所以在洗涤过程将水和晶体搅拌混合，更有利于杂质的洗涤去除。

由于 $OH^-$ 作为构晶离子优先被吸附，最后也会被去除，所以表面吸附的洗涤标准常常通过洗涤水的 pH 值来判定，当洗涤水 pH 值接近于水的 pH 值，表面吸附的杂质离子已基本洗涤干净。

### 1.4.2.2 陈化

对于包藏在晶体内部的杂质不能通过直接水洗的方式去除，而是采用陈化的方式。陈化是指让晶体结晶完成后和母液放置一段时间。

内部包藏杂质的晶体是有缺陷的，它常是亚稳态结构，对于层状结构的三元前驱体，如果晶体内部包藏有 $SO_4^{2-}$，$SO_4^{2-}$ 常存在于晶体晶格层间，导致晶体的层间距增大成为一个亚稳态结构。晶体在平衡状态下会趋向转化成能量更低的稳态结构，所以可通过陈化的方式来促进晶型的改变。陈化需要 $OH^-$ 重新进入晶体内部将包藏的 $SO_4^{2-}$ 置换出来，但由于晶体结晶完成后，母液中的 $OH^-$ 已基本反应殆尽，为了能够更好地促进陈化作用，可以将晶体与母液分离后浸泡在一定浓度的 NaOH 溶液中。其陈化过程可分为如下两步：① $OH^-$ 通过离子交换吸附进入晶体表面界面相的吸附层，同时将晶体表面的 $SO_4^{2-}$ 置换出来；② 吸附层的 $OH^-$ 扩散到晶体内部完成晶型的转变，同时将晶体内部 $SO_4^{2-}$ 置换至晶体表面的吸附层。

根据法扬斯吸附规则，晶体会优先吸附 $OH^-$，过程①进行的速率往往和溶液中的 $OH^-$ 浓度以及溶液对流扩散有关，$OH^-$ 浓度越大，溶液对流扩散速率越快，越容易进入晶体表面的吸附层。过程②与 $OH^-$ 自身的离子扩散速率相关，温度越高，离子扩散速率越快。所以在搅拌和在热的溶液中往往有利于陈化的进行。从过程①还可以看出，在 NaOH 溶液中进行陈化还有利于洗涤晶体表面的 $SO_4^{2-}$ 杂质离子，但也会在晶体表面引入 $OH^-$ 和 $Na^+$ 杂质，所以 NaOH 溶液浓度不宜过高，陈化过程完毕之后，再配合水洗，可以有效减少晶体表面和内部的 $SO_4^{2-}$ 杂质离子。

# 1.4.3 三元前驱体中的水分

三元前驱体的杂质离子从表面清洗去掉后，晶体表面作用力依然存在，为平衡这种表面力，晶体会吸附一些水分子在晶体表面来降低比表面能，晶体的比表面积越大，吸附的水分子越多，所以比表面积大的如小颗粒前驱体脱水后含水率较高，而比表面积小的如大颗粒前驱体脱水后含水率相对较低。

### 1.4.3.1 晶体表面吸附水的机理

晶体表面由于质点周期性排列断裂，其表层原子的价键是不饱和的，和杂质离子不一样，中性水分子是不带电荷的。但水分子是极性分子，其 O 端带负电，H 端带正电，具有永久偶极矩，因此三元前驱体晶体表层不饱和的 $M^{2+}$ 和 $OH^-$ 与水分子之间产生取向、诱导、色散而产生电场作用将水分子吸附，尤其是晶体中的 $OH^-$ 具有电负性强的 $O^{2-}$，还能和极性 $H_2O$ 分子形成 O-H⋯O 氢键。由于中性水分子不带电荷，和晶体表面的结合力较弱，往往靠吸附一层水分子无法让晶体表层原子达到饱和，可以预见晶体表面对水分子为多层吸附。由于电场作用力随着距离的增加而减弱，其吸附的层数多少主要取决于晶体表面和水分子之间的电场作用力能传递的距离，但氢键的形成需要元素具有较强的电负性，且具有饱和性和方向性，所以晶体表面吸附的第一层水分子以氢键作用力为主，而后面多层水分子的吸附主要是以分子间作用力为主[32]。

### 1.4.3.2 三元前驱体的干燥

通过加热三元前驱体即可让水分子挣脱晶体的束缚而逸散出去，从而达到去除水分的目的。

（1）晶体表面水分的热力学分析　表面含水晶体通过加热将水蒸发可分为如下两个过程[33]。

① 晶体表面水受热汽化，在表面附近形成一层汽化膜，此时汽化膜内水蒸气的分压就是晶体中水分的蒸汽压。由于晶体表面和水分的结合作用力较弱，晶体表面水分的蒸汽压可看作是水的饱和蒸汽压 $p_0$。

② 晶体表面上方气相也会有一个水蒸气分压 $p_{(H_2O)}$，当 $p_0 > p_{(H_2O)}$，汽化膜内的水蒸气会脱离晶体表面迁入气相中去，否则会迁回晶体表面。

水分蒸发的推动力为水的饱和蒸汽压与气相中的水分分压之差 $[p_0 - p_{(H_2O)}]$，即蒸汽压梯度。根据克拉珀龙方程，在外压一定的情况下，水分的饱和蒸汽压和温度的关系[12]为：

$$\ln p_0 = \frac{-\Delta_{vap}H_m}{RT} \qquad (1\text{-}142)$$

式中，$p_0$ 为在某一温度下的饱和蒸汽压；$-\Delta_{vap}H_m$ 为摩尔汽化热；$R$ 为气体常数；$T$ 为温度。

从式(1-142)可知，水分的饱和蒸汽压随温度的升高而升高。当气相中的水蒸气分压一定时，温度越高，水的饱和蒸汽压越大，蒸汽压梯度越大，传质推动力越大，晶体表面水分越容易蒸发。如果晶体表面的水分蒸发出后没有被转移走，空气的湿度增加，气相上方的水蒸气分压会越来越高，蒸汽压梯度减小，传质推动力下降，水分会较难蒸发，因此晶体表面的蒸发难易程度主要和外部条件如温度、空气湿度等相关。

（2）物料的干燥过程　三元前驱体物料干燥过程中，物料具有一定的堆积厚度。随着物料表面水分的汽化，物料内部和表面形成一定的湿度梯度，这种湿度梯度促使水分由内部扩散至表面汽化；干燥过程中由于物料内、外的温度不一致形成温度梯度，这种温度梯度引起水分从高温向低温扩散，如果表面比内部的温度高，水分则会从表面扩散到内部，这两种水分扩散称之为内部扩散[34]。水分的内部扩散速率不同，导致干燥速率也不同。所谓干燥速率是指单位时间、单位面积（物料与热源接触面积）内水分的汽化量，假设干燥速率为 $u$，那么干燥速率可表示为：

$$u = \frac{dw}{A\,dt} \tag{1-143}$$

式中，$w$ 为水分汽化的质量，kg；$A$ 为物料与热源的接触面积，$m^2$；$t$ 为时间。

假设湿物料中绝对干物料的质量为 $m_干$，物料的水分含量为 $X$ kg/(kg 干物料)，那么：

$$dw = -m_干\,dX \tag{1-144}$$

式中，一号表示水分的减少量。

将式(1-144)代入式(1-143)中有：

$$u = -\frac{m_干\,dX}{A\,dt} \tag{1-145}$$

根据式(1-145)可以将干燥过程的干燥速率通过物料中的水分随时间的变化关系来表示，这样可以对整个干燥过程的干燥速率进行描述。根据水分随时间的变化速率的不同，常常将干燥分成恒速干燥阶段和降速干燥阶段，如图1-32。

**图 1-32**
物料水分含量与干燥
速率关系图[34]

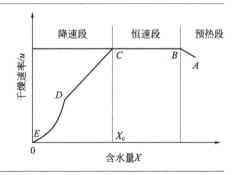

① 恒速干燥阶段：物料在干燥过程中，物料内部的水分能及时扩散到物料表面，物料的表面有充分的吸附水，干燥速率不随物料含水量的变化而变化，即 $dX/dt$ 为常数。如图1-32，$AB$ 段为物料预热段，由于时间较短，可忽略不计，$BC$ 段为恒速干燥段，$X_c$

为物料临界含水量，它表示物料表面一直有充足的吸附水的最低水含量，当物料水分含量大于 $X_c$ 时，干燥速率为常数，干燥速率由表面水分蒸发速率控制。

② 降速干燥阶段：如图 1-32，当物料水分含量小于临界含水量 $X_c$ 时，物料的干燥速率开始下降，称为降速干燥阶段。$CD$ 段为第一降速干燥阶段，其主要原因是水分的内部扩散速率较慢而不能及时扩散到物料表面，物料表面不能形成全湿的状态，造成水分的汽化面积减小，导致干燥速率下降。图 1-32 中 $DE$ 段为第二降速干燥阶段，其主要原因是内部的水分含量进一步减少时，物料的内、外表面会形成温度梯度，如果外表面的温度高，水分会由外向内扩散，物料表面几乎是无水的状态，从而使水分的汽化膜由表面向物料内部迁移，增大了传质和传热的距离，导致干燥速率下降，所以降速阶段由内部水分扩散控制，干燥速率会很慢。如果物料的最终水分含量需要控制在 $X_c$ 以下，则干燥通常需要很长时间。

（3）干燥速率的影响因素

① 恒速干燥速率：恒速干燥阶段空气传给物料的热量全部用来加热水汽化，假设空气的传热系数为 $K_{传热}$，物料的表面温度为 $T_{物}$，空气的温度为 $T$，温度 $T$ 下单位质量水的汽化热为 $\Delta_v h$，有：

$$\frac{\Delta_v h \, \mathrm{d}w}{A \mathrm{d}t} = K_{传热}(T - T_{物}) \tag{1-146}$$

将式（1-143）代入式（1-146），可得到恒速干燥的速率：

$$u_{恒速} = \frac{K_{传热}}{\Delta_v h}(T - T_{物}) \tag{1-147}$$

恒速干燥过程也可用传质过程来描述，它是物料表面的水分传递到空气中的过程，假设物料表面湿度为 $H_{物}$，空气的湿度为 $H$，水蒸气的传质系数为 $K_H$，那么有：

$$u_{恒速} = \frac{\mathrm{d}w}{A \mathrm{d}t} = K_H(H_{物} - H) \tag{1-148}$$

从式（1-147）、式（1-148）可以看出，恒速干燥速率和物料表面空气温度差和湿度差相关，由于 $u_{恒速}$ 为常数，当外部条件一致时，其温度差和湿度差为常数，压力一定的情况下，$T_{物}$ 为该条件下水的汽化温度，也为定值，因此空气的温度越高，温度差越大，干燥速率越快。同理空气的湿度越小，湿度差越大，干燥速率越快。所以在恒速干燥阶段，干燥温度越高，空气的湿度越小，干燥速率越快。

从式（1-147）、式（1-148）可以看出，恒速干燥速率还和传热系数 $K_{传热}$、传质系数 $K_H$ 有关。空气与物料的接触形式会对传热、传质系数产生很大的影响，而导致干燥速率不同。干燥过程中空气气流和物料接触常存在以下三种形式[33]：a. 空气平行于物料表面流动，如图 1-33(a)；b. 空气自上而下或自下而上穿过物料层，如图 1-33(b)；c. 颗粒分散悬浮于气流之中，如图 1-33(c)。

**图 1-33**
干燥过程中空气与物料的
接触形式[33]

(a) 平行流过　　　　(b) 穿过床层　　　　(c) 悬浮颗粒

空气与物料接触越充分，传热系数越大，干燥速率越快。颗粒分散悬浮于气流中的接触方式的传热系数最大，干燥速率最高；其次是空气垂直穿过物料的接触方式；而气流平行流过物料表面的传热系数最小，干燥效率最差。

空气气流的流速也会对传质系数产生较大的影响，当气流流速较大时，会减小物料表面的水分汽化膜层，强化水蒸气的传质系数和空气的传热系数，从而增大干燥速率。但对于微米级颗粒的三元前驱体来说，气流过大易引起扬尘。

表 1-21 中给了几种典型的物料与气流的接触形式的给热系数计算的经验公式。

表 1-21　几种典型的物料与气流的接触形式的给热系数计算的经验公式[33]

| 物料与空气接触方式 | 给热系数经验公式 | 适用范围 | 备注 |
|---|---|---|---|
| 气体平行流过物料 | $\alpha = 0.0143 G^{0.8}$ | $G = 0.68 \sim 8.14 kg/(m^2 \cdot s)$<br>气流温度 $t = 45 \sim 145℃$ | $\alpha$ 为给热系数，$kW/(m^2 \cdot ℃)$；$G$ 为气体的质量流速，$kg/(m^2 \cdot s)$ |
| 气体垂直穿过物料 | $\alpha = 0.0189 \dfrac{G^{0.59}}{d_p^{0.41}}$ | $\dfrac{d_p G}{\mu} > 350$ | $\alpha$ 为给热系数，$kW/(m^2 \cdot ℃)$；$G$ 为气体的质量流速，$kW/(m^2 \cdot ℃)$；$d_p$ 为物料颗粒的当量直径，m；$\mu$ 为气体黏度，$Pa \cdot s$ |
| | $\alpha = 0.0118 \dfrac{G^{0.49}}{d_p^{0.41}}$ | $\dfrac{d_p G}{\mu} > 350$ | |
| 颗粒悬浮于气流中 | $\dfrac{\alpha d_p}{\lambda} = 2 + 0.65 Re^{1/2} Pr^{1/3}$ | $Re = \dfrac{d_p u \rho}{\mu}$<br><br>$Pr = \dfrac{c_p \mu}{\lambda}$ | $u$ 为气体与颗粒之间的相对速度，m/s；$\lambda$ 为气体的热导率，$W/(m \cdot ℃)$；$\rho$ 为气体的密度，$kg/m^3$；$\mu$ 为气体的黏度，$Pa \cdot s$ |

② 降速干燥速率：根据图 1-32，降速干燥速率是变化的，但可以近似计算出瞬时干燥速率。假设近似认为 CE 段为直线，物料最终水分能全部干燥完毕，即 E 点的水分含量 $X_E$ 为 0，对于 CE 段的斜率有：

$$\frac{u_{恒速}}{X_c} = \frac{u_{降速}}{X} \tag{1-149}$$

式中，$u_{恒速}$ 为恒速干燥速率；$u_{降速}$ 为降速干燥阶段某一时刻的降速干燥速率；$X_c$ 为临界含水量；$X$ 为某一时刻的含水量。

根据式(1-149) 可求得某一时刻的降速干燥速率：

$$u_{降速} = u_{恒速} \frac{X}{X_c} \tag{1-150}$$

从式(1-150) 可看出，随着水分含量 $X$ 的减少，$u_{降速}$ 下降；临界含水量 $X_c$ 越低，$u_{降速}$ 越大。通常降低物料层厚度、对物料搅拌和翻炒有利于提高水分扩散速率，从而降低 $X_c$；$X_c$ 还和物料的恒速干燥速率相关，如果增大恒速干燥速率 $u_{恒速}$ 时，反而会让 $X_c$ 增大，这是因为 $u_{恒速}$ 过快时，水分的内部扩散速率跟不上表面汽化速率，会过早地进入降速干燥阶段，导致 $X_c$ 增大，反而导致相同干燥任务的情况下干燥时间较长。

降速干燥速率也可以用传热表示：

$$u_{降速} = \frac{K_{传热}}{\Delta_v h}(T - T_物) \tag{1-151}$$

联合式(1-150)、式(1-151) 有：

$$X = \frac{X_c K_{传热}}{u_{恒速} \Delta_v h} \times (T - T_物) \tag{1-152}$$

由式(1-152)可知，当空气温度 $T$ 一定时，随着水含量 $X$ 减少，物体表面温度会越来越高。当 $X=0$ 时，最终物体的表面温度会和空气温度相等，说明随着物料水含量的降低，温度差会越来越小，物料表面汽化速率不再起主要作用。在干燥后期应降低干燥温度，一是防止物料过热；二是防止 $X_c$ 提高，反而导致水分难以达到较低的状态。

（4）干燥时间　物料干燥时间是指一定质量的湿物料在一定干燥条件下达到指定的水含量所需要的时间。假设物料初始含水率为 $X_1$，需要最终干燥的水分含量为 $X_2$，且 $X_2 < X_c$，则物料需要经历两个干燥阶段，所以干燥时间也需要分开进行讨论。

① 恒速干燥时间：恒速干燥时间是指物料干燥到临界含水量所需要的时间。对式(1-145)进行积分有：

$$\int_0^{t_1} \mathrm{d}t = -\frac{m_干}{Au_{恒速}}\int_{X_1}^{X_c} \mathrm{d}X \tag{1-153}$$

求得：$t_1 = \frac{m_干}{Au_{恒速}}(X_1 - X_c)$

其中 $u_{恒速}$ 可以通过式(1-147)进行估算。

② 降速干燥时间：降速干燥时间是指物料从临界含水量烘干到 $X_2$ 所需要的时间，降速干燥速率是变化的，同样对式(1-145)进行积分：

$$\int_0^{t_2} \mathrm{d}t = -\frac{m_干}{A}\int_{X_c}^{X_2} \frac{\mathrm{d}X}{u_{降速}} \tag{1-154}$$

将式(1-150)代入式(1-154)有：

$$\int_0^{t_2} \mathrm{d}t = -\frac{X_c m_干}{Au_{恒速}}\int_{X_c}^{X_2} \frac{\mathrm{d}X}{X} \tag{1-155}$$

求得：$t_2 = \frac{m_干 X_c}{Au_{恒速}}\ln\frac{X_c}{X_2}$

则干燥的总时间为：$t = t_1 + t_2 = \frac{m_干}{Au_{恒速}}(X_1 - X_c) + \frac{m_干 X_c}{Au_{恒速}}\ln\frac{X_c}{X_2}$

在三元前驱体烘干过程中，如果物料不断翻炒或者搅拌，可以近似认为 $X_c = X_2$，$t_2 = 0$，即干燥时间仅和恒速干燥相关。反之如果物料处于静止状态，$X_c$ 较高，则需要考虑降速干燥过程，烘干时间延长。

### 1.4.3.3　三元前驱体干燥过程的反应热力学分析

三元前驱体的烘干过程要保证不改变三元前驱体性质，其在空气中加热有可能会发生分解和氧化反应。

（1）分解反应热力学分析　假设 $Ni(OH)_2$ 发生分解反应，有反应式：

$$Ni(OH)_2 \Longrightarrow NiO + H_2O \tag{1-156}$$

对于式(1-156)根据等温方程式有：

$$\Delta_r G[式(1\text{-}156)] = \Delta_r G^{\ominus}[式(1\text{-}156)] + RT\ln[p(H_2O, g)] \tag{1-157}$$

式中，$p(H_2O,g)$ 为水蒸气分压。

查表 1-1，可求得式(1-156)的标准吉布斯自由能变：$\Delta_r G^{\ominus}$[式(1-156)]$=\Delta G_f^{\ominus}$ $(H_2O,g)+\Delta G_f^{\ominus}(NiO,s)-\Delta G_f^{\ominus}[Ni(OH)_2,s]=-54.634-50.6-(-106.9)=1.666$ $(kcal/mol)=6.974(kJ/mol)$

从热力学的角度来说，当 $\Delta_r G$[式(1-156)]$<0$ 时，$Ni(OH)_2$ 分解反应才有可能发生，一般前驱体干燥为常压，假设干燥温度为 100℃ 时，取不同的 $p(H_2O,g)$ 代入式(1-157)，可求得相应的 $\Delta_r G$[式(1-156)]值，如表 1-22。假设气相水蒸气分压为 $1\times 10^{-3}$Pa，取不同 $T$ 值，可求得相应的 $\Delta_r G$[式(1-156)]值，如表 1-23。

<table>
<tr><td colspan="2">表 1-22 100℃ 时不同水蒸气分压下 Ni (OH)₂ 的分解自由能</td></tr>
<tr><td>水蒸气分压<br>$p(H_2O,g)$/Pa</td><td>$\Delta_r G$[式(1-156)]<br>/(kJ/mol)</td></tr>
<tr><td>$1\times 10^{-5}$</td><td>−28.729</td></tr>
<tr><td>$1\times 10^{-4}$</td><td>−21.588</td></tr>
<tr><td>$1\times 10^{-3}$</td><td>−14.448</td></tr>
<tr><td>$1\times 10^{-2}$</td><td>−7.307</td></tr>
<tr><td>$1\times 10^{-1}$</td><td>−0.1666</td></tr>
</table>

<table>
<tr><td colspan="2">表 1-23 水蒸气分压为 1×10⁻³Pa 时不同温度下 Ni(OH)₂ 的分解自由能</td></tr>
<tr><td>$T$/℃</td><td>$\Delta_r G$[式(1-156)]/(kJ/mol)</td></tr>
<tr><td>100</td><td>−14.448</td></tr>
<tr><td>120</td><td>−15.596</td></tr>
<tr><td>140</td><td>−16.745</td></tr>
<tr><td>160</td><td>−17.893</td></tr>
<tr><td>180</td><td>−19.042</td></tr>
<tr><td>200</td><td>−20.191</td></tr>
</table>

从表 1-22、表 1-23 可以看出，当干燥温度为 100℃ 时，$Ni(OH)_2$ 的分解失水的吉布斯自由能随水蒸气分压的降低而降低，水蒸气分压在 $1\times 10^{-5}\sim 1\times 10^{-1}$Pa 范围内都为负值，有自发趋势，水蒸气分压越小，自发趋势越大，且随着干燥温度的提高，自发趋势越来越大。

假设 $Co(OH)_2$ 发生分解反应，有反应式：

$$Co(OH)_2 = CoO + H_2O \qquad (1-158)$$

$Co(OH)_2$ 的分解反应同样和水蒸气分压以及干燥温度有关。按 $Ni(OH)_2$ 的分解吉布斯自由能变的计算方法，假设干燥温度在 100℃ 情况下，求出不同水蒸气分压下的 $Co(OH)_2$ 的分解自由能 $\Delta_r G$[式(1-158)]，如表 1-24。假设气相水蒸气分压为 $1\times 10^{-3}$ Pa，求得不同温度下式(1-158)的分解自由能 $\Delta_r G$[式(1-158)]，如表 1-25。

<table>
<tr><td colspan="2">表 1-24 100℃ 时不同水蒸气分压下 Co(OH)₂ 的分解自由能</td></tr>
<tr><td>水蒸气分压<br>$p(H_2O,g)$/Pa</td><td>$\Delta_r G$[式(1-158)]<br>/(kJ/mol)</td></tr>
<tr><td>$1\times 10^{-5}$</td><td>−23.999</td></tr>
<tr><td>$1\times 10^{-4}$</td><td>−16.858</td></tr>
<tr><td>$1\times 10^{-3}$</td><td>−9.718</td></tr>
<tr><td>$1\times 10^{-2}$</td><td>−2.577</td></tr>
<tr><td>$1\times 10^{-1}$</td><td>4.563</td></tr>
</table>

<table>
<tr><td colspan="2">表 1-25 水蒸气分压为 1×10⁻³Pa 时不同温度下 Co(OH)₂ 的分解自由能</td></tr>
<tr><td>$T$/℃</td><td>$\Delta_r G$[式(1-158)]/(kJ/mol)</td></tr>
<tr><td>100</td><td>−9.718</td></tr>
<tr><td>120</td><td>−10.866</td></tr>
<tr><td>140</td><td>−12.015</td></tr>
<tr><td>160</td><td>−13.164</td></tr>
<tr><td>180</td><td>−14.312</td></tr>
<tr><td>200</td><td>−15.461</td></tr>
</table>

根据表 1-24、表 1-25，当干燥温度为 100℃时，$Co(OH)_2$ 的分解吉布斯自由能随水蒸气分压的降低而降低，水蒸气分压在 $1 \times 10^{-5} \sim 1 \times 10^{-2} Pa$ 的范围内都有自发趋势，即便水蒸气分压在 $1 \times 10^{-1} Pa$ 时，其吉布斯自由能也是个较小的正值，属于可逆反应的范畴，且随着干燥温度的提高，其分解失水的趋势也越来越大。

假设 $Mn(OH)_2$ 发生分解反应，有反应式：

$$Mn(OH)_2 \Longrightarrow MnO + H_2O \tag{1-159}$$

同样求得式（1-159）在常压下干燥温度为 100℃时，不同水蒸气分压下 $Mn(OH)_2$ 的分解吉布斯自由能 $\Delta_r G$[式(1-159)]，如表 1-26。假设气相水蒸气分压为 $1 \times 10^{-3} Pa$，求得不同温度下式（1-159）的分解自由能 $\Delta_r G$[式(1-159)]，如表 1-27。

表 1-26　100℃时不同水蒸气分压下 $Mn(OH)_2$ 的分解自由能

| 水蒸气分压<br>$p(H_2O,g)/Pa$ | $\Delta_r G$[式(1-159)]<br>/(kJ/mol) |
| --- | --- |
| $1 \times 10^{-5}$ | $-12.153$ |
| $1 \times 10^{-4}$ | $-5.012$ |
| $1 \times 10^{-3}$ | $2.128$ |
| $1 \times 10^{-2}$ | $9.269$ |
| $1 \times 10^{-1}$ | $14.409$ |

表 1-27　水蒸气分压为 $1 \times 10^{-3} Pa$ 时不同温度下 $Mn(OH)_2$ 的分解自由能

| $T/℃$ | $\Delta_r G$[式(1-159)]/(kJ/mol) |
| --- | --- |
| 100 | 2.128 |
| 120 | 0.980 |
| 140 | $-0.169$ |
| 160 | $-1.318$ |
| 180 | $-2.466$ |
| 200 | $-3.615$ |

从表 1-26、表 1-27 可看出，当干燥温度为 100℃时，$Mn(OH)_2$ 分解的吉布斯自由能随水蒸气分压的降低而降低，水蒸气分压在 $1 \times 10^{-5} \sim 1 \times 10^{-4} Pa$ 的范围内为自发趋势，水蒸气分压在 $1 \times 10^{-3} Pa$ 时，其吉布斯自由能也是个较小的正值，属于可逆反应的范畴，且随着干燥温度的提高，其分解失水的趋势也越来越大。

从上面的热力学分析可知，$Ni(OH)_2$、$Co(OH)_2$、$Mn(OH)_2$ 在干燥过程中均有分解失水的趋势，尽管它们的失水趋势不一样，但三元前驱体为镍钴锰复合氢氧化物，Ni、Co、Mn 三种元素均处在晶格同一位置，任意一种氢氧化物处于失水状态，意味着其他两种氢氧化物也是失水状态，所以三元前驱体干燥过程中不可一味地提高干燥速率，而将干燥的空气湿度设计得太低，或将干燥温度提得太高，避免三元前驱体在干燥过程中过度失水、分解。

（2）氧化反应热力学分析　$Ni(OH)_2$ 在空气中较为稳定，前面也分析过氢氧化镍即便在碱性水溶液中也较难被氧气氧化，所以这里仅讨论 $Co(OH)_2$ 和 $Mn(OH)_2$ 的氧化过程。

① $Co(OH)_2$ 的氧化

假设 $Co(OH)_2$ 在空气中氧化，有化学反应式：

$$3Co(OH)_2 + 1/2O_2 \Longrightarrow Co_3O_4 + 3H_2O \tag{1-160}$$

对于式（1-160），根据等温方程式有：

$$\Delta_r G[式(1-160)] = \Delta_r G^{\ominus}[式(1-160)] + RT\ln[p(H_2O,g)^3 / p(O_2,g)^{1/2}] \tag{1-161}$$

式中，$p(H_2O,g)$ 为空气中的水蒸气分压，Pa；$p(O_2,g)$ 为空气中的氧气分压，Pa。

$$\Delta_r G^{\ominus}[式(1-160)]=3\Delta G_f^{\ominus}(H_2O,g)+\Delta G_f^{\ominus}(Co_3O_4,s)-3\Delta G_f^{\ominus}[Co(OH)_2,s]-1/2\Delta G_f^{\ominus}(O_2,g)$$
$$=3\times(-54.634)-185-3\times(-108.6)-1/2\times0=-23.102(kcal/mol)$$
$$=-96.70(kJ/mol)$$

$Co(OH)_2$ 在标准状况下氧化分解的吉布斯自由能已是一个较大的负值，从热力学的角度来说，$Co(OH)_2$ 在空气中是比较容易氧化的。根据式(1-161)，温度 $T$ 越高，$RT\ln[p(H_2O,g)^3/p(O_2,g)^{1/2}]$ 的值越负，$CO(OH)_2$ 氧化分解的吉布斯自由能会越小，氧化趋势越大；同样地，$p(H_2O,g)$ 越小，$RT\ln[p(H_2O,g)^3/p(O_2,g)^{1/2}]$ 的值越负，$Co(OH)_2$ 的氧化趋势越大。

② $Mn(OH)_2$ 的氧化

假设 $Mn(OH)_2$ 在空气中氧化，有化学反应式：

$$Mn(OH)_2+1/2O_2 \Longrightarrow MnO_2+H_2O \tag{1-162}$$

同样对于式(1-162)，根据等温方程式有：$p(H_2O,g)$

$$\Delta_r G[式(1-162)]=\Delta_r G^{\ominus}[式(1-162)]+RT\ln[p(H_2O,g)/p(O_2,g)^{1/2}] \tag{1-163}$$

$$\Delta_r G^{\ominus}[式(1-162)]=\Delta G_f(H_2O,g)+\Delta G_f(MnO_2,s)-\Delta G_f[Mn(OH)_2,s]-1/2\Delta G_f(O_2,g)$$

$$=(-54.634)-111.18-(-147.0)-1/2\times0=-18.814(kcal/mol)$$
$$=-78.755(kJ/mol)$$

$Mn(OH)_2$ 在标准状况下氧化分解的吉布斯自由能同样也是一个较大的负值，从热力学角度来说，$Mn(OH)_2$ 在空气中也是比较容易氧化的。根据式(1-163)，温度 $T$ 越高，$RT\ln[p(H_2O,g)/p(O_2,g)^{1/2}]$ 的值越负，$Mn(OH)_2$ 氧化分解的吉布斯自由能会越小，氧化趋势越大；$p(H_2O,g)$ 越小，$RT\ln[p(H_2O,g)/p(O_2,g)^{1/2}]$ 的值越负，$Mn(OH)_2$ 的氧化趋势也越大。

虽然前驱体干燥过程中，提高干燥温度、降低空气湿度会有利于前驱体干燥速率的提高，但综合前驱体的分解、氧化热力学分析，提高温度、降低空气湿度会使前驱体的副反应增加，而使前驱体发生"变质"风险，因此前驱体在干燥过程中有着合适的干燥温度和空气湿度。

### 1.4.3.4 前驱体干燥过程的反应动力学分析

通过上述对三元前驱体干燥过程的热力学分析，三元前驱体在干燥过程中的失水分解反应和氧化分解反应具有较大的热力学趋势，如氢氧化镍、氢氧化钴失水分解反应的吉布斯自由能变较低，容易发生失水反应，氢氧化钴、氢氧化锰氧化分解的吉布斯自由能变较低，易发生氧化反应。从三元前驱体干燥前后的颜色变化也证实了这些反应的发生。三元前驱体干燥前为 $Ni(OH)_2$、$Co(OH)_2$、$Mn(OH)_2$ 的混合色，其中 $Ni(OH)_2$ 为浅绿色，

Co(OH)$_2$为粉红色，Mn(OH)$_2$为白色，如果三种成分含量差异不大时，其混合色为黄色；如果 Ni(OH)$_2$ 含量较高时，其混合色为黄绿色；如果 Mn(OH)$_2$ 含量较高时，其混合色为黄白色。当三种成分含量差异不大的三元前驱体在空气气氛下干燥后变为黑色，如果 Ni(OH)$_2$ 含量较高、锰含量较少时干燥后为灰绿色，如果 Mn(OH)$_2$ 含量较高时，干燥后为棕黑色。几种氧化物的颜色和三元前驱体干燥前后的颜色如表 1-28、表 1-29。

表 1-28　几种氧化物的颜色

| 物质名称 | NiO | CoO | MnO$_2$ | Co$_3$O$_4$ |
|---|---|---|---|---|
| 颜色 | 暗绿色 | 黑灰色 | 棕褐色 | 黑色 |

表 1-29　三元前驱体干燥前后颜色对比

| 三元前驱体的成分 | 干燥前的颜色 | 干燥后的颜色 |
|---|---|---|
| Ni、Co、Mn 成分差异较小的三元前驱体 | 黄色 | 黑色 |
| 高 Ni 低 Mn 含量的三元前驱体 | 黄绿色 | 灰绿色 |
| 高 Mn 含量的三元前驱体 | 黄白色 | 棕黑色 |

从前驱体干燥前后的颜色变化和氧化物颜色表进行对照，证实了三元前驱体干燥过程的失水反应、氧化分解反应的存在。根据前面介绍可知，三元前驱体晶体表面的几个原子层的原子价键是不饱和的，急需发生化学反应来促使价键饱和，因此表层原子的反应动力学速率会比较大，会较容易发生分解及氧化反应，但当这几个表面原子层变成一层由 NiO、MnO$_2$、Co$_3$O$_4$ 组成的氧化膜后，由于这层膜仅为几个原子层厚，基本可以忽略其对材料性质的影响。但要注意的是，反应的动力学速率总是和反应势垒相关，反应势垒越低，反应动力学速率越快，从上面分析可知，三元前驱体的分解和氧化反应势垒会随着干燥温度提高以及空气湿度的降低而降低。假设为了提高干燥速率而过度地提高温度和降低空气湿度，势必会加速晶体内部的分解和氧化反应的发生，从而导致前驱体真正的发生"变质"。无论是前驱体的失水反应还是氧化分解反应都是前驱体质量减少的过程，这些反应的过度发生势必会引起三元前驱体中的 Ni、Co、Mn 总金属含量的升高。如表 1-30。

表 1-30　三元前驱体不同干燥温度下的总金属含量的变化[35]

| 干燥温度/℃ | 100 | 120 | 150 | 200 | 300 | 400 |
|---|---|---|---|---|---|---|
| 总金属含量/% | 61.71 | 61.80 | 61.83 | 62.14 | 62.20 | 69.98 |

## 参 考 文 献

[1]　Lide D. CRC Handbook of Chemistry and Physics [M]. 72nd Ed. Boston：CRC press，1991-1992.

[2]  王平，殷梅珍．无机盐类溶解性的热力学平衡讨论 [J]．阜阳师范学院学报（自然科学版），1996，（3）：33-35，22.

[3]  唐宗薰．无机化学热力学 [M]．北京：科学出版社，2010.

[4]  陈志敏．关于无机盐溶解性的探讨 [J]．衡阳师专学报（自然科学版），1995，13 (1)：71-77.

[5]  刘光启，马连湘，项曙光．化学化工物性数据手册·无机卷（增订版）[M]．北京：化学工业出版社，2013.

[6]  夏树屏，高世扬，刘志宏，等．盐类溶解动力学的数学模型和热力学函数 [J]．盐湖研究，2003，11 (3)：9-17.

[7]  常忆凌．药剂学 [M]．2 版．北京：化学工业出版社，2014.

[8]  中石化上海工程有限公司．化工工艺设计手册 [M]．5 版．北京：化学工业出版社，2018.

[9]  刘力红．Born-Haber 热化学循环及其应用 [J]．固原师专学报（自然科学版），1996，17 (8)：47-50，31.

[10]  陈祖林，窦万英．浅谈水合离子结构 [J]．江苏广播电视大学学报，1994，(4)：29-32.

[11]  李大塘，刘永红．一水合氨氢键结构分析 [J]．化学教学，2012，(11)：77-78.

[12]  葛秀涛．物理化学 [M]．合肥：中国科技大学出版社，2014.

[13]  苏继桃，苏玉长，赖智广．制备镍、钴、锰复合氢氧化物的热力学分析 [J]．电池工业，2008，13 (1)：18-22.

[14]  苏继桃，苏玉长，赖智广，等．共沉淀法制备镍、钴、锰复合碳酸盐的热力学分析 [J]．硅酸盐学报，2006，34 (6)：695-698.

[15]  陈惠．稳态 α 型氢氧化镍的制备、结构和电化学性能分析 [D]．杭州：浙江大学，2004.

[16]  王静康．化学工程手册（第 10 篇 "结晶"）[M]．2 版．北京：化学工业出版社，1996.

[17]  郝保红，黄俊华．晶体的生长机理研究综述 [J]．北京：石油化工学院学报，2006，14 (2)：58-64.

[18]  陆佩文．无机材料科学基础 [M]．武汉：武汉理工大学出版社，1996.

[19]  胡英顺，尹秋响，侯宝红，等．结晶及沉淀过程中粒子聚结和团聚的研究进展 [J]．化学工业与工程，2005，22 (5)：371-375.

[20]  李国华，王大伟，张术根，等．晶体生长理论的发展趋势与界面相模型 [J]．现代技术陶瓷，2001，(1)：13-18.

[21]  闵乃本．晶体生长的物理基础 [M]．上海：上海科学技术出版社，1982.

[22]  三元材料前驱体形成机理、结晶、结构和形貌分析 [N]．动力电池前驱体技术，[2020-04-06]．https://max.book118.com/html/2019/0401/8133014016002015.shtm.

[23]  童祜嵩．颗粒粒度与比表面测量原理 [M]．上海：上海科学技术文献出版社，1989.

[24]  张晓娟．精细化工反应过程与设备 [M]．北京：中国石化出版社，2008.

[25]  梁宏波．搅拌槽内微观混合特性与离集指数的无因次关联 [D]．呼和浩特：内蒙古工业大学，2010.

[26]  陆杰，王静康．反应结晶（沉淀）研究进展 [J]．化学工程，1999，27 (4)：24-27.

[27]  彭美勋，沈湘黔，危亚辉．球形 $Ni(OH)_2$ 生长过程中的 Ostwald 熟化作用 [J]．电源技术，2008，32 (2)：106-108.

[28]  Penn R L，Banfield J F．Imperfect oriented attachment：dislocation generation in defect-free nanocrystals [J]．Science，1998，281 (5379)：969-971.

[29]  胡福增．材料表面与界面 [M]．上海：华东理工大学出版社，2008.

[30]  吴旭冉，贾志军，马洪运．电化学基础（Ⅲ）——双电层模型及其发展 [J]．储能科学与技术，2013，2 (2)：152-156.

[31]  林霞．浅谈电解质溶液理论 [J]．广西师院学报（自然科学版），1997，14 (3)：42-45.

[32]  聂百胜，何学秋，王恩元，等．煤吸附水的微观机理 [J]．中国矿业大学学报，2004，33 (4)：379-383.

[33] 戴猷元，余立新. 化工原理 [M]. 北京：清华大学出版社，2010.

[34] 卢寿慈. 粉体加工技术 [M]. 北京：中国轻工业出版社，1999.

[35] 王伟东，仇卫华，丁倩倩. 锂离子电池三元材料——工艺技术及生产应用 [M]. 北京：化学工业出版社，2015.

# 三元材料前驱体
## ——产线设计及生产应用

# Precursors for Lithium-ion Battery Ternary Cathode Materials
## ——Production Line Design and Process Application

# 第 2 章

# 三元前驱体的
# 结晶操作方式

# 2.1
## 概述

在制备不同类型的三元正极材料时，往往需要采用不同粒度分布的三元前驱体。例如制备压实密度较大的二次颗粒三元正极材料时，需采用粒度分布较宽的大粒径三元前驱体；制备单晶型的三元正极材料时，需采用粒度分布较窄的小粒径三元前驱体；制备动力型的二次颗粒三元正极材料时，往往希望各颗粒的性质较为均一，则需采用粒度分布较窄的大粒径三元前驱体。因此在三元前驱体制备过程中获得期望粒径及粒度分布的产品至关重要。几种典型三元前驱体产品的粒径及粒度分布如表 2-1。

表 2-1　三元前驱体产品的典型粒度数据

| 三元前驱体类型 | $D_{10}/\mu m$ | $D_{50}/\mu m$ | $D_{90}/\mu m$ | $D_{min}/\mu m$ | $D_{max}/\mu m$ |
|---|---|---|---|---|---|
| 宽分布大粒径前驱体 | 6.0 | 12.0 | 18.0 | 2.0 | 33.0 |
| 窄分布大粒径前驱体 | 9.0 | 12.0 | 16.0 | 4.0 | 23.0 |
| 窄分布小粒径前驱体 | 2.8 | 4.0 | 5.0 | 1.6 | 8.0 |

第 1 章介绍的表征粒度分布宽度的计算公式较为烦琐，为了简化计算，常用径距来表征粒度的分布宽度。径距越大，粒度分布越宽，反之则粒度分布越窄。径距（Span）采用式(2-1)进行计算：

$$\text{Span} = \frac{(D_{90} - D_{10})}{D_{50}} \tag{2-1}$$

从表 2-1 中几种典型的三元前驱体产品粒度数据来看，宽粒度分布的径距在 1 左右，窄粒度分布的径距在 0.8 以下。要得到要求粒径及粒度分布的产品，必须清楚其颗粒的形成机理。

根据第 1 章的分析，三元前驱体的制备是一种结晶操作，故三元前驱体属于晶体颗粒。晶体颗粒的形成是通过晶体的成核、长大而成，但三元前驱体的沉淀速率较快，其晶体通常比较细小，为微、纳米级别，这些微细晶粒由于比表面较大而无法单独存在，会自发地聚结在一起形成二次颗粒，所以三元前驱体属于二次晶体颗粒，它的粒径大小和粒度分布由这些二次颗粒的大小及百分含量来表征。

二次颗粒的粒径及粒度分布和晶体的成核速率、生长速率、聚结速率有关。根据第 1 章的介绍，当搅拌强度一定时，晶体的成核速率和过饱和度以及固含量有关；晶体的生长速率和聚结速率也和过饱和度相关。第 1 章曾给出各种速率与过饱和度的关系，如式(2-2)~式(2-4)。

$$B = K_N S^i M_T^j \tag{2-2}$$

$$G = K_G (1 - S^{-1}) \tag{2-3}$$

 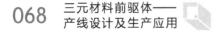

$$A = K_A S \tag{2-4}$$

式中，$B$ 为晶体的成核速率；$K_N$ 为晶体与搅拌强度、温度有关的成核速率常数；$S$ 为过饱和度；$M_T$ 为固含量；$G$ 为晶体的生长速率；$K_G$ 为晶体的生长速率常数；$A$ 为晶体的聚结速率；$K_A$ 为晶体的聚结速率常数。

从式(2-2)～式(2-4) 可看出，三者的速率均和过饱和度呈正相关的关系，但对饱和度的敏感度不同，且都要对过饱和度进行竞争。当过饱和度很高时，成核速率对过饱和度最敏感，成核速率较大，会新生成很多的晶核。这时由于晶体成核消耗了过多的过饱和度，溶液的过饱和度减小，生长速率就会变小，生成的一次晶体就会变得细小，晶体表面的界面过饱和度较高，因此晶体的聚结速率就会增大。由于新生成的一次晶体数目较多，这些一次晶体不仅会在反应釜内原有的二次颗粒上聚结使晶体的粒径变大，同时也会新聚结出许多粒径较小的二次颗粒（如图 2-1）。这些小粒径的二次颗粒不仅会拉低整体的粒径值，还会使粒度分布变宽。当过饱和度较为适中时，成核速率不是很高，新生成的晶核数量较少，晶体生长速率较大，生成的一次晶体较为粗大，新生成的大部分晶体在原有的二次颗粒上聚结长大，新聚结的二次颗粒生成数目较少，这样既保证了颗粒的生长，又保证了较窄的粒度分布。因此在三元前驱体的颗粒形成过程中，要保证达到要求的粒径及粒度分布，应避免成核速率过大，防止生成的晶核数目过多。

**图 2-1**
三元前驱体的颗粒形成过程

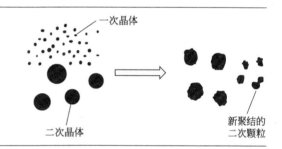

一次晶体

二次晶体

新聚结的
二次颗粒

晶核的生成数目和成核速率有关，从式(2-2) 可以看出，当反应釜内固含量不随时间发生变化时，成核速率仅和过饱和度相关。根据第 1 章的介绍，三元前驱体的过饱和度由式(2-5) 表示。

$$S = \frac{[M^{2+}][OH^-]^2}{K_{sp,M(OH)_2}^{\ominus}} \tag{2-5}$$

当反应釜内搅拌分散良好，氨水浓度稳定，游离的金属离子浓度 $[M^{2+}]$ 可看作定值，成核速率仅和游离的 $OH^-$ 的浓度，即 pH 有关。根据式(2-5)，过饱和度 $S$ 可转化为式(2-6)。

$$S = K_c [OH^-]^2 = K_c 10^{2(pH-14)} \tag{2-6}$$

式中，$S$ 为过饱和度；$K_c$ 为与温度及游离金属离子浓度相关的常数。

将式(2-6) 代入式(2-2)，当固含量 $M_T$ 不随时间发生变化时，成核速率 $B$ 与 pH 的关系为：

$$B = K_N' 10^{2i(pH-14)} \tag{2-7}$$

式中，$B$ 为成核速率；$K_N'$ 为与搅拌强度、温度以及固含量有关的成核速率常数；$i$

为与过饱和度相关的成核速率指数。

从式(2-7)可以看出，三元前驱体的成核速率 $B$ 与反应过程中的 pH 值成指数关系，如图 2-2。当 pH 超过某一临界值时，成核速率会爆发增长。所以若要防止结晶过程中晶核形成数目过多，应尽量控制 pH 值在临界 pH 值以下。

**图 2-2**
成核速率与 pH 值关系图

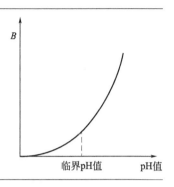

当反应釜内的固含量随时间变化时，则成核速率又增加了一个变量，成核速率由式(2-8)表示。

$$B = K_N'' 10^{2i(\mathrm{pH}-14)} M_T^i \tag{2-8}$$

此时应防止高 pH 值与高固含量下的双重叠加效应的发生，导致晶核生成数目过多。应充分考虑两者的耦合作用，当固含量升高时，应降低 pH 值。

在三元前驱体反应结晶时，溶液的过饱和度是较难测量的，但可以通过反应釜内的粒度分布变化情况来判断成核速率的高低。当小粒度特征值如 $D_{10}$、$D_3$、$D_{\min}$ 开始下降，说明有新的聚结二次颗粒出现，生成的晶核数目较多，成核速率较高。一般粒径数值下降越多，表示成核速率越高。在三元前驱体反应结晶时定时对反应釜内的粒度分布情况抽检是控制反应过程粒度分布的一种关键的辅助手段。一般使用激光粒度仪检测反应釜内物料粒度分布的变化情况。通常高精度的粒度仪的粒度检测范围为 $0.1 \sim 1000\mu m$，且粒度值越小误差越大，所以有时候粒度仪的检测结果并不能反映出真实的粒度分布情况。也有些工作者采用显微镜直接观测釜内浆料颗粒，判断反应釜内物料的粒度分布变化情况，例如通过目视观察方式判断有无新的二次聚结颗粒产生，其产生量大概是多少，等等。这种靠人为目视的检测方式虽然较为直观，但往往需要操作者有丰富的粒度观测经验才能对反应釜的粒度分布变化情况作出准确的判断。

晶体颗粒的粒径及粒度分布除和晶核生成数目有关外，还和晶体颗粒的停留时间有关。晶体颗粒的停留时间是指颗粒从反应釜内产生开始直至流出反应釜所经历的时间。晶体颗粒生长到一定粒径需要经历一定的时间。晶体的生长必须要在一定的过饱和度下进行，当晶体颗粒出现在反应釜内，由于反应釜内一直有溶质供应，能够为晶体颗粒的生长不断提供过饱和条件，从而使晶体颗粒不断长大。对于单个晶体颗粒来说，晶体颗粒在反应釜内停留的时间越长，其表面不断地会有晶体聚结，粒径就会越大，反之粒径就会较小。对于反应釜内的整体颗粒来说，当各颗粒的粒径大小相差不大时，其颗粒表面的界面过饱和度大小相近，聚结速率几乎相等，当停留时间一致时，容易获得粒度分布较窄的颗粒产物；反之当各颗粒大小相差较大时，即便停留时间一致，其粒度分布也比较宽或需要经历较长的停留时间才能获得分布较窄的颗粒产物。

停留时间不仅会影响晶体颗粒的粒径及粒度分布，还会对晶体颗粒的振实密度产生重要的影响。根据第1章分析，晶体结晶一开始并不是形成最稳定的晶体形态结构，而是先形成自由能损失最小的亚稳态结构。亚稳态向稳态结构的转变也需要一定时间，在转变过程中，晶体颗粒的密实度增加，且随着颗粒粒径的增长，振实密度增加，当完全转变为稳态结构时，晶体的振实密度不随停留时间而发生变化。王伟东等[1]对三元前驱体的振实密度随反应时间变化做了实验，结果如图2-3。

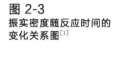
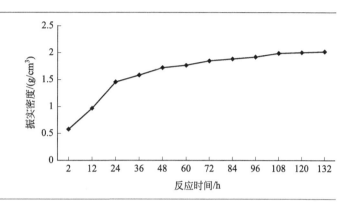

图 2-3
振实密度随反应时间的
变化关系图[1]

综上所述，在进行三元前驱体的结晶操作时，要获得理想粒径及粒度分布的产品，应充分考虑晶核的生成数目和晶体的停留时间的影响。通常三元前驱体的结晶操作流程可分为如下几步：①向反应釜内注入一定的量的纯水作为反应底水，并加热到指定温度；②向反应釜内注入一定浓度的氨碱混合液，开启搅拌，再向反应釜内输入盐、碱、氨水溶液；③在反应过程中进行反应釜内浆料粒径及粒度分布、振实密度等过程检验。如果粒径及粒度分布、振实密度达到要求，则可作为产品排出，否则需继续反应，如图2-4。

图 2-4
三元前驱体结晶
操作流程图

在三元前驱体的工业结晶操作时，根据其产品产出方式的不同，可分为连续法、间歇法、半连续半间歇法三种。三种方式在结晶操作、结晶控制、产能及产品方面各有特点。下面分别对这三种方式进行介绍。

# 2.2
# 三元前驱体的结晶操作方式

## 2.2.1  连续法

三元前驱体制备的连续法是进料和产品产出同时进行的方法，如图 2-5。

图 2-5
三元前驱体连续法
操作示意图

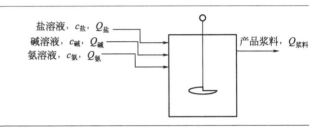

盐溶液，$c_{盐}$，$Q_{盐}$
碱溶液，$c_{碱}$，$Q_{碱}$
氨溶液，$c_{氨}$，$Q_{氨}$
产品浆料，$Q_{浆料}$

### 2.2.1.1  连续法的特点

成核速率和固含量有很大的关系，因此要对结晶操作过程中固含量的变化进行衡算。固含量是指单位浆料体积内三元前驱体的质量，如式(2-9)。

$$M_T = \frac{m}{V} \tag{2-9}$$

式中，$M_T$ 为固含量，g/L；$m$ 为三元前驱体的质量，g；$V$ 为浆料的体积，L。

固含量的测定方法是量取一定体积 $V$ 的三元前驱体浆料，将其固液分离、洗涤、干燥后称量固体的质量 $m$，再根据式(2-9) 计算得到。

现浓度为 $c_{盐}$ 的盐溶液、浓度为 $c_{碱}$ 的碱溶液、浓度为 $c_{氨}$ 的氨水溶液分别以 $Q_{盐}$、$Q_{碱}$、$Q_{氨}$ 的流速流入反应釜（有效容积为 $V_R$），反应釜内初始固含量为 0，以三元前驱体的质量为对象，对连续法过程作物料衡算。衡算之前作三点假设：①反应釜内搅拌强度足够，保证各处的固含量一致；②反应釜满后，以溢流的方式排料，原料液进料的体积和产品浆料排出的体积相等；③溢流出的浆料的固含量与反应釜的固含量一致。

反应釜增加的固体
质量，$m_{增加}$

$V_R$

$M_T : 0 \rightarrow M_T(t)$

反应釜排出固体的
质量，$m_{排}$

在连续反应过程中，假设 $t$ 时刻反应釜内的固含量为 $M_T(t)$，反应釜内最初始时刻的固含量为 0，即 $M_T(0)=0$，那么 $t$ 时刻后，根据反应釜内三元前驱体质量平衡，反应釜内累积的固体质量为流入反应釜内固体质量减去溢流排出的固体质量，如式(2-10)。

$$V_R M_T(t) = m_{增加} - m_{排} \tag{2-10}$$

式中，$V_R$ 为反应釜的有效容积；$m_{排}$ 为反应釜排出的固体质量；$m_{增加}$ 为反应釜内增加的固体质量；$M_T(t)$ 为 $t$ 时刻时反应釜内的固含量。

反应釜内增加的质量可由进入反应釜内的盐、碱溶液反应计算得到，根据 Ni、Co、

三元材料前驱体——
产线设计及生产应用

Mn 的元素平衡，三元前驱体的物质的量和盐溶液的 Ni、Co、Mn 总物质的量相等，经过 $t$ 时刻，进入反应釜的三元前驱体质量为：

$$m_{增加} = c_{盐}Q_{盐}Mt \tag{2-11}$$

式中，$M$ 为三元前驱体的摩尔质量。

盐溶液配制浓度 $c_{盐}$ 与三元前驱体的摩尔质量 $M$ 为定值，令 $a = c_{盐}M$（常数），将其代入式(2-11)有：

$$m_{增加} = aQ_{盐}t \tag{2-12}$$

由于反应浆料的排出体积流速与原料液的进料体积流速相等，首先需要求出各原料液的进料体积流速。

根据第 1 章的分析，氨浓度与总金属盐溶液存在着定量摩尔比值关系，令氨与总金属盐的摩尔比为 $n$，经过 $t$ 时刻有：

$$c_{氨}Q_{氨}t = nc_{盐}Q_{盐}t \tag{2-13}$$

则氨水的流量 $Q_{氨}$ 与盐溶液流量 $Q_{盐}$ 的关系为：

$$Q_{氨} = \frac{nc_{盐}}{c_{氨}}Q_{盐} \tag{2-14}$$

由于 $n$、$c_{氨}$、$c_{盐}$ 均为定值，令 $x = \dfrac{nc_{盐}}{c_{氨}}$（常数），将其代入式(2-14)有：

$$Q_{氨} = xQ_{盐} \tag{2-15}$$

进入反应釜的碱溶液一部分与盐进行化学反应，另一部分调节 pH 值，现假设反应过程中的 pH 值为 $b$，则根据 NaOH 的物料平衡有：

$$n(\text{NaOH}) = 2n[\text{M(OH)}_2] + n(\text{OH}^-) = 2n(\text{M}^{2+}) + n(\text{OH}^-) \tag{2-16}$$

式中，$n(\text{NaOH})$ 为进入反应釜的碱的总物质的量；$n(\text{M}^{2+})$ 为进入反应釜的盐的总物质的量；$n(\text{OH}^-)$ 为反应釜中游离碱的物质的量。

$t$ 时刻后，根据式(2-16)有：

$$c_{碱}Q_{碱}t - 2c_{盐}Q_{盐}t = (Q_{碱}t + Q_{盐}t + Q_{氨}t) \times 10^{b-14}$$

将上式简化：

$$Q_{碱} = \frac{2c_{盐} + (1+x)10^{b-14}}{(c_{碱} - 10^{b-14})}Q_{盐} \tag{2-17}$$

由于 $c_{盐}$、$c_{碱}$、$x$ 均为定值或常数，三元前驱体反应过程中，pH 波动范围通常较小，可将 $10^{b-14}$ 也看作常数，令 $y = \dfrac{2c_{盐} + (1+x)10^{b-14}}{(c_{碱} - 10^{b-14})}$（常数），并将其代入式(2-17)有：

$$Q_{碱} = yQ_{盐} \tag{2-18}$$

由于反应釜排出浆料的体积流速为总原料液体积流速的总和，则：

$$Q_{排} = Q_{盐} + Q_{碱} + Q_{氨} \tag{2-19}$$

式中，$Q_{排}$ 为反应釜内排出浆料的体积流速。

将式(2-15)、式(2-18)代入式(2-19)有：

$$Q_{排} = (1+x+y)Q_{盐} \tag{2-20}$$

由于 $x$、$y$ 均为常数，令 $z = 1+x+y$（常数），并将其代入式(2-20)有：

$$Q_{排} = zQ_{盐} \tag{2-21}$$

由于反应釜内排出浆料的固含量与反应釜的固含量 $M_T(t)$ 内一致，在 $0\sim t$ 时刻内的微小时间段 $d\tau$ 作积分，则 $t$ 时刻后从反应釜内排出的质量为：

$$m_{排} = \int_0^t M_T(\tau) Q_{排} d\tau \tag{2-22}$$

将式(2-21)代入式(2-22)有：

$$m_{排} = z Q_{盐} \int_0^t M_T(\tau) d\tau \tag{2-23}$$

将式(2-12)、式(2-23)代入式(2-10)有：

$$V_R M_T(t) = a Q_{盐} t - z Q_{盐} \int_0^t M_T(\tau) d\tau \tag{2-24}$$

将式(2-24)对 $t$ 求导有：

$$\frac{dM_T(t)}{dt} = \frac{a Q_{盐}}{V_R} - \frac{z Q_{盐}}{V_R} M_T(t) \tag{2-25}$$

由于 $t=0$ 时刻，$M_T(0)=0$，对式(2-25)在 $[0,t]$ 进行积分有：

$$\int_0^t dM_T(t) = \int_0^t \left[ \frac{a Q_{盐}}{V_R} - \frac{z Q_{盐}}{V_R} M_T(t) \right] dt \tag{2-26}$$

将式(2-26)转化为：

$$-\int_0^t \frac{d\left[ \dfrac{a}{z} - M_T(t) \right]}{\left\{ \left[ \dfrac{a}{z} - M_T(t) \right] \right\}} = \int_0^t \frac{z Q_{盐}}{V_R} dt \tag{2-27}$$

求解式(2-27)，可求得反应釜内固含量随时间的变化关系 $M_T(t)$ 为：

$$M_T(t) = \frac{a}{z} \left( 1 - e^{-\frac{z Q_{盐}}{V_R} t} \right) \tag{2-28}$$

根据式(2-28)可得到连续法反应过程中反应釜内固含量随时间的变化，如图 2-6。

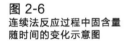

**图 2-6**
连续法反应过程中固含量
随时间的变化示意图

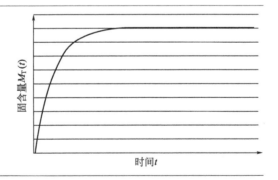

固含量 $M_T(t)$

时间 $t$

从式(2-28)及图 2-6 可以看出，连续反应随着时间的增加，反应釜内的固含量随时间的变化逐渐减小。理论上讲，当时间 $t$ 趋近于正无穷时，反应釜内的固含量会无限接近于 $\dfrac{a}{z}$。由上面的计算可知，固含量 $\dfrac{a}{z}$ 为与盐、碱、氨水溶液浓度有关的常数，原料液配制的浓度越高，固含量越大。以 NCM523 为例，表 2-2 为配制不同原料液浓度反应釜内最终能达到最大固含量值。

表 2-2　连续法中配制不同原料液浓度反应釜所能达到的固含量$\dfrac{a}{z}$值

| 序号 | 盐溶液浓度 /(mol/L) | 碱溶液浓度 /(mol/L) | 氨水溶液浓度 /(mol/L) | 氨水与 重金属摩尔比 | 反应 pH 值 | $a$ | $z$ | $\dfrac{a}{z}$/(g/L) |
|---|---|---|---|---|---|---|---|---|
| 1 | 2 | 4 | 10 | 0.4 | 11 | 183.226 | 2.08 | 88 |
| 2 | 2 | 6 | 10 | 0.4 | 11 | 183.226 | 1.75 | 105 |
| 3 | 2 | 10 | 10 | 0.4 | 11 | 183.226 | 1.48 | 124 |
| 4 | 2.5 | 10 | 10 | 0.4 | 11 | 229.032 | 1.60 | 143 |

理论上讲连续法需要经过无穷大的时间才能接近最大固含量，但实际上当反应时间为 $t=\dfrac{3V_R}{zQ_{盐}}$ 时，并取表 2-2 中序号 1 的 $\dfrac{a}{z}$ 值代入式（2-28）中有：

$$M_T\left(\frac{3V_R}{zQ_{盐}}\right)=88(1-e^{-3})=88\times(1-0.05)=83.6 \tag{2-29}$$

从式（2-29）来看，当进入原料液的总体积 $zQ_{盐}t$ 等于 3 倍反应釜的有效容积 $V_R$ 时，其固含量已经非常接近最大固含量值了。假设某一反应釜的有效容积为 $6m^3$，盐溶液流量为 400L/h，其原料液配制浓度取表 2-2 中序号 1 的数值，当原料液进液总体积为 3 倍反应釜有效容积时，则所需的时间为：

$$t=\frac{3V_R}{zQ_{盐}}=3\times\frac{6000}{2.08\times400}=21.63(h)$$

由此可见，连续反应过程一般反应 24h 就基本能接近最大固含量。所以除了开车初始阶段，连续法其他时段均可看作固含量稳定过程。其最终稳定的固含量与盐、碱、氨水溶液的流量无关，只与其浓度有关。当盐、碱、氨溶液的浓度与搅拌强度一定时，反应釜内固含量稳定，成核速率仅和过饱和度相关。pH 值可以看作过饱和度的唯一变量，因此连续法成核速率控制为单变量控制。

连续法中反应釜内的晶体颗粒的停留时间具有随机性，有的颗粒可能停留时间很长，有的颗粒可能停留时间很短，很难确定某一颗粒的停留时间，通常用颗粒的平均停留时间来表示，它为反应釜的有效容积与进入反应釜内原料液的总体积流量的比值[2]，如式（2-30）。

$$\tau=\frac{V_R}{zQ_{盐}} \tag{2-30}$$

式中，$\tau$ 为颗粒的平均停留时间，h；$V_R$ 为反应釜的有效容积，L；$Q_{盐}$ 为进入反应釜的盐溶液流量，L/h；$z$ 为常数。

从式（2-30）可以看出，连续反应的晶体颗粒的平均停留时间是用反应釜的空间容积来度量的，因此也称之为空时[3]（Space time）。增大反应釜的容积有利于提高颗粒的平均停留时间，因此反应釜的容积越大，越有利于提高反应釜的产能，但需要解决反应釜放大设计问题（见本书第 4 章），保证反应釜的搅拌混合符合结晶要求。

当反应釜的有效容积一定时，进入反应釜的盐溶液流量越大，颗粒的停留时间越短，部分小颗粒得不到充分长大便溢流出反应釜，使产品中的细小颗粒增多；当进入反应釜的盐溶液流量太小时，颗粒的停留时间较长，有些大颗粒可能会过度长大，而出现较大颗粒。可见采用连续法生产时，随着时间的延长，会使粒度分布变宽，因此它不适用于制备粒度分布要求较窄的产品。采用连续法生产时，只要反应釜内浆料品质符合要求，一进入原料液就有产品产出，因此它具有高效的产出率，特别适合大批量生产。

### 2.2.1.2 连续法的粒度分布控制方法

在实际生产过程中，反应釜中的成核速率较难控制，虽然可以通过粒度分布检测来判断体系内成核速率的大小，但检测具有滞后性，检测仪器具有局限性（无法检测出超出其检出限的微小颗粒、晶核），而且需要频繁检测。当生产规模较大时，实际操作过程中很可能由于操作不当或不及时等原因造成反应釜内生成较多数目的晶核，导致平均粒径过小，粒度分布过宽。为了避免此类问题的发生，生产时可在反应过程中使用提固器（提固器的介绍详见本书第 4 章）排出部分反应母液。

晶核并不属于固体颗粒，它只是晶体的生长中心，从尺寸的角度来说它的粒径接近于零，因此它存在于母液之中。三元前驱体常见的分离晶核方式为清母液溢流，它是指给反应釜配制一个沉降槽或过滤分离设备，分离的固体颗粒返回反应釜继续生长，分离出的清母液中含有大量的晶核和微细晶粒则排出反应釜[4]，如图 2-7。

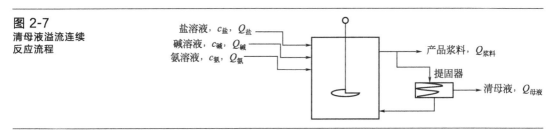

**图 2-7**
清母液溢流连续
反应流程

通过清母液溢流的方式，反应釜内的晶核和微细晶粒大大减少，从而减少了反应釜内细小颗粒的生成，可有效防止粒度分布过宽。另外，当原料液进液流量较大时，其溶质的瞬时浓度较高，从而导致瞬时过饱和度较高，容易产生过多晶核数目的风险。清母液溢流不仅会排出一部分晶核，同时也会增大固体颗粒的停留时间，因此极大提高了反应釜的处理能力，大大提高了产能[5]。清母液溢流的方式随着一部分母液的排出，反应釜内的固含量提高，会使成核速率相对加快。然而固含量也不宜过高，为保证反应釜内固含量的相对稳定，结晶操作过程中清母液流量要稳定。

## 2.2.2 间歇法

三元前驱体生产的间歇法是指盐、碱、氨水溶液不断流至反应釜反应结晶，直至反应浆料的粒度和振实密度达到要求后一次性卸出。反应过程中如果反应釜液位满而颗粒没达到反应要求，则通过过滤或沉降设备将母液溢流出去，而固体颗粒返回至反应釜继续反应生长，如图 2-8。

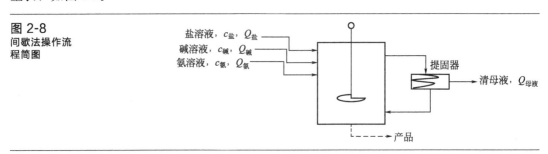

**图 2-8**
间歇法操作流
程简图

## 2.2.2.1 间歇法的特点

间歇法同样要考虑到结晶过程中成核速率及颗粒停留时间的影响。假设盐溶液浓度为 $c_盐$、碱溶液浓度为 $c_碱$、氨水溶液浓度为 $c_氨$ 分别以 $Q_盐$、$Q_碱$、$Q_氨$ 的流速流至有效容积为 $V_R$ 的反应釜。现反应釜内初始的固含量为 0，以三元前驱体的质量为对象，对间歇法作物料衡算。并假设：①反应釜内搅拌强度足够，保证各处的固含量一致；②反应釜满后，以溢流的方式排清液，原料液进料的体积和排出的清液体积相等；③清液中排出的固体颗粒质量近似看作为零。

在间歇反应过程中，假设 $t$ 时刻反应釜内的固含量为 $M_T(t)$，当 $t=0$ 时，由于反应釜内最初始时刻的固含量为 0，即 $M_T(0)=0$。由于间歇法反应过程中无固体排出，经过 $t$ 时刻后，反应釜内增加的三元前驱体质量全部由进入的原料液结晶析出，则三元前驱体的质量平衡有：

$$m_{增加}=V_R M_T(t) \tag{2-31}$$

将式(2-12)代入式(2-31)有：

$$M_T(t)=\frac{aQ_盐}{V_R}t \tag{2-32}$$

根据式(2-32)可得到间歇法反应过程中反应釜内固含量随时间的变化，如图 2-9。

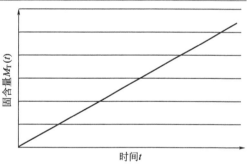

图 2-9
间歇法反应过程中固含量
随时间的变化示意图

从式(2-32)和图 2-9 可以看出，间歇法反应过程中，反应釜内固含量随着原料溶液不断加入而增大，因此间歇法反应是一个固含量不稳定的过程。当反应釜内的过饱和度及搅拌强度一定时，其对成核速率的影响可看作为常数，根据式(2-2)，成核速率与固含量成如下关系：

$$B=K_N''' M_T^j \tag{2-33}$$

式中，$B$ 为成核速率；$K_N'''$ 为与过饱和度及搅拌强度相关的成核速率常数；$M_T$ 为反应釜内的固含量；$j$ 为与固含量相关的成核速率指数。

从式(2-33)可以看出，成核速率与固含量成幂函数的关系，如图 2-10。从图中可以看出，当超过某一固含量值，体系内成核速率随固含量的提高而显著增加，此时反应釜内固含量称为临界固含量。所以为了防止因固含量太高而导致的爆发成核，间歇法反应过程中固含量并不能无限制提高。临界固含量还和反应釜的搅拌体系有关，随着固含量的提高，浆料的黏度增大，体系的分散难度加大，容易出现局部过饱和度过大而导致局部成核速率增加。

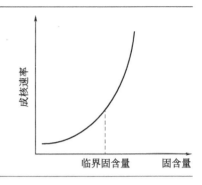

图 2-10
成核速率与固含量
关系图

临界固含量可以通过实验测得。当反应体系过饱和度较低时，反应釜内浆料在固含量增加的过程中，其粒度特征值突然下降，此时的固含量称为临界固含量。三元前驱体的临界固含量行业经验值小于 800g/L。在进行三元前驱体间歇法生产时，一定要在临界固含量以下进行操作。

间歇法生产为分批操作，每批操作都要经历开车、生产、停车等过程，且操作过程无固体颗粒排出，因此间歇法反应体系内的颗粒有具体的停留时间。假设除了反应初期外，其他时段无新的二次聚结颗粒产生，那么可以认为反应釜内各二次晶体的颗粒停留时间一致，且每个晶体颗粒的停留时间是从反应开始到反应结束的时间。当反应釜内浆料达到临界固含量，其停留时间可由式（2-34）得到：

$$\tau = \frac{M_{T_0} V_R}{a Q_{盐}} \qquad (2\text{-}34)$$

式中，$\tau$ 为间歇反应晶体颗粒的停留时间；$M_{T_0}$ 为临界固含量；$V_R$ 为反应釜的有效容积；$Q_{盐}$ 为进入反应釜的盐溶液流量；$a$ 为常数。

从式（2-34）可以看出，当盐溶液流量越大时，晶体颗粒的停留时间越短，因此间歇法的原料液流量不宜开得过大，否则易造成晶体颗粒的停留时间过短而无法达到要求。当反应釜的容积越大时，停留时间越长，因此如要提高间歇法的产能，增大反应釜的容积是一个办法，但反应釜的容积越大，对反应体系搅拌混合的要求越高。

采用间歇法时，由于各个颗粒在反应釜内停留的时间几乎一样，间歇法若控制得当，容易制备出粒度分布较窄的产品。但间歇法限定了晶体颗粒停留时间，即要求在限定的时间内做到规定要求的产品，因此它的控制要求较高，尤其是要实现每批次产品的一致性较难。间歇法每生产一批产品，都要经历一次开车和停车，所以间歇法的生产效率也不高。

### 2.2.2.2 间歇法的粒度分布控制方法

间歇法的操作过程中，固含量会随着反应时间的进行而不断提高，从而使反应釜内的成核速率也不断提高，由于间歇法不断有清母液溢流出去，有利于把反应釜内的晶核及微晶分离出去，所以只要固含量不超过临界固含量，不会造成反应釜内爆发成核。

采用间歇法的目的通常是获得粒度分布较窄或某些无法采用连续法的特殊产品，否则

 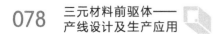

在降低了生产效率前提下而达不到要求，则间歇法的存在就毫无意义。如要控制得到粒度分布较窄的产品，应在反应初期让反应釜的成核速率较大，这样会聚结出大小相近、粒度较小的二次颗粒；然后再降低成核速率，减少新聚结的二次颗粒产生，由于各颗粒的停留时间一致，这样生产出的产品粒度分布较窄。

## 2.2.3　半连续半间歇法

连续法和间歇法各有优缺点。连续法生产效率高、控制简单，但得到的产品粒度分布较宽；间歇法得到的产品粒度分布窄，单批次产品各个颗粒的一致性较好，但它生产效率低，对颗粒的停留时间有限制，对控制要求较高。从三元正极材料烧结的角度来说，采用粒度分布较窄、大小颗粒均匀的三元前驱体进行烧结往往能获得颗粒一致性好的效果，但间歇法的生产效率低下又会使正极材料成本增高。半连续半间歇法很好地解决了这一问题，它将连续法和间歇法结合起来，采用连续法和间歇法的两级操作，即在三元前驱体的制备过程中一半采用连续法，一半采用间歇法，如图 2-11。

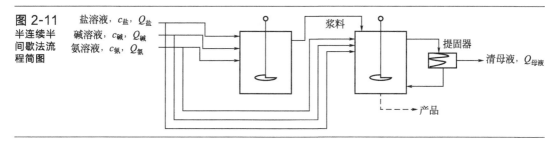

图 2-11 半连续半间歇法流程简图

由图 2-11 可看出，半连续半间歇方式是将三元前驱体的制备分为两步：第一步是通过连续法不断制备出粒度分布较窄、粒径较小的二次颗粒浆料；第二步是将第一步制备的浆料流入另一反应釜用间歇法让这些浆料继续结晶长大，直至粒径及粒度分布达到要求，一次性卸料。

### 2.2.3.1　半连续半间歇法的特点

半连续半间歇法结合了连续法和间歇法的优点，它由连续法段和间歇法段二级结晶操作构成，所以它的停留时间是两部分停留时间之和。假设间歇反应段开始时流入间歇反应釜浆料的体积为其有效容积的 1/2，则其停留时间可用式(2-35)进行计算：

$$\tau = \frac{V_{R1}}{zQ_{盐1}} + \frac{M_T V_{R2} - \frac{1}{2} M_{T1} V_{R2}}{a Q_{盐2}} \tag{2-35}$$

式中，$\tau$ 为晶体颗粒的停留时间，h；$V_{R1}$ 为连续反应釜的有效容积，L；$Q_{盐1}$ 为连续反应釜内的进盐流量，L/h；$V_{R2}$ 为间歇反应釜的有效容积，L；$Q_{盐2}$ 为间歇反应釜的进盐流量，L/h；$M_T$ 为间歇反应釜反应结束的固含量 g/L；$M_{T1}$ 为连续反应釜内的固含量，g/L；$a$、$z$ 为常数。

半连续半间歇反应过程中由于有连续法反应段，它的停留时间操作弹性比间歇法大。可以通过调节连续反应段原料液的进液流量，让间歇反应段的晶体颗粒具备一定的停留时间，同时减少了间歇反应段的开车时间，提高了生产效率；间歇反应段又让颗粒的停留时间一致，容易得到颗粒大小均匀、粒度分布较窄的产品。因此半连续半间歇法结合了连续法和间歇法的优点，在保证产品质量的前提下，提高了生产效率。

半连续和半间歇法操作过程由连续反应段和间歇反应段组成，在连续反应段除了开车阶段外，其他时段均为固含量稳定阶段；间歇反应段为固含量提高阶段，因此结合图2-6与图2-9，可得到半连续半间歇法反应釜固含量的变化，如图2-12。

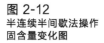
图 2-12
半连续半间歇法操作
固含量变化图

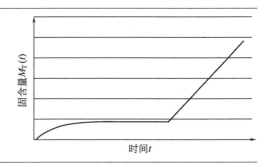

### 2.2.3.2 半连续半间歇法的粒度分布控制方法

半连续半间歇法由两级操作构成，它的粒度分布控制也由两部分构成。对于连续反应段要求不断产生新的二次颗粒，制备出粒径较小、分布较窄的颗粒，因此它通常需要较高的成核速率和较小的晶体颗粒平均停留时间。通常需要在较高的过饱和度如高pH值下进行操作；为了减少颗粒的平均停留时间，可使用体积较小的反应釜，并提高盐、碱流量。对于间歇反应段，则需要减少新的二次聚结颗粒的产生，应在较低的过饱和度下进行，其固含量水平控制在临界固含量以下。

# 2.3
# 几种典型的三元前驱体的工业结晶方式

三元前驱体的产品规格较多，按产品中镍钴锰的成分差别可分为镍1～镍9系产品；按产品的平均粒径（$D_{50}$）大小可分为$3\mu m$、$4\mu m$、$6\mu m$、$8\mu m$，$10\mu m$、$12\mu m$、$14\mu m$等多种规格；按粒度分布可分为宽分布、窄分布；按成分分布结构还可分为常规、核壳、梯度等规格。这些规格纵横交错，得到的产品规格多达几十种，如图2-13。

在三元前驱体产品生产之前，通常要根据图2-13确定产品规格，才能决定采用何种结晶操作工艺。产品的组成成分决定了盐溶液的配制比例以及氨水浓度。例如王伟东等[1]对不同组分三元前驱体的适宜氨水浓度作了总结，发现随着镍含量的升高，其采用的氨水浓度越来越高，如图2-14。产品的平均粒径和径距则和晶核生成数目、晶体颗粒的停留时间相关，而这些因素又与结晶操作方式是分不开的。在进行大规模三元前驱体工业生产前，还要从生产线投资、生产效率、控制方式等几方面考虑如何在较低的投资下高效地生产出符合要求的产品。所以三元前驱体的工业结晶操作方式不仅要考虑产品的规格

三元材料前驱体——
产线设计及生产应用

图 2-13
三元前驱体产品
结构三维图

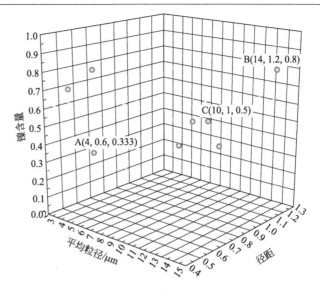

图中坐标代表的含义

| 坐标序号 | 平均粒径/μm | 径距 | 镍含量 | 产品类型 |
|---|---|---|---|---|
| A | 4 | 0.6 | 0.333 | 小粒径、窄分布低镍系三元前驱体 |
| B | 10 | 1 | 0.5 | 大粒径、宽分布中镍系三元前驱体 |
| C | 14 | 1.2 | 0.8 | 大粒径、宽分布高镍系三元前驱体 |

图 2-14
不同组分的三元
前驱体制备适宜的
氨水浓度[1]

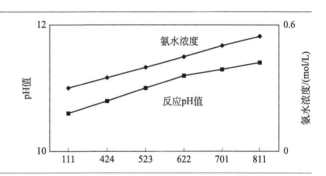

要求，还要考虑生产线投资与产能要求。下面介绍一下行业中几种典型的三元前驱体的工业结晶操作方式及特点。

## 2.3.1 多级连续溢流法

多级连续溢流法是三元前驱体行业中最早的一种生产方式，它的生产流程是将盐、碱、氨水溶液并流至反应釜内进行结晶反应，当反应釜满后浆料从溢流口流出，如果溢流出的浆料合格，可直接作为合格产品输入储料罐；若不合格，则可通过中转罐流入其他反应釜继续反应。其生产流程如图 2-15。

从图 2-15 可以看出，多级连续溢流法不仅可以单台反应釜连续生产，还可将多台连续反应釜串接在一起进行多级结晶操作[6]。通常由 3~6 个连续反应釜组成一组独立生产线。这种多级连续结晶操作模式不仅可以增加产能，同时还具备处理生产过程中产生的不合格浆料的缓冲能力。多级连续溢流法生产线设备简单，仅由反应釜、中转罐、储料罐构

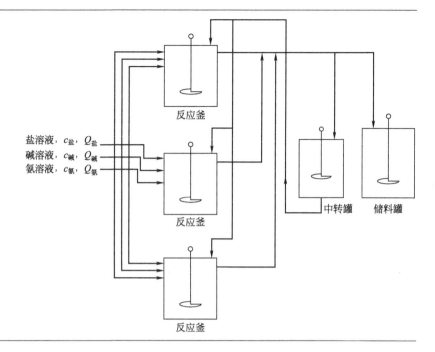

图 2-15
连续溢流法结晶
操作流程简图

反应釜

盐溶液，$c_盐$，$Q_盐$
碱溶液，$c_碱$，$Q_碱$
氨溶液，$c_氨$，$Q_氨$

反应釜

中转罐　　储料罐

反应釜

成，因此它的投资较少。由于采用连续法的结晶操作，操作过程中固含量为稳定状态，因此连续溢流法反应控制简单且生产效率较高，尤其适合于粒度分布较宽的大颗粒三元前驱体的生产。

多级连续溢流法生产过程中反应釜的固含量完全取决于配制的盐、碱溶液浓度，因此固含量较低，通常在 100g/L 左右。有的厂家为了提高产能，还会给每台反应釜配置一台清母液溢流的装置，如沉降槽。提固后其固含量不超过 200g/L，且要保持固含量的稳定，以便于操作过程中稳定控制。

## 2.3.2　单釜间歇法

单釜间歇法是以单个反应釜为独立系统，每台反应釜配置一台提固器。它的生产流程是将盐、碱、氨水溶液并流至反应釜进行反应，当反应釜液位满后，流入提固器进行浓缩，浓缩后的浓浆返回至反应釜继续反应，母液则排出釜外。当粒径及振实密度合格后一次从釜内卸出，清洗反应釜再重复进行下一批操作。其生产流程如图 2-16。

从图 2-16 可以看出，单釜间歇法生产线的每个反应釜都是独立的，因此可同时生产多种规格的产品。单釜间歇法生产线由反应釜、提固器、储料罐构成。提固器为反应过程的浆料提浓装置，间歇法通常要求固含量达到 500～800g/L，因此对提固器的固液分离能力要求较高，否则易造成提固器的堵塞。一台高效提固器的价格比反应釜还高，因此它的生产线投资较大，反应釜的投资一般为连续法的 2 倍以上。

单釜间歇法采用间歇法的结晶操作，操作过程中固含量逐渐升高，且有限定的结晶停留时间，其结晶控制比连续溢流法复杂。每批产品都要从底水加热开始至产品卸出、反应釜清洗结束。如果提固器堵塞，还需停车维修，导致每批次产品的处理周期较长，而且原料液流量较小，所以它的生产效率低下，其产能通常仅为连续溢流法的 50% 左右，但它适合生产粒度分布较窄、颗粒大小均匀的产品。

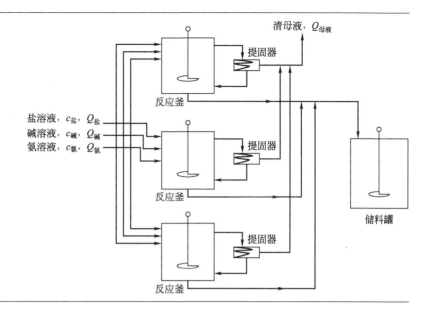

图 2-16
单釜间歇法
流程简图

清母液，$Q_{母液}$

提固器

反应釜

盐溶液，$c_盐$，$Q_盐$
碱溶液，$c_碱$，$Q_碱$
氨溶液，$c_氨$，$Q_氨$

提固器

反应釜

储料罐

提固器

反应釜

　　虽然单釜间歇法的生产效率低下，但有些特殊的三元前驱体产品如核壳前驱体、梯度前驱体无法采用连续溢流法完成，而必须采用单釜间歇法制备。核壳前驱体是指前驱体颗粒由两层不同组分的前驱体构成，其中靠里一层称为内核，通常为高镍组分，靠外一层称为外壳，通常为低镍组分，两层组分的镍、钴、锰的平均含量为该前驱体的实际组分，如图 2-17。梯度前驱体是晶体颗粒从球体中心沿半径方向镍、钴、锰的组分浓度呈梯度变化，通常镍组分浓度从球心沿半径方向浓度逐渐降低，钴或锰组分浓度逐渐增加，整体颗粒的镍、钴、锰的平均组分为该前驱体的实际组分，如图 2-18。为了保证制备出的前驱体各镍、钴、锰的组分与设计不发生偏离，需要采用单釜间歇法制备。

图 2-17
核壳前驱体[7]

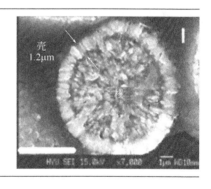

　　核壳前驱体的制备流程如图 2-19，分别配制两种不同浓度的镍、钴、锰混合盐溶液，其中盐溶液 1 为高镍组分，盐溶液 2 为低镍组分，盐溶液 1 与盐溶液 2 中的各镍、钴、锰的平均含量为该核壳前驱体的实际组分。将盐溶液 1、碱溶液、氨水溶液以一定流速流入反应釜，结晶出高镍组分的二次晶体颗粒，在此期间反应釜内液位满后，通过提固器只将母液排出。当盐溶液 1 反应完后，继续向反应釜内输入盐溶液 2 结晶，控制成核速率，让低镍组分形成的一次晶体只在原有的高镍二次颗粒表面聚结长大。同样反应釜液位满后，只排出母液。当盐溶液 2 反应完毕，即得到核壳前驱体。

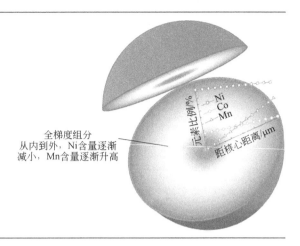

图 2-18
梯度前驱体[8]

全梯度组分
从内到外, Ni含量逐渐
减小, Mn含量逐渐升高

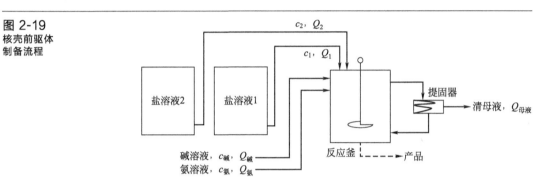

图 2-19
核壳前驱体
制备流程

梯度前驱体的制备流程如图 2-20, 分别配制两种不同浓度的镍、钴、锰混合盐溶液, 其中盐溶液 1 为高镍组分, 盐溶液 2 为低镍组分, 盐溶液 1 与盐溶液 2 中的各镍、钴、锰的平均含量为该梯度前驱体的实际组分。将盐溶液 1、碱溶液及氨水溶液以一定流速输入反应釜内结晶, 与此同时, 将盐溶液 2 以一定流速输入盐溶液 1 内, 反应过程中如果反应釜液位满后, 通过提固器只将母液排出。随着反应的进行, 盐溶液 1 中的镍浓度逐渐降低, 而钴或锰的浓度逐渐升高, 控制反应釜内的成核速率, 尽量控制无新的聚结颗粒出现, 让新生成的晶体在原有的二次颗粒上聚结长大, 当盐溶液 1 与盐溶液 2 反应完毕, 得到的晶体颗粒为镍、钴、锰的浓度为梯度变化的梯度前驱体。

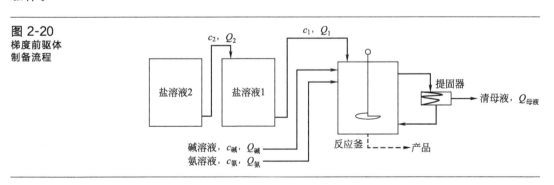

图 2-20
梯度前驱体
制备流程

三元材料前驱体——
产线设计及生产应用

## 2.3.3　多级串接间歇法

单釜间歇法产能较小，在每批操作时，必须要在有限的时间内达到产品粒度要求，因此较难控制，操作弹性小。多级串接间歇法[6]是将多个间歇反应釜串接起来，当某间歇釜达到规定的固含量限度，釜内浆料仍未达到要求时，可将其一分为二，分至另一反应釜（俗称"分釜"），两个反应釜再继续反应；若还未达到要求可将其再分釜，将其二分为四，只要釜的数量足够，可不断分釜下去。其生产操作流程如图 2-21。

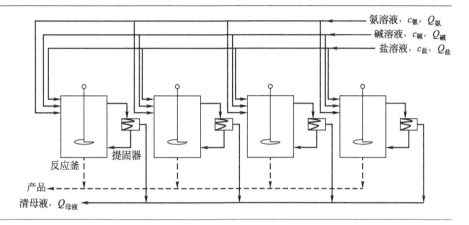

图 2-21
多级串接间歇法
流程简图

从图 2-21 可以看出，多级串接间歇法的生产线配制几乎和单釜间歇法一样，只是单釜间歇法以单个反应釜为独立系统，而多级串接间歇法以多个间歇反应釜为系统。由于多级串接的间歇法采用的是多级间歇操作，晶体颗粒在整个结晶过程中的停留时间得到很大提升。假设每次分釜后的浆料体积为反应釜有效容积的一半，其停留时间可由式（2-36）表示：

$$\tau = \frac{M_T V_R}{a Q_\text{盐}} + \frac{N}{2} \times \frac{M_T V_R}{a Q_\text{盐}} = \left(1 + \frac{N}{2}\right) \frac{M_T V_R}{a Q_\text{盐}} \tag{2-36}$$

式中，$\tau$ 为停留时间，h；$N$ 为分釜次数；$M_T$ 为间歇操作最终的固含量，g/L；$V_R$ 为反应釜的容积，L；$Q_\text{盐}$ 为反应釜内的进盐流速，L/h；$a$ 为常数。

从式（2-36）可以看出，每分釜一次，其晶体颗粒在釜内的停留时间均同时增加 0.5 倍，因此它特别适合于需要停留时间较长且粒度分布较窄的产品的制备。例如需要通过增加停留时间来提高振实密度的小粒度（$D_{50}$ 为 $3\sim4\mu m$）、窄粒度分布三元前驱体；或者需要通过增加停留时间来增加颗粒粒径的大颗粒（$D_{50}$ 为 $12\mu m$ 以上）、窄粒度分布前驱体。由于停留时间得到提升，原料液的进液流量可以大大提高，从而增大产能。可见同样的生产设备配置，改变结晶操作方式，可以大规模地提高生产效率。

相比于单釜，多级串接间歇法的分釜操作不仅延长了晶体颗粒的结晶时间，实际上还增加了产线"纠错"能力，对反应过程中产生的不合格产品具备较大处理能力，所以它的控制难度下降很多。由于各反应釜需要连通，每条产线仅能同时做一种规格的产品。

## 2.3.4　母子釜半连续半间歇法

母子釜半连续半间歇法的独立产线通常由一个母釜和多个子釜构成。母釜通常为连续反应釜,子釜通常为间歇反应釜,母釜连续产生的浆料输至子釜继续反应结晶、长大,直至粒度合格再一次性卸出。其生产流程如图2-22。

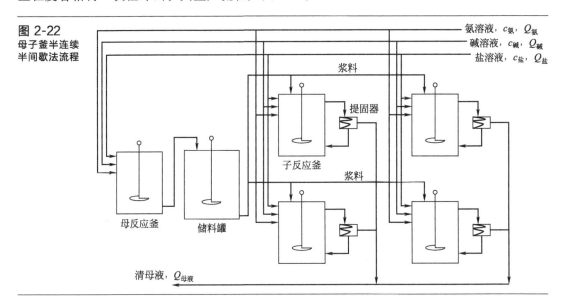

**图 2-22**
母子釜半连续半间歇法流程

从图2-22可以看出,母子釜半连续半间歇法生产线是在单釜间歇法的基础上,增加了一台小体积的母反应釜,通常母釜用于制备粒径较小的颗粒,以减小晶体颗粒的停留时间,母釜的体积较小,一般为 $2\sim3m^3$,因此相比于单釜间歇法的投资成本,母子釜法的投资成本只是略微增加。子釜的数量取决于母釜的造浆能力,一般为 $4\sim8$ 个。

母子釜法通过母釜的连续反应增加了晶体颗粒的停留时间,因此对后面子釜颗粒停留时间的要求较小,同时减少了子釜的开车时间,较大地提高了生产效率。母子釜法的结晶控制包括母釜的连续法段控制和子釜的间歇法段控制两部分,母釜的连续法段为单变量控制,子釜的间歇法控制也由于母釜分担了一部分结晶停留时间,控制难度下降,因此母子釜法的结晶控制难度也较低。母子釜法虽然有连续反应段,但晶体颗粒在连续段的停留时间较少,所以它生产出的产品具有粒度分布较窄的特点。

从上面介绍的几种结晶操作工艺来看,按母子釜半连续半间歇法工艺布置的产线具有涵盖多种结晶工艺操作的能力。所以三元前驱体生产线按母子釜法工艺设计具有更多规格产品的容纳能力。

表2-3为几种工业结晶操作方式的比较。

**表 2-3 几种结晶操作方式的比较**

| 结晶操作方式 | 投资 | 结晶控制难度 | 生产效率 | 适合生产的产品 |
|---|---|---|---|---|
| 多级连续溢流法 | 小 | 低 | 高 | 大规模宽粒度分布、大颗粒产品 |
| 单釜间歇法 | 大 | 高 | 低 | 小规模窄粒度分布产品,核壳、梯度材料产品 |
| 多级串接间歇法 | 大 | 较低 | 较高 | 大规模窄粒度分布产品 |
| 母子釜半连续半间歇法 | 大 | 较低 | 较高 | 大规模窄粒度分布产品 |

三元材料前驱体——
产线设计及生产应用

# 参 考 文 献

[1] 王伟东，仇卫华，丁倩倩.锂离子电池三元材料工艺技术及生产应用 [M]．北京：化学工业出版社，2015.

[2] 徐升豪，袁建军，刘琳.MSMPR 结晶器中氢氧化镁的结晶动力学研究 [J]．盐业与化工，2010，39（3）：9-11，23.

[3] 朱炳辰.化学反应工程 [M]．5 版．北京：化学工业出版社，2012.

[4] 王静康.化学工程手册（第 10 篇 "结晶"）[M]．2 版．北京：化学工业出版社，1996.

[5] 李福利，刘志远.影响硫酸铵晶体粒度及粒度分布的因素 [J]．内蒙古石油化工，2011，(6)：63-64.

[6] 周海鸽，龙秉文，王利生.工业结晶器模型研究进展 [J]．化学工业与工程技术，2004，25（2）：35-39.

[7] Sun Y K, Myung S T, Park B C, et al. Synthesis ofspherical nano to microscale core-shell particles Li[(Ni$_{0.8}$Co$_{0.1}$Mn$_{0.1}$)$_{1-x}$(Ni$_{0.5}$Mn$_{0.5}$)$_x$]O$_2$ and their applications to lithium batteries [J]. Chem Mater, 2006, 18 (22)：5159-5163.

[8] Sun Y K, Chen Z, Noh H J, et al. Nanostructured high-energy cathode materials for advanced lithium batteries [J]. Nature Materials, 2012, 11 (11)：942-947.

# 三元材料前驱体
## ——产线设计及生产应用

# Precursors for Lithium-ion Battery Ternary Cathode Materials
## ——Production Line Design and Process Application

# 第 **3** 章

# 三元前驱体 原材料简介

三元前驱体制备所采用的原材料共有硫酸镍、硫酸钴、硫酸锰、氢氧化钠以及氨水五类。原材料的性质、性状、品质及其危险特性会对三元前驱体产线的设计、产品的品质以及环保、安全生产至关重要的影响。原材料的品质与其生产工艺有关；原材料的性质和性状决定其在生产线上存储、运输、加工方式及其应用设备等；了解原材料的危险特性能够评估生产的每一个装置单元对人身安全以及环境的危害。

# 3.1
# 硫酸镍

## 3.1.1 硫酸镍的种类及理化性质

目前市面上的硫酸镍产品是先将镍原料制备成硫酸镍溶液，然后经蒸发、结晶制备成硫酸镍晶体。硫酸镍析出的晶体多为含结晶水化合物。在温度低于 $31.5℃$ 时结晶析出为七水硫酸镍（$NiSO_4 \cdot 7H_2O$），在温度高于 $31.5℃$ 时结晶析出为六水硫酸镍（$NiSO_4 \cdot 6H_2O$）。由于七水硫酸镍较易风化和潮解，储存条件苛刻，且材料利用率不及六水硫酸镍，市面上销售的硫酸镍是以六水硫酸镍为主，含有少量七水硫酸镍的混合物。

六水硫酸镍为 α 型蓝绿色四方结晶，在 $53℃$ 转变为 β 型绿色结晶，$280℃$ 失去全部结晶水，$840℃$ 开始分解，释放出三氧化硫，变为氧化镍。六水硫酸镍的理化性质如表 3-1。

表 3-1 六水硫酸镍的理化性质[1]

| 名称 | 外观 | 密度/(g/cm³) | 熔点/℃ | 沸点/℃ | 溶解性 |
|---|---|---|---|---|---|
| $NiSO_4 \cdot 6H_2O$ | 翠绿色颗粒晶体 | 2.07 | 53 | 280 | 易溶于水和乙醇，水溶液呈酸性,pH=4.5 |

在硫酸镍晶体制备过程中，先要制备出精制硫酸镍溶液，在三元前驱体生产的湿法工艺中，硫酸镍需配制成硫酸镍溶液后参与沉淀反应制备成三元前驱体产品，因此作为固体硫酸镍的中间产品——硫酸镍溶液也成为三元前驱体的原料形式之一。市面上销售的硫酸镍溶液的镍含量常在 $10\% \sim 12\%$，密度约为 $1.3g/mL$。

## 3.1.2 硫酸镍的生产工艺简介

硫酸镍对三元前驱体生产工艺及其产品品质的影响主要是杂质种类及含量。硫酸镍的主要生产原料有高冰镍、镍湿法中间产品、镍豆/镍粉、废镍等。采用不同的硫酸镍生产原料[2]，其硫酸镍生产工艺亦不相同。

### 3.1.2.1 硫化物型镍矿生产硫酸镍工艺简介

由于 $Ni^{2+}$ 具有强烈的亲硫特性，镍与硫及似硫物（砷、锑）易形成含镍硫化物，因此硫化物型镍矿是较为常见的镍矿形式之一。世界镍矿资源分布中，硫化物型镍矿占 $28\%$，而我国以硫化物镍矿资源最为丰富，主要分布在西北、东北和西南等地，如甘肃省金川镍矿带和吉林省磐石镍矿带[3]，因此我国以镍矿为原料制备硫酸镍基本为硫化物型镍矿生产工艺。

硫化镍矿普遍含铜，含铜硫化镍矿床，除铜外，常常还伴生有铁、铬、钴、锰、铂族金属、金、银、硒和碲等元素。采用硫化镍矿制备硫酸镍通常通过熔炼造低冰镍，然后转炉吹炼制得高冰镍，其可作为制备硫酸镍的原料。所谓高冰镍是指镍精矿经电、转炉初级冶炼而成的镍、铜、钴、铁等金属的硫化物共熔体，其主要组成为硫化镍（$Ni_3S_2$）、硫化铜（$Cu_2S$）和少量的铜-镍（钴）-铁合金及微量的铂族元素[4]，其中硫含量较低时，则铜-镍（钴）-铁合金含量较高，而高冰镍中的钴含量则和铁含量相关，铁高则钴高，铁低则钴低。

硫化镍矿制备高冰镍首先是将矿石与石英等溶剂投入闪速炉或电炉，将矿石熔炼成低镍锍，由于金属氧化顺序为 Fe＞Co＞Ni＞Cu，所以矿石中的 FeS 易氧化成 FeO，生成的 FeO 与石英形成炉渣分离，矿石中的 $Ni_3S_2$、硫化铜（$Cu_2S$）以及未氧化的 FeS 形成低镍锍，低镍锍进入转炉吹炼，进一步将 FeS 氧化成 FeO，并与石英形成炉渣分离，从而得到高镍锍[4]。熔炼及吹炼过程中产生的二氧化硫气体可用于制备硫酸，其反应原理如式(3-1)、式(3-2)。

$$FeS + 3/2O_2 == FeO + SO_2 \tag{3-1}$$

$$2FeO + SiO_2 == 2FeO \cdot SiO_2 \tag{3-2}$$

用高冰镍制备硫酸镍常常为硫酸选择性浸出工艺，其工艺为以硫酸和硫酸铜溶液为浸出剂，在氧化气氛中进行化学反应，其浸出机理实际是根据金属活动顺序，位置靠前的金属能置换位置靠后的金属，从而选择性浸出高冰镍中的镍钴，而使铜和贵重金属抑制于浸出渣中。浸出工艺一般由常压浸出和加压浸出两部分组成[5,6,7]。根据金属活动顺序 Ni、Co、Fe 的位置在 Cu 之前，常压浸出时，先是合金中 Ni、Co、Fe 开始浸出：

$$4M + 3H_2SO_4 + CuSO_4 + O_2 == 4MSO_4 + Cu + 2H_2O + H_2 \ (M\ 代表\ Ni、Co、Fe) \tag{3-3}$$

$$2Cu + 1/2O_2 == Cu_2O \tag{3-4}$$

$$2FeSO_4 + H_2SO_4 + 1/2O_2 == Fe_2(SO_4)_3 + H_2O \tag{3-5}$$

当合金相被浸出完毕后，$Ni_3S_2$ 开始被浸出：

$$4Ni_3S_2 + H_2SO_4 + 4CuSO_4 + O_2 == 5NiSO_4 + 7NiS + H_2O + Cu_2O + Cu_2S \tag{3-6}$$

随着浸出反应的进行，大量酸被消耗，溶液 pH 值上升，促使三价铁盐、硫酸铜、硫酸镍发生水解反应，生成碱式硫酸铁、铜、镍复盐沉淀，进入浸出渣中，如式(3-7)、式(3-8)。

$$Fe_2(SO_4)_3 + 13H_2O == 2Fe(OH)_3 \cdot 7H_2O + 3H_2SO_4 \tag{3-7}$$

$$2CuSO_4 + NiSO_4 + 6H_2O == (Cu,Ni)_3SO_4(OH)_4 \cdot 2H_2O + 2H_2SO_4 \tag{3-8}$$

水解产出的酸又供给合金相和硫化物的溶解，直到溶液中的铁、铜量很低，常压浸出结束。常压浸出段合金相全部被溶解，$Ni_3S_2$ 部分溶解，$Cu_2S$ 不溶解，得到含铜、铁浓度很低的硫酸镍钴溶液。

由于常压浸出渣中还由大量 $Ni_3S_2$ 相未被溶解，需要采用加压浸出，提高浸出速度。当加压浸出时，$Ni_3S_2$ 则开始大量溶解浸出，反应同式(3-6)，同时 NiS 也开始溶解：

$$NiS + CuSO_4 \Longrightarrow NiSO_4 + CuS \tag{3-9}$$

同时一部分 $Cu_2S$ 被氧化酸浸：

$$Cu_2S + H_2SO_4 + 1/2O_2 \Longrightarrow CuSO_4 + CuS + H_2O \tag{3-10}$$

常压渣中的铁、铜、镍复盐沉淀会被酸浸溶解，但随着加压浸出酸的消耗，溶液 pH 值上升，又会生成复盐沉淀。在加压浸出段，$Ni_3S_2$ 和 NiS 几乎完全溶解，$Cu_2S$ 部分溶解，Cu 绝大部分以 CuS、$Cu_2S$ 形式留在加压浸出渣中，加压浸出渣再进行处理可生产铜产品，而常压浸出渣中绝大部分 Ni 以 $NiSO_4$ 形式转到溶液中，将加压浸出液返回至常压浸出段，同时产生的 $CuSO_4$ 又可作为 Ni、Co、Fe 合金相的氧化剂。

将常压浸出液经过 pH 值调节、浓缩、冷却结晶、离心即可得到含钴硫酸镍产品，离心母液含有如 $Cu^{2+}$、$Fe^{2+}$、$Co^{2+}$ 等杂质，需要采取萃取的方式进行除杂，硫酸镍采用的萃取剂有 P204、P507、Cynaex272 等[8]。

P204，中文名称为二（2-乙基己基）磷酸酯、双（2-乙基己基）磷酸酯，是一种酸性萃取剂，其对各金属离子的萃取率如图 3-1。从图 3-1 可以看出，P204 适用于去除镍钴溶液中的 $Fe^{2+}$、$Zn^{2+}$、$Ca^{2+}$、$Al^{3+}$、$Cu^{2+}$、$Mn^{2+}$ 杂质离子，对 $Ni^{2+}$、$Co^{2+}$、$Mg^{2+}$ 的分离能力很低，因此还需采用其他萃取剂对镍、钴进行分离。

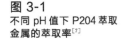
**图 3-1**
不同 pH 值下 P204 萃取
金属的萃取率[7]

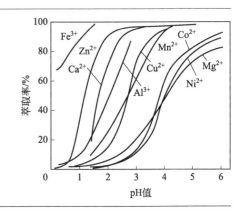

P507 中文名称为 2-乙基己基磷酸单 2-乙基己基酯，其对各金属离子的萃取率如图 3-2。从图 3-2 可以看出，P507 对镍的萃取率很低，因此对钴、镍的分离效果非常好，而对 Co、Cu 的分离效果不如 P204，因此可将硫酸镍钴溶液采用 P204 进行铜铁锌锰等杂质的去除，再用 P507 进行镍钴的分离。

**图 3-2**
不同 pH 值下 P507 萃取
金属的萃取率[7]

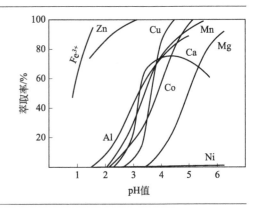

Cynaex272中文名称为二（2,3,4-三甲基）戊基膦酸，和P204、P507相比较，它是一种镍钴分离系数更大的萃取剂，因此能更好地实现镍钴的分离，如表3-2。

表3-2 不同萃取剂对Ni、Co的分离系数[8]

| 萃取剂 | P204 | P507 | Cynaex272 |
|---|---|---|---|
| Ni/Co分离系数 | 14 | 280 | 7000 |

因此可将硫酸镍钴溶液采用P204进行铜铁锌锰等杂质的去除，再用Cynaex272进行萃取，可实现镍钴更好的分离。

由于萃取剂的种类很多，在此不一一赘述。将硫酸镍钴溶液进行除杂、镍钴分离后，得到硫酸镍和硫酸钴溶液，再进行除油、结晶、离心即可得到低钴硫酸镍和硫酸钴产品[9]。整个硫化镍矿制备硫酸镍的生产工艺流程如图3-3。

图 3-3
硫化镍矿制备硫酸镍的
生产工艺流程图

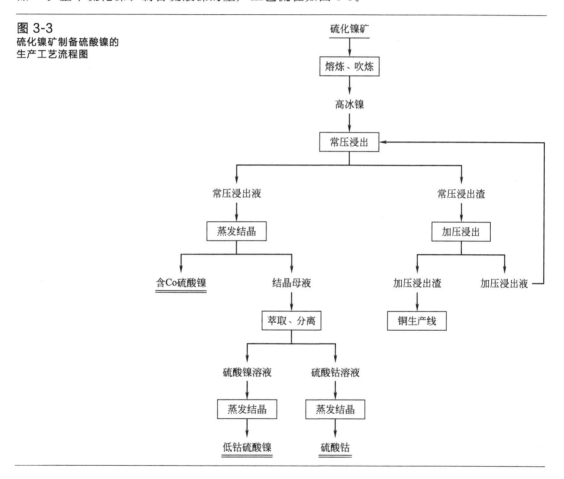

从硫化镍矿制备硫酸镍的工艺来看，可制备成含钴硫酸镍产品和低钴硫酸镍产品以及硫酸钴产品，硫酸镍中主要含有的杂质为硫化镍矿中所含的杂质如铜、铁、钴、铬等以及制备过程中所用的萃取剂等杂质。

## 3.1.2.2 红土镍矿生产硫酸镍工艺简介

在世界镍矿资源分布中，红土镍矿占60%以上，比硫化镍矿还要多，红土镍矿主要分布在靠近赤道附近的国家如古巴、新喀里多尼亚、菲律宾、印尼等国[3,10]。我国红土镍矿资源比较匮乏，红土镍矿主要靠进口。由于目前硫化镍矿可供开采的资源越来越少，未来红土镍矿应是镍业开发的方向。

红土镍矿主要由镍、铁、镁、硅、铝等含水氧化物组成，红土镍矿床可简单分为两层[11]，上层称之为褐铁矿，这层铁含量高，硅、镁、镍含量较低，由于铁氧化物含量很高，矿石呈红色；下层称之为硅镁镍矿，镁、硅、镍的含量较高，而铁含量较低。采用红土镍矿制备硫酸镍分为湿法和火法，火法用来处理高品位的镍矿如硅镁镍矿，而湿法则用来处理低品位的镍矿如褐铁矿。

（1）火法冶炼　红土镍矿的火法冶炼工艺为回转炉干燥预还原-电炉熔炼法（RKEF法）[11]。红土镍矿由于含有大量水分，经过干燥后进入回转炉进行镍氧化物和铁氧化物预还原，还原剂为煤或焦炭，其反应如下：

$$C+1/2O_2 \Longrightarrow CO \tag{3-11}$$

$$Ni(Co)O+C \Longrightarrow Ni(Co)+CO \tag{3-12}$$

$$Ni(Co)O+CO \Longrightarrow Ni(Co)+CO_2 \tag{3-13}$$

$$3Fe_2O_3+CO \Longrightarrow 2Fe_3O_4+CO_2 \tag{3-14}$$

$$Fe_3O_4+CO \Longrightarrow 3FeO+CO_2 \tag{3-15}$$

$$FeO+CO \Longrightarrow Fe+CO_2 \tag{3-16}$$

由于回转炉干燥过程中带走大部分气体，还原气氛极低，镍氧化物只能大部分还原为Ni，镍以Ni和$Ni^{2+}$的形式存在，而铁氧化物大部分被还原成$Fe^{2+}$。将回转炉进行焙烧后的焙砂转入矿热炉进行高温熔炼，继续加入还原剂让焙砂中的镍（钴）进行充分还原，并加入相应的硫化剂如黄铁矿（$FeS_2$）、石膏（$CaSO_4 \cdot 2H_2O$）、硫黄及含硫镍原料让镍（钴）、铁进行硫化，得到低冰镍。反应如式(3-17)～式(3-21)。

$$2NiO \cdot SiO_2+C \Longrightarrow 2Ni+CO_2+SiO_2 \tag{3-17}$$

$$2FeO \cdot SiO_2+C \Longrightarrow 2Fe+CO_2+SiO_2 \tag{3-18}$$

$$Fe+NiO \Longrightarrow FeO+Ni \tag{3-19}$$

$$3Ni+2S \Longrightarrow Ni_3S_2 \tag{3-20}$$

$$Fe+S \Longrightarrow FeS \tag{3-21}$$

将低镍锍再经过转炉吹炼，让铁渣化，得到高镍低铁的高冰镍。再将高冰镍采取3.1.2.1节所述的高冰镍制取硫酸镍的工艺进行硫酸镍的制备。图3-4为红土镍矿制备高冰镍的工艺流程图。

图 3-4
红土镍矿制备高冰镍的工艺流程图

（2）湿法冶炼　红土镍矿的湿法冶炼工艺有硫酸加压酸浸工艺（HPAL法）[11]，其工艺为在高压和高温的条件下，用硫酸将矿中的镍、钴、铁、铝等金属离子浸出[12]，其简单反应式可表达如式(3-22)～式(3-24)。

$$Ni(Co)O+H_2SO_4 \Longrightarrow Ni(Co)SO_4+H_2O \tag{3-22}$$

三元材料前驱体——
产线设计及生产应用

$$Fe_2O_3 + 3H_2SO_4 \Longrightarrow Fe_2(SO_4)_3 + 3H_2O \qquad (3\text{-}23)$$

$$Al_2O_3 + 3H_2SO_4 \Longrightarrow Al_2(SO_4)_3 + 3H_2O \qquad (3\text{-}24)$$

调控 pH 值，让铁、铝离子发生水解进入浸出渣中，如式(3-25)。硫酸镍钴溶液则进入萃取除杂并进行镍、钴分离，即可得到较为纯净的硫酸镍、硫酸钴溶液。

$$Fe_2(SO_4)_3 + 3H_2O \Longrightarrow 2Fe(OH)_3 + 3H_2SO_4 \qquad (3\text{-}25)$$

硫酸镍、硫酸钴溶液经过蒸发结晶可得到硫酸镍、硫酸钴晶体。该工艺适合于低镁的红土镍矿，因为如果镁含量较高会大大增加酸的消耗量。铁、铝虽然浸出需要消耗大量的酸，但水解完后会产生等量的酸。图 3-5 为 HPAL 法制备硫酸镍的工艺流程图。

**图 3-5**
HPAL 法制备硫酸镍的
工艺流程图

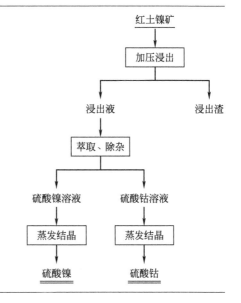

红土镍矿另一种冶炼方法为还原焙烧-氨浸法[11]，其工艺为将红土镍矿经过脱水干燥后在回转窑中还原气氛中进行还原，尽可能将矿中的镍钴还原成金属镍钴，而铁最大可能还原成 $Fe_3O_4$，其反应同式(3-12)～式(3-15)、式(3-19)。再将回转窑还原后的焙砂通入氨浸液和空气，氨浸液一般由液氨、碳酸氨组成，让镍钴金属氧化成镍钴离子，并与氨形成镍氨、钴氨、铁氨配位离子溶液，由于 $Co(NH_3)_n^{3+}$ 比 $Co(NH_3)_n^{2+}$ 更稳定，在氧化状态下更容易生成 $Co(NH_3)_n^{3+}$，从而与浸出渣进行固液分离，反应如式(3-26)、式(3-27)。

$$Ni(Fe) + nNH_3 + O_2 + 2H_2O \Longrightarrow Ni(Fe)(NH_3)_n^{2+} + 4OH^- \qquad (3\text{-}26)$$

$$4Co + 4nNH_3 + 3O_2 + 6H_2O \Longrightarrow 4Co(NH_3)_n^{3+} + 12OH^- \qquad (3\text{-}27)$$

$Ni^{2+}$、$Co^{3+}$ 和氨有很强的配位作用，控制 pH 值让铁氨离子水解成沉淀实现与镍钴的分离，如式(3-28)。

$$4Fe(NH_3)_n^{2+} + O_2 + 8OH^- + 2H_2O \Longrightarrow 4Fe(OH)_3 + 4nNH_3 \qquad (3\text{-}28)$$

将镍钴氨配位离子溶液进行蒸氨，可得到碱式碳酸镍和氢氧化钴混合沉淀[13]。再将混合沉淀用硫酸溶解，如将三价氢氧化钴沉淀还原成二价盐，还需加入还原剂如亚硫酸钠，如式(3-29)、式(3-30)。然后萃取、沉淀除杂、镍钴分离，可得到硫酸镍和硫酸钴产品。图 3-6 为还原焙烧-氨浸法制备硫酸镍的工艺流程图。

$$Ni(OH)_2 + H_2SO_4 \Longrightarrow NiSO_4 + 2H_2O \qquad (3-29)$$

$$2Co(OH)_3 + 2H_2SO_4 + NaSO_3 \Longrightarrow 2CoSO_4 + NaSO_4 + 5H_2O \qquad (3-30)$$

**图 3-6**
还原焙烧-氨浸法制备硫酸镍
的工艺流程图

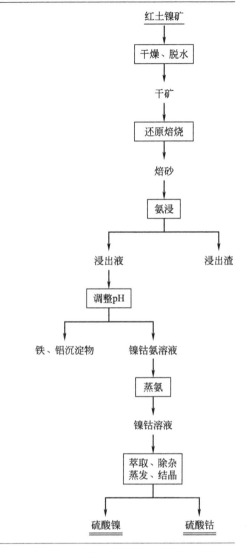

由于红土镍矿中杂质元素较多，且镍及杂质元素含量不一，其工艺也是多种多样。以红土镍矿为原料制备的硫酸镍主要含铁、镁、硅、铝等杂质及萃取剂有机杂质。

### 3.1.2.3 金属镍生产硫酸镍工艺简介

金属镍豆或者镍粉经过酸溶后也可制备出硫酸镍，该工艺采用高纯镍，原料纯，杂质少，制备的硫酸镍晶体品质等级高，生产过程清洁，对环境污染最小，但高纯镍原料贵，生产成本较高，且有有毒气体 NO 产生。由于金属镍与硫酸反应速率很慢，容易发生镍金属表面钝化，因此需要加入氧化性的物质助其溶解。常见的氧化性物质有硝酸或者过氧化氢[14]，其反应如式(3-31)、式(3-32)。

$$3Ni + 8HNO_3 \Longrightarrow 3Ni(NO_3)_2 + 2NO + 4H_2O \qquad (3-31)$$

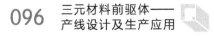

$$Ni(NO_3)_2 + H_2SO_4 \xlongequal{\quad\quad} NiSO_4 + 2HNO_3 \tag{3-32}$$

粗制的硫酸镍溶液进行浓缩、结晶、固液分离，得到粗制硫酸镍晶体，母液则返回反应器循环使用。由于反应器内的杂质离子累积，粗制硫酸镍晶体含有少量钙、镁、铜、铁等杂质，将粗制硫酸镍晶体进行洗涤、溶解后进行浓缩、重结晶，即可得到高纯的硫酸镍[13]。其工艺流程见图3-7。

图 3-7
金属镍豆或者镍粉制备硫酸镍
的工艺流程图

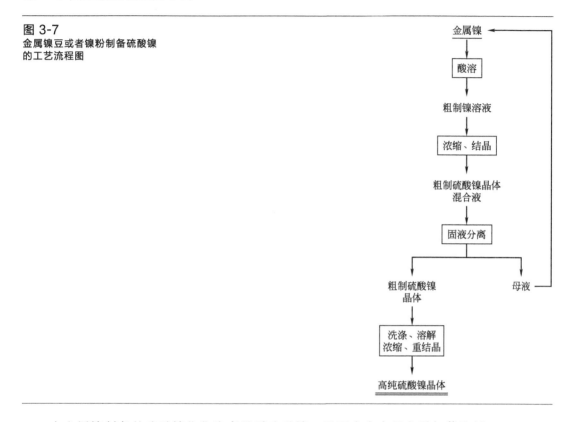

由金属镍制备的硫酸镍往往为高品质硫酸镍，且不会有有机杂质如萃取剂。

### 3.1.2.4　废镍生产硫酸镍工艺简介

用废镍制备硫酸镍不仅可以大大降低硫酸镍的成本，还可以实现镍资源的回收及循环利用。用于制备硫酸镍的废镍种类很多，常见的有如下几种[15,16,17]。

① 镍催化剂：由甲烷部分氧化制备合成气工艺的 $Ni/\gamma\text{-}Al_2O_3$ 催化剂；蒽醌法催化加氢工艺的雷尼镍（镍铝合金）；合成氨中的镍镁催化剂；石油加氢脱硫的镍钒催化剂等。这些催化剂除含有大量的如铝、镁、钒等杂质之外，还有其相应工艺上的载体、助剂、反应物质如有机物等杂质。这类镍催化剂要根据所含的杂质情况制定相应的工艺进行除杂，最后通过酸浸得到硫酸镍溶液，再进行浓缩结晶得到硫酸镍。

② 铜电解废液：由于铜矿中总是镍铜共存，用粗制铜电解精炼铜时，粗制铜的镍杂质会溶解进入电解液而不断累积，在电解液中以硫酸镍的形式存在，将电解液除杂净化，再浓缩结晶可得到硫酸镍。

③ 废旧电池：含镍的废旧电池一般为镍镉、镍氢电池和锂离子电池。前两种为碱性

蓄电池，正极为 NiOOH，负极分别为 Cd 和储氢合金。镍镉电池一般将电池焙烧得到 NiO 和 CdO，然后采用酸浸或者碱浸的方法实现 Ni 与 Cd 的分离；镍氢电池一般将正、负极材料分离，再对正极材料进行酸浸，然后通过沉淀和萃取进行除杂得到硫酸镍；锂离子电池正极为含镍材料，如 NCM、NCA 等，负极为碳素材料，一般将废旧锂离子电池进行拆解、破碎、筛分后进行简单焙烧除去有机物杂质，然后通过酸浸的方式将各金属离子浸出，然后通过沉淀和萃取的方式进行除杂，再通过萃取方式进行镍、钴的分离，浓缩、结晶得到硫酸镍和硫酸钴。随着锂离子电池的应用市场如数码、汽车等越来越广，未来其电池回收利用镍、钴资源应是重要方向。

废镍原料种类很多，且杂质种类及含量各不相同，所以不同废镍原料有不同的处理工艺，但基本思路都是先通过各种手段获得粗制硫酸镍溶液，然后通过沉淀和萃取的方式除去相应的杂质离子，得到较为纯净的硫酸镍溶液。在三元前驱体应用以这类原料制备的硫酸镍时，一定要注意这类硫酸镍的杂质含量及种类，避免给三元前驱体的品质带来不利影响。

# 3.1.3 硫酸镍的品质要求

由于硫酸镍以前主要应用于电镀以及镍氢、镍镉蓄电池，现在暂无关于硫酸镍应用于三元前驱体的相关标准，国家标准 GB/T 26524—2011《精制硫酸镍》中规定的硫酸镍的各项指标如表 3-3。

表 3-3 国家标准 GB/T 26524—2011《精制硫酸镍》中规定的硫酸镍的各项指标[18]

| 项目 | | 指标（质量分数） | |
| --- | --- | --- | --- |
| | | Ⅰ类 | Ⅱ类 |
| 镍（Ni）/% | ≥ | 22.1 | 22 |
| 钴（Co）/% | ≤ | 0.05 | 0.4 |
| 铁（Fe）/% | ≤ | 0.0005 | 0.0005 |
| 铜（Cu）/% | ≤ | 0.0005 | 0.0005 |
| 钠（Na）/% | ≤ | 0.01 | 0.01 |
| 锌（Zn）/% | ≤ | 0.0005 | 0.0005 |
| 钙（Ca）/% | ≤ | 0.005 | 0.005 |
| 镁（Mg）/% | ≤ | 0.005 | 0.005 |
| 锰（Mn）/% | ≤ | 0.001 | 0.001 |
| 镉（Cd）/% | ≤ | 0.0002 | 0.0002 |
| 汞（Hg）/% | ≤ | 0.0003 | — |
| 总铬（Cr）/% | ≤ | 0.0005 | — |
| 铅（Pb）/% | ≤ | 0.001 | 0.001 |
| 水不溶物/% | ≤ | 0.005 | 0.005 |

标准中规定Ⅰ类主要应用于镀镍及其他工业用，Ⅱ类主要应用于蓄电池的生产，所以Ⅰ类称为电镀级硫酸镍，Ⅱ类称为电池级硫酸镍。Ⅰ类和Ⅱ类的主要区别为钴含量，但钴

是三元前驱体的组成之一，所以Ⅱ类也可用于三元前驱体，只需在硫酸镍化验过程中确保钴含量化验结果准确以及在配料过程中将这部分钴含量考虑进去。三元前驱体的制备过程中，由于铜、铁、锌、钙、镁离子易与镍、钴、锰离子发生共沉淀，混杂在三元前驱体中而影响三元前驱体的纯度，对于硫酸镍中这类金属离子的含量应越低越好，至少应满足标准中的指标要求。对于以废镍生产的硫酸镍，其所含的杂质种类在国家标准 GB/T 26524—2011 不一定有所体现，因此采购者应知晓该类硫酸镍所采用的废镍原料，从而了解该产品所含的杂质种类。

除了标准中规定的指标外，还应控制硫酸镍中的磁性异物和油分含量。三元正极材料需要严格限制磁性异物的含量，因此三元前驱体作为三元正极材料的重要原料，也应对磁性异物进行控制。油分是指硫酸镍中的有机杂质，从硫酸镍的生产工艺来看，多数制备工艺需要采用萃取剂，而且有些废镍原料中如镍催化剂、锂离子电池可能也会含有大量的有机物，所以应对硫酸镍产品的油分指标予以控制，因为硫酸镍产品的油分过高，有机杂质会在三元前驱体的结晶过程中附着在晶体表面，从而改变晶体表面的界面相，影响三元前驱体的结晶生长。

硫酸镍溶液也无相关标准，它多采用废镍回收的方法制备而成，杂质种类及含量较多，其不同批次的浓度差别也较大，对其杂质必须严格控制。由于硫酸镍溶液中的镍含量小于固体硫酸镍，其各项杂质指标要求不得超 GB/T 26524—2011 中的杂质指标范围，油分也是硫酸镍溶液需要注意的指标，如果油分指标过高，则需要对采购的硫酸镍进行除油处理。

# 3.1.4　硫酸镍危险性概述及应急处理措施

根据《危险化学品目录》（2015 版），硫酸镍属于危险化学品。

## 3.1.4.1　硫酸镍对健康的危害

镍是一种致敏性金属，约有 20％的人对镍离子过敏[19]，如与皮肤接触时，镍离子可通过毛孔和皮脂腺渗透到皮肤里，从而引起皮肤过敏发炎，其临床表现为瘙痒、丘疹性和丘疹水泡性皮炎和湿疹，俗称"镍痒症"。镍虽然是人体必需的元素，但过量的镍会给人体造成极大的危害。镍在人体内具有积存作用，在肾、脾、肝中积存最多，当人体积存镍含量过高时，会增加癌症发病率，如可诱发鼻咽癌和肺癌。镍也可能是白血病的致病因素之一，研究表明，白血病人的血清中镍含量是正常人的 2～5 倍，且患病程度和镍含量明显相关，哮喘、尿结石也和镍含量相关。镍具有生物活性，能影响遗传物质的合成，影响多种酶和内分泌腺的作用，从而降低人的生育能力，有致畸和致突变作用[20]。

## 3.1.4.2　硫酸镍对环境的危害

镍作为重金属，硫酸镍排入水体环境中同样会危害水生生物的生存。研究表明[19]，当水体中的镍离子含量超过 1.2mg/L 时，大部分鱼群会死亡，从而引起生态破坏。如果用含镍的废水灌溉农田，同样会使农作物受到重金属污染。由于镍在生物体内不能被降解，会在污染的水体生物和农作物上沉积、积累，通过食物链进入人体体内，从而危害人类健康。硫酸镍及含镍化合物粉尘进入大气环境同样会危害大气环境。

硫酸镍对人体、环境均有较大的危害，国家有关部门也制定了相关标准限定其排放。

① 标准GBZ 2.1—2019《工作场所有害因素职业接触限值 第1部分：化学有害因素》中表1（工作场所空气中化学因素职业接触限值）规定[21]可溶性镍化合物的PC-TWA浓度不得超过0.5mg/m³。

② 标准GB 31573—2015《无机化学工业污染物排放标准》中规定[22]2017年7月1日新建企业，无论是间接排放还是直接排放的废水中总镍浓度的限值为0.5mg/L。同样，标准GB 25467—2010《铜、镍、钴工业污染物排放标准》中规定[23]新建企业水污染物排放浓度限值及单位产品基准排水量，生产车间或设施废水排放口中总镍浓度不得超过0.5mg/L。

③ 标准GB 31573—2015《无机化学工业污染物排放标准》规定[22]自2017年7月1日起，大气中镍及其化合物（以镍计）的排放限值为4mg/m³，且排气筒高度不得低于15m。对于企业边界排放限值镍及镍的化合物（以镍计）为0.02mg/m³。

硫酸镍是三元前驱体中镍元素的来源，在三元前驱体中通常硫酸镍是三种金属盐中用量最大的一种，操作工人需接触硫酸镍时，应尽量避免手及其他身体部分与其直接接触，应佩戴手套。用于储存硫酸镍溶液或混合盐溶液的罐体要结实耐用，设计合理，避免硫酸镍的泄漏，罐体周围要设置围堰。由于硫酸镍晶体颗粒较大，较难形成硫酸镍粉尘，但经过反应、洗涤、干燥转化为微米级三元前驱体颗粒后，较易形成含镍的三元前驱体粉尘。在干燥、过筛、包装工段应注意设备的密封性，尽量减少三元前驱体粉尘的逸出，同时增加收尘装置，减少车间空气中粉尘，收尘装置中的粉尘尽量回用，达标后高空排放。操作工人要佩戴呼吸防护罩，不要在车间吸烟、饮食。由于硫酸镍易溶，它在三元前驱体生产中的主要污染还是水体污染，液态硫酸镍储罐、盐溶液配制罐洗水，三元前驱体母液，洗涤水等含镍废水均应进入废水处理系统处理。

### 3.1.4.3 硫酸镍泄漏、伤害应急处理措施

如遇硫酸镍溶液或盐溶液泄漏，立即隔离污染区，限制出入。应急处理人员应佩戴防尘面罩，穿化学防护服，佩戴护目镜和橡胶手套，尽可能地切断泄漏源。如果是少量泄漏，可用大量的水冲洗，冲洗水进入污水系统处理；如果是大量泄漏，应围堰收容，回收。如皮肤接触到硫酸镍，脱去污染的衣物，用肥皂水和清水彻底冲洗皮肤。如眼睛接触，提起眼睑，用流动清水或生理盐水冲洗，就医。如不小心食入，饮足量温水，催吐，立即就医洗胃、导泻。

# 3.2
# 硫酸钴

## 3.2.1 硫酸钴的种类及理化性质

由于钴和镍在元素周期表中位置相近，同属于Ⅷ族，硫酸钴和硫酸镍有着相近的性

 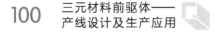

质。市面上销售的硫酸钴晶体也为结晶水化合物，主要为七水硫酸钴（$CoSO_4 \cdot 7H_2O$）。

七水硫酸钴为玫瑰红色晶体，41.5℃时加热脱水变为六水化合物，71℃时变为一水化合物，在 420℃失去 7 个结晶水，脱水后呈粉末状，从第 1 章分析也知道，七水硫酸钴有较强的风化特性，风化后容易结块。其理化性质如表 3-4。

表 3-4　七水硫酸钴的理化性质[1]

| 名称 | 外观 | 密度/(g/cm³) | 熔点/℃ | 沸点/℃ | 溶解性 |
|---|---|---|---|---|---|
| $CoSO_4 \cdot 7H_2O$ | 玫瑰红色晶体 | 1.948 | 96.8 | 420 | 易溶于水和甲醇，微溶于乙醇，水溶液呈酸性,pH=4 |

在三元前驱体制备过程中，硫酸钴也必须配制成一定浓度的溶液，三元前驱体行业中直接采购硫酸钴溶液为原料也是比较常见的形式，市面上销售的硫酸钴溶液的钴含量通常在 10%～12%，密度约为 1.3g/mL。

## 3.2.2　硫酸钴的生产工艺简介

硫酸钴对三元前驱体品质的影响同样是其杂质种类及含量，以不同原料来生产硫酸钴，其生产工艺亦不相同。制备硫酸钴的原料一般有钴矿、湿法中间产品、钴废等[24]，下面介绍几种常见的硫酸钴生产工艺。

### 3.2.2.1　钴矿制备硫酸钴生产工艺简介

钴多伴生于镍、铁、铜矿当中，且品位很低，因此从矿石中提取钴往往提取流程较长，多为提取某些金属如铜、镍的附属产品。钴具有强烈的亲硫特性，钴在矿物中主要是以砷化物、硫化物形式及氧化物的形式存在，主要的钴矿类型有镍钴硫化矿和氧化矿、铜钴矿、砷钴矿、含钴黄铁矿。世界钴资源主要分布于刚果（金）、澳大利亚和古巴三个国家，其中刚果（金）钴资源最为丰富，且基本都是铜钴矿，约占世界的 50%。我国是贫钴资源国家，钴资源仅占世界的 1%左右[25]，所以我国从不同钴矿来提取钴，其工艺也是多种多样。

（1）镍钴硫化矿制备硫酸钴工艺　镍钴硫化矿中制备硫酸钴有两种工艺，其中一种是钴随镍进入高冰镍中，然后在制备硫酸镍的过程中制备硫酸钴，该工艺在 3.1.2.1 有讲述，不再重复。另一种是从制取高冰镍中的吹炼渣中提取钴。

由于 Co 的氧化活动顺序仅次于 Fe，在镍钴硫化矿进行熔炼、吹炼成高冰镍的时候，Co 也可能被氧化进入吹炼渣中，其反应如式(3-33)、式(3-34)。

$$CoS + 3/2O_2 = CoO + SO_2 \tag{3-33}$$

$$2CoO + SiO_2 = 2CoO \cdot SiO_2 \tag{3-34}$$

将吹炼渣进行还原硫化熔炼，将钴富集，得到钴冰镍，其反应如式(3-35)。

$$2CoO \cdot SiO_2 + C + 4/3S = 2/3Co_3S_2 + CO_2 + SiO_2 \tag{3-35}$$

钴冰镍中还有 FeS、$Ni_3S_2$、$Cu_2S$，将钴冰镍采用硫酸酸浸，先用低浓度的酸选择性浸出铁，让镍钴进一步富集，将得到的富镍钴浸出渣再用高浓度酸浸出大部分镍钴进行二段酸浸，再用混酸将浸出渣中的镍钴难溶物再一次酸浸，从而将钴冰镍中镍钴几乎全部浸出[26]，其反应简式如式(3-36)～式(3-38)。

$$FeS + H_2SO_4 \Longrightarrow FeSO_4 + H_2S \tag{3-36}$$

$$Ni(Co)_3S_2 + H_2SO_4 \Longrightarrow Ni(Co)_4SO_4 + 2CoS + H_2 \tag{3-37}$$

$$3Ni(Co)S + 8HNO_3 \Longrightarrow 3Ni(Co)SO_4 + 8NO\uparrow + 4H_2O \tag{3-38}$$

将浸出的硫酸镍钴溶液，用黄钠铁矾法或黄钾铁矾法除铁[27]，即在含有 3 价铁离子 $Fe^{3+}$ 的溶液中，将 pH 值调整到 1.6～1.8 左右，并将溶液加热至 85～95℃时，加入硫酸钠或硫酸钾，就会有浅黄色的黄钠（钾）铁矾晶体析出。反应如式(3-39)、式(3-40)。

$$2FeSO_4 + H_2SO_4 + 1/2O_2 \Longrightarrow Fe_2(SO_4)_3 + H_2O \tag{3-39}$$

$$3Fe_2(SO_4)_3 + 12H_2O + Na_2SO_4 \Longrightarrow Na_2Fe_6(SO_4)_4(OH)_{12} + 6H_2SO_4 \tag{3-40}$$

除铁后的粗制硫酸镍钴溶液用 P204 除 $Cu^{2+}$、$Fe^{2+}$、$Zn^{2+}$，氟化钠除钙镁，再用 P507 分离镍钴，得到精制硫酸镍和硫酸钴溶液，再蒸发、浓缩、结晶可得到硫酸镍和硫酸钴晶体。整个工艺流程如图 3-8。

**图 3-8**
镍钴硫化矿制备硫酸钴的工艺流程图

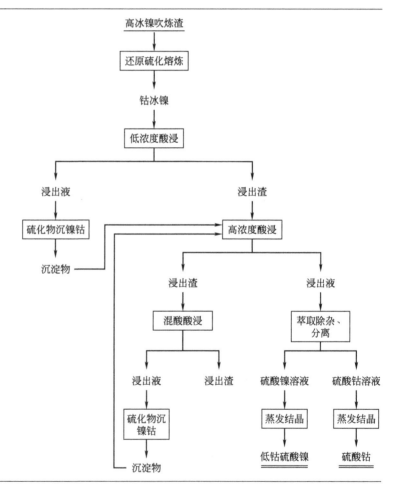

对于硫铜矿进行高冰铜吹炼渣制备硫酸钴工艺和上述工艺类似，先制成钴冰铜，再用酸浸出钴，最后除杂、蒸发、结晶制备成硫酸钴。该工艺制备的硫酸钴主要杂质为铁、镍、钙、镁、钠及萃取剂有机杂质。

（2）镍钴氧化矿制备硫酸钴工艺　镍钴氧化矿制备硫酸钴工艺在 3.1.2.2 中有讲述，

在此不再重复。

（3）铜钴氧化矿制备硫酸钴工艺　世界最大钴矿地刚果（金）主要以铜钴氧化矿为主，其中钴矿多以水钴矿为主，分子式为 $CuO \cdot 2Co_2O_3 \cdot 6H_2O$，主要还有铁、铜、钙、镁、硅氧化物等，铜钴氧化矿提取钴工艺常常采用湿法工艺，首先采用硫酸对矿石进行酸浸，由于矿石中的钴以高价存在，硫酸很难将其浸出，常常加入还原剂如硫代硫酸钠、焦亚硫酸钠、亚硫酸钠、二氧化硫等将三价钴还原成二价钴，以加速钴的浸出[25,28]。反应简式如式(3-41)～式(3-43)。

$$H_2SO_4 + Cu(Ca,Mg)O == Cu(Ca,Mg)SO_4 + H_2O \qquad (3-41)$$

$$H_2SO_4 + CoO == CoSO_4 + H_2O \qquad (3-42)$$

$$(Co,Fe)_2O_3 + 2H_2SO_4 + Na_2SO_3 == 2(Co,Fe)SO_4 + Na_2SO_4 + 2H_2O \qquad (3-43)$$

将浸出的硫酸钴铜溶液经过如 N902 萃取剂萃取除铜，得到硫酸钴溶液，采用黄钠铁矾法除铁、氟化钠除钙镁，P204 萃取进一步除去金属离子杂质，蒸发浓缩结晶得到硫酸钴产品。其工艺流程如图 3-9。

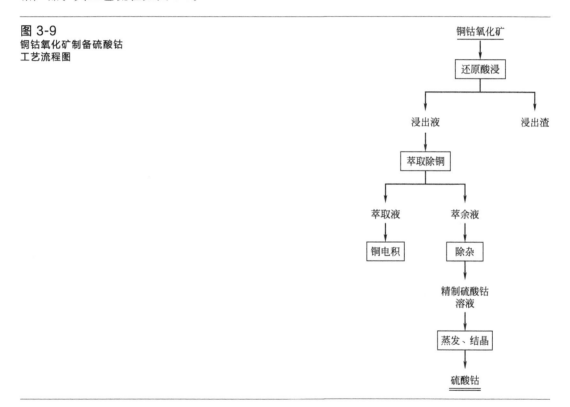

**图 3-9**
铜钴氧化矿制备硫酸钴
工艺流程图

从通过铜钴氧化矿制备硫酸钴的工艺来看，其硫酸钴所含的杂质为矿石所含的镍、铁、铜、锌、砷、钙、镁、硅、外加添加剂钠及有机萃取剂杂质。

（4）砷钴矿制备硫酸钴工艺　砷钴矿主要产于摩洛哥，其钴矿成分为 $(Co,Ni,Fe)As_{3-x}$ 或 $(Co,Ni,Fe)As_{3+x}$，钴、镍、铁的含量在较大范围内变动。利用砷钴矿提取钴工艺常常采用火法和湿法联合的方式进行[29]，对砷的亲和势：镍＞钴＞铜＞铁，对氧的亲和势：铁＞钴＞镍＞铜。首先对砷钴矿用焦炭进行高温还原熔炼，矿石中的砷化物分解成高温稳定状态，由于镍、钴对砷的亲和势比铁大，所以砷与钴、镍先结合，再和铁结合，从而让矿中的钴富集形成砷冰钴，含大部分铁的硅酸盐则形成炉渣，反应简式如式(3-44)、式(3-45)。

$$2(Co,Ni)O \cdot SiO_2 + Fe_2As = (Co,Ni)_2As + 2FeO \cdot SiO_2 \qquad (3-44)$$

$$2(Co,Ni)O + Fe_2As = (Co,Ni)_2As + 2FeO \qquad (3-45)$$

由于形成的砷冰钴常压很难被硫酸浸出，而易产生剧毒物质砷化氢，需将砷冰钴送进沸腾炉氧化焙烧，进一步氧化焙烧脱砷得到焙砂，产生的易挥发的 $As_2O_3$ 炉气净化回收。反应简式如式(3-46)。

$$2(Co,Ni)_2As + 7/2O_2 = 4(Co,Ni)O + As_2O_3 \qquad (3-46)$$

氧化焙烧完成后，采用硫酸对焙砂进行浸出，钴、镍、铁、铜、砷均进入溶液当中，反应如式(3-47)~式(3-48)。

$$MO + H_2SO_4 = MSO_4 + H_2O(M 代表 Co、Ni、Fe、Cu) \qquad (3-47)$$

$$Co_3(AsO_4)_2 + 3H_2SO_4 = 3CoSO_4 + 2H_3AsO_4 \qquad (3-48)$$

将得到的浸出液进行除铁、砷，除铁、砷的方法常常采用氧化中和法，即将砷和铁氧化成高价，调节 pH 值，让砷和铁以砷酸铁的形式脱除，剩余的铁则以水解的方式去除，反应如式(3-49)、式(3-50)。

$$AsO_4^{3-} + Fe^{3+} = FeAsO_4 \qquad (3-49)$$

$$Fe^{3+} + 3H_2O = Fe(OH)_3 + 3H^+ \qquad (3-50)$$

再用氟化物除钙、镁，P204 萃取剂除铜、锌等金属杂质，再用 P504 分离镍钴，得到纯净的硫酸镍和硫酸钴溶液，再蒸发结晶得到硫酸镍和硫酸钴产品。整个生产工艺流程如图 3-10。

从砷钴矿制备硫酸钴的工艺来看，其硫酸钴所含的杂质为矿石所含的镍、铁、铜、锌、砷、钙、镁及外加添加剂钠及有机萃取剂杂质。

(5) 含钴黄铁矿制备硫酸钴工艺　黄铁矿是铁的二硫化物，分子式是 $FeS_2$，其中伴生有钴、镍等元素，Co、Ni 类质同象代替 Fe，形成 $FeS_2$-$CoS_2$ 和 $FeS_2$-$NiS_2$ 系列，因此也可算作是硫钴矿的一种，由于其钴含量非常低，所以直接冶炼经济上很不划算。常常将含钴黄铁矿通过浮选可得到 0.3%~0.5% 的钴硫精矿或通过黄铁矿的烧渣来提取钴。钴硫精矿或烧渣常常采用硫酸化焙烧的方式对矿石进行预处理[30]。所谓硫酸化焙烧，是指在严格控制炉内气氛和炉温下，使炉料中的某些金属硫化物和其他化合物转变成水溶性硫酸盐的焙烧方法。各种金属硫酸盐的分解温度不同，铁的硫酸盐约在 550℃ 发生分解，而铜、钴、镍的硫酸盐则需在 700℃ 以上才分解，利用这种差别，可从含铜、钴、镍的黄铁矿中分别提取铜、钴、镍。

首先将钴硫精矿或烧渣在焙烧炉中进行焙烧，控制烧结温度在 580~600℃，让铁转化成 $Fe_2O_3$，而 Co、Ni、Cu 等元素转化成硫酸盐。研究表明，硫酸钠能促进金属元素的硫酸化过程，为了提高钴的转化率，焙烧时常常加入一定量的硫酸钠，反应如式(3-51)~式(3-54)。

$$MS_2 + \frac{5}{2}O_2 = MO + 2SO_2(M 代表 Co、Ni、Cu、Fe) \qquad (3-51)$$

$$2SO_2 + O_2 = 2SO_3 \qquad (3-52)$$

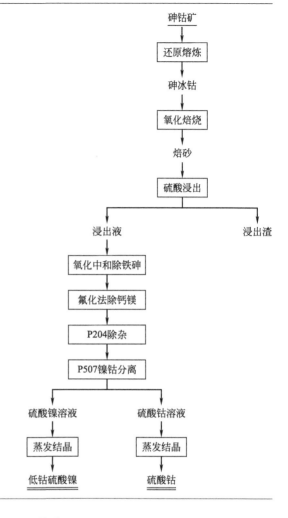

图 3-10
砷钴矿制备硫酸钴
工艺流程图

$$MO+SO_3 =\!\!=\!\!= MSO_4（M\ 代表\ Co、Ni、Cu）\qquad(3-53)$$

$$4FeO+O_2 =\!\!=\!\!= 2Fe_2O_3 \qquad(3-54)$$

焙烧得到的焙砂由于是易溶于水的硫酸盐，可直接进行水浸得到 Co、Ni、Cu、Fe 等金属硫酸盐溶液，如果焙砂中含有少量的金属氧化物，也可采用稀硫酸浸。得到的浸出液经过 P204 萃取除 Fe、Cu、Zn 等金属杂质，再通过 P507 进行镍钴分离，得到纯净的硫酸镍和硫酸钴溶液，将硫酸镍和硫酸钴溶液进行浓缩、结晶，可得到硫酸镍和硫酸钴产品。整个生产工艺流程如图 3-11。

从含钴黄铁矿的生产工艺来看，硫酸钴主要所含的杂质为矿石中所含的镍、铁、铜、锌以及外加添加剂引入的钠和有机萃取剂杂质。

### 3.2.2.2　粗制氢氧化钴制备硫酸钴生产工艺简介

以钴矿为原料提取钴时，由于矿中钴的品位较低，采用火法冶炼经济上很不划算，因此大多采用湿法的方式来提取钴。用湿法将矿中的钴浸出后，用沉淀的方式将钴分离，由于 $Co(OH)_3$ 的溶度积（$3\times10^{-41}$）比 $Co(OH)_2$ 的溶度积（$6.3\times10^{-15}$）低很多，为了

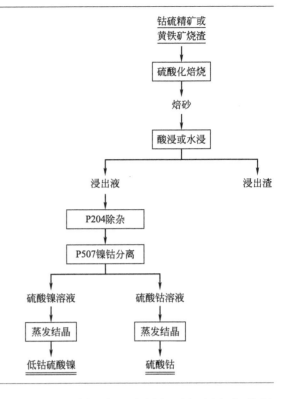

图 3-11
含钴黄铁矿制备硫酸钴
工艺流程图

钴硫精矿或黄铁矿烧渣
↓
硫酸化焙烧
↓ 焙砂
酸浸或水浸
↓
浸出液 / 浸出渣
↓
P204除杂
↓
P507镍钴分离
↓
硫酸镍溶液 / 硫酸钴溶液
↓ / ↓
蒸发结晶 / 蒸发结晶
↓ / ↓
低钴硫酸镍 / 硫酸钴

让钴尽可能完全沉淀，将钴的浸出液加入氢氧化钠或其他碱沉淀剂得到粗制氢氧化钴（Ⅲ）。粗制氢氧化钴（Ⅲ）进一步深加工，可以得到电解钴、氧化钴、钴粉和钴盐等多种产品，因此粗制氢氧化钴（Ⅲ）有较大的应用市场。刚果的钴项目大部分是加工成为粗制氢氧化钴（Ⅲ），然后供给其他国家进行深加工。粗制氢氧化钴（Ⅲ）也是制备硫酸钴的主要原料之一。

粗制氢氧化钴（Ⅲ）含有一些矿石所含的元素如镍、铁、铜、锌、钙、镁、锰、砷等杂质，为减轻后续除杂的负担，先用热水或热的稀酸溶液对氢氧化钴进行搅洗，让其一部分镍、锌、铜杂质溶解去除。由于三价钴较难用硫酸直接浸出，需采用还原酸浸法将粗制氢氧化钴（Ⅲ）制备成粗制硫酸钴（Ⅱ）溶液，所加的还原剂常常为亚硫酸钠、焦亚硫酸钠等，反应如式(3-55)。

$$2Co(OH)_3 + 2H_2SO_4 + Na_2SO_3 \Longrightarrow 2CoSO_4 + Na_2SO_4 + 5H_2O \qquad (3-55)$$

粗制硫酸钴溶液要深度除杂，其除杂的方式基本类似于前面除杂方法，包括如下[31]：

① 氧化中和除铁、砷：常以次氯酸钠为氧化剂将 $Fe^{2+}$ 和 $As^{3+}$ 氧化成高价，然后得到砷酸铁沉淀将其去除。为保证砷能够完全去除，如果 $Fe^{2+}$ 不够，还需补加一定的 $Fe^{2+}$。

② 氟化法除钙、镁：加入氟化钠将钙、镁离子沉淀而去除。

③ P204萃取除杂；对于溶液中存在的少量的铁、锌、铜、锰杂质，采用 P204 萃取去除。

④ P507镍钴分离：采用 P507 萃取分离镍钴，得到精制的硫酸钴溶液。

将精制的硫酸钴溶液进行蒸发、结晶，即可得到硫酸钴产品。整个生产工艺流程

 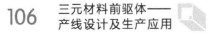

如图 3-12。

图 3-12
粗制氢氧化钴制备硫酸钴
工艺流程图

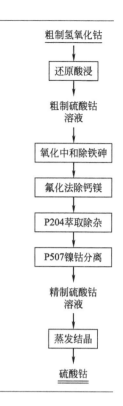

从粗制氢氧化钴制备硫酸钴的工艺来看，其硫酸钴产品主要含有的杂质为矿石中所含的镍、铁、铜、锌、镁、钙以及制备过程所引入的钠和有机萃取杂质。

### 3.3.2.3 废钴原料制备硫酸钴生产工艺简介

钴是多种行业如高温合金、电池材料、陶瓷材料、磁性材料的重要原料，如果将各个行业的废钴物料再生循环利用，不仅利于环境保护，还可实现钴原料的多样化，降低钴的生产成本。用于制备硫酸钴的废钴原料有以下几种[25]。

（1）废钴合金　废钴合金有钴基硬质合金、钴基高温合金、废磁性合金等。钴基硬质合金主要为钨钴硬质合金，其主要组成为碳化钨和金属钴，根据不同用途添加有其他金属如钛、镍、铬等，含钴量在 3%～30%。钴基高温合金含钴量为 40%～65%，含有相当数量的镍、铬、钨，虽然含钴量较高，但这种材料应用较少，主要应用于航空航天。废磁性合金主要有铝镍钴永磁合金和铁铬钴合金以及钐钴稀土合金。由于废钴合金中的钴为金属相，一般可采用酸浸的方式将钴浸出，再对可溶性钴盐溶液中的其他金属杂质通过沉淀法、有机萃取法进行去除，然后得到较为纯净的钴盐溶液，再通过蒸发、结晶的方式得到硫酸钴产品。

（2）废钴催化剂　目前含钴催化剂包括钴锰催化剂、钴钼催化剂、钴镍催化剂、钴钒催化剂等。由于废钴催化剂的种类不同，金属种类及含量有较大差异，因此对不同的催化剂采用不同的处理方式。通常对废钴催化剂进行焙烧处理，然后用无机酸或氨水将废钴催化剂中的钴浸出，生成可溶性的钴盐溶液，再对钴盐溶液中存在的杂质离子除杂进行净化，可得到高纯度的硫酸钴溶液。

（3）含钴电池废料[32-35]　含钴电池废料主要来自锂离子电池。锂离子电池除了包含正极材料外，还有负极材料如炭粉、隔膜、铜箔、铝箔等。为了分离出电池中的正极材料，首先要通过物理筛选方法将电池进行分离预处理。一般将电池进行拆解、破碎后，根据电池各个组分的粒径、密度、磁性等物理性质通过筛分分级、风力摇床风选、磁选机磁选等可初步分离出隔膜、铜箔和铝箔以及电极材料；再对电极材料进行热处理，除掉电极材料中的有机物，用浮选的方式分离出负极材料和正极材料。如果是钴酸锂电池，得到的正极材料为 $LiCoO_2$；如果是镍钴锰酸锂电池，得到的正极材料为 $LiNi_xCo_yMn_zO_2$。

初步分离出的正极材料含有少量的铝箔，可采用碱溶液进行浸泡，除去大部分的 Al，如式（3-56）：

$$2Al+2NaOH+2H_2O \Longrightarrow 2NaAlO_2+3H_2 \tag{3-56}$$

大部分的铝被溶解进入浸出液，不被碱溶解的正极材料进入浸出渣。浸出渣进一步采用酸浸将镍、钴、锰、锂元素浸出，由于正极材料中的镍、钴、锰元素均为高价态，需采用还原酸浸的方式加大金属的浸出率，如可采用 $H_2SO_4 + H_2O_2$ 的酸浸方式，如式（3-57）：

$$2LiMO_2+3H_2SO_4+H_2O_2 \Longrightarrow 2MSO_4+4H_2O+Li_2SO_4+O_2（M 代表 Ni、Co、Mn）$$
$$\tag{3-57}$$

酸浸出液还有 $Cu^{2+}$、$Al^{3+}$、$Fe^{2+}$、$Ca^{2+}$、$Mg^{2+}$ 等杂质离子，如果 $Cu^{2+}$ 的含量较高，由于 CuS 的溶度积（$8.5 \times 10^{-45}$）比 NiS、CoS、MnS 低很多，可采用 $Na_2S$ 去除绝大部分的 $Cu^{2+}$。反应如式（3-58）：

$$Cu^{2+}+S^{2-} \Longrightarrow CuS \tag{3-58}$$

如果溶液中含有大量的 $Al^{3+}$、$Fe^{2+}$，可采用中和水解的方式去除，再用有机萃取剂如 D2EHPA 对硫酸盐溶液中的其他少量的 $Cu^{2+}$、$Al^{3+}$、$Fe^{2+}$、$Ca^{2+}$、$Mg^{2+}$ 去除，进一步提纯溶液。

对于钴酸锂来说，此时溶液主要成分为硫酸钴和硫酸锂，可采用萃取或者沉淀的方式分离钴、锂。例如采用氢氧化钠沉钴，分离出沉淀后用稀硫酸溶解沉淀，可得到较为纯净的硫酸钴溶液。沉钴后的母液加入碳酸钠回收碳酸锂。

而对于镍钴锰酸锂，溶液中的成分较为复杂，为硫酸镍、硫酸钴、硫酸锰和硫酸锂的混合溶液。Nayl[36]采用萃取剂 Na-Cyanex 272 在控制不同 pH 值下成功分离出较为纯净的硫酸镍、硫酸钴、硫酸锰、硫酸锂溶液。硫酸镍、硫酸钴、硫酸锰溶液可用于三元前驱体的制备，硫酸锂加入碳酸钠以碳酸锂的形式回收。采用废旧镍钴锰酸锂电池回收硫酸镍、硫酸钴、硫酸锰溶液的流程如图 3-13。

## 3.2.3　硫酸钴的品质要求

国家标准 GB/T 26523—2011《精制硫酸钴》适用于应用于化学工业、电镀工业、电池工业、化学试剂等行业的精制硫酸钴，且有两种规格的精制硫酸钴产品，其各项指标要求规定如表 3-5。

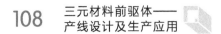

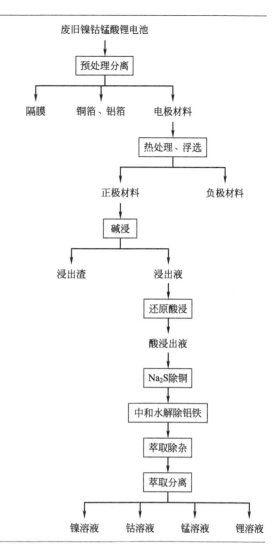

图 3-13
废旧镍钴锰酸锂电池
回收工艺流程图

表 3-5　GB/T 26523—2011《精制硫酸钴》的指标要求[37]

| 项目 | | 指标(质量分数) | |
|---|---|---|---|
| | | 优等品 | 一等品 |
| 钴(Co)/% | ≥ | 20.5 | 20.0 |
| 镍(Ni)/% | ≤ | 0.001 | 0.005 |
| 锌(Zn)/% | ≤ | 0.001 | 0.005 |
| 铜(Cu)/% | ≤ | 0.001 | 0.005 |
| 铅(Pb)/% | ≤ | 0.001 | 0.005 |
| 镉(Cd)/% | ≤ | 0.001 | 0.005 |
| 锰(Mn)/% | ≤ | 0.001 | 0.005 |
| 铁(Fe)/% | ≤ | 0.001 | 0.005 |
| 镁(Mg)/% | ≤ | 0.02 | 0.05 |
| 钙(Ca)/% | ≤ | 0.005 | 0.05 |

| 项目 | | 指标（质量分数） | |
|---|---|---|---|
| | | 优等品 | 一等品 |
| 铬(Cr)/% | ≤ | 0.001 | 0.005 |
| 汞(Hg)/% | ≤ | 0.001 | 0.005 |
| 油分/% | ≤ | 0.0005 | 0.001 |
| 水不溶物/% | ≤ | 0.005 | 0.01 |
| 氯化物(Cl⁻)/% | ≤ | 0.005 | 0.01 |
| 砷(As)/% | ≤ | 0.001 | 0.005 |
| pH 值 | | 4.5～6.5 | |

从表 3-5 中可以看出，标准将精制硫酸钴分为优等品和一等品两个等级，两个等级的杂质指标要求差异较大，尤其是钙指标要求相差 9 倍。为制备出高纯度的三元前驱体，原材料中杂质含量越低越好，三元前驱体的制备所采用的硫酸钴以选择优等品为佳。由于该标准制定较早，近年来用废钴材料制备硫酸钴应用于三元前驱体行业越来越多，废钴材料中杂质种类繁多，该标准中规定的杂质项目不一定完全涵盖，作为采购者应知晓采购的硫酸钴所采用的废钴原料，从而了解其含有的主要杂质种类。

随着以废钴原料制备硫酸钴行业的兴起，2015 年 7 月，工业和信息化部又颁布了 HG/T 4822—2015《工业硫酸钴》，并于 2016 年 1 月 1 日实施，该标准规定的硫酸钴产品适用于电池材料，且根据生产硫酸钴的原材料的不同，将硫酸钴分为 2 种型号：一种是以钴精矿、粗制钴盐为原料制备的，称为Ⅰ型；另一种是以含钴废料为原料制备的，称为Ⅱ型，两种类型的指标要求如表 3-6。

从表 3-6 中可以看出Ⅰ型与Ⅱ型的优等品与一等品的指标要求均相同，只是Ⅱ型产品由于采用废钴为原料，比Ⅰ型多几个指标要求，如锂、镉、铬、铝。和 GB/T 26523—2011《精制硫酸钴》的指标要求相比，其钙、镁杂质的要求提升了很多，但没有磁性异物和油分指标控制要求。

**表 3-6 HG/T 4822—2015《工业硫酸钴》中硫酸钴的指标要求**[38]

| 项目 | | 指标（质量分数） | | | |
|---|---|---|---|---|---|
| | | Ⅰ型 | | Ⅱ型 | |
| | | 优等品 | 一等品 | 优等品 | 一等品 |
| 钴(Co)/% | ≥ | 20.0 | | 20.0 | |
| 镍(Ni)/% | ≤ | 0.0010 | 0.0020 | 0.0010 | 0.0020 |
| 铁(Fe)/% | ≤ | 0.0010 | 0.0015 | 0.0010 | 0.0015 |
| 铜(Cu)/% | ≤ | 0.0010 | 0.0015 | 0.0010 | 0.0015 |
| 锰(Mn)/% | ≤ | 0.0010 | 0.0015 | 0.0010 | 0.0015 |
| 锌(Zn)/% | ≤ | 0.0010 | 0.0015 | 0.0010 | 0.0015 |
| 钙(Ca)/% | ≤ | 0.0010 | 0.0020 | 0.0010 | 0.0020 |
| 镁(Mg)/% | ≤ | 0.0010 | 0.0020 | 0.0010 | 0.0020 |

| 项目 | | 指标(质量分数) | | | |
| --- | --- | --- | --- | --- | --- |
| | | Ⅰ型 | | Ⅱ型 | |
| | | 优等品 | 一等品 | 优等品 | 一等品 |
| 锂(Li)/% | ≤ | | | 0.0010 | 0.0015 |
| 铬(Cr)/% | ≤ | | | 0.0010 | |
| 镉(Cd)/% | ≤ | | | 0.0010 | |
| 铝(Al)/% | ≤ | | | 0.0010 | 0.0015 |
| 钠(Na)/% | ≤ | 0.0010 | 0.0020 | 0.0010 | 0.0020 |
| 铅(Pb)/% | ≤ | 0.0010 | | 0.0010 | |
| 硅(Si)/% | ≤ | | | 0.0010 | 0.0020 |
| 氯化物(Cl⁻)/% | ≤ | 0.005 | 0.010 | 0.005 | 0.010 |
| 水不溶物/% | ≤ | 0.010 | | 0.010 | |
| 硝酸盐(以 $NO_3$ 计)/% | ≤ | | | 0.010 | |

标准 GB/T 26523—2011 仅仅是针对硫酸钴晶体，硫酸钴溶液近年来也在三元前驱体行业较为广泛应用，硫酸钴厂家通常将硫酸钴制备过程中的精制硫酸钴溶液进行出售，但暂无标准针对硫酸钴溶液的品质进行规范，笔者建议其杂质项目至少要满足 HG/T 4822—2015《工业硫酸钴》的Ⅱ型一等品的要求，尤其是以废钴原料制备出的硫酸钴溶液产品，其每批次的钴含量及杂质含量差异较大，必须对其品质进行严格把关。

# 3.2.4 硫酸钴的危险性概述及应急处理措施

根据《危险化学品目录》(2015 年版)，硫酸钴属于危险化学品。

## 3.2.4.1 硫酸钴对健康的危害

硫酸钴是一种皮肤和呼吸道致敏物，如硫酸钴与皮肤直接接触，其可溶性的钴离子渗入皮肤，会引起过敏性皮炎和接触性皮炎，并在后期出现荨麻疹；如硫酸钴被吸入呼吸道，钴离子也可渗入呼吸道黏膜，引起呼吸道黏膜刺激症状，导致鼻炎、鼻窦炎、咽炎、支气管炎等发生，如沉积在肺部，可导致肺功能损害。如钴盐进入肠胃，可导致胃肠道刺激症状，有呕吐和腹绞痛，体温升高，小腿无力等症状。钴虽然也是人体的一种必需元素，但人体血液中含有过量的钴会对人体造成极大伤害。如钴可引起甲状腺功能减退及甲状腺增生，长期接触含钴物质，可导致心肌病，表现为心血功能不全、呼吸困难、低血压、心动过速等症状。钴也具有生物活性，它会降低生育能力及导致人体基因畸形和突变。2017 年 10 月 27 日，世界卫生组织国际癌症研究机构公布的致癌物清单中，硫酸钴和其他可溶性钴(Ⅱ)盐被列为 2B 类致癌物，即硫酸钴还具有一定致癌性[39]。

## 3.2.4.2 硫酸钴对环境的危害

硫酸钴易溶，会对水生环境造成污染，也会对水生生物产生毒害作用。如水生环境中钴的毒性作用临界浓度为 0.5mg/L，钴浓度达到 10mg/L 可使鲫鱼和丝鱼死亡[40]。如用含钴的废水灌溉农作物，钴可以在土壤中高度富集，恶化土壤环境质量，影响农作物的产量和品质，严重危害土壤的生态循环。研究表明，高浓度的钴明显抑制植物生长发育，钴在土壤溶液中浓度为 0.10~0.27mg/L、1.00mg/L、5.90mg/L 时，分别对西红柿、亚麻、甜菜有毒害作用。钴浓度为 10mg/L 时，可使农作物死亡[40]。钴作为重金属很难在动植物体内降解，通过食物链进入人体体内，会对人体健康造成极大危害。硫酸钴及含钴粉尘排入大气当中，也会严重影响大气环境。

硫酸钴对人体、环境均有严重的危害，国家有关部门制定了相关标准规定了其排放限值。

① 标准 GBZ 2.1—2019《工作场所有害因素职业接触限值 第 1 部分：化学有害因素》中规定钴及其化合物（以 Co 计）的 PC-TWA 浓度不得超过 0.05mg/m³，PC-STEl 浓度不得超过 0.1mg/m³。

② 无论是标准 GB 31573—2015《无机化学工业污染物排放标准》，还是标准 GB 25467—2010《铜、镍、钴污染物排放标准》，都明确规定新建企业无论是间接排放还是直接排放的废水中总钴浓度的限值为 1mg/L。

③ 标准 GB 31573—2015《无机化学工业污染物排放标准》规定自 2017 年 7 月 1 日起，大气中钴及其化合物（以钴计）的排放限值为 5mg/m³，且排气筒高度不得低于 15m。对于企业边界排放限值钴及钴的化合物（以钴计）为 0.005mg/m³。

硫酸钴是三元前驱体中钴元素的来源，操作工人需接触硫酸钴时，应尽量避免手及其他身体部分与其直接接触，应佩戴手套。用于储存硫酸钴溶液或混合盐溶液的罐体要结实耐用，设计合理，避免硫酸钴的泄漏，罐体周围要设置围堰。硫酸钴晶体颗粒较大，较难形成硫酸钴粉尘，但经过反应、洗涤、干燥转化为微米级三元前驱体颗粒后，较易形成含钴的三元前驱体粉尘。在干燥、过筛、包装工段应注意设备的密封性，尽量减少三元前驱体粉尘的逸出，同时增加收尘装置，减少车间空气中粉尘，收尘装置中的粉尘尽量回用，达标后高空排放。操作工人要佩戴呼吸防护罩，不要在车间吸烟、饮食。由于硫酸钴易溶，它在三元前驱体生产中的主要污染还是水体污染，液态硫酸钴储罐、盐溶液配制罐洗水，三元前驱体母液，洗涤水等含钴废水均应进入废水处理系统处理。

### 3.2.4.3 硫酸钴泄漏、伤害应急处理措施

如遇硫酸钴溶液或盐溶液泄漏，立即隔离污染区，限制出入。应急处理人员应佩戴防尘面罩，穿化学防护服，佩戴护目镜和橡胶手套，尽可能地切断泄漏源。如果是少量泄漏，用大量的水冲洗，冲洗水进入污水系统处理；如果是大量泄漏，应围堰收容，回收。如果固态硫酸钴泄漏，应急人员佩戴防尘面罩，佩戴护目镜和橡胶手套，小心扫起，避免扬尘，回收或送至废水处理系统处理。如皮肤接触到硫酸钴，脱去污染的衣物，用肥皂水和清水彻底冲洗皮肤。如眼睛接触，提起眼睑，用流动清水或生理盐水冲洗，就医。如不小心食入，饮足量温水，催吐，立即就医洗胃、导泻。

# 3.3
# 硫酸锰

## 3.3.1 硫酸锰的种类及理化性质

硫酸锰晶体也是通过制备出精制硫酸锰溶液，再进行蒸发结晶得到的，当结晶过程在 $-4\sim9℃$ 之间进行时，得到的是七水硫酸锰（$MnSO_4 \cdot 7H_2O$）；当在 $9\sim27℃$ 之间进行时，可以得到五水硫酸锰（$MnSO_4 \cdot 5H_2O$），将 $MnSO_4 \cdot 5H_2O$ 置于硫酸干燥器中，进行真空干燥时可以得到四水硫酸锰（$MnSO_4 \cdot 4H_2O$）；当在 $27\sim200℃$ 之间进行结晶时，可以得到一水硫酸锰（$MnSO_4 \cdot H_2O$）；在 $200℃$ 以上时得到的是无水硫酸锰（$MnSO_4$）。从结晶条件来看，以一水硫酸锰最为宽松和经济，所以市面上销售的硫酸锰晶体多以 $MnSO_4 \cdot H_2O$ 为主。

$MnSO_4 \cdot H_2O$ 是浅粉红色单斜晶系细晶，加热到 $200℃$ 以上开始失去结晶水，约 $280℃$ 时失去大部分结晶水，$700℃$ 时成无水盐熔融物。$850℃$ 时开始分解，因条件不同而放出三氧化硫、二氧化硫或氧气，其理化性质如表 3-7。

表 3-7 硫酸锰的理化性质[1]

| 名称 | 外观 | 密度/(g/cm³) | 熔点/℃ | 沸点/℃ | 溶解性 |
|---|---|---|---|---|---|
| $MnSO_4 \cdot H_2O$ | 浅粉红色晶体 | 2.87 | $57\sim117$ | $57\sim117$ | 易溶于水，不溶于乙醇，水溶液呈酸性，$pH=4$ |

和硫酸镍、硫酸钴一样，硫酸锰除了固体产品形式外，硫酸锰溶液也较为常见，并在三元前驱体行业中也有应用。但硫酸锰相对来说便宜，只有硫酸镍的约 1/4，硫酸锰溶液和固体硫酸锰价格相差不大，因此没有硫酸镍溶液和硫酸钴溶液应用广泛。

## 3.3.2 硫酸锰的生产工艺简介

硫酸锰的杂质种类及数量也是影响三元前驱体品质的重要因素，不同原料制备出的硫酸锰品质有所不同。常见的硫酸锰生产原料有锰矿、金属锰以及某些工业的副产品。其生产工艺有以下几种。

### 3.3.2.1 以锰矿为原料制备硫酸锰生产工艺

锰资源主要分布于南非、乌克兰、澳大利亚、巴西、加蓬、印度、中国，其中南非卡拉哈里矿区的锰矿石品位达 30%～50%，澳大利亚的格鲁特岛矿区的锰矿石品位更高，达 40%～50%；印度和墨西哥是中等品位的锰矿资源国，矿石中锰的品位一般在 35%～40% 左右；乌克兰、中国、加蓬则主要以低品位锰矿为主，品位一般低于 30%。我国含锰超过 30% 的富锰矿仅有 5%，其余 95% 均为贫锰矿，分布以湖南、广西最为丰富，占全国的 55%，贵州、云南、辽宁、四川等地次之[41]。

锰矿的形式通常有氧化锰矿和碳酸锰矿，我国碳酸锰矿石占 56%，氧化锰矿（含软锰矿）占 25%[41]。碳酸锰矿又叫菱锰矿，分子式为 $MnCO_3$，主要产于地下深部的岩石中，而分布在地表部分的锰矿由于受氧化淋滤富集成为金属光泽的氧化锰矿，以软锰矿为主，其分子式为 $MnO_2$。

（1）以菱锰矿为原料制备硫酸锰生产工艺　菱锰矿中锰主要以碳酸锰的形式存在，并伴生有高价氧化锰和硅酸锰。除锰外，矿中伴有大量的杂质元素，其中硅、铝、钙、镁、铁的含量较高，且含有钾、钠、磷、氟、硫以及铜、铅、锌、镍、钴等。典型菱锰矿的成分见表 3-8。直接用硫酸浸取菱锰矿制备出粗制硫酸锰溶液十分普遍，但由于矿石中杂质种类及含量较多，分离除杂困难，生产出的硫酸锰通常品质较低。因此浸出的硫酸锰溶液通常用来生产电解金属锰、电解二氧化锰，用于生产的高纯硫酸锰并不多见。

表 3-8　典型菱锰矿的成分[42]

| 元素 | Mn | Fe | Ca | Mg | Al | Cu | Co | Ni | SiO₂ |
|------|------|------|------|------|------|------|------|------|------|
| 含量/% | 8.21 | 2.21 | 3.36 | 1.18 | 5.16 | 0.05 | 0.03 | 0.03 | 44.85 |

用菱锰矿生产硫酸锰常常采用湿法[42,43]，首先用硫酸对矿石进行酸浸，将锰浸出，同时矿石中的铁、铝、镁、钙的氧化物及碳酸盐和少量的镍、钴硫化物也会浸出。如果矿中含有较多的高价锰氧化物，还需加入适量的还原剂如硫酸亚铁进行浸出，反应如式(3-59)～式(3-62)。

$$Mn(Fe,Mg,Ca)CO_3 + H_2SO_4 = Mn(Fe,Mg,Ca)SO_4 + H_2O + CO_2 \quad (3-59)$$

$$Al_2O_3 + 3H_2SO_4 = Al_2(SO_4)_3 + 3H_2O \quad (3-60)$$

$$Fe_2O_3 + 3H_2SO_4 = Fe_2(SO_4)_3 + 3H_2O \quad (3-61)$$

$$Ni(Co)S + H_2SO_4 = Ni(Co)SO_4 + H_2S \quad (3-62)$$

将浸出得到的粗制硫酸锰溶液，先加入一定量的硫酸铁（Ⅲ），采用黄钠/钾铁矾法去除钾/钠，再加入 $MnO_2$ 粉将溶液中 $Fe^{2+}$ 氧化成 $Fe^{3+}$，再调节 pH 水解除铁、铝，反应如式(3-63)、式(3-64)。

$$MnO_2 + 4H^+ + 2Fe^{2+} = Mn^{2+} + 2Fe^{3+} + 2H_2O \quad (3-63)$$

$$Fe(Al)^{3+} + 3H_2O = Fe(Al)(OH)_3 + 3H^+ \quad (3-64)$$

除铁后再加入硫化剂或福美钠进行重金属如镍、钴的去除，再用氟化钠除钙、镁，得到较为纯净的硫酸锰溶液，然后进行浓缩结晶，得到硫酸锰产品。整个生产工艺流程如图 3-14。

从上述以菱锰矿制备硫酸锰的工艺来看，矿石中少量的硅酸锰未被完全浸出，造成锰的损失，同时杂质种类和含量较多，去除方式采用生成胶状沉淀的方式，分离不完全，所以这类硫酸锰的品质很难达到电池级，多为工业级硫酸锰，含铁、钙、镁等杂质较多。

（2）以氧化锰矿制备硫酸锰生产工艺　氧化锰矿以软锰矿为主，其主要成分为 $MnO_2$，世界上 60% 的硫酸锰都是以软锰矿为原料[45]，相比于碳酸锰矿，软锰矿所含的杂质较少，主要为氧化铁、氧化硅及少量的钾、钠、钙、镁、铜、铅等杂质，典型的软锰矿成分见表 3-9。因此用软锰矿为原料常常能制得高纯度的硫酸锰。

三元材料前驱体——
产线设计及生产应用

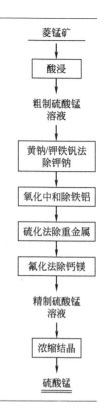

图 3-14
菱锰矿制备硫酸锰生产
工艺流程图

菱锰矿 → 酸浸 → 粗制硫酸锰溶液 → 黄钠/钾铁矾法除钾钠 → 氧化中和除铁铝 → 硫化法除重金属 → 氟化法除钙镁 → 精制硫酸锰溶液 → 浓缩结晶 → 硫酸锰

表 3-9　典型的软锰矿成分[44]

| 元素 | Mn | K | Na | Ca | Mg | Fe | Cu | Pb |
|---|---|---|---|---|---|---|---|---|
| 含量/% | 25.8 | 0.5 | 0.10 | 0.25 | 0.29 | 6.00 | 0.27 | 0.58 |

由于氧化锰矿中的 $MnO_2$ 在酸性和碱性条件下均十分稳定，因此需要将 $MnO_2$ 还原成二价的 $Mn^{2+}$ 再将其浸出，采用的还原剂不同，常常会让氧化锰矿的浸出工艺多样化。常用的还原剂有煤、黄铁矿、二氧化硫、硫酸亚铁、还原糖等，下面以煤和黄铁矿为还原剂为例，简单介绍硫酸锰制备工艺。

以煤为还原剂制备硫酸锰的生产方法通常称之为焙烧-硫酸浸出法[45]，这种工艺方法是将煤与软锰矿按一定配比混匀后，在 $750\sim900℃$ 下进行焙烧，让 $MnO_2$ 还原成为 $MnO$，反应如式(3-65)、式(3-66)。

$$MnO_2 + C = MnO + CO \tag{3-65}$$
$$MnO_2 + CO = MnO + CO_2 \tag{3-66}$$

将焙烧后得到的焙砂用硫酸浸出，得到粗制的硫酸锰溶液，反应如式(3-67)。

$$MnO + H_2SO_4 = MnSO_4 + H_2O \tag{3-67}$$

同时矿石中一些杂质元素的氧化物也被同时浸出，反应如式(3-68)~式(3-70)。

$$Al_2O_3 + 3H_2SO_4 = Al_2(SO_4)_3 + 3H_2O \tag{3-68}$$
$$Fe_2O_3 + 3H_2SO_4 = Fe_2(SO_4)_3 + 3H_2O \tag{3-69}$$
$$Mg(Ca,Fe)O + H_2SO_4 = Mg(Ca,Fe)SO_4 + H_2O \tag{3-70}$$

粗制硫酸锰溶液经过黄钾/钠铁矾法除钾钠、氧化中和除铁铝、硫化法除重金属、氟化法除钙镁，得到较为纯净的硫酸锰溶液，然后浓缩结晶制得硫酸锰晶体产品。整个生产工艺流程如图 3-15。

图 3-15
氧化锰矿制备硫酸锰生产
工艺流程图

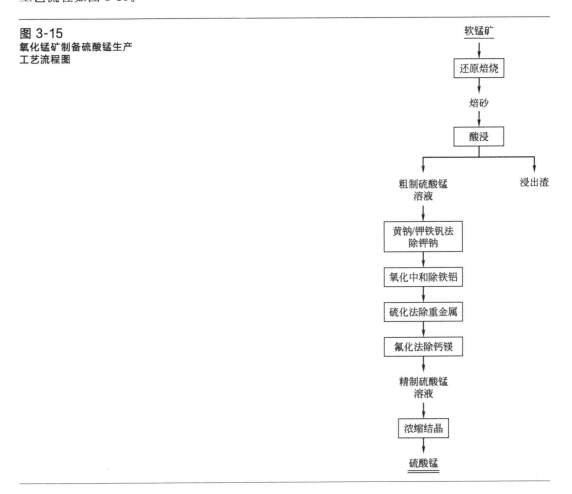

焙烧-硫酸浸出法工艺要进行高温焙烧，能耗较大，适合应用于富锰矿。用黄铁矿作为还原剂也在工业上常见，这种工艺方法称之为两矿浸出法[46]，采用两矿浸出法无需进行高温焙烧，硫酸用量也少，且黄铁矿较为便宜，比较经济。它是将软锰矿和黄铁矿以及硫酸按一定比例混合，直接浸出粗制硫酸锰溶液，如式(3-71)。

$$2FeS_2 + 15MnO_2 + 14H_2SO_4 \Longrightarrow 15MnSO_4 + Fe_2(SO_4)_3 + 14H_2O \qquad (3\text{-}71)$$

矿石中的一些杂质元素的氧化物也被同时浸出，反应同式(3-68)~式(3-70)。

对粗制硫酸锰溶液进行氧化中和除铁铝、硫化法除重金属、氟化法除钙镁，得到较为纯净的硫酸锰溶液，然后浓缩结晶制得硫酸锰晶体产品。整个生产工艺流程如图 3-16。

以软锰矿制备硫酸锰的工艺得到的产品纯度较高，可得到电池级硫酸锰，其主要杂质为铁、铝、钙、镁。

### 3.3.2.2 以金属锰为原料制备硫酸锰生产工艺

以纯度非常高的电解金属锰为原料也可制备出硫酸锰[47]，由于原材料所含杂质少，

 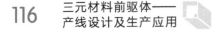

此种工艺制备的硫酸锰符合高纯硫酸锰的要求，但成本较高。先将电解制得的金属锰与稀硫酸在反应釜内进行浸泡，制备出稀的硫酸锰溶液，反应如式(3-72)。

$$Mn + H_2SO_4 \longrightarrow MnSO_4 + H_2 \tag{3-72}$$

图 3-16
两矿浸出法工艺
流程图

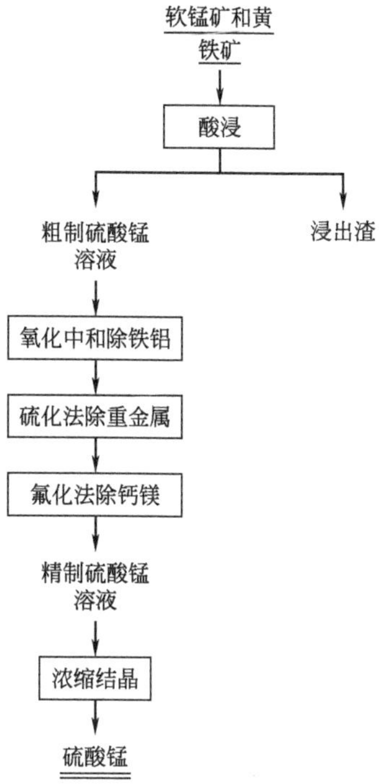

再将稀的硫酸锰溶液过滤、蒸发浓缩、结晶，即可制得硫酸锰产品。其整个生产工艺流程如图 3-17。

图 3-17
金属锰制备硫酸锰的
工艺流程图

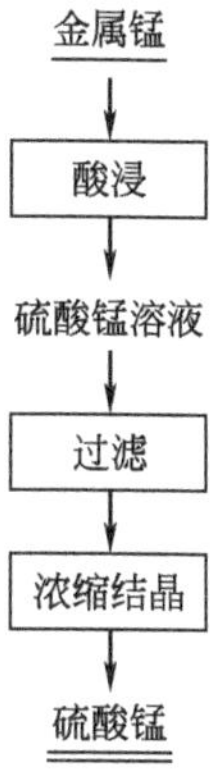

以金属锰为原料制备的硫酸锰工艺简单，流程较短，纯度很高，一般可达到 99.8% 以上。

### 3.3.2.3　副产品法制备硫酸锰生产工艺

副产品法是指某些产品工艺产生的含锰废水通过提纯得到硫酸锰的生产方法。如用苯胺为原料生产对苯二酚时，其工艺流程中需要加入氧化剂软锰矿，最后得到含硫酸锰和硫酸铵的废水[48]，其反应如式（3-73）。

$$2C_6H_5NH_2 + 4MnO_2 + 5H_2SO_4 \Longrightarrow 2C_6H_4O_2 + 4MnSO_4 + (NH_4)_2SO_4 + 4H_2O$$

$$(3-73)$$

该工业废水含有硫酸锰、硫酸铵、对苯醌、对苯二酚，以及软锰矿浸出的铁、铝、钙、镁等杂质，通过对废水进行除杂处理，可以提取硫酸锰和硫酸铵[48]，从而实现变废为宝，减少环境污染。

该废水提取硫酸锰的方法为：先将废水进行过滤与矿渣分离，然后在滤液中加入石灰乳中和至 pH 值为 6 左右，除去铁、铝、镁等杂质，再将得到的中和清液加入活性炭除去有机杂质，静置除钙，得到粗制硫酸锰溶液。由于硫酸锰在 850℃才开始分解，而硫酸铵在 235℃就开始分解，利用两者的分解温度差异，对粗制硫酸锰溶液进行加热蒸氨，得到精制硫酸锰溶液，反应如式（3-74）。

$$(NH_4)_2SO_4 \Longrightarrow 2NH_3 + H_2SO_4 \qquad (3-74)$$

再将硫酸锰溶液浓缩、结晶、脱水分离、干燥，可得到硫酸锰产品。整工艺流程如图 3-18。

**图 3-18**
含锰废水制备硫酸锰
工艺流程图

含锰废水 → 过滤 → 滤液 → 加石灰乳除铁、铝、镁 → 加活性炭除有机杂质 → 静置除钙 → 粗制硫酸锰溶液 → 蒸氨 → 精制硫酸锰溶液 → 浓缩结晶 → 硫酸锰

从对苯二酚生产废水制备硫酸锰工艺来看，其杂质种类主要为铁、钙、铝、镁及有机杂质，尤其是硫酸钙能微溶于铵盐中，静置除钙后仍有一部分钙存在于粗制硫酸锰溶液

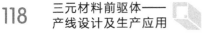
三元材料前驱体——
产线设计及生产应用

中，硫酸锰蒸发结晶过程中又以难溶的硫酸钙形式出现在硫酸锰产品中。

## 3.3.3　硫酸锰的品质要求

标准 HG/T 4823—2015《电池用硫酸锰》规定的产品规格适用于锂离子二次电池正极材料（镍钴锰酸锂、锰酸锂、富锂锰基正极材料等产品）。该标准规定了两种规格的硫酸锰产品，各项指标规定如表 3-10。从表 3-10 中可以看出，电池用硫酸锰分为合格品和一等品，不论何种规格，对钾、钠、钙、镁杂质含量的要求均很低。由于钙、镁杂质进入前驱体后很难去除，为制备出高纯度的三元前驱体，宜选择低钙镁的硫酸锰。对于采用含锰废水制备的硫酸锰，应增加一项油分指标，此外还应控制磁性异物含量。

标准 HG/T 4823—2015《电池用硫酸锰》仅仅是针对硫酸锰晶体产品，近年来硫酸锰溶液在三元前驱体行业也较为流行，一方面硫酸锰厂家不需浓缩结晶、干燥等程序，可降低能耗及减少生产工序；另一方面硫酸锰在前驱体生产过程中也需要配制成溶液，但硫酸锰溶液由于少了结晶提取一步，也同样存在杂质含量高、批次含量不稳定的问题。采购者应知晓硫酸锰制备的原料，按照 HG/T 4823—2015 的杂质要求对硫酸锰溶液进行把关，尤其是以含锰废水为原料制备的硫酸锰溶液，应对有机杂质含量进行要求，或自己增加除油措施。

表 3-10　HG/T 4823—2015《电池用硫酸锰》中硫酸锰的指标要求[49]

| 项目 | | 指标（质量分数） | |
|---|---|---|---|
| | | 一等品 | 合格品 |
| 硫酸锰（$MnSO_4 \cdot H_2O$）/% | ≥ | 99.0 | 98.0 |
| 硫酸锰（以 Mn 计）/% | ≤ | 32.0 | 31.8 |
| 铁（Fe）/% | ≤ | 0.001 | 0.002 |
| 锌（Zn）/% | ≤ | 0.001 | 0.002 |
| 铜（Cu）/% | ≤ | 0.001 | 0.002 |
| 铅（Pb）/% | ≤ | 0.0010 | 0.0015 |
| 镉（Cd）/% | ≤ | 0.0005 | 0.0010 |
| 钾（K）/% | ≤ | 0.01 | 0.01 |
| 钠（Na）/% | ≤ | 0.01 | 0.01 |
| 钙（Ca）/% | ≤ | 0.01 | 0.02 |
| 镁（Mg）/% | ≤ | 0.01 | 0.02 |
| 镍（Ni）/% | ≤ | 0.005 | — |
| 钴（Co）/% | ≤ | 0.005 | — |
| 水不溶物/% | ≤ | 0.01 | |
| pH 值（100g/L 溶液，25℃） | | 4.0～6.5 | |
| 细度（通过 400μm 试验筛）/% | | 全部通过 | |
| 硅（Si）/% | | 供需协商 | |
| 氟（F）/% | | | |

## 3.3.4 硫酸锰的危险性概述及应急处理措施

硫酸锰不属于危险化学品，仅属于一般化学品，但对人体健康和环境依然存在危害。

### 3.3.4.1 硫酸锰的健康危害

锰也是人体一种必需元素，但人体内锰含量过多也会对人体造成健康危害。硫酸锰主要以粉尘的形式进入呼吸道导致人体中毒，主要为慢性中毒，发病工龄一般为 5～10 年。其中毒主要为锰使大脑中的多巴胺和 5-羟色胺合成减少，此两种物质均有对抗乙酰胆碱的作用，乙酰胆碱在体内蓄积，损害中枢神经系统。中毒早期以神经衰弱综合征和神经功能障碍为主，主要表现为头痛、头昏、失眠、下肢无力、行走困难、走路晃动、步态不稳等。重度中毒为上述症状加重，表现为面部呆板、无力、语言障碍、智力低下、情绪不稳定、四肢僵直、肌颤；甚至出现"锰狂症"，表现为高急热性，很暴躁，有暴力行为，还出现幻觉；进一步发展会出现"锰性帕金森综合征"，当人体锰吸入量达 5～10g（按锰计）可致人死亡[50]。

### 3.3.4.2 硫酸锰的环境危害

如果硫酸锰被排放到水体环境中，会导致水体环境中的锰含量升高。含锰高的废水会对周边的土壤和水生环境造成危害。动物锰含量摄入过高，同样会对其神经系统产生毒害，量过高还会造成动物死亡，破坏生态平衡。土壤中重金属锰含量过高，会导致植物生长受阻。锰很难在动植物体内被降解，通过食物链还会导致人体内锰含量过高，危害人类的健康。

可见硫酸锰同样对人的健康及环境均能造成危害，国家也制定了相关标准限制锰的排放。

① 标准 GBZ 2.1—2019《工作场所有害因素职业接触限值 第 1 部分：化学有害因素》中表 1（工作场所空气中化学因素职业接触限值）规定锰及其无机化合物的 PC-TWA 浓度（以 $MnO_2$ 计）不得超过 $0.15mg/m^3$。标准 TJ 36—79《工业企业设计卫生标准》中规定锰及其化合物（以 $MnO_2$ 计）的最大容许含量为 $0.2mg/m^3$。

② 标准 GB 31573—2015《无机化学工业污染物排放标准》中规定新建企业无论是间接排放还是直接排放的废水中总锰浓度的限值为 $1.0mg/L$。

③ 标准 GB 31573—2015《无机化学工业污染物排放标准》规定自 2017 年 7 月 1 日起，大气中锰及其化合物（以锰计）的排放限值为 $5mg/m^3$，且排气筒高度不得低于 15m。对于企业边界排放限值锰及锰的化合物（以钴计）为 $0.015mg/m^3$。

硫酸锰是三元前驱体中锰元素的来源，由于硫酸锰粒度较细，容易引起扬尘，操作工人需接触硫酸锰时如进行硫酸锰投料时，要佩戴过滤式呼吸口罩，投料站要有收尘装置，避免投料过程工人接触过多的含硫酸锰粉尘。经过反应、洗涤、干燥转化为微米级三元前驱体颗粒后，较易形成含锰的三元前驱体粉尘，在干燥、过筛、包装工段应注意设备的密封性，尽量减少三元前驱体粉尘的逸出，同时增加收尘装置，减少车间空气中粉尘，收尘装置中的粉尘尽量回用，达标后高空排放。操作工人不要在车间吸烟、饮食。用于储存硫酸锰溶液或混合盐溶液的罐体要结实耐用，设计合理，避免硫酸锰的泄漏，罐体周围要设置围堰。由于硫酸锰易溶，它在三元前驱体生产中的主要污染还是水体污染，对液态硫酸锰储罐、盐溶液配制罐洗水，三元前驱体母液，洗涤水等含锰废水均应进入废水处理系统处理。

### 3.3.4.3 硫酸锰泄漏、伤害应急处理措施

如遇硫酸锰溶液或盐溶液泄漏，立即隔离污染区，限制出入。应急处理人员应佩戴防尘面罩，穿化学防护服，佩戴护目镜和橡胶手套，尽可能地切断泄漏源，如果是少量泄漏，用大量的水冲洗，冲洗水进入污水系统处理；如果是大量泄漏，应围堰收容，回收。如果固态硫酸锰泄漏，应急人员佩戴防尘面罩，小心扫起，避免扬尘，回收或送至废水处理系统处理。如皮肤接触到硫酸锰，脱去污染的衣物，用肥皂水和清水彻底冲洗皮肤。如眼睛接触，提起眼睑，用流动清水或生理盐水冲洗。如不小心食入，用水漱口，饮牛奶或鸡蛋清，立即就医洗胃、导泻。

# 3.4
# 氢氧化钠

## 3.4.1 氢氧化钠的种类及理化性质

氢氧化钠，俗称烧碱、火碱、苛性钠，在三元前驱体中作为沉淀剂用。它是一种强腐蚀性的强碱，对纤维、玻璃、陶瓷、皮肤均具有较强的腐蚀作用，与金属铝、锌以及非金属硼、硅等反应放出氢气。

常见的氢氧化钠产品有固态和液态两种。固态氢氧化钠为白色半透明结晶状固体，常见的形状有粒状、片状、块状等，易吸收空气中的水蒸气和二氧化碳而发生潮解和变质，因此固态氢氧化钠的储存要密封且干燥。固态氢氧化钠极易溶于水，溶解时放出大量的热。固态氢氧化钠的理化性质如表 3-11。

表 3-11　固态氢氧化钠的理化性质[1]

| 名称 | 外观 | 密度/(g/cm³) | 熔点/℃ | 沸点/℃ | 溶解性 |
|---|---|---|---|---|---|
| 固态 NaOH | 白色半透明晶体 | 2.13 | 320 | 1378 | 易溶于水、乙醇、甘油 |

固态氢氧化钠具有强腐蚀作用，易造成人员伤害，且在生产操作时劳动强度大，因此它在三元前驱体中的应用越来越少，而液碱在三元前驱体中应用越来越广。液碱为无色透明液体，具有滑腻感，无吸湿性，稀释时也会放出大量热量。液碱的市售产品规格常有30％和50％两种，从第1章氢氧化钠的相图可知，不同浓度的氢氧化钠溶液具有不同的冰点。30％液碱运输成本较高，但冰点较低，对存储条件要求低，氢氧化钠析出风险小；50％液碱运输成本低，但冰点较高，对存储条件要求高，氢氧化钠析出风险大，对于某些气温较低的地区，要采取伴热、保温措施。不同浓度的液碱在不同温度下具有不同的密度，如表 3-12 所示。

表 3-12　不同浓度的液碱密度对照表[1]　　　　　　　　　　　　　单位：g/cm³

| 液碱质量分数/% | 0℃ | 10℃ | 15℃ | 18℃ | 20℃ | 30℃ | 40℃ | 50℃ | 60℃ |
|---|---|---|---|---|---|---|---|---|---|
| 30 | 1.3400 | 1.3340 | 1.3309 | 1.3290 | 1.3279 | 1.3217 | 1.3154 | 1.3090 | 1.3025 |
| 32 | 1.3614 | 1.3552 | 1.3520 | 1.3502 | 1.3490 | 1.3427 | 1.3362 | 1.3298 | 1.3232 |
| 36 | 1.4030 | 1.3965 | 1.3933 | 1.3913 | 1.3900 | 1.3835 | 1.3768 | 1.3702 | 1.3634 |
| 38 | 1.4234 | 1.4168 | 1.4135 | 1.4115 | 1.4101 | 1.4035 | 1.3967 | 1.3900 | 1.3832 |
| 40 | 1.4435 | 1.4367 | 1.4334 | 1.4314 | 1.4300 | 1.4232 | 1.4164 | 1.4095 | 1.4027 |
| 42 | 1.4632 | 1.4561 | 1.4529 | 1.4508 | 1.4494 | 1.4425 | 1.4356 | 1.4287 | 1.4217 |
| 46 | 1.5018 | 1.4947 | 1.4911 | 1.4800 | 1.4873 | 1.4805 | 1.4734 | 1.4663 | 1.4593 |
| 48 | 1.5210 | 1.5138 | 1.5102 | 1.5080 | 1.5065 | 1.4994 | 1.4922 | 1.4851 | 1.4781 |
| 50 | 1.5400 | 1.5326 | 1.5290 | 1.5268 | 1.5253 | 1.5181 | 1.5109 | 1.5038 | 1.4967 |

## 3.4.2　氢氧化钠的生产工艺简介

氢氧化钠的现代工业生产方式主要为电解法，即通过电解 NaCl 溶液来制备 NaOH，电解法又分为隔膜法和离子膜交换法[51]，两者的电解原理基本类似，其电解反应式如式（3-75）。

$$2NaCl + 2H_2O \xrightarrow{\text{通电}} 2NaOH + Cl_2 \uparrow + H_2 \uparrow \qquad (3-75)$$

### 3.4.2.1　隔膜法生产氢氧化钠工艺简介

从式（3-75）可知，生产氢氧化钠的原料为工业原盐溶解的氯化钠盐水，其中含有的 $Ca^{2+}$、$Mg^{2+}$、$SO_4^{2-}$ 以及不溶物会对电解过程产生不利影响，如 $Ca^{2+}$、$Mg^{2+}$ 会与电解产物 NaOH 产生化学反应；$SO_4^{2-}$ 会促使 $OH^-$ 在阳极放电产生氧气；不溶物会堵塞隔膜或离子膜，降低其渗透性。因此，首先要对盐水进行精制，精制是先将原盐溶化后加入纯碱、烧碱、氯化钡等精制剂以除去 $Ca^{2+}$、$Mg^{2+}$、$SO_4^{2-}$ 等杂质，如式（3-76）～式（3-78）。

$$Ca^{2+} + CO_3^{2+} \rule[0.5ex]{1.5em}{0.4pt} CaCO_3 \qquad (3-76)$$
$$Mg^{2+} + 2OH^- \rule[0.5ex]{1.5em}{0.4pt} Mg(OH)_2 \qquad (3-77)$$
$$Ba^{2+} + SO_4^{2+} \rule[0.5ex]{1.5em}{0.4pt} BaSO_4 \qquad (3-78)$$

再于澄清槽中加入聚丙烯酸钠或苛化麸皮以加速沉淀以去除不溶性杂质，砂滤后加入盐酸中和前面所加入的过量碱，得到精制盐水。

隔膜法的电解槽在阴极室与阳极室之间设置了多孔性的隔膜，隔膜只允许离子和水通过，而不允许气体通过，避免两极气体产物混合而导致爆炸的危险，同时也避免了氯气进入阴极室与氢氧化钠反应，而影响产物氢氧化钠的质量，如图 3-19。

图 3-19
隔膜法制备氢氧化钠
示意图[51]

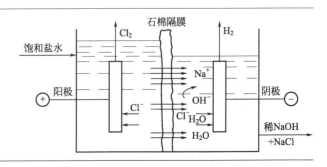

将得到的精制盐水进行预热后，送至电解槽的阳极室进行电解，通过适当调节盐水流量，可使阳极区液面高于阴极区液面，从而产生一定的静压差，使阳极液透过隔膜流向阴极室，而阴极室为了增强导电性而不引入其他杂质，常常注入一定量的稀 NaOH 溶液。电解时阳极由于 $Cl^-$ 比 $OH^-$ 的放电电位低，$Cl^-$ 迁移到阳极，在阳极放电，放电反应式如式(3-79)。

$$2Cl^- \longrightarrow Cl_2 + 2e^- \tag{3-79}$$

$H^+$ 比 $Na^+$ 更易放电，在阴极的放电反应式如式(3-80)。

$$2H^+ + 2e^- \longrightarrow H_2 \tag{3-80}$$

随着式(3-79) 和式(3-80) 的进行，阴极室中的 $H_2O$ 不断解离成 $H^+$ 和 $OH^-$，其中 $H^+$ 放电形成 $H_2$，阳极室中的 $Cl^-$ 放电形成 $Cl_2$，未解离的 NaCl 水溶液和 $Na^+$ 经过隔膜渗流到阴极室，溶液中的 $Na^+$ 和 $OH^-$ 在阴极室形成 NaOH，得到含有氯化钠的氢氧化钠溶液。阴极电解液中的 NaOH 的浓度不能太高，否则当阳极室的 NaCl 浓度太低时，阳极部分氯气溶解在水中，阴极室的 $OH^-$ 易迁入阳极室与 $Cl_2$ 发生副反应，甚至迁移到阳极发生电极反应而逸出 $O_2$，影响电流效率，如式(3-81)。因此得到的电解碱液中 NaOH 浓度仅为 10％左右，NaCl 的浓度为 16％。

$$2OH^- \longrightarrow \frac{1}{2}O_2 + H_2O + 2e^- \tag{3-81}$$

阳极室得到的氯气经洗涤、冷却、干燥、压缩得到液氯；阴极室得到的氢气经洗涤、冷却除雾、干燥等处理得到纯净氢气。得到的阴极电解液为含有大量 NaCl 的稀 NaOH 溶液，由于 NaCl 的溶解度随温度变化不大，而 NaOH 的溶解度随温度的升高而升高，通过蒸发浓缩，将 NaCl 结晶析出，通过离心分盐设备得到精制稀碱液，再进一步蒸发浓缩得到 50％液碱或得到固碱产品。隔膜法生产的工艺流程[51]如图 3-20。

**图 3-20**
隔膜法生产氢氧化钠
工艺流程图

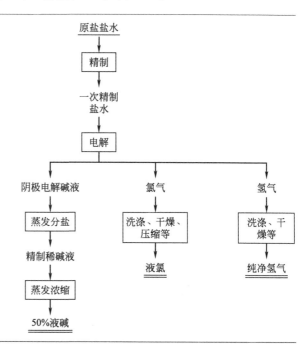

### 3.4.2.2　离子交换膜法生产氢氧化钠工艺简介

离子交换膜法的工艺路线与隔膜法基本相同，但离子交换膜法对氯化钠水溶液的质量有更高的要求，因为离子交换膜法的电解槽的阴极室和阳极室采用的是离子交换膜，如果盐水中的钙、镁、铝、铁、镍等杂质离子浓度过高，会以氢氧化物和硫酸盐的形式沉积在离子交换膜上，影响的膜的使用效能及寿命。因此，采用离子交换膜法时必须对盐水在隔膜法的一次精制的基础上进行二次精制，二次精制采用螯合树脂塔对一次精制盐水进行阳离子吸附处理，使之达到离子交换膜电解要求，如表3-13。

表 3-13　离子交换膜法电解盐水的指标要求[52]　　　　　单位：μg/L

| 杂质 | $SO_4^{2-}$ | $Ca^{2+}+Mg^{2+}$ | $SiO_2$ | $Al^{3+}$ | $Ba^{2+}$ | $Fe^{2+}$ | $Ni^{2+}$ | $Sr^{2+}$ | $I^-$ |
|------|------|------|------|------|------|------|------|------|------|
| 要求 | 3.3～5.5 | 22～33 | 5500～11000 | 55～110 | 110～1100 | 44～55 | 20～550 | 55～550 | 440～1100 |

将二次精制的盐水输送至阳极室进行电解，而阴极室和隔膜法一样输入稀的 NaOH 溶液，由于离子膜的设置为只允许阳离子通过，而不允许阴离子和气体通过，当电解过程中发生式(3-79)、式(3-80)的电极反应时，阳极室只有 $Na^+$ 能透过离子交换膜进入阴极室与 $OH^-$ 形成 NaOH，而阳极室的 $Cl^-$ 则无法透过离子交换膜进入阴极室，而阴极室的 $OH^-$ 也无法迁移到阳极室，如图 3-21。

**图 3-21**
离子交换膜法制备氢氧化钠
示意图[51]

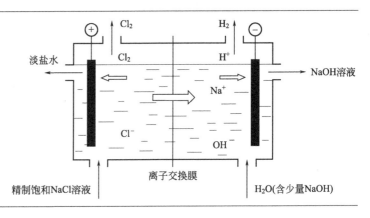

这样，阴极电解液得到的是较为纯净的 30% 氢氧化钠溶液，可以直接作为液碱产品出售。将阴极电解液进一步蒸发浓缩可得到 50% 的液碱产品以及固碱产品，阳极室和阴极室得到的氯气和氢气按隔膜法处理。离子交换膜生产液碱的工艺流程[51]如图 3-22。

从工艺品质的角度来说，隔膜法对盐水质量要求较低，采用的盐水杂质含量相对较高，电解过程中由于隔膜可以允许 $Cl^-$ 从阳极室迁移至阴极室，导致电解产生的氢氧化钠溶液含有大量的 NaCl 和金属阳离子（如 $Ca^{2+}$、$Mg^{2+}$）杂质。$Cl^-$ 具有较强的电负性，容易吸附在三元前驱体晶体颗粒上，且很难去除，在后续的前驱体烧结过程中，易给三元正极材料性能及烧结设备带来较大的危害，金属离子杂质如 $Ca^{2+}$、$Mg^{2+}$ 会随 $Ni^{2+}$、$Co^{2+}$、$Mn^{2+}$ 共沉淀于三元前驱体晶体中，造成前驱体的纯度下降。而离子交换膜法由于离子交换膜对盐水质量有较高的要求，增加了盐水的二次精制系统，采用的盐水所含的杂

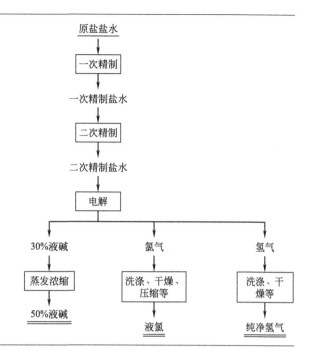

图 3-22
离子交换膜法生产氢氧化钠
工艺流程图

原盐盐水

一次精制

一次精制盐水

二次精制

二次精制盐水

电解

30%液碱 　　　氯气 　　　氢气

蒸发浓缩 　洗涤、干燥、压缩等 　洗涤、干燥等

50%液碱 　　　液氯 　　　纯净氢气

质很少，而且电解过程中由于离子膜的选择性，极大地减少了 $Cl^-$ 从阴极室到阳极室的透过率，生产出的氢氧化钠溶液具有更低的杂质含量和更稳定的品质。从生产成本的角度来说，隔膜法生产的氢氧化钠由于含有大量的 NaCl 杂质以及较低的氢氧化钠浓度，需要消耗大量的蒸汽将 NaCl 杂质与氢氧化钠分离以及浓缩，以提高氢氧化钠的浓度；而离子交换膜法电解生产的氢氧化钠溶液具有较低的杂质含量和较高的氢氧化钠浓度，可以直接作为产品出售，因此具有更低的能源消耗和更简洁的工艺流程[53]，所以无论是从品质角度还是从成本角度，三元前驱体的制备应选择离子交换膜法制备的氢氧化钠。

## 3.4.3  液碱的品质要求

相比于固碱，三元前驱体制备过程如采用液碱，可直接采用管道密闭运输，不仅操作简便，且不与人接触，具有较大的安全性，所以几乎所有厂家都选择液碱作为原料，而且液碱也是市场上一种常见的销售产品。对于三元前驱体生产用的液碱的品质控制，首先是应选择品质更高的离子膜液碱，虽然现在大多数液碱厂家采用离子膜生产工艺，但采购者也应知晓液碱厂家采用的生产方法。其次要重点关注液碱中的杂质含量。液碱采用 NaCl 为原料，且高浓度、高温的液碱在制备过程中易腐蚀生产设备、管道、泵等，产生较多的铁锈等磁性异物，因此 $Cl^-$ 和磁性异物是液碱中的主要杂质。如果液碱中的 $Cl^-$ 和磁性异物含量较高，会夹带至三元前驱体颗粒中，影响三元前驱体的纯度，给后续烧结的三元正极材料的性能带来恶劣影响。

现尚未有针对三元前驱体用的液碱的指标要求标准，标准 GB/T 209—2018《工业用氢氧化钠》中规定了液碱的型号规格及相应的指标要求，见表 3-14。从表 3-14 可以看出，液碱包含三种浓度规格的产品，一种是 30.0% 的液碱，此类液碱是从电解槽阴极室直接产出的产品；另两种是 45.0% 和 50.0% 的液碱，是在电解产品的基础上浓缩而成的。这三种规格的液碱均可作为三元前驱体的制备原料，但笔者建议三种规格的液碱中 NaCl 和 $Fe_2O_3$ 的含量均按 Ⅲ 型产品的指标要求，甚至控制 NaCl≤0.005%，$Fe_2O_3$≤0.0006%。

表 3-14　GB/T 209—2018《工业用氢氧化钠》中液碱的指标要求[54]

单位：%（质量分数）

| 项目 | | 型号规格 | | |
|---|---|---|---|---|
| | | IL | | |
| | | Ⅰ | Ⅱ | Ⅲ |
| | | 指标 | | |
| 氢氧化钠 | ≥ | 50.0 | 45.0 | 30.0 |
| 碳酸钠 | ≤ | 0.5 | 0.4 | 0.2 |
| 氯化钠 | ≤ | 0.05 | 0.03 | 0.008 |
| 三氧化二铁 | ≤ | 0.005 | 0.003 | 0.001 |

# 3.4.4　液碱的危险性概述及应急处理措施

根据《危险化学品目录》（2015 年版），液碱即氢氧化钠溶液（含量≥30%）属于危险化学品。《常用危险化学品的分类及标志（GB 12268—2012）》将氢氧化钠划为第 8 类：腐蚀性物质[55]。

### 3.4.4.1　液碱的健康危害

氢氧化钠溶液具有极强的碱性，接触到皮肤，对表皮具有腐蚀性，产生碱灼伤，且碱的浓度越高，腐蚀能力越强。由于它对蛋白质有溶解作用，腐蚀可渗入深层组织，造成伤口不易愈合，即便长期接触低浓度液碱也可引起皮肤干燥，甲板变薄，光泽消失；溅入眼内，不仅灼伤角膜，而且可渗入眼睛深部组织进行腐蚀，严重者可致失明。误服可造成消化道灼伤、绞痛、黏膜糜烂、呕吐血性胃内容物、血性腹泻等。另外，液碱遇水或稀释时会放出大量的热量，容易对人体造成烫伤。液碱具有滑腻感，泄漏在地面上，容易使人摔跤、滑倒。

### 3.4.4.2　液碱的环境危害

液碱为强碱性物质，流入水环境，会致水体 pH 值陡然升高，对水体造成污染。很多水生植物或动物很难在碱性环境下生存，会破坏自然生态环境，导致水生资源减少；如果碱性浓度过高，会直接毒死鱼类等水生物。含液碱废水渗入土壤则造成土质盐碱化，破坏土层的疏松状态，影响农作物的生长和增产。

液碱对人体健康和环境均有较大危害，国家有关部门对氢氧化钠的排放也制定了相关

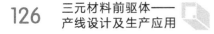

标准。

① 标准 GBZ 2.1《工作场所有害因素职业接触限值　第 1 部分：化学有害因素》中表 1（工作场所空气中化学物质容许浓度）规定，氢氧化钠在空气中的最大容许浓度为 $2mg/m^3$。

② 液碱对水体的直接影响为 pH 值升高，标准 GB 31573—2015《无机化学工业污染物排放标准》规定，企业单位排放的污水 pH 值必须达到 6～9。

如生产 1t 三元前驱体，需要 30％的液碱约 3t，液碱作为三元前驱体的主要原料，规模化生产时液碱存储量大，应避免在存储和使用过程中液碱的泄漏。首先液碱的储罐不能使用易被液碱腐蚀的材质，液碱储罐的腐蚀是造成液碱大量泄漏的主要原因[56]。液碱储罐必须设置围堰，围堰的容积不得小于最大储罐的体积；输送液碱的管道、阀门、泵应具有好的密封状态，并使用耐碱腐蚀的材质。车间内操作工人如在进行液碱取样或维修液碱输送泵等过程中要佩戴防护镜，戴酸碱手套，穿防滑鞋，不得用手或身体部位直接接触液碱。含碱的废水如储罐、碱配制罐的洗水，三元前驱体母液，三元前驱体洗涤水等均应至废水处理系统处理达标后再排放。

### 3.4.4.3　液碱泄漏、伤害应急处理措施

如遇液碱泄漏时，立即疏散无关人员，限制出入，应急处理人员须穿戴酸碱防护服，佩戴防护镜，戴酸碱手套，穿防滑鞋，尽可能安全地关闭泄漏源。如遇少量泄漏，用大量水冲洗处理，冲洗水进入废水处理系统处理；如果是大量泄漏，通过围堰收容，回收处理，再清洗冲洗，冲洗废水进入废水处理系统处理。如皮肤接触液碱，立即脱去污染的衣物，先用干布擦拭皮肤污染处，再用大量流动清水冲洗皮肤污染处至少 15min，清洗至创面无滑腻感，再涂上少量的 3％～5％的硼酸，如皮肤有灼伤，就医。如液碱入眼，立即提起眼睑，用大量清水冲洗至少 15min，然后用生理盐水清洗，就医；如被误服，误服者立即用水漱口，饮牛奶或蛋清，就医。

# 3.5
# 氨水

## 3.5.1　氨水的种类及理化性质

氨水为无色透明液体，又称阿摩尼亚水，是氨的水溶液，是三元前驱体反应过程中的配位剂。从第 1 章分析知道，氨水的主要成分为一水合氨（$NH_3 \cdot H_2O$），少部分 $NH_3 \cdot H_2O$ 电离成 $NH_4^+$ 和 $OH^-$，故氨水呈弱碱性，水溶液 pH 值＞11（25℃），具有部分碱的通性，易与酸反应，例如工业上通常用硫酸吸收氨废气。氨水还与多种金属离子如 $Fe^{2+}$、$Al^{3+}$ 生成难溶性氢氧化物。氨水中氨分子与水分子的结合作用不是很强，因此氨水具有强烈的挥发性，尤其是受热、见光或存放时间较长之后，易挥发出氨气，且随着氨水浓度

的增大，挥发趋势越大，因此氨水具有强烈的刺激性臭味。氨水还具有一定的腐蚀作用，对金属铜、锌的腐蚀比较强，因为氨易与铜、锌离子形成稳定的配合物，氨的存在会使金属单质和金属离子之间的标准电极电势降低，从而加速空气中的氧气对金属的氧化，但是对钢铁、水泥的腐蚀不大。

市面上销售的氨水浓度为 $10\% \sim 30\%$，比较常用的有 $15\%$、$17\%$、$20\%$、$25\%$ 几种规格。不同的氨水浓度具有不同的密度，表 3-15 为氨水浓度密度对照表。

表 3-15　氨水浓度密度对照表[1]

| 含量/% | 5℃ | 10℃ | 15℃ | 17℃ | 18℃ | 19℃ | 20℃ | 22℃ | 23℃ | 24℃ | 25℃ | 27℃ | 28℃ | 29℃ | 30℃ |
|---|---|---|---|---|---|---|---|---|---|---|---|---|---|---|---|
| 15 | 0.9453 | 0.9435 | 0.9417 | 0.9408 | 0.9404 | 0.9398 | 0.9395 | 0.9387 | 0.9383 | 0.9379 | 0.9375 | 0.9369 | 0.9365 | 0.9377 | 0.9373 |
| 16 | 0.9421 | 0.9402 | 0.9383 | 0.9374 | 0.9370 | 0.9364 | 0.9361 | 0.9353 | 0.9349 | 0.9345 | 0.9341 | 0.9335 | 0.9351 | 0.9333 | 0.9369 |
| 17 | 0.9390 | 0.9370 | 0.9350 | 0.9341 | 0.9337 | 0.9332 | 0.9328 | 0.9320 | 0.9316 | 0.9314 | 0.9308 | 0.9300 | 0.9296 | 0.9294 | 0.9290 |
| 18 | 0.9359 | 0.9338 | 0.9317 | 0.9308 | 0.9304 | 0.9300 | 0.9295 | 0.9287 | 0.9283 | 0.9279 | 0.9275 | 0.9265 | 0.9261 | 0.9270 | 0.9253 |
| 19 | 0.9324 | 0.9306 | 0.9288 | 0.9276 | 0.9271 | 0.9267 | 0.9264 | 0.9255 | 0.9249 | 0.9244 | 0.9240 | 0.9230 | 0.9226 | 0.9222 | 0.9218 |
| 20 | 0.9297 | 0.9275 | 0.9253 | 0.9242 | 0.9238 | 0.9233 | 0.9229 | 0.9219 | 0.9214 | 0.9209 | 0.9204 | 0.9195 | 0.9190 | 0.9185 | 0.9180 |
| 21 | 0.9267 | 0.9244 | 0.9221 | 0.9211 | 0.9206 | 0.9201 | 0.9196 | 0.9186 | 0.9181 | 0.9176 | 0.9174 | 0.9161 | 0.9155 | 0.9150 | 0.9145 |
| 22 | 0.9238 | 0.9214 | 0.9190 | 0.9180 | 0.9175 | 0.9170 | 0.9164 | 0.9154 | 0.9149 | 0.9144 | 0.9140 | 0.9128 | 0.9122 | 0.9118 | 0.9113 |
| 25 | 0.9152 | 0.9126 | 0.9100 | 0.9087 | 0.9081 | 0.9075 | 0.9070 | 0.9058 | 0.9052 | 0.9046 | 0.9040 | 0.9029 | 0.9023 | 0.9017 | 0.9012 |

从第 1 章分析知道，氨水的凝固点也和氨水的浓度相关，在 $0 \sim 30\%$ 的浓度范围内，氨水的浓度越高，凝固点越低。表 3-16 为不同浓度氨水的凝固点。

表 3-16　氨水的凝固点

| 氨水质量分数/% | 8.75 | 14.49 | 21.22 | 25.9 | 29.8 | 31.76 |
|---|---|---|---|---|---|---|
| 凝固点/℃ | −10 | −20 | −40 | −60 | −80 | −100 |

## 3.5.2　氨水的生产工艺简介

氨水的生产原理是利用氨气在水中溶解度较大的特点，即让氨气与水直接接触成为氨水，如式(3-82)。

$$\mathrm{NH_3 + H_2O \Longrightarrow NH_3 \cdot H_2O} \tag{3-82}$$

根据第 1 章的分析，氨水溶解是一个放热反应，所以参与反应的水的温度越低，越利于氨水的生成，因此在溶解过程中需将溶解热及时转走，否则温度过高，氨气挥发严重，易在容器内形成爆炸气氛；氨水溶解是一个体积减小的反应，提高压力有利于氨水的生成；氨是一个碱性物质，易于钙、镁等离子生成沉淀，因此需要参与反应的水为软水，尤其是对于应用于三元前驱体的氨水，最好为杂质低的工业纯水。

一般生产氨水的氨气大多来源于液氨或其他化工副产氨气，如三元前驱体废水回收的氨气。常用氨气与水的混合吸收设备有文氏管、吸收塔、吸氨器[57]，吸收塔往往投资及占地面积较大，下面就采用文氏管和吸氨器制备氨水工艺进行简单介绍。

### 3.5.2.1 文氏管混合吸收工艺生产氨水

文氏管是文丘里管的简称，如图3-23，它是根据文丘里效应原理制作的，所谓文丘里效应是指受限流动在通过缩小的过流断面时，流体出现流速增大（流速与过流断面成反比）的现象，而由伯努利定理知流速的增大伴随流体压力的降低。简单地讲，这种效应是指在文氏管流动的液体或气体，随着管截面的减小，流体的速度会增大，压力会减小，从而在文氏管出口的后侧形成一个"真空"区而产生低压，从而产生吸附作用。

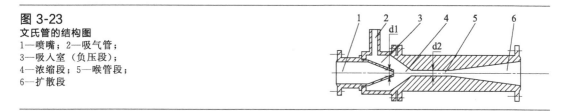

图 3-23
文氏管的结构图
1—喷嘴；2—吸气管；
3—吸入室（负压段）；
4—浓缩段；5—喉管段；
6—扩散段

采用文氏管混合吸收生产氨水时，水由喷嘴以高速度喷出，水流经过吸入室时会在吸入室形成真空，会从吸气管吸入大量氨气，氨气和水流在喉管段剧烈混合成气液混合物，再由扩散段排出进入冷凝器或换热器冷却至常温，再进入氨水槽，如浓度未达到要求，用氨水泵继续将氨水槽内的稀氨水送至文氏管混合吸收，直到达到要求为止。通过控制氨气流量和配水流量来调节氨水浓度。其工艺流程图如图3-24。

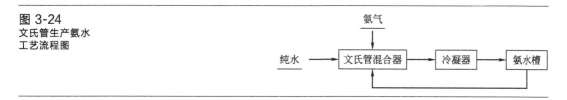

图 3-24
文氏管生产氨水
工艺流程图

### 3.5.2.2 吸氨器混合吸收工艺生产氨水

吸氨器进行混合吸收生产氨水工艺是在传统工艺上的提升，是一种高效的氨水制备设备，它实现了氨水混合、冷凝的集成设计，直接将氨气和水配入吸氨器就可得到氨水，且不需要多次循环，单程即可得到高达30％的氨水，占地面积小，工艺极为简便，能实现自动化、连续化生产。其工艺流程图如图3-25。

图 3-25
吸氨器生产氨水
工艺流程图

相比于文氏管混合吸收生产氨水工艺，吸氨器制备出的氨水浓度更稳定，且浓度高。

## 3.5.3 氨水的品质要求

氨水在化工如毛纺、丝绸、印染等工业用于洗涤羊毛、呢绒、坯布，在农业上用于制作氮肥，所以工业氨水的标准也主要针对这些行业，在标准 HG/T 5353—2018《工业氨水》中规定的氨水的指标主要适用于废气脱硝、铵盐加工、印染、农药和催化剂加工等，如表 3-17。

表 3-17　HG/T 5353—2018《工业氨水》的指标要求[58]

| 项目 | 指标 |
| --- | --- |
| 氨含量/% | ≥20.0 |
| 色度/黑曾 | ≤80 |
| 蒸发残渣/% | ≤0.2 |

从表 3-17 可以看出，该标准规定工业氨水的浓度≥20.0%，且对杂质含量要求比较少。从生产工艺的角度来说，三元前驱体所采用的氨水的氨含量并不需要大于 20.0%。氨水浓度越高挥发性越强，因此高浓度的氨水反而会导致在储存过程中氨浓度下降过快，引起三元前驱体生产中氨水浓度的波动，影响生产的稳定性。所以三元前驱体生产用氨水关注的是氨水的纯度，除了表 3-17 规定的两项杂质检测指标外，还应对氨水中的磁性异物杂质及其他金属离子杂质如 $Fe^{2+}$、$Ca^{2+}$、$Mg^{2+}$、$Zn^{2+}$ 提出指标要求。通常合成氨的氨气纯度较高，因此应要求氨水厂家以合成氨为原料，同时要求氨水制备过程所采用的配水为纯水，而不是软水。

行业中使用的另一种氨水来源为三元前驱体厂家通过回收三元前驱体废水中的氨而制成的氨水，从而达到节约能耗、循环利用的目的。这种回收氨浓度一般在 13%～18% 范围内。三元前驱体厂家应自行通过对脱氨氮设备操作、维护以及氨水储存环境等来确保氨水浓度的稳定以及避免杂质的引入。

## 3.5.4 氨水的危险性概述及应急处理措施

根据《危险化学品目录》（2015 版），氨水属于危险化学品，《危险货物品名表》（GB 12268—2012）将氨水划为第 8 类：腐蚀性物质[55]。

### 3.5.4.1 氨水的健康危害

氨是一种碱性物质，它对所接触的皮肤组织都有腐蚀和刺激作用，可以吸收皮肤组织中的水分，使组织蛋白变性，并使组织脂肪皂化，破坏细胞膜结构，因此氨接触皮肤后可致皮肤灼伤；氨的溶解度极高，吸入人体上呼吸道如鼻、喉、肺均有刺激性和腐蚀性，会引起咳嗽、气喘、胸闷、咽痛等呼吸道不适症状，甚至导致喉头水肿引起窒息；氨以气体形式吸入人体肺泡内，通过肺泡进入血液，与血红蛋白结合，破坏运氧功能，可发生肺水肿，引起死亡；氨水溅入眼内，会对眼部造成灼伤，如果不采取急救措施，会导致眼角膜溃疡、穿孔，并进一步引起眼内炎症，甚至导致眼球枯萎而失明。即便是接触低浓度的氨，长时间在这种环境下工作，呼吸道反复接触也会引起支气管炎。皮肤反复接触可致皮炎，表现为皮肤干燥、痒、发红。

### 3.5.4.2　氨水的环境危害

水中氨氮在一定条件下可以转化为亚硝酸盐，对于饮用水如果氨氮超标，长期饮用后，氨氮转化为亚硝酸盐进入人体后与人体内的仲胺结合，生成致癌物质二甲基仲胺，会大大增加人体患癌的概率。

氨氮对生态水环境的危害也是巨大的，水中游离氨的毒性是铵盐的几十倍，一般情况下，水中的 pH 值和温度越高，水中的游离氨含量越多，毒性越强。水中的鱼类对水中的氨氮尤其敏感，如鱼类慢性氨中毒会引起鱼类摄食降低，生长减慢，组织损伤，降低氧在组织间的输送。鱼和虾均需要与水体进行离子交换（钠、钙等），氨氮过高会增加鳃的通透性，损害鳃的离子交换功能，使水生生物长期处于应激状态，增加动物对疾病的易感性，降低生长速度。急性中毒则会引起鱼类死亡，破坏生态平衡。同时，氨氮的排放会引起水中的富营养化，引起藻类及其他浮游生物迅速繁殖，水体溶解氧量下降，水质恶化，鱼类及其他生物大量死亡的现象。

氨水具有易挥发的特性，挥发出的氨是一种有强烈刺激性臭味的气体，属于恶臭污染物的一种，排放在大气中会危害大气环境质量。氨是一种碱性气体，会与大气中的酸性气体反应生成颗粒态铵，成为大气气溶胶的重要成分，导致更容易形成雾霾[59]。

可见，氨对人体健康及自然生态环境均有较大的危害，国家有关部门对氨的排放制定了相关标准。

① 标准 TJ 36—79《工业企业设计卫生标准》中表 4（车间空气有害物质的最高容许浓度）规定，车间空气中氨的最大容许含量为 $30mg/m^3$。标准 GBZ 2.1《工作场所有害因素职业接触限值　第 1 部分：化学有害因素》中表 1（工作场所空气中化学物质容许浓度）规定氨的 PC-TWA 浓度不超过 $20mg/m^3$，PC-STEL 浓度不超过 $30mg/m^3$。

② 标准 GB 31573—2015《无机化学工业污染物排放标准》规定企业的废气污染物中氨含量的排放限值为 $20mg/m^3$，且排气筒的高度不得低于 15m。规定氨的企业边界的排放限值为 $0.3mg/m^3$。规定企业直接排放的废水中氨浓度不得超过 10mg/L，间接排放的废水中氨浓度不得超过 40mg/L。

氨水作为三元前驱体生产的重要原料，也是整个生产过程中最重要的污染源和危险源之一，应从氨水存储和使用过程中采取相应措施避免氨水的挥发、泄漏。氨水应存储于结构牢固、密封、不易被氨水腐蚀的储罐中，且储罐应存放于阴凉、通风处，并设置围堤。对于露天储存的氨水储罐，夏季应对储罐有降温措施。在生产过程如氨水的配制、沉淀反应、洗涤等含氨工段的设备、管道、阀门必须密闭，并加上氨气收集设施，处理达标后高空排放，并在车间内配备有抽风及通风设施，车间内尽量减少无组织逸散的氨气。车间内工作人员操作时尽量佩戴过滤式防毒面罩以及安全防护眼镜，不要在车间内饮食、吸烟。对于车间内的含氨废水如设备、地面洗水和母液、洗涤废水等应集中汇入污水管道进行氨氮收集处理，并达标排放。

### 3.5.4.3　氨水的泄漏、伤害应急处理措施

如发生氨水泄漏，应立即疏散泄漏污染区人员至上风处，隔离 150m，并严格限制出入，应急处理人员佩戴正压式呼吸器，穿化学防护服，尽可能地切断泄漏源，合理通风，

加速扩散。低浓度氨水的泄漏可用大量的水冲洗，高浓度的氨水泄漏可喷洒含盐酸的雾状水中和、稀释，大量冲洗废水应进入废水处理系统进行处理。如遇大量泄漏，可用围堰收容，再转移至废水系统收集、回收。如皮肤接触氨水，应立即落下污染的衣服，并用2%的硼酸洗液或大量的流动清水冲洗，若有灼伤，就医；如氨水不慎入眼，立即提起眼睑，用大量流动清水或生理盐水彻底冲洗至少15min，或用2%～3%的硼酸清洗，就医；如吸入大量氨气，迅速脱离现场至空气新鲜处，保持呼吸道通畅，必要时进行人工呼吸，就医；如被误服，误服者立即漱口，口服稀释的醋或柠檬汁，立即就医。

## 参 考 文 献

[1] 刘光启，马连湘，项曙光．化学化工物性数据手册·无机卷（增订版）［M］．北京：化学工业出版社，2013．

[2] 王亚秦，付海阔．工业硫酸镍生产技术进展［J］．化工进展，2015，34（8）：3085-3092，3104．

[3] 镍矿资源储量分布及产量情况［N］．金属百科，［2020-04-01］．http://baike.asianmetal.cn/metal/ni/resources &production.shtml．

[4] 刘广龙．高冰镍分离技术探讨［J］．有色矿山，2003，32（6）：22-26．

[5] 陈胜利，郭学益，李钧，等．我国高镍锍硫酸选择性浸出工艺技术的进展［N］．北京：中国科技论文在线，［2020-04-01］．http://www.paper.edu.cn/releasepaper/content/200801-690．

[6] 陈军．金属化高冰镍选择性浸出镍钴机理的研究［J］．北京矿冶研究院总报，1993，2（4）：65-75．

[7] 陈家镛．湿法冶金手册［M］．北京：冶金工业出版社，2005．

[8] 田君，尹敬群，欧阳克氙．新型萃取剂Cyanex 272在稀土溶剂萃取中的研究与应用［J］．湿法冶金，1998，68（4）：39-43．

[9] 黄振华，陈廷扬，詹惠芳．阜康冶炼厂高冰镍精炼工艺的研究与生产实际［J］．新疆有色金属，1997，（3）：25-32．

[10] 刘云峰，陈滨．红土镍矿资源现状及其冶炼工艺研究进展［J］．矿冶，2014，23（4）：70-75．

[11] 周晓文，张建春，罗仙平．从红土镍矿提取镍的技术研究现状及展望［J］．四川有色金属，2008，（1）：18-22．

[12] 傅建国，刘诚．红土镍矿高压酸浸工艺现状及关键技术［J］．中国有色冶金（生产实践篇·重金属），2013，A（2）：6-13．

[13] 2017年硫酸镍行业产品分类与生产工艺工艺流程分析［N］．中国报告网，［2020-04-01］．http://market.chinabaogao.com/huagong/10242b1532017.html．

[14] 王军．稀硫酸-过氧化氢体系对镍金属溶解性的探讨［J］．金川科技，2007，（4）：13-15．

[15] 蒋毅民，陈小兰．用含镍废料制取硫酸镍［J］．广西化工，1992，21（2）：50-51．

[16] 夏煜，黄美松，杨小中等．用废Ni-MH电池正极材料制备电子级硫酸镍的研究［J］．矿业工程，2005，25（4）：47-49，53．

[17] 王敏．以废镍催化剂中提取镍，生产硫酸镍［J］．四川有色金属，2007，（1）：14-15，27．

[18] GB/T 26524—2011．精制硫酸镍．

[19] 镍对人体健康的影响［N］．金属百科，［2020-04-01］．http://baike.asianmetal.cn/metal/ni/health.shtml．

[20] 韦友欢，黄秋婵，苏秀芳．镍对人体健康危害效应及其机理研究［J］．环境科学与管理，2008，33（9）：45-48．

[21] GBZ 2.1．工作场所有害因素职业接触限值　第1部分：化学有害因素．

[22] GB 31573—2015．无机化学工业污染物排放标准．

[23] GB 25467—2010．铜、镍、钴污染物排放标准．

[24] 陈耀，彭灿，吴提觉，等．电池级硫酸钴生产工艺研究进展［J］．无机盐工业，2019，51（3）：7-11，19．

[25] 钴资源的现状及中国进出口概况［N］．中国钴网，［2020-04-01］．http://www.cbcie.com/33437/16546142.html．

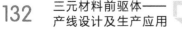

[26] 周雍茂，胡宝磊.钴冰镍常压浸出工艺研究 [J].有色金属（冶炼部分），2012，(8)：11-13.

[27] 陈远强，林娟.黄钠铁矾法在钴系统中的应用 [J].四川有色金属，2002，(1)：38-39，42.

[28] 刘俊，李林艳，徐盛明，等.还原酸浸法从低品味水钴矿提取铜和钴 [J].中国有色金属学报，2012，22 (1)：310-315.

[29] 滕浩.高砷钴矿提钴新工艺研究 [D].长沙：中南大学，2010.

[30] 侯慧芬.从各种含钴原料提取电解钴 [J].上海有色金属，2001，22 (3)：132-137.

[31] 刁微之，徐远志，马启坤，等.粗氢氧化钴中钴的提取工艺及生产实践 [J].云南冶金，2001，30 (2)：31-35，45.

[32] 丁慧，潘帅军，吕经康，等.由锂离子电池正极废料制备电池级硫酸钴的研究 [J].河南师范大学学报（自然科学版），2007，35 (2)：193-194.

[33] 余海军，袁杰，欧彦楠.废锂离子电池的资源化利用及环境控制技术 [J].中国环保产业，2013，000 (001)：48-51.

[34] 钟雪虎，焦芬，刘桐，等.废旧锂离子电池回收工艺概述 [J].电池，2018，48 (1)：63-67.

[35] 赵鹏飞，尹晓莹，满瑞林，等.废旧锂离子电池回收工艺研究进展 [J].电池工业，2011，16 (6)：367-371.

[36] Nayl A A. Selective extraction and separation of metal values from leach liquor of mixed spent Li-ion batteries [J]. Journal of the Taiwan Institute of Chemical Engineers，2015，55：119-125.

[37] GB/T 26523—2011.精制硫酸钴.

[38] HG/T 4822—2015.工业硫酸钴.

[39] 刘武忠，王剑明，张红，等.钴及其化合物对人体健康的影响 [J].职业卫生与应急救援，2016，34 (2)：111-113.

[40] 钴对人体健康和环境的影响 [N].金属百科，[2020-04-01]. http://baike. asianmetal. cn/metal/co/health. shtml.

[41] 全球锰资源分布及产量 [N].金属百科，[2020-04-01]. http://baike. asianmetal. cn/metal/mn/resources & production. shtml.

[42] 胡亮，张著，李婕，等.用贫菱锰矿制备工业硫酸锰的工艺研究 [J].湖南有色金属，2016，32 (6)：33-36，60.

[43] 韩连漪，张胜涛，向斌.贫菱锰矿制取电解用的硫酸锰的工艺研究 [J].中国稀土学报，2000，18：331-334.

[44] 孟民权，巩淑清，桑兆昌，等.软锰矿生产硫酸锰除杂方法的改进 [J].河北师范大学学报（自然科学版），1996，20 (3)：61-62，67.

[45] 崔益顺，唐荣，黄胜，等.软锰矿制备硫酸锰的工艺现状 [J].中国井矿盐，2010，41 (2)：18-21.

[46] 张启卫.软锰矿制备硫酸锰的工艺原理和技术 [J].三明学院学报，2000，(3)：100-103.

[47] 张宏，赵凯，陈飞宇，等.电池级高纯一水硫酸锰的发展及应用前景 [J].中国锰业，2014，32 (2)：6-8.

[48] 周志明，邱静，陈枝，等.对苯二酚生产中的副产品硫酸锰的分离纯化 [J].化工进展，2008，27 (1)：147-150.

[49] HG/T 4823—2015.电池用硫酸锰.

[50] 锰对人体健康的影响 [N].金属百科，[2020-04-01]. http://baike. asianmetal. cn/metal/mn/health. shtml.

[51] 李相彪.氯碱生产技术 [M].北京：化学工业出版社，2011.

[52] 周亮.盐水质量对离子膜的影响及处理 [J].氯碱工业，2009，45 (12)：11-12.

[53] 乔玉元.隔膜法与离子膜法生产烧碱工艺对比分析 [J].齐鲁石油化工，2010，38 (2)：108-110.

[54] GB 209—2006.工业用氢氧化钠.

[55] GB 12268—2012.危险货物品名表.

[56] 左景伊，左禹.腐蚀数据与选材手册 [M].北京：化学工业出版社，1995.

[57] 辽阳信德化工厂.工业氨水的生产及应用 [N].豆丁网，[2020-04-01]. https://www.docin. com/p-27299949. html&endPro=true.

[58] HG/T 5353—2018.工业氨水.

[59] 薛俊红.浅谈环境空气中的氨的来源及污染现状 [J].山西科技，2017，32 (1)：139-141.

# 三元材料前驱体
## ——产线设计及生产应用

# Precursors for Lithium-ion Battery Ternary Cathode Materials
## ——Production Line Design and Process Application

第 **4** 章

# 三元前驱体生产设备

近几年来，受益于国家政策的推动和三元材料市场的崛起，许多企业争相开始三元前驱体的大规模生产，但是三元前驱体行业的发展还处于初级阶段，行业内目前还没有可依据的标准，各企业在三元前驱体生产工艺、设备及同规格的产品方面均有差异，行业中存在着多样化的工艺和设备。许多企业在产业规模上扩建或者新建的时候，对采用何种产线工艺、产线设备苦恼，三元正极材料企业也因需根据各前驱体厂家的产品差异进行工艺调整而困惑。现各家工艺和设备的差异化是三元前驱体行业未能实现标准化的主要原因，这种差异化的存在说明各家采用的工艺和设备各有优缺点，须了解它们的优点和缺点，才能找到更好的标准化方案。下面对三元前驱体生产流程中采用的工艺设备及其之间的差异进行说明和分析。

# 4.1
# 配料设备

三元前驱体的配料共分为盐溶液、碱溶液、氨水溶液的配制三个部分。

## 4.1.1　硫酸盐计量设备

在混合硫酸盐溶液进行配制之前，首先需要根据配制的盐溶液浓度和体积对所需的硫酸镍、硫酸钴、硫酸锰进行计量。根据第 3 章介绍，三元前驱体采用的硫酸盐的形式有固态和液态两类。行业内各企业会根据硫酸盐的形式、特性的不同而采用不同的计量设备。

### 4.1.1.1　固态硫酸盐的计量设备

固态的硫酸镍、硫酸钴、硫酸锰都属于结晶水化合物，根据第 1 章分析，结晶水化合物具有易风化的特性，其中 $NiSO_4 \cdot 7H_2O$ 和 $CoSO_4 \cdot 7H_2O$ 最容易风化，$NiSO_4 \cdot 6H_2O$ 风化速率较慢。风化后的表现就是物料结块。市面上销售的硫酸镍是以 $NiSO_4 \cdot 6H_2O$ 为主，含有少量 $NiSO_4 \cdot 7H_2O$ 的混合晶体，所以硫酸镍通常储存较长时间后才有结块现象；市面上销售的硫酸钴基本为 $CoSO_4 \cdot 7H_2O$，因此硫酸钴多容易发生板结现象。这种板结的硫酸钴非常坚硬，不易破开，会给硫酸钴称量、投料带来极大不便。例如结块的硫酸钴容易堵塞投料口，投入罐体溶解时易损坏搅拌器，因此硫酸钴在计量、配制前，需要对硫酸钴进行破碎。硫酸镍、硫酸锰都有吨袋规格的产品在市面上销售，而硫酸钴鲜有吨袋规格产品，大部分为 25kg/包的规格。行业内常常采用吨袋挤压机（如图 4-1）对硫酸钴进行挤压破碎，但这种挤压并非能将硫酸钴硬块完全破碎，只能将大块破碎成小块。

固体硫酸盐的计量通常采用电子衡器，如地磅、电子秤等。对于硫酸镍、硫酸钴、硫酸锰的计量精度要求一般控制不低于 5‰即可，这和硫酸镍、硫酸钴、硫酸锰中主金属的利用率较低有关。市面上销售的硫酸镍中 Ni 的含量在 22％左右，硫酸钴中 Co 的含量在 20％左右，硫酸锰中 Mn 的含量在 32％左右。假设对硫酸盐的计量精度控制在 5‰，实际上对 Ni、Co、Mn 三元素的计量精度均不低于 2‰。

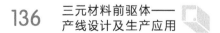

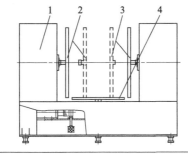
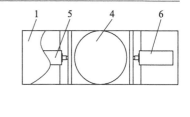

图 4-1
吨袋挤压机结构图
1—设备主体；2—左压盘；
3—右压盘；4—换向盘；
5—左液压缸；6—右液压缸

在三元前驱体大规模生产环境下，固体硫酸盐的自动计量也是各企业追求的目标。因为规模化生产时，配料工作也相当繁重。例如一个 20t/d 的中等规模前驱体工厂，以 NCM523 计，每天约需硫酸镍 30t、硫酸钴 13t、硫酸锰 11t。但是硫酸镍、硫酸钴风化、结块现象是自动计量设计的一道难题。自动计量为保证物料称量的准确性，由粗给料和细给料两部分计量构成。细给料管道比较细小，结块的硫酸镍和硫酸钴易造成管路堵塞、给料不畅。因此行业内还是多采用人工计量，机械或人工拆包方式投料。如图 4-2。

图 4-2
固体硫酸盐配料
计量流程图

### 4.1.1.2 液态硫酸盐的计量设备

根据第 3 章介绍，制备硫酸镍、硫酸钴、硫酸锰的原材料种类较多，采用的原材料品质参差不齐，而且制备过程需采用有机萃取剂。液态硫酸盐是固体硫酸盐蒸发浓缩结晶前的中间产品，因此液态硫酸盐具备两大特性：一是杂质较多，尤其残留有有机杂质；二是硫酸盐中的金属浓度含量批次不稳定。由于行业内并没有对液态硫酸盐的品质形成标准或规范，为了保证盐溶液配制浓度的准确性和减少盐溶液的有机杂质，在对液态硫酸盐计量之前，需对液态硫酸盐进行除油、混合处理。其工艺流程简图如图 4-3。

图 4-3
液态硫酸盐计量
工艺流程简图

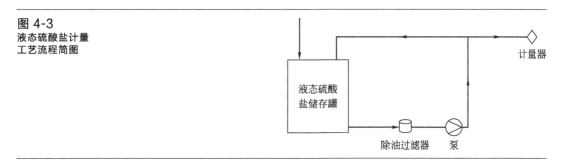

从图 4-3 可以看出，当外购的液态硫酸盐灌入储罐后，开启泵让储罐内的液态硫酸盐不断通过除油过滤器进行除油，同时让罐内液体不断循环回流，让罐内剩余的硫酸盐溶液与新购入的硫酸盐溶液混合均匀，减小液态硫酸盐批次浓度不稳定的影响。

（1）液态硫酸盐储罐

① 储罐罐体的组成：液态硫酸盐储罐用于存储液态硫酸盐，常设计成立式、圆筒形

结构。它由顶盖、筒体和罐底组成。顶盖需设有进液口、呼吸阀、人孔；罐底设有排放口、取样口；罐体配备液位计。当罐体容积较大时，还需配备护栏、爬梯。罐体上各附件的作用如表 4-1。

表 4-1　液态硫酸盐储罐罐体附件的作用

| 附件名称 | 作用 |
| --- | --- |
| 进液口 | 储存介质罐体入口 |
| 呼吸阀 | 保持罐体压力恒定 |
| 人孔 | 人进入罐体内进行维修或清理的入口 |
| 排放口 | 罐内液体的排出口，常设置排污、排液两个排放口 |
| 取样口 | 罐内液体少量分析取样出口 |
| 液位计 | 指示罐内液体的剩余量 |
| 护栏、爬梯 | 用于罐体的维修 |

② 储罐罐体的材质与结构：储罐罐体的材质常采用不锈钢和 PPH。为了保证罐内的液体能够抽排干净，且液体硫酸盐储罐要经常开泵循环混合，罐体内应尽量避免出现死角，因此采用不锈钢储罐时，其罐底多制作成圆弧底型式（如图 4-4）。PPH 罐若做成圆弧罐底，易造成底部压力过高而具有罐底开裂的风险，因此其罐底应制作成斜底型式（如图 4-5）。

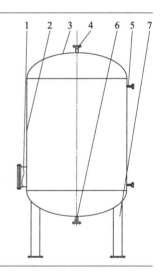

图 4-4
不锈钢储罐结构
1—人孔；2—罐体；3—上封头；
4—进料口；5—液位计口；
6—出料口；7—支腿

相较于不锈钢储罐，PPH 储罐具有成本低廉、无磁性异物杂质产生等优点。但它的结构强度、使用寿命不如不锈钢，易产成罐体破裂是其主要缺陷。因此 PPH 硫酸盐储罐（包括后面提及的其他 PPH 材质的罐体）应选择高品质的 PPH 罐。PPH 罐的品质及寿命常和原料、加工工艺和使用条件等因素有关[1]，如表 4-2。

（2）液态硫酸盐的计量　液态硫酸盐的计量采用流量式计量方式。液体流量计量的传感器种类较多，例如质量流量计、涡街流量计、电磁流量计等。计量硫酸盐溶液应优选质量流量计。质量流量计直接测量介质的质量流量，精度可达 1‰，同时质量流量计还可检测出介质的密度和温度。液态硫酸盐浓度、密度不稳定，且温度变化会引起溶液体积的变化，因此对液体硫酸盐采用质量流量计量比体积流量计量更准确。

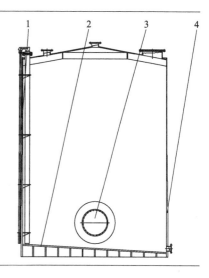

图 4-5
PPH 储罐结构
1—液位计；2—斜底；
3—人孔；4—罐体

表 4-2　PPH 罐品质和寿命影响因素

| 影响因素 | 内容 |
| --- | --- |
| 原料 | 选择以 PPH 颗粒为原料的罐体,应杜绝使用以回收料为原料的罐体 |
| 加工工艺 | 螺旋挤出缠绕技术加工而成和自动挤出焊接机组焊接的罐体,比板材碰焊加工而成和人工焊接的罐体在强度、抗渗漏、抗腐蚀、使用寿命等性能上更具优势 |
| 使用条件 | PPH 罐应防止日晒,否则使用寿命会下降,最好能放置在室内使用,如果必须放在室外,必须配置遮阳棚,或给罐体表面涂上一层浅颜色的防晒涂料 |

　　液体的质量流量计量常选用 Coriolis 流量计。它的测试原理[2]是让被测量的流体流过一个转动或者振动的测量管,通过测量流体因测量管的转动或振动产生的 Coriolis 力而得到质量流量。流量计的测量管入口和出口有检测线圈,用于检测流体的交流信号。当流量计内无流量时,入口和出口的检测线圈检测到的交流信号是同相位的;当流量计内有流量时,由于 Coriolis 力的作用,入口和出口的交流信号是有相位差的,这个相位差 $\Delta T$ 的大小和流量的大小成正比。密度的测量则是依据测量管的振动频率来测定的,介质的密度越大,测量管的振动频率越小。温度的测量则是在测量管处装一个热电阻来检测,如图4-6。因此质量流量计测量的准确度主要和测量管有关。测量管受外界振动、电磁干扰或测量管内壁腐蚀、结垢等都会影响测量精度。

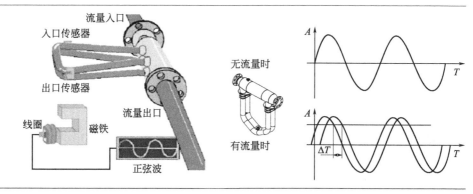

图 4-6
质量流量计的
内部结构及
测量原理[2]

（3）湿法自动计量系统　当质量流量计配接 PLC 或 DCS 系统时，就可以实现盐溶液的自动化配料。由于是采用溶液计量，也称之为湿法自动计量系统。用户在系统中输入需要配制的混合盐溶液的 Ni、Co、Mn 的比例、配制浓度及体积，系统通过逻辑、控制程序自动计算出所需的各硫酸盐及纯水的质量（如图 4-7），自动控制阀门及流量将三种硫酸盐和纯水打入盐溶液配制罐中。配制精度可达 2‰以上。它非常适合应用于大规模、多品种的三元前驱体生产，可以在保证配料精度的前提下，大幅提高生产效率和减少劳动力操作，行业内一些大规模生产企业已经将这套系统应用于生产。

图 4-7
湿法自动计量系统
控制原理简图

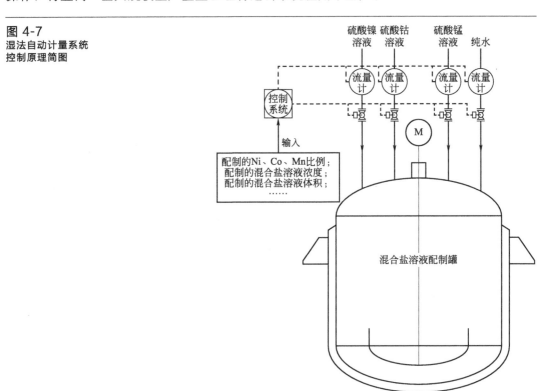

固体硫酸盐也可应用此系统，不过要预先将镍、钴、锰硫酸盐分别配制成相应溶液，如图 4-8。

# 4.1.2　混合盐溶液配制设备

盐溶液的配制是指将计量好的镍、钴、锰的硫酸盐和纯水投入配制罐中，通过搅拌混合、溶解得到一定浓度的混合盐溶液，再将盐溶液除杂净化、存储以待反应的过程。其工艺流程如图 4-9。

### 4.1.2.1　固体硫酸盐投料系统

液态硫酸盐和纯水通过管道输送投料，但固体硫酸盐需要采用机械化的手段来吊送至混合盐溶液配制罐的投料口上方或附近，然后再开袋投料。行业内常用的固体硫酸盐的吊送设备有行车、电动葫芦。行车属于大型起重设备，作业距离较大，可以完成整个车间的

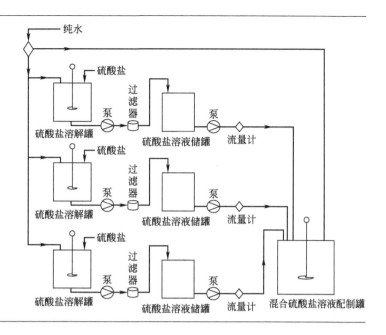

**图 4-8**
固体硫酸盐湿法计量
系统工艺简图

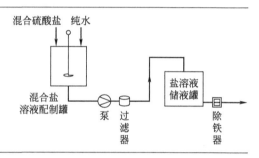

**图 4-9**
盐溶液配制工艺
流程简图

吊装任务,在设备的安装、维修时十分便利。但它的投资较大,在高空使用过程中因滑轨的摩擦、滑轮与钢索的摩擦、行车部件的锈蚀等有让车间内的磁性异物增加的风险,因此选用行车作为三元前驱体车间的吊装设备应做好防磁、防锈工作。电动葫芦属于小型起重设备,"专职"进行固体硫酸盐的吊送工作,投资较小,它常常配有轨道小车来扩大其作业距离。如图 4-10。

硫酸盐的开袋方式常用人工开袋和机械开袋。如果硫酸盐是吨袋规格,开袋数量较少,人工开袋的工作强度不大。但如果硫酸盐为 25kg/包的规格,尤其是配制量较大时,应考虑机械开袋方式。机械开袋设备为拆包机。在开袋过程中,硫酸锰易产生粉尘,还需配备收尘装置。

### 4.1.2.2 混合盐溶液配制罐

混合盐溶液配制罐的工作原理是利用搅拌加速传质和传热,快速实现盐与水的溶解、混合,它一般采用立式、圆筒形结构。混合盐溶液配制罐实际上为搅拌罐,它主要由罐体、搅拌系统、轴封三大部分组成,构成形式如图 4-11。

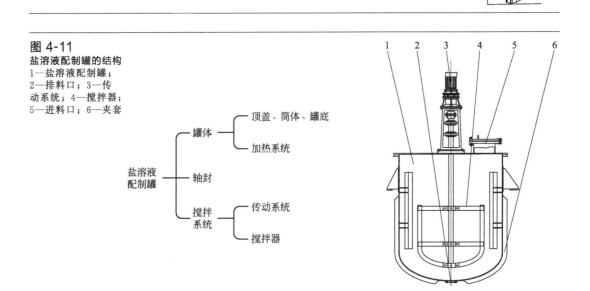

图 4-10
固体硫酸盐电动葫芦
运送方案图
1—平台；2—盐溶液配制罐；
3—导轨钢梁；4—电动葫芦；
5—搅拌系统；6—吨袋原料

图 4-11
盐溶液配制罐的结构
1—盐溶液配制罐；
2—排料口；3—传
动系统；4—搅拌器；
5—进料口；6—夹套

（1）罐体

① 罐体的组成与材质：盐溶液配制罐的罐体由顶盖、简体、罐底及加热系统构成。顶盖上设有进水口、进料口、氮气口、人孔、排气口，罐底设有排放口、取样口，简体内部设有挡板。有的还会在罐体上设有液位计，用于指示罐内液位。罐体上各附件的作用如表 4-3。

表 4-3　盐溶液配制罐罐体各附件的作用

| 附件名称 | 作用 |
| --- | --- |
| 进水口 | 纯水注入罐内入口,设置成管道伸入罐内 |
| 投料口 | 镍、钴、锰的硫酸盐投入罐内入口;液态硫酸盐设置成 3 个管道伸入罐内;固态硫酸盐设置成直径较大的开孔 |
| 氮气口 | 氮气注入罐内入口,设置成管道伸入罐底 |
| 人孔 | 人进入罐内进行清理或维修的入口 |

三元材料前驱体——
产线设计及生产应用

| 附件名称 | 作用 |
|---|---|
| 排气口 | 罐内气体的排放口,防止罐内压力过高,常配套单向阀 |
| 排放口 | 罐内液体的排放出口,常设置排污、排液两个排放口 |
| 取样口 | 罐内液体少量分析取样出口 |
| 挡板 | 强化搅拌强度附件 |

盐溶液配制罐常见的罐体材质为不锈钢和PPH（聚丙烯均聚物）。不锈钢罐体的优点是强度大、寿命长，使用的温度条件宽，但一次性投入较大，在使用过程中易磨损出铁质磁性异物引入材料体系之中。PPH罐体的结构强度及寿命不如不锈钢罐体，使用温度不能超过100℃，但PPH罐体成本低廉（投资额约为不锈钢的1/5），同时还没有铁质杂质。盐溶液配制条件并不十分苛刻（常压、<60℃条件下进行），在目前三元前驱体行业追求低的产线投资成本和低的磁性异物杂质的形势下，PPH搅拌罐在行业中也得到了大规模的应用。

② 罐体的容积与长径比：行业中盐溶液配制罐的容积一般在 $10\sim50m^3$ 之间，容积的选择常和产线形式、厂房形式、罐体安全等相关。小容积的罐体虽然单次配料量少，但在生产过程中灵活性较大，适合于多品种、小规模的产线；大容积的罐体单次配料量大，效率高，适合于大规模、稳定品种生产的产线。同等配制量选择小容积的罐体需要的数量多，厂房的占地面积大；选择大容积的罐体则对厂房的高度有较高的要求。另外，罐体的容积太大，装料量太多，搅拌强度高，在选择PPH材质的罐体时对其安全性能是一个挑战。

通过考量上述因素得到罐体的大概容积后，常根据单次的配制量来选择罐体容积。罐体的公称容积 $V_n$ 和罐体的全容积 $V$ 存在如下关系：

$$V_n = V\eta \tag{4-1}$$

式中，盐溶液搅拌罐的装填系数 $\eta$ 取 $0.8\sim0.85$。

例如盐溶液单次配制量为 $20m^3$，罐体的装填系数取0.8，则需要配置一个 $25m^3$ 的盐溶液配制罐。

当罐体的容积确定后，还需选择合适的长径比（$H/D$）。同样容积的罐体不同的长径比对搅拌功率、传热会产生不同的影响。一定结构形式的搅拌器的直径，通常和罐体的直径成一定比例关系，当长径比减小时，即罐体的直径变大，高度减小，那么搅拌器的直径也要相应放大。根据第1章介绍，搅拌器的功率和搅拌器直径的5次方成正比。所以低长径比的罐体适合大搅拌功率作业，否则无谓损失一些搅拌功率。

假设忽略封头的体积，那么罐体的容积及罐体的表面积可分别由式(4-2)、式(4-3)计算：

$$V = \frac{\pi HD^2}{4} \tag{4-2}$$

$$S = \pi DH \tag{4-3}$$

联立式(4-2)、式(4-3)可得容积 $V$ 与内表面积 $S$ 之间的关系，如式(4-4)。

$$V=\frac{SD}{4} \qquad (4-4)$$

由式(4-4) 可以看出，当罐体容积 $V$ 一定时，当长径比 $H/D$ 越大时，即罐体的直径 $D$ 越小，高度 $H$ 越大，则罐体的内表面积 $S$ 越大，罐体的传热面积越大；同时罐体的直径 $D$ 越小，传热面离罐体中心的距离越短，温度梯度越小，因此高长径比的罐体有利于提高传热效果。

根据第 1 章的分析，固体硫酸盐的溶解速率和搅拌强度成正比，且溶解过程是微弱的放热过程，热效应并不明显。因此盐溶液溶解、混合过程需要中等强度的搅拌以加快溶解、混合速率，对传热效果并不十分看重。盐溶解配制罐的长径比通常较小，一般设计在 $1\sim1.3$ 范围内。

在设计罐体的容积与长径比时，还应符合表 4-4 中的要求。

表 4-4  搅拌容器基本参数[3]

| 公称容积/m³ | 筒体内径/mm | 高度/mm |
|---|---|---|
| 1.0 | 900～1000 | 1100～1600 |
| 2.0 | 1200～1400 | 1000～1900 |
| 3.2 | 1400～1600 | 1300～2400 |
| 6.3 | 1600～1800 | 2050～3000 |
| 8.0 | 1800～2000 | 2100～3000 |
| 10.0 | 1800～2200 | 2150～3650 |
| 16 | 2000～2800 | 2350～4750 |
| 20 | 2200～3000 | 2600～4950 |
| 25 | 2400～3200 | 2850～5150 |
| 40 | 2800～3600 | 3600～6000 |
| 50 | 3000～4000 | 4000～6550 |

注：实际容积与公称容积的允许偏差为公称容积值的±16%。搅拌容器容积指筒体与下底的容积之和。

③ 罐体的封头型式：搅拌罐上、下封头的型式较多，例如上封头有椭圆形、平盖形；下封头有锥形、椭圆形以及平底形。标准 HG/T 3109—2009《钢制机械搅拌容器型式及基本参数》中给出了一些搅拌罐由不同上、下封头构成的基本结构型式，如图 4-12。

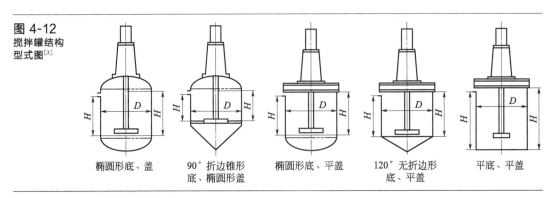

图 4-12
搅拌罐结构
型式图[3]

椭圆形底、盖　　90°折边锥形　　椭圆形底、平盖　　120°无折边形　　平底、平盖
　　　　　　　　底、椭圆形盖　　　　　　　　　　底、平盖

在受压状态下的搅拌操作一般选用椭圆形顶盖，而常压或者操作压力不大的搅拌操作则选用平盖型式。盐溶液配制过程中为常压操作，因此多选择平盖型式的顶盖。

锥形罐底一般应用于罐内液体中的固相沉降收集，锥形底利于固相的排出，但混合过程中在罐底易出现滞留区和死角，在盐溶液配制罐中应杜绝使用，所以盐溶液配制罐的罐底型式多以平底和椭圆形底为主。一般而言不锈钢材质的盐溶液搅拌罐多选择椭圆形罐底，PPH材质的盐溶液搅拌罐多选择平底型式，为了能让罐内溶液排尽，平底常常设置成一定坡度。

④ 罐体的换热型式：从第1章分析可知，镍、钴、锰的硫酸盐溶解度及溶解速度随温度降低而降低，尤其是在冬季较为寒冷的地区，盐溶液配制罐还应配备加热系统，防止盐溶解速率过慢。盐溶液配制罐采用的换热型式有夹套型式和管型式两种。

a. 夹套型式：夹套型式属于外部换热型式的一种。它是指在罐体外侧，以焊接或法兰连接的方式装设各种形状的钢结构，使其与罐体外表面形成密闭的空间，在此空间内通入换热介质，以加热或冷却罐内物料，维持物料温度在预设的范围内。标准 HG/T 3109—2009 中列出了夹套型式共分为整体型、半圆管型、型钢型以及蜂窝型四类。各种类型的夹套型式适用范围如表4-5。

表 4-5　各种类型夹套的适用范围[3]

| 夹套型式 | 温度/℃ | 压力/MPa |
| --- | --- | --- |
| 整体型夹套 | 350<br>300 | 0.6<br>1.0 |
| 半圆管型夹套 | 280 | 1.0～6.3 |
| 型钢型夹套 | 225 | 0.6～2.5 |
| 蜂窝型夹套 | 250 | 2.5～4.0 |

大多数搅拌罐采用的夹套型式是整体型夹套，盐溶液配制罐也不例外。这种夹套是在罐体的外面再套上一个直径稍大的容器，结构简单方便，基本不需要维修，应用十分广泛。根据包裹罐体的程度，整体型夹套又可分为4种类型，如图4-13。

图 4-13
整体型夹套
型式图[4]

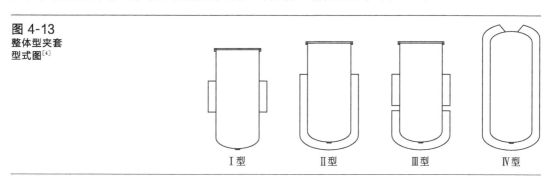

Ⅰ型　　　　Ⅱ型　　　　Ⅲ型　　　　Ⅳ型

Ⅰ型夹套仅包裹筒体的一部分，适用于加热面较小的场合；Ⅱ型夹套包裹筒体一部分及下封头，是比较典型的夹套型式；Ⅲ型夹套包裹全部筒体和下封头，但筒体是分段包裹，各段之间设置加强圈，能够实现罐体的分段温度控制；Ⅳ型夹套为全包裹，换热面积较大，适用于加热面较大的场合[4]。

盐溶液配制过程中对温度的要求通常不超过 60℃，加热量较小，因此I型和II型夹套在盐溶液配制罐体中较为常见。夹套的直径可以根据罐体直径的大小来确定，如表 4-6。

表 4-6　整体夹套直径的确定[4]

| 罐体直径 DN/mm | 500～600 | 700～1800 | 2000～3000 |
|---|---|---|---|
| 夹套直径 $D_j$/mm | DN+50 | DN+100 | DN+200 |

b. 管型式：管型式属于内部换热型式的一种，有蛇管式和列管式两种，其中以蛇管式最为常见，如图 4-14。蛇管式换热器是指将金属管根据罐体的形状弯曲成圆形或螺旋形的蛇形管，放置于盛有被加热或冷却的物料的罐体内。管内通入换热介质与管外的物料进行换热，保证罐体内物料的温度控制在预设的范围之内。它具有结构简单、造价低、管内可承受高压、安装灵活等特点，但盘管的长度不宜过长，直径不宜过大，否则换热介质的压降过大，容易消耗过多的能量。如果需要的换热面积较大，可选择多组独立盘管[5]。

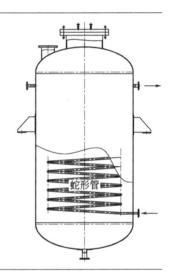

图 4-14
蛇管式换热器

蛇形管

盐溶液配制罐换热型式的选择和热媒及筒体材质有关。如采用夹套型式，热媒最好采用压力较低的热循环水，因为蒸汽压力高，对罐体夹套和筒体壁厚有较高的要求，而蛇管式换热器基本不受热源的限制。由于 PPH 材质的罐体导热性很差，只能采用蛇管式换热器来进行加热，不锈钢罐体采用夹套和蛇管均可。

（2）搅拌系统　盐溶液配制罐的搅拌系统由传动系统及搅拌器组成，其中传动系统由电动机、减速装置、联轴器、机架、搅拌轴、搅拌轴组成，见图 4-15。

① 电动机：电动机是搅拌器的驱动装置，从盐溶液配制罐的角度来说，电动机的选择多考虑转速与功率。电动机的转速常常和电动机的极数相关。电动机的每组线圈都会产生 N、S 两个磁极，每个电动机每相含有的磁极个数就是极数。由于磁极都是成对出现，电动机有 2、4、6、8 极之分。电动机的同步转速和极数有如下关系：

$$同步电动机转速 = \frac{60f}{p}$$

式中，$f$ 为电动机的电源频率；$p$ 为电动机的磁极对数。

三元材料前驱体——
产线设计及生产应用

**图 4-15**
**盐溶液配制罐搅拌系统**
**结构示意图**
1—搅拌器；2—电动机；
3—减速机；4—联轴器；
5—机架；6—支点；
7—搅拌轴

我国电动机的电源频率为50Hz，因此按电动机的转数可分为如表4-7中的几种类型。

**表 4-7　电动机类型**

| 电动机极数 | 电动机同步转速/(r/min) | 电动机类型 |
|---|---|---|
| 二极电动机 | 3000 | 高速电动机 |
| 四极电动机 | 1500 | 中速电动机 |
| 六极电动机 | 1000 | 低速电动机 |
| 八极电动机 | 750 | 超低速电动机 |

在搅拌罐中常采用异步电动机。异步电动机由于转子速度和定子速度不一致，相同极数的电动机的转速会小于同步电动机的转速，其转差率一般在10%以内。根据转速要求来选择不同极数的电动机。四级电动机价格低，应用最为广泛。

电动机的功率不仅要满足搅拌器的运转功率，还需要考虑传动系统、轴封系统的功率损失。电动机功率计算公式为：

$$N = \frac{N_J + N_m}{\eta}$$

式中，$N$ 为电动机功率；$N_J$ 为搅拌器功率；$N_m$ 为轴封的功率损失；$\eta$ 为传动系统的机械效率。

轴封的功率损失因采用的轴封结构而异。一般而言，填料密封的功率损失约为搅拌器功率的10%，机械密封的功率损失约为搅拌器功率的1%～1.5%，水密封的功率损失可忽略不计[4]。传动系统的机械效率也和采用的传动系统的结构相关，详见表4-8。

**表 4-8　不同传动系统的机械效率[4]**

| 类别 | 传动形式 | 效率 $\eta$ |
|---|---|---|
| 圆柱齿轮传动 | 开式传动、铸齿（考虑轴承损失） | 0.9～0.93 |
| | 开式传动、铸齿（考虑轴承损失） | 0.95 |
| | 单级圆柱齿轮减速器 | 0.97～0.98 |
| | 双级圆柱齿轮减速器 | 0.95～0.96 |
| 圆锥齿轮传动 | 开式传动、铸齿（考虑轴承损失） | 0.88～0.92 |
| | 开式传动、铸齿（考虑轴承损失） | 0.94 |
| | 单级圆锥齿轮减速器 | 0.95～0.96 |
| | 双级圆锥-圆柱齿轮减速器 | 0.94～0.95 |

| 类别 | 传动形式 | | 效率 $\eta$ |
|---|---|---|---|
| | 皮带传动(平皮带和三角皮带) | | 0.95～0.96 |
| 轴承 | 滚动 | | 0.99～0.995 |
| | 滑动 | | 0.98～0.995 |

② 减速装置：一般在实际应用过程中搅拌轴的转速很难达到表 4-7 中的转速，电动机常常配合减速装置来一起使用。减速装置可以起到降低转速、增大扭矩的作用。应用于搅拌设备的减速装置有摆线针轮行星减速器、齿轮减速机、蜗轮蜗杆减速机、皮带减速机、无级减速机等几类，其中以齿轮减速机（图 4-16）和皮带减速机（图 4-17）应用最为广泛。盐溶液配制过程中的转速不高，因此需要减速机有较大的减速比，皮带减速机较少使用，常以齿轮减速机为多。

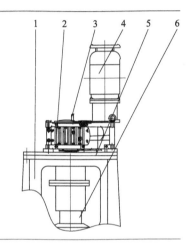

**图 4-16**
齿轮减速机结构示意图
1—机架；2—减速机；3—油孔；
4—电机；5—连接板；6—主轴

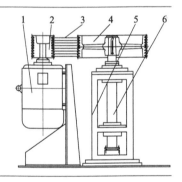

**图 4-17**
皮带减速机结构示意图
1—电机；2—主动轮；3—三角皮带；
4—从动轮；5—机架；6—主轴

减速机的选择常常要配套电动机功率和搅拌轴输出转速。减速机的功率不得小于电动机功率，另外减速机选型的一个重要因素是选择合适的减速比 $i$，减速比 $i$ 的定义为：

$$i = \frac{电动机输入速度}{搅拌轴输出速度}$$

减速机减速比太大，达不到转速要求；减速比太小，则电动机功率的利用不足。若电动机的功率及极数已经确定，当配置的减速机输出速度与要求不一致时，应当选择输出速度比要求转速稍低一点的减速机，而不是偏高的。因为搅拌功率与搅拌转速的三次方成正比，转速增加一点而搅拌功率会显著提高。

③ 机架：机架是用来托起电动机和减速机的架子，同时它还容纳联轴器、轴封、轴承等部件，能够改善搅拌轴的支承条件，防止搅拌轴晃动过大，否则对搅拌轴的寿命会有很大影响，一般要求搅拌轴在运行中摆动偏差不得超过1mm。常用机架类型有无支点机架、单支点机架和双支点机架，如图4-18。

图 4-18
几种机架类型[6]

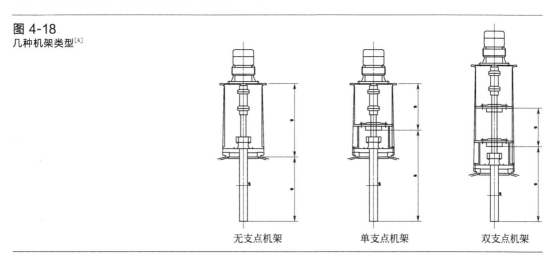

无支点机架　　　　单支点机架　　　　双支点机架

根据 HG/T 20569—2013《机械搅拌设备》的规定，无支点机架一般只适用于传递小功率和小的轴向载荷，且必须满足以下条件[7]之一才可使用：a. 电机或减速机具有两个支点，并经核算确认轴承能承受由搅拌轴传递来的径向和轴向的载荷；b. 当减速机具有一个支点与中间轴承、底轴承或者轴封上的轴承，上下组成一对轴支承时。

满足下列条件之一的，可采用单支点机架：a. 电动机或减速机有一个支点，经核算可承受搅拌轴的载荷；b. 设置底轴承作为一个支点；c. 轴封本体设有可以作为支点的轴承；d. 在搅拌设备内设有中间轴承，可以作支承的支点。

当不符合无支点机架和单支点机架时，应采用双支点机架。

从 HG/T 20569—2013 的规定来看，采用何种类型的机架取决于减速机的轴承和搅拌轴上其他辅助支承能否完全承受搅拌轴的载荷，否则需要在机架上设置支点来维持搅拌轴的稳定。虽然设置底轴承或中间轴承能改善搅拌轴的支承条件，但如果支点过多，对中困难，安装不好会产生偏心，反而会加剧轴承的磨损。而且底轴承或中间轴常设置在搅拌罐内部，这些轴承的润滑条件较差，极易磨损，需要经常维修、更换而影响生产效率，且磨损产生的杂质易引入罐内液体中。因此最好不要设置底轴承或中间轴承。

④ 联轴器：联轴器是将传动系统中两个独立设备的轴联在一起，以进行传递运动和功率。比如减速机的输出轴和搅拌轴由于轴径不一样，需要通过联轴器联在一起。为了确保不同轴径的两轴之间的传动质量，联轴器不仅要求两轴同心，而且要求传动中一方有振动、冲击时尽量不要传递给另一方。联轴器分为刚性联轴器和弹性联轴器。

根据 HG/T 20569—2013《机械搅拌设备》的规定，搅拌轴与减速机输出轴的联轴器必须按以下规定[7]选取：a. 当采用无支点机架时，且除了减速机或电动机支点外无其他支点时，应采用刚性联轴器；b. 当无中间轴承、底轴承或轴封上也未设置轴承的单支点机架，且传递较小功率或较小轴承载荷时，可采用刚性联轴器；c. 当搅拌轴分段时，两轴之间的连接应采用刚性联轴器；d. 当采用单支点机架，且设置可作为支承的中间轴承、底轴承或轴封轴承时，应采用弹性联轴器；e. 当采用双支点机架时，应采用弹性联轴器。另外，当采用皮带轮为减速机，整个传动系统采用整体轴时，则不需采用联轴器。

⑤ 搅拌轴：搅拌轴是将电动机的动力传给搅拌器，因此搅拌轴必须具备一定的强度。在设计搅拌轴时应先计算搅拌轴受到的扭矩和弯矩的组合作用强度，根据其强度计算出搅拌轴的轴径，再用临界转速进行验算，即可得到使用轴径。具体的计算方法可参见标准HG/T 20569—2013《机械搅拌设备》。

搅拌轴还要穿过轴承、联轴器、轴封等装置，因此搅拌轴还需有较高的加工精度，一般而言，搅拌轴的加工精度≤30丝（1丝＝0.01mm）。搅拌轴按支承方式可分为悬臂式和单跨式，悬臂式搅拌轴是指不设置底轴承或中间轴承，应被优先选用。

盐溶液配制罐的搅拌轴材质常采用304或316钢，有的厂家担心搅拌轴在盐溶液中锈蚀产生磁性异物带到盐溶液中，还会对搅拌轴进行涂层，常见涂层材质有聚四氟乙烯、碳化钨、纳米陶瓷等。

⑥ 搅拌器：搅拌器是搅拌系统的核心设备，又称为叶轮或桨叶。搅拌器的型式和种类有很多，典型的搅拌器型式有桨式、涡轮式、推进式、布鲁马金式、齿片式、锚式、框式、螺带式、螺杆式等，如图4-19，其中以桨式、涡轮式、推进式和锚式应用最为广泛。

图 4-19
搅拌器型
式图[4]

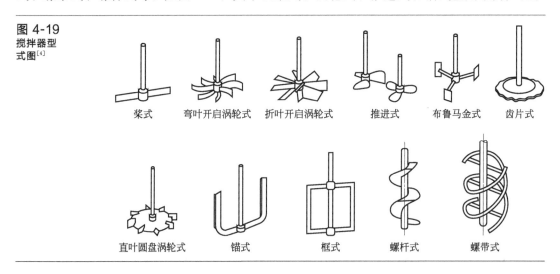

| 桨式 | 弯叶开启涡轮式 | 折叶开启涡轮式 | 推进式 | 布鲁马金式 | 齿片式 |

| 直叶圆盘涡轮式 | 锚式 | 框式 | 螺杆式 | 螺带式 |

根据产生的搅拌流体类型可分为轴流式搅拌桨、径流式搅拌桨和混合流式搅拌桨。轴流式搅拌桨排出的高速流体是轴向的，它对周围的低速流具有吸引和夹带作用，从而引起整个罐内液体的体积循环流动。径流式搅拌桨排出的高速流自搅拌器径向排出，碰到罐内挡板形成沿罐壁面的上下两个循环流。混合流式搅拌桨则是既能产生轴向流又能产生径向流。图4-20为按搅拌流型分类的搅拌器图谱。

搅拌器的本质是一个泵，任何搅拌器均能产生泵送流量和压头。泵送流量代表搅拌器排出流量的大小，而压头代表搅拌器排出液体速度的大小（即剪切能力大小）。对于型式、功率一定的搅拌器，其总功率为排出性能和剪切性能的总和，因此也可根据搅拌器的排出

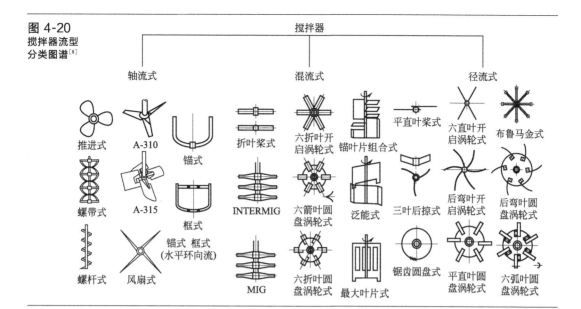

图 4-20 搅拌器流型分类图谱[8]

搅拌器

轴流式
推进式　A-310　锚式
螺带式　A-315　框式
螺杆式　风扇式　锚式 框式 (水平环向流)

混流式
折叶桨式　六折叶开启涡轮式　锚叶片组合式
INTERMIG　六箭叶圆盘涡轮式　泛能式
MIG　六折叶圆盘涡轮式　最大叶片式

径流式
平直叶桨式　六直叶开启涡轮式　布鲁马金式
三叶后掠式　后弯叶开启涡轮式　后弯叶圆盘涡轮式
锯齿圆盘式　平直叶圆盘涡轮式　六弧叶圆盘涡轮式

性能和剪切性能来确定搅拌器的类型。搅拌器的排出性能是反映搅拌器对被搅液体产生体积循环流动的能力，属于宏观的液流；剪切性能则是反映搅拌器对被搅液体产生湍流扩散的能力，促进其分子扩散，属于微观的液流。它们是一个与功率相关的性能指标，常常用功率准数 $N_P$ 和排出流量数 $N_{qd}$ 来度量搅拌器的排出性能。一般认为搅拌器的 $N_P/N_{qd}$ 为常数，$N_P$ 和 $N_{qd}$ 两个均是无量纲数，它们分别与功率 $P$ 以及搅拌器的排出流量 $Q_d$ 有如下关系[4]：

$$P = N_P \rho N^3 d^5 \tag{4-5}$$

$$Q_d = N_{qd} N d^3 \tag{4-6}$$

式中，$P$ 为搅拌器功率，W；$\rho$ 为被搅液体的密度，kg/m³；$N$ 为搅拌器的转速，r/s；$d$ 为搅拌器的直径，m；$N_P$ 为功率准数，无量纲；$N_{qd}$ 为排出流量数，无量纲；$Q_d$ 为排出流量，m³/s。

$N_P/N_{qd}$ 值越低，代表搅拌器的排出性能越高，在罐体中产生的循环流量越大，故称之为循环型搅拌器，轴流型搅拌器属于循环型搅拌器，如推进式搅拌器；$N_P/N_{qd}$ 值越高，代表搅拌器的排出性能越低，剪切性能越高，故属于剪切型搅拌器，径流型搅拌器属于剪切型搅拌器，如直叶涡轮搅拌器。功率准数 $N_P$ 和功率 $P$ 有密切的关系，因此循环型搅拌器的功耗低，而剪切型搅拌器的功耗高。表 4-9 为不同类型搅拌器的 $N_P/N_{qd}$ 值。

表 4-9　不同类型搅拌器的 $N_P/N_{qd}$ 值[4]

| $N_P/N_{qd}$ | 桨叶类型 |
| --- | --- |
| 1~2 | 循环型桨叶 |
| >3 | 剪切型桨叶 |

搅拌器对被搅液体的循环性能和剪切性能除了和自身的结构型式有关外，还和被搅液体的流动状态有关。液体的流动状态有层流、过渡流和湍流三种（如表 4-10），常用搅拌雷诺数 $Re$ 进行度量，如式(4-7)。

$$Re = \frac{Nd^2\rho}{\mu} \tag{4-7}$$

式中，$Re$ 为搅拌雷诺数；$N$ 为搅拌转速，r/s；$d$ 为搅拌直径，m；$\rho$ 为被搅液体密度，kg/m³；$\mu$ 为被搅液体黏度，Pa·s。

**表 4-10 $Re$ 的大小与流体流动状态关系**

| $Re$ | 流体流动状态 |
| --- | --- |
| <10 | 层流 |
| 10~10⁴ | 过渡流 |
| >10⁴ | 湍流 |

从式(4-7)和表 4-10 可以看出，被搅液体的流动状态除了和搅拌器的直径和转速有关外，还和被搅液体的黏度和密度有关，液体的黏度越小，密度越大，达到湍流状态越容易，分子扩散速率越大。

弄清楚不同搅拌器的类型及功能，再根据搅拌操作的目的及被搅液体的流动状态、罐体容积及罐型才能选择出合适的搅拌器类型。常见的一些搅拌器的适用条件如表 4-11。

**表 4-11 常见搅拌器适用条件[4]**

| 搅拌目的 | 挡板条件 | 推荐型式 | 流动状态 |
| --- | --- | --- | --- |
| 互溶液体的混合及在其中进行化学反应 | 无挡板 | 三折叶涡轮式、六折叶开启涡轮式、桨式、圆盘涡轮式 | 湍流(低黏流体) |
| | 有导流筒 | 三折叶涡轮式、六折叶开启涡轮式、推进式 | |
| | 有或无导流筒 | 桨式、螺杆式、框式、螺带式、锚式 | 层流(高黏流体) |
| 固-液相分散及在其中溶解和进行化学反应 | 有或无挡板 | 桨式、六折叶开启涡轮式 | 湍流(低黏流体) |
| | 有导流筒 | 三折叶涡轮式、六折叶开启涡轮式、推进式 | |
| | 有或无导流筒 | 螺带式、螺杆式、锚式 | 层流(高黏流体) |
| 液-液相分散(互溶液体)及在其中强化传质和进行化学反应 | 有挡板 | 三折叶涡轮式、六折叶开启涡轮式、桨式、圆盘涡轮式、推进式 | 湍流(低黏流体) |

盐溶液配制罐搅拌的目的是让三种硫酸盐快速均匀混合，但采用不同原材料形式对搅拌的工艺操作有所不同。采用液态硫酸盐进行时，其操作为液-液均相混合，是最简单的混合形式。由于硫酸盐溶液黏度低，很容易达到湍流状态，传质速率较快，对搅拌器的剪切速度要求不高，主要靠对流循环达到混合。为缩短混合时间，提高生产效率，要求搅拌的对流循环混合速度要快，常用循环时间 $N_{TC}$ 来度量，如式(4-8)。

$$N_{TC} = \frac{V}{Q_c} \tag{4-8}$$

式中，$N_{TC}$ 为循环时间；$V$ 为罐内液体体积；$Q_c$ 为搅拌器的循环量。

为了减小 $N_{TC}$，需要选择循环量大一点的搅拌器，如斜桨式、推进式、斜叶开启涡轮式等，斜桨式通常需要配合挡板一起增加其循环量，而且当罐体容积较大时其循环能力有所不足；推进式循环量大，且功耗较少，比较适合；斜叶开启涡轮式具备一定的剪切能力，但功耗比推进式大。

当采用固态硫酸盐时，其操作为固-液两相混合，相对液-液均相混合要复杂。首先要考虑固态硫酸盐颗粒的悬浮问题，需增大固-液接触面积，加快固液两相传质。理论上讲，只要搅拌液流的上升流速度大于固体颗粒的沉降速度，就可实现固体的悬浮。硫酸盐的密度约是水的 2~3 倍，而且固体硫酸钴、硫酸镍容易结成大块，因此需要在较大的循环速率和湍流的状态下进行。其次是需要减小固液界面扩散层厚度，促进固液两相之间的传质，因此需要搅拌器具有剪切性能，但由于硫酸盐的溶解度较大，配制浓度较低，传质速率较快，其对剪切力要求不是特别高。另外，还需考虑全容积的混合问题，要求搅拌器具有较大的循环流量。总体而言，固体硫酸盐的溶解混合宜选择以循环流量为主、具备一定剪切性能的混合流式的搅拌器，综合各种搅拌器的性能，选择斜叶开启涡轮式具有较高的混合效率。推进式搅拌器循环能力较强，但剪切能力较弱，仅适用于小容量溶解罐的固体溶解。斜桨式因其循环量不足，仅应用于小容量溶解罐的固体溶解。

有些厂家不固定使用某一种类型的原材料来配制混合盐溶液，可能固液两种类型的硫酸盐都会使用，在选择盐溶液配制罐的搅拌器时，应满足固态硫酸盐溶解、混合要求。

一般搅拌器的层数根据叶轮的搅动范围来确定，叶轮的搅动范围常和被搅液体黏度及罐内液层深度有关。对于低黏度的液体，液层过高时才要考虑设置多层叶轮。一般液层深度 $H_{液}$ 不大于 4 倍桨径 $d$ 或液体深度 $H_{液}$ 与罐径 $D$ 相差不大时，仅需要一层搅拌器即可[4]。前面介绍盐溶液配制罐多为小长径比设计，因此只需要一层搅拌器就可以了。

搅拌器的类型确定之后，还需确定搅拌器的大小。从式(4-5)、式(4-6) 可以看出，搅拌器的大小和排出流量、功率消耗均有直接关系。搅拌器的大小一般用桨叶直径和桨叶宽度来衡量。

桨叶直径指的是搅拌器转动时前端轨迹圆的直径。桨叶直径（桨径）常和罐径大小和搅拌器类型有关。一般桨径和罐径常存在一定的比值关系，常用桨径罐径之比 $(d/D)$ 来表示桨径大小。转速较高的搅拌器的桨径罐径比较小。例如对于转速较快的推进式搅拌器、涡轮式搅拌器的桨径罐径之比通常在 0.2~0.5 之间。

桨叶宽度 $b$ 则会影响搅拌器的功率消耗。在低黏度液体中，功率消耗随桨叶宽度的增加而增加，但一般认为桨宽与搅拌器直径的比值大于 0.3 时，功率消耗便不再增加。一般来说，涡轮式、桨式的桨叶宽度与桨径之比在 0.1~0.3 之间。

标准 HG/T 3796.1—2005《搅拌器型式及基本参数》给出了不同搅拌桨型式的基本参数，如表 4-12。表中给出的各种搅拌器的参数相对来说比较宽，仅可作为参考。可见即便同一类型的搅拌器，在不同的应用场合也有不同的设计。

表 4-12　不同搅拌桨型式的基本参数[9]

| 符号名称 | 代表意义 | 符号名称 | 代表意义 |
| --- | --- | --- | --- |
| $B$ | 搅拌器桨叶的宽度,mm | $l$ | 搅拌器叶片长度,mm |
| $B_1$ | 搅拌器桨叶的宽度,mm | $S$ | 螺带或螺杆搅拌器的导程,mm |
| $D$ | 搅拌容器的内径,mm | $V_{tip}$ | 搅拌器叶端线速度,m/s |
| $D_d$ | 导流筒的内径,mm | $Z$ | 搅拌器桨叶数 |
| $D_J$ | 搅拌器的直径,mm | $Z_1$ | 螺带条数 |
| $d_2$ | 搅拌器轮毂的外径,mm | $\alpha$ | 桨叶弯角 |
| $H_1$ | 搅拌器的高度,mm | $\beta$ | 桨叶上翘角 |
| $H_2$ | 导流筒的高度,mm | $\theta$ | 桨叶倾斜角 |
| $h$ | 搅拌器离底高度,mm | $\mu$ | 搅拌介质的动力黏度,Pa·s |

| 搅拌器型式 | | 结构简图 | 结构参数 | 叶端线速度 $V_{tip}$ | 适用黏度 $\mu$ |
|---|---|---|---|---|---|
| 桨式 | 平直叶 | | $D_J=(0.25\sim0.8)D$<br>$B=(0.1\sim0.25)D_J$<br>$h=(0.2\sim1)D_J$<br>$Z=2$ | $1\sim5$ | $<20$ |
| | 折叶 | | $D_J=(0.35\sim0.9)D$<br>$B=(0.1\sim0.25)D_J$<br>$B_1=(0.1\sim0.25)D_J$<br>$h=(0.2\sim1)D_J$<br>$Z=2$ | | |
| 开启涡轮式 | 平直叶 | | $D_J=(0.2\sim0.5)D$<br>$B=(0.125\sim0.25)D_J$<br>$h=(0.5\sim1)D_J$<br>$Z\geqslant3$ | $4\sim10$ | $<50$ |
| | 折叶 | | $D_J=(0.2\sim0.5)D$<br>$B=(0.125\sim0.25)D_J$<br>$h=(0.5\sim1)D_J$<br>$\theta=24°、45°、60°$<br>$Z\geqslant3$ | $2\sim6$ | $<10$ |

| 搅拌器型式 | | 结构简图 | 结构参数 | 叶端线速度 $V_{tip}$ | 适用黏度 $\mu$ |
|---|---|---|---|---|---|
| 圆盘涡轮式 | 平直叶 | | $D_J=(0.2\sim0.5)D$<br>$B=0.2D_J$<br>$l=0.25D_J$<br>$h=D_J$<br>$Z\geqslant3$ | 4～10 | ＜50 |
| | 折叶 | | $D_J=(0.2\sim0.5)D$<br>$B=0.2D_J$<br>$l=0.25D_J$<br>$h=D_J$<br>$\theta=45°、60°$<br>$Z\geqslant3$ | 2～6 | ＜10 |
| 推进式 | — | | $D_J=(0.15\sim0.5)D$<br>$h=(1\sim1.5)D_J$<br>$\theta_i=\tan^{-1}0.318D_J/d_2$<br>$\theta_i=17°40'$<br>$Z\geqslant3$ | 3～15 | 3(在500r/min 以上时适用 $\mu<2$) |

在三元前驱体生产线中几乎所有搅拌罐的搅拌器都要考虑因磨损、锈蚀而产生磁性异物引入产品中的问题，所以搅拌器的材质通常采用钛材或者不锈钢加涂衬的方式。盐溶液配制罐的搅拌器材质适宜采用不锈钢加涂衬，涂衬的材质常见的有聚四氟乙烯、碳化钨、纳米陶瓷等。

当搅拌器的类型及大小确定之后，还需要确定搅拌器的转速。搅拌器转速的设计需要根据搅拌操作的目的而定。

a. 互溶液体搅拌混合转速的确定：从设计的角度出发，可将互溶液体的混合强度等级分为 10 级，并给出不同等级所需的整体流速，如表 4-13。所谓整体流速是指搅拌器的排出流量除以搅拌罐横截面积所得的表观轴向流动速度[4]，如式（4-9）。

$$u = \frac{4Q_d}{\pi D^2} \tag{4-9}$$

式中，$u$ 为整体流速；$Q_d$ 为搅拌器的排出流量；$D$ 为搅拌罐的直径。

**表 4-13　互溶液体搅拌强度等级及所需的整体流速[4]**

| 搅拌强度等级 | 整体流速/(m/s) | 说明 |
|---|---|---|
| 1<br>2 | 0.0305<br>0.0610 | 1 级和 2 级搅拌适用于要求最低整体流速的工艺过程，2 级搅拌的能力为：①可将液体相对密度差小于 0.1 的互溶液体混合均匀；②如果大量的液体黏度小于其他液体黏度的 1/100 时，可把互溶液体混合均匀；③使不同批量的液体物料在较长的时间内达到混合；④可使被混合物料表面产生平稳的流动 |
| 3<br>4<br>5<br>6 | 0.0914<br>0.122<br>0.152<br>0.183 | 3～6 级搅拌适用于化工中大多数混合操作，6 级搅拌的能力为：①可将液体相对密度差小于 0.6 的互溶液体混合均匀；②如果大量的液体黏度小于其他液体黏度的 1/10000 时，可把互溶液体混合均匀；③使小于 2% 的、沉降速度为 0.0102～0.0203m/s 的微量固体悬浮；④使黏度较低的液体表面产生小的波动 |
| 7<br>8<br>9<br>10 | 0.213<br>0.244<br>0.274<br>0.305 | 7～10 级搅拌适用于要求高整体流速的工艺过程，如要求强烈搅拌的反应器，10 级搅拌的能力为：①可将液体相对密度差小于 1.0 的互溶液体混合均匀；②如果大量的液体黏度小于其他液体黏度的 1/100000 时，可把互溶液体混合均匀；③使小于 2% 的、沉降速度为 0.0203～0.0305m/s 的微量固体悬浮；④可使黏度较低的液体表面产生激烈的湍动 |

根据表 4-13，由工艺要求确定混合强度等级，并得到所需要的整体流速，再根据式（4-9）可求得搅拌器要求的排出流量，如式（4-10）。

$$Q_d = \frac{\pi u D^2}{4} \tag{4-10}$$

根据搅拌罐采用的桨径罐径比，先假设在某一湍流区的搅拌雷诺数下，根据图 4-21 找到排出流量数 $N_{qd1}$，根据式（4-6）先求得一个搅拌器的转速 $N_1$：

$$N_1 = \frac{Q_d}{N_{qd1} d^3} \tag{4-11}$$

根据求得的 $N_1$ 由式（4-7）再求得一个搅拌雷诺数 $Re_1$：

$$Re_1 = \frac{N_1 d^2 \rho}{\mu} \tag{4-12}$$

用 $Re_1$ 继续根据图 4-21 查得 $N_{qd2}$，再根据式（4-6）求得另一个转速 $N_2$：

$$N_2 = \frac{Q_d}{N_{qd2} d^3} \tag{4-13}$$

比较 $N_1$ 与 $N_2$，如果 $N_1$ 与 $N_2$ 相差很大，继续按上述步骤进行查图和计算，直到得到的 $N_{i+1}$ 与 $N_i$ 相差不大时，即为求得的转速。

以液体硫酸盐为原料进行混合硫酸盐配制为例，现混合盐溶液的混合强度等级要求为 4 级，假设采用的盐溶液配制罐的桨径罐径之比（$d/D$）为 0.4，罐径 $D$ 为 2m，混合盐溶液的密度 $\rho$ 为 1300kg/m³，黏度 $\mu$ 为 7mPa·s，求配制过程所需要的转速。

图 4-21
搅拌雷诺数与流量排出数关系[10]
注：$N_{qd}$ 称为排出流量数或泵送准数

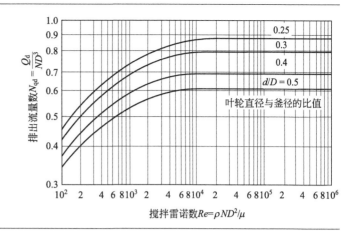

根据 $d/D$ 以及罐径 $D$ 值，可求得搅拌器的直径 $d=2\times0.4=0.8(\mathrm{m})$。

根据盐溶液配制的混合强度等级为 4 级，查表 4-13 得到盐溶液混合需要的整体流速 $u=0.122\mathrm{m/s}$。

根据整体流速 $u$ 求得搅拌器的排出流量 $Q_d$：

$$Q_\mathrm{d}=\frac{\pi u D^2}{4}=\frac{3.14\times0.122\times2^2}{4}=0.383(\mathrm{m^3/s})$$

先假设盐溶液配制罐内的搅拌雷诺数为 $1\times10^4$，根据图 4-21 查得在该搅拌雷诺数下排出流量数 $N_{qd1}$ 为 0.69。根据式 (4-11) 可求得搅拌器的一个转速 $N_1$：

$$N_1=\frac{Q_\mathrm{d}}{N_{qd1}d^3}=\frac{0.383}{0.69\times0.8^3}=1.08(\mathrm{r/s})$$

再根据转速 $N_1$ 由式 (4-12) 求得搅拌雷诺数 $Re_1$：

$$Re_1=\frac{N_1 d^2\rho}{\mu}=\frac{1.08\times0.8^2\times1300}{7\times10^{-3}}=1.3\times10^5$$

由 $Re_1$ 从图 4-21 查得另一个排出流量数 $N_{qd2}$ 为 0.68，根据式 (4-13) 求得转速 $N_2$：

$$N_2=\frac{Q_\mathrm{d}}{N_{qd2}d^3}=\frac{0.383}{0.68\times0.8^3}=1.10(\mathrm{r/s})$$

$N_1$ 与 $N_2$ 很接近，故该盐溶液配制罐的搅拌器所需要的转速为 1.1r/s。

b. 固体悬浮液混合搅拌转速的确定：从设计的角度出发，可将固液悬浮效果也分为 10 个不同搅拌级别，如表 4-14。

表 4-14　固体悬浮搅拌级别[4]

| 搅拌级别 | 固液悬浮效果 |
| --- | --- |
| 1～2 | 1～2 级只适用于颗粒最低程度悬浮情况。1 级搅拌效果是：①使具有一定沉降速度的颗粒在容器中运动；②使沉积在罐底边缘的颗粒做周期性悬浮 |
| 3～5 | 3～5 级搅拌适用于多数化工过程对颗粒悬浮的要求，固体的溶解是一个典型的例子。3 级搅拌效果是：①使有一定沉降速度的粒子全部离开罐底；②可使固体颗粒至少在 1/3 液体高度内是均匀的，可用于悬浮液容易从罐底放出 |
| 6～8 | 6～8 级搅拌使悬浮程度接近均匀悬浮。6 级搅拌效果是：①可使 95% 料层高度的浆料保持均匀悬浮；②可使悬浮料液从 80% 料层高度排出 |
| 9～10 | 9～10 级搅拌可以使颗粒达到最均匀的悬浮。9 级搅拌效果是：①使 98% 料层高度的浆料保持均匀悬浮；②可用于溢出方式将料液放出 |

对于折叶涡轮式搅拌器，其搅拌级别与搅拌转速、搅拌器直径以及设计的颗粒沉降速度有如下关系[10]：

$$\phi = \frac{9.28 \times 10^3 N^{3.75} d^{2.81}}{U_d} \tag{4-14}$$

式中，$\phi$ 为搅拌等级与桨径罐径比相关的无量纲数；$N$ 为搅拌转速，r/min；$d$ 为搅拌器直径，m；$U_d$ 为颗粒的设计沉降速度，m/min。

其中 $\phi$ 值可根据图 4-22 由操作的搅拌等级以及桨径罐径比查得。因此确定好搅拌等级后，只要计算出颗粒的设计沉降速度 $U_d$，就可以根据式(4-14)求得所需要的转速。

图 4-22
$\phi$ 与转速关系图[10]

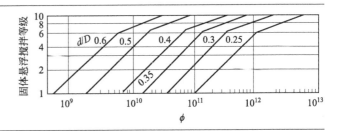

首先可根据固体颗粒的相对密度 $(S_g)_S$、液体相对密度 $(S_g)_L$，以及固体颗粒尺寸 $d_p$，根据图 4-23 查得颗粒的沉降速度 $U_t$。

图 4-23
固体颗粒在低黏度液体中的最终沉降速度[10]
（1in=25.4mm；1ft/min=0.3048m/min）

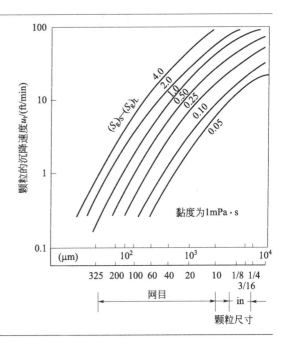

当固体颗粒为球形，且在湍流状态中时，其沉降速度也可用式(4-15)[11]进行估算：

$$U_t = 1.72 \sqrt{\frac{\gamma_s - \gamma}{\gamma} g d_p} \tag{4-15}$$

式中，$U_t$ 为固体颗粒沉降速度，m/s；$\gamma_s$ 为固体颗粒的重度，N/m³；$\gamma$ 为液体的重度，N/m³；$g$ 为重力加速度，9.8m/s²；$d_p$ 为固体颗粒直径，m。

求得的固体沉降速度还需要根据固体的质量分数进行修正，根据表 4-15 查得固体颗粒沉降速度的修正修数 $f_w$，即可求得固体颗粒的设计沉降速度 $U_d$。如式(4-16)[4]。

$$U_d = f_w U_t \tag{4-16}$$

表 4-15　固体颗粒沉降速度的修正系数[4]

| 固体质量分数/% | 2 | 5 | 10 | 15 | 20 | 25 | 30 | 35 | 40 | 45 | 50 |
|---|---|---|---|---|---|---|---|---|---|---|---|
| $f_w$ | 0.8 | 0.84 | 0.91 | 1.00 | 1.10 | 1.20 | 1.30 | 1.42 | 1.55 | 1.70 | 1.85 |

以固体硫酸盐配制混合硫酸盐为例，固体硫酸盐溶解时需要固体颗粒部分悬浮，但考虑到有结块的硫酸镍、硫酸钴，设计其固液悬浮搅拌等级为 4 级。现固体硫酸盐的密度 $(S_g)_S$ 为 $2g/cm^3$，颗粒直径 $d_p$ 按 2mm 计，溶剂水的密度 $(S_g)_L$ 为 $1g/cm^3$，采用的盐溶液配制罐的桨径罐径之比 $d/D$ 为 0.5，罐径 $D$ 为 2m，搅拌器类型为斜叶涡轮式搅拌器，配制的盐溶液质量分数约为 25%，求搅拌罐要求的转速。

由于硫酸盐与溶剂水的密度差为 1，硫酸盐的颗粒直径 $d_p = 2mm$，从图 4-23 查得硫酸盐颗粒的沉降速度 $U_t$ 约为 50ft/min。

根据硫酸盐溶液的质量分数为 25%，查表 4-15 得到硫酸盐颗粒沉降速度的修正系数为 1.2，根据式(4-16)求得硫酸盐固体颗粒的设计沉降速度 $U_d$：

$$U_d = 1.2 \times 50 = 60 (ft/min) = 18.29 (m/min)$$

根据盐溶液配制罐 $d/D = 0.5$ 及要求的搅拌等级为 4 级，从图 4-22 查得 $\phi$ 值为 $1 \times 10^{10}$。

又搅拌器的直径 $d = 0.5 \times 2 = 1(m)$。

将 $\phi$、$d$、$U_d$ 值代入式(4-14) 可求得搅拌器的转速 $N$：

$$N = \sqrt[3.75]{\frac{\phi U_d}{9.28 \times 10^3 \times d^{2.81}}} = \sqrt[3.75]{\frac{1 \times 10^{10} \times 18.29}{9.28 \times 10^3 \times 1^{2.81}}} = 88(r/min)$$

搅拌器功率代表搅拌器对被搅液体做了多少功，当搅拌器功率大于搅拌作业功率时易造成功率浪费；当搅拌器功率小于搅拌作业功率时，可能使搅拌作业无法达到预期效果。搅拌器功率还涉及电机功率的选型。但是至今对搅拌器功率还没有很准确的求法。搅拌器功率可由式(4-17) 计算：

$$P = N_P \rho N^3 d^5 \tag{4-17}$$

从式(4-17) 中可以看出，当搅拌器的转速 $N$、直径 $d$ 以及被搅液体的密度 $\rho$ 确定之后，搅拌器功率和功率准数 $N_P$ 相关，因此要求得搅拌器的功率，必须求得 $N_P$。而 $N_P$ 是一个影响因素较为复杂的参数，它和搅拌器类型、搅拌器直径、搅拌器宽度、转速、叶片数量、叶片倾斜角、罐体直径、罐体大小、挡板条件等相关，$N_P$ 的计算常常根据经验的方法求得，一般有算图法和计算法两种。

a. 算图法：根据流体力学的纳维尔-斯托克斯方程，功率准数可表示成无量纲的形式，如下式：

$$N_P = f(Re, Fr)$$

式中，$Re$ 为搅拌雷诺数，$Fr$ 为弗劳德数。

一定型式、大小的搅拌器在 $Re > 300$ 时，$Fr$ 对功率准数 $N_P$ 没有影响或影响很小，

因此工程上将 $N_P$ 表示成 $Re$ 的函数。许多科研工作者做了一些搅拌器的 $N_P$-$Re$ 的关系图。只要计算出搅拌条件下的 $Re$，则可从经验算图中查得 $N_P$。常用的 $N_P$ 算图有 Rushton 算图、Bates 算图、EKato 算图等，这些算图一般都包含了推进式、涡轮式和桨式搅拌器的功率曲线。其中以 Rushton 算图和 Bates 算图较为通用，如图 4-24 和图 4-25。

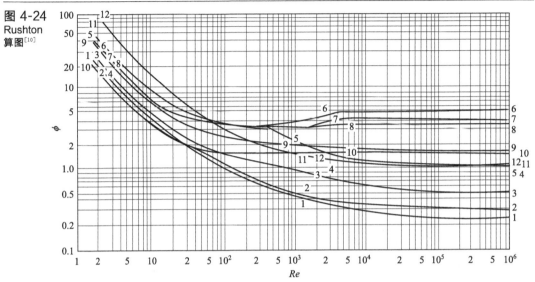

图 4-24 Rushton 算图[10]

①图中 1 为三叶推进式，$p/d=1$，NBC；2 为三叶推进式，$p/d=1$，BC；3 为三叶推进式，$p/d=2$，NBC；4 为三叶推进式，$p/d=2$，BC；5 为 6 片平直叶圆盘涡轮，NBC；6 为 6 片平直叶圆盘涡轮，BC；7 为 6 片弯叶圆盘涡轮，BC；8 为 6 片箭叶圆盘涡轮，BC；9 为 8 片 45°折叶开启涡桨，BC；10 为双叶平桨，BC；11 为 6 片闭式涡轮，BC；12 为 6 片闭式涡轮带有 20 叶的静止向导器。NBC 为无挡板；BC 为有挡板（挡板数 $n_b=4$，挡板宽 $W_b=0.1D$），各曲线符合 $d/D=1/3$，$C/D=1/3$，$H/D=1$。$C$ 为搅拌器离底高度。②图中以搅拌雷诺数 $Re$ 为横坐标，纵坐标为 $\phi$ 值，当在强湍流且有挡板的条件下，$\phi$ 值几乎和雷诺数无关，这时 $\phi$ 值与 $N_P$ 值相等。

上面算图都是以一定型式和规格的搅拌器在特定条件下进行实验、推算的结果，如果应用的条件与上面不符合时，还应按表 4-16 和表 4-17 对搅拌器功率进行修正。

以液体硫酸盐配制罐为例，用算图法进行搅拌器功率的计算。现假设液体硫酸盐采用的搅拌器为三叶推进式搅拌器，其中搅拌器参数为：$p/d=2$，$H/D=1$，$d/D=0.4$，全挡板条件。搅拌转速 $N$ 为 1.1r/s，搅拌罐直径 $D$ 为 2m，搅拌罐采用水密封，齿轮减速机。配制的硫酸盐溶液的黏度 $\mu$ 为 7mPa·s，密度 $\rho$ 为 1300kg/m$^3$，求搅拌器的功率及电机功率。当固体硫酸盐配制时采用倾斜角为 45°的 4 折叶开启涡轮桨，$d/D=0.5$，转速 $N$ 为 1.5r/s，桨宽与桨径比 $b/d=1/8$，全挡板条件，其搅拌器功率是多少？

根据 $d/D$ 值以及罐径 $D$ 可求得推进式搅拌器的半径 $d=0.4\times2=0.8$(m)。

先求得盐溶液配制罐的搅拌雷诺数 $Re$：

$$Re=\frac{Nd^2\rho}{\mu}=\frac{1.1\times0.8^2\times1300}{7\times10^{-3}}=1.3\times10^5$$

图 4-25
Bates 算图[10]

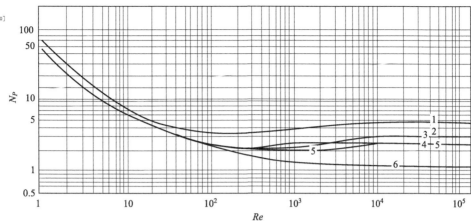

图中，1 为 6 片平直叶圆盘涡轮，$b/d=1/5$；2 为 6 片平直叶开启涡轮 $b/d=1/5$；3 为 6 片平直叶圆盘涡轮，$b/d=1/8$；4 为 6 片平直叶开启涡轮，$b/d=1/8$；5 为 6 片弯叶开启涡轮，$\alpha=45°$，$b/d=1/8$；6 为 6 片折叶开启涡轮，$b/d=1/8$，$\theta=45°$。搅拌条件为：全挡板条件，液层深度 $H=D$，且搅拌器符合 $d/D=1/3$，$C/D=1/3$。$C$ 为搅拌器离底高度。

<hr/>

表 4-16 搅拌功率的修正[4]

| 序号 | 搅拌器参数或搅拌条件 | 修正公式 | 备注 |
|---|---|---|---|
| 1 | 桨叶角度 $\theta$ | $P^* = P\left(\dfrac{\sin\theta}{\sin45°}\right)^{1.2}$ | |
| 2 | 推进式桨叶螺距 $p/d$ | $P^* = \dfrac{(p/d)^*}{(p/d)}P$ | |
| 3 | 液层高度 $H/D$ | $P^* = \left(\dfrac{H}{D}\right)^{0.6}P$ | |
| 4 | 桨径罐径比 $d/D$ | $P^* = \left(\dfrac{D}{3d}\right)^{1.1}P$ | 桨式搅拌桨 |
| | | $P^* = \left(\dfrac{D}{3d}\right)^{0.93}P$ | 推进式和涡轮式搅拌桨 |
| 5 | 桨叶数量 $n_p$ | $P^* = P\left(\dfrac{n_p}{6}\right)^{0.8}$ | 当 $n_p$ 为 2~6 时 |
| | | $P^* = P\left(\dfrac{n_p}{6}\right)^{0.7}$ | 当 $n_p$ 为 8~12 时 |
| 6 | 搅拌罐内附件 $q$ | $P^* = P(1+\Sigma q)$ | $q$ 值见表 4-17 |

注：表中 $P$ 为按算图上的搅拌器条件计算出的功率，$P^*$ 为修正后的功率。

表 4-17 罐内附件的影响系数[4]

| 序号 | 罐内附件种类 | $q$ 值 | | | |
|---|---|---|---|---|---|
| | | 推进式 | 桨式 | 涡轮式 | 框式 |
| 1 | 进料管 | 0.10 | 0.20 | 0.20 | 0.20 |
| 2 | 温度计套管或浮标液面计 | 0.05 | 0.10 | 0.10 | 0.10 |

| 序号 | 罐内附件种类 | q 值 | | | |
|------|--------------|------|------|------|------|
| | | 推进式 | 桨式 | 涡轮式 | 框式 |
| 3 | 两根中心角>90°直立管 | 0.15 | 0.30 | 0.30 | 0.30 |
| 4 | 沿罐壁安装的右旋蛇管 | | 0.20 | | |
| 5 | 分布在罐底部的螺旋管,管径/罐径为0.033~0.054 | | 2.5~3.0 | | |
| 6 | 导流筒的支承零件 | 0.05 | | | |

注:表中的数值仅适用于液体黏度小于100mPa·s的范围。

根据 $Re$ 和推进式桨在图 4-24（Rushton 算图）上查得推进式搅拌器的功率准数 $N_P = \phi = 0.9$。求得推进式搅拌器功率 $P$ 为:

$$P = N_P \rho N^3 d^5 = 0.9 \times 1300 \times 1.1^3 \times 0.8^5 = 0.51(\text{kW})$$

盐溶液配制罐中的推进式搅拌器的 $d/D$ 值与算图上不符,并考虑盐溶液配制罐内的料管对推进式搅拌器的功率的影响系数为 0.1,修正后的搅拌功率为:

$$P^* = (1+q)\left(\frac{D}{3d}\right)^{0.93} \times P = 1.1 \times \left(\frac{2}{3 \times 0.8}\right)^{0.93} \times 0.51 = 0.48(\text{kW})$$

考虑水密封功率损失为 0,齿轮减速机传动效率为 0.95,则电机功率为 $N_{电机}$:

$N_{电机} = \dfrac{0.48}{0.95} = 0.51(\text{kW})$,故考虑电机为 0.55kW。

根据固态硫酸盐配制时的 $d/D$ 值以及罐径 $D$ 可求得折叶涡轮式搅拌器的半径 $d = 0.5 \times 2 = 1(\text{m})$。

首先求得固体硫酸盐溶解时的搅拌雷诺数 $Re$:

$$Re = \frac{Nd^2\rho}{\mu} = \frac{1.5 \times 1^2 \times 1300}{7 \times 10^{-3}} = 2.8 \times 10^5$$

根据 $Re$ 及涡轮式桨从图 4-25（Bates 算图）上查得 6 折叶开启涡轮桨的 $N_P = 1.5$。因此可求得算图上搅拌器的功率 $P$ 为:

$$P = N_P \rho N^3 d^5 = 1.5 \times 1300 \times 1.5^3 \times 1^5 = 6.6(\text{kW})$$

由于盐溶液配制罐搅拌器的参数和 Bates 算图上不符,考虑盐溶液配制罐中的料管对涡轮式搅拌器的功率影响系数为 0.2,修正后的 4 折叶开启涡轮搅拌器的功率 $P^*$ 为:

$$P^* = (1+q)\left(\frac{n_p}{6}\right)^{0.8}\left(\frac{D}{3d}\right)^{0.93} P = 1.2 \times \left(\frac{4}{6}\right)^{0.8}\left(\frac{2}{3 \times 1}\right)^{0.93} \times 6.6 = 4(\text{kW})$$

b. 计算法:计算法有一种较为简单的方法,是根据液体单位体积的平均搅拌功率进行估算,如表 4-18。

**表 4-18　不同搅拌种类液体单位体积的平均搅拌功率[12]**

| 搅拌过程的种类 | 单位体积液体物料的平均搅拌功率/(kW/m³) |
|----------------|------------------------------------------|
| 液体混合 | 0.1 |
| 固体有机物悬浮 | 0.2~0.3 |
| 固体有机物溶解 | 0.3~0.4 |
| 固体无机物溶解 | 1 |
| 气体吸收 | 3.96 |
| 传热 | 0.4~0.11 |

三元材料前驱体——
产线设计及生产应用

对于液深与罐径之比为1、罐径为2m的盐溶液配制罐，其液体的体积$V_液$可近似计算如下：

$$V_液 = \pi D^2 H/4 = 6.28(\text{m}^3)$$

当以液体硫酸盐为原料配制混合盐溶液时，其搅拌过程属于液体混合，那么按表4-18中液体混合所需要的单位体积平均搅拌功率为$0.1\text{kW/m}^3$，那么该总功率为：

$$P_液 = V_液 P_V = 6.28 \times 0.1 = 0.628(\text{kW})$$

假设采用固体硫酸盐配制混合硫酸盐溶液时，其搅拌过程属于固体无机物的溶解，根据表4-18推荐的单位体积的平均功率为$1\text{kW/m}^3$，那么此时所需要的搅拌功率为：

$$P_固 = 1 \times 6.28 = 6.28(\text{kW})$$

搅拌功率的另一种计算方法为经验计算公式，最著名的为永田进治公式。在无挡板的搅拌罐条件下，永田进治对于双叶平桨和双叶斜桨的计算如式(4-18)~式(4-22)[4]。

$$N_P = \frac{A}{Re} + B\left(\frac{1000 + 1.2Re^{0.66}}{1000 + 3.2Re^{0.66}}\right)^p \times \left(\frac{H}{D}\right)^{0.35 + b/D}(\sin\theta)^{1.2} \tag{4-18}$$

$$Re = \frac{d^2 N\rho}{\mu} \tag{4-19}$$

式中，$A$、$B$、$p$为方程式参数，可由$b/D$和$d/D$计算：

$$A = 14 + \frac{b}{D}\left[670\left(\frac{d}{D} - 0.6\right)^2 + 185\right] \tag{4-20}$$

$$B = 10^{[1.3 - 4(b/D - 0.5)^2 - 1.14(d/D)]} \tag{4-21}$$

$$p = 1.1 + 4\frac{b}{D} - 2.5\left(\frac{d}{D} - 0.5\right)^2 - 7\left(\frac{b}{D}\right)^4 \tag{4-22}$$

式中，$b$为搅拌器的宽度，m；$D$为搅拌罐的直径，m；$d$为搅拌器的直径，m；$Re$为搅拌雷诺数。注意：当$b/D \leqslant 0.3$时，则$P$的算式中包含四次方的项可忽略。

式(4-18)中功率准数计算公式的应用有3个限制条件：

ⅰ.上述公式是应用于单层、双叶平桨或斜桨，如果应用于叶片多于2个或多层搅拌器的搅拌功率计算，则需要各层搅拌器叶片不是曲面，各层搅拌器叶片的直径和叶片倾斜角必须一致，且必须是无挡板的条件下，计算时需将这些搅拌器的叶片宽度折合成二叶叶轮的叶宽再来计算。图4-26是相同功率的搅拌器。

图 4-26
无挡板罐中相同
功率的搅拌器[4]

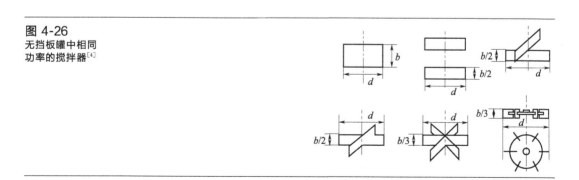

ⅱ.永田进治公式是应用于无挡板的情况下，在湍流状态下，有挡板时会让功率大幅

度提高，挡板条件不同，其功率增加有所不同。当挡板系数≥0.35时，搅拌功率最大，称之为全挡板条件，否则称之为部分挡板条件。挡板系数与挡板数量和大小成如下关系：

$$K_b = (W_b/D)^{1.2} n_b$$

式中，$W_b$ 为挡板宽度；$D$ 为罐径；$n_b$ 为挡板数量；$K_b$ 为挡板系数。

一般认为 $W_b/D = 1/12 \sim 1/10$，挡板数量为4块，接近于全挡板条件。

二叶平桨在全挡板条件下，永田进治公式中的雷诺数 $Re$ 必须采用式(4-23)进行计算，为了区别用 $Re_c$ 表示。求出的 $N_P$ 值即为全挡板时的功率准数，即为 $N_{P\max}$。

$$Re_c = \frac{25}{(b/D)} \times \left(\frac{d}{D} - 0.4\right)^2 + \left[\frac{b/D}{0.11(b/D) - 0.0048}\right] \tag{4-23}$$

二折叶桨在全挡板条件下，其雷诺数必须用式(4-24)进行计算，为了区别用 $Re_\theta$ 表示。再将其代入永田进治公式即可求得折叶桨的 $N_{P\max}$。

$$Re_\theta = 10^{4(1-\sin\theta)} Re_c \tag{4-24}$$

如果是部分挡板条件，则其 $N_P$ 和全挡板 $N_{P\max}$ 与无挡板 $N_{P\infty}$ 有如下关系：

$$\frac{N_{P\max} - N_P}{N_{P\max} - N_{P\infty}} = [1 - 2.9K_b]^2$$

ⅲ. 永田进治公式不适用于有挡板、多层搅拌器的功率计算。

以固体硫酸盐为原料配制计算为例，现假设盐溶液配制罐的罐径 $D$ 为2m，搅拌器为45°、4折叶开启涡轮桨，桨径罐径比 $d/D = 0.5$，桨宽桨径比 $b/d = 1/8$，搅拌转速为1.5r/s，液深与罐径比 $H/D = 1$，硫酸盐溶液的密度为 1300kg/m³，搅拌为全挡板条件，求搅拌器的功率。

盐溶液配制罐采用的是4折叶涡轮桨，需要将其转化成当量的2叶斜桨才能采用永田进治公式计算。根据 $d/D$、$b/d$ 以及 $D$ 值可求得折叶涡轮搅拌桨的直径 $d = 0.5 \times 2 = 1$ (m)；宽度 $b = 1/8 = 0.125$(m)，那么当量的二叶桨桨宽 $b^*$ 为：

$$b^* = 2b = 2 \times \frac{0.5 \times 2}{8} = 0.25 \text{(m)}$$

在全挡板条件下，根据当量二叶桨的桨宽值 $b^*$ 及 $D$ 值由式(4-23)求得直叶桨的搅拌雷诺数 $Re_c$ 为：

$$Re_c = \frac{25}{(0.25/2)} \times \left(\frac{1}{2} - 0.4\right)^2 + \frac{0.25/2}{0.11 \times (0.25/2) - 0.0048} = 15.97$$

那么根据式(4-24)可求得45°斜叶桨搅拌雷诺数的 $Re_\theta$：

$$Re_\theta = 10^{4(1-\sin45°)} \times 15.97 = 237.3$$

再由 $b^*$、$D$ 及 $d$ 值代入式(4-20)、式(4-21)、式(4-22)分别求得 $A$、$B$、$p$ 值。

$$A = 14 + \frac{0.25}{2} \times \left[670 \times \left(\frac{1}{2} - 0.6\right)^2 + 185\right] = 37.96$$

$$B = 10^{[1.3 - 4 \times (0.25/2 - 0.5)^2 - 1.14 \times 1/2]} = 1.47$$

$$p = 1.1 + 4 \times \left(\frac{0.25}{2}\right) - 2.5 \times \left(\frac{1}{2} - 0.5\right)^2 - 7 \times \left(\frac{0.25}{2}\right)^4 = 1.60$$

将 $A = 37.96$，$B = 1.47$，$p = 1.60$，$Re_\theta = 15.97$ 代入式(4-17)中，可求得功率准数 $N_P$：

$$N_P = \frac{37.96}{15.97} + 1.47 \times \left(\frac{1000 + 1.2 \times 15.97^{0.66}}{1000 + 3.2 \times 15.97^{0.66}}\right)^{1.60} \times (1)^{0.35 + 0.25/2} \times (\sin45°)^{1.2} = 1.03$$

那么 4 折叶涡轮桨的搅拌器功率 $P$ 为：$P=1.03\times1300\times1.5^3\times1^5=4.52(kW)$，和算图法求得的功率比较接近。

（3）轴封　轴封的作用是保证搅拌设备处于一定正压或真空状态，同时防止罐内物料逸出或外界杂质渗入。搅拌罐常见的密封形式有填料密封、机械密封和水密封等。填料密封结构简单，成本较低，但对轴的磨损及摩擦功耗较大；机械密封的密封可靠性好，寿命长，对轴无磨损，且摩擦功耗较低，但结构复杂，成本较高；水密封的成本低，结构简单，摩擦功耗较小，尤其是在罐内有可溶性气体逸出时有较好的应用，但只能应用于罐内压力低的场合。从设备及功率损耗以及密封效果来看，机械密封是较为理想的密封形式，盐溶液溶解过程操作压力并不大，水密封也可使用。

#### 4.1.2.3　盐溶液储罐

盐溶液储罐用来储存配制好的盐溶液，是盐溶液进入反应釜前的缓冲装置。它和前面介绍的液体硫酸盐储罐类似，常设计为立式、圆筒形结构。罐体由顶盖、筒体和罐底组成。顶盖需设有进液口、呼吸阀、人孔，罐底需设有排放口、取样口，罐体需配备液位计。当罐体容积较大时，还需配备护栏、爬梯。罐体上各附件的作用如表 4-19。

表 4-19　盐溶液储罐罐体附件的作用

| 附件名称 | 作用 |
| --- | --- |
| 进液口 | 储存介质罐体入口 |
| 呼吸阀 | 保持罐体压力恒定 |
| 人孔 | 人进入罐体内进行维修或清理的入口 |
| 排放口 | 罐内液体的排出口,常设置排污、排液两个排放口 |
| 取样口 | 罐内液体少量分析取样出口 |
| 液位计 | 指示罐内液体的剩余量 |
| 护栏、爬梯 | 用于罐体的维修 |

行业内采用的罐体的差异主要体现在材质和容积两方面。罐体的材质常见的有不锈钢和 PPH。罐体的容积多根据产线的日产能来选择，一般能够储存一天的盐溶液消耗量，容积大多不超过 $50m^3$。罐体容积太大，对厂房高度要求较高。

为防止盐溶液存储过程中因温度较低造成盐的析出，同时为保证反应釜内温度控制的稳定性，盐溶液储罐需配备加热系统。加热系统的型式一般有夹套型和管型两种。和盐溶液搅拌罐一样，加热型式的选择与罐体的材质和热媒相关。

#### 4.1.2.4　管道过滤器

盐溶液配制过程中会产生一些大颗粒异物，如包装袋碎屑和硫酸盐自带的一些微米级不溶物等，因此需要采用管道过滤器按照先粗后精的方式对盐溶液进行除杂、净化，从而有效地避免管道的堵塞、泵的损坏以及杂质带入反应釜中。根据杂质去除的类型，需要配备粗过滤器和精过滤器两种。粗过滤器用于过滤大颗粒异物，行业内盐溶液采用的粗过滤器常有篮式过滤器、T 形过滤器、Y 形过滤器，如图 4-27。

图 4-27
常见的粗过
滤器[13]

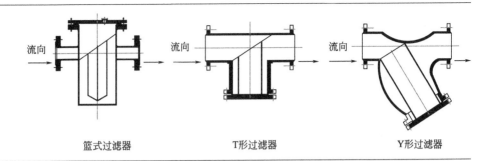

篮式过滤器　　　　　　　　T形过滤器　　　　　　　　Y形过滤器

三种过滤器的原理都是溶液透过一定规格过滤器网孔时，杂质被拦截在网孔内，滤液则透过网孔排出。但在安装方式、过滤面积及流量应用上有所差别，如表 4-20。

表 4-20　常见粗过滤器的性能

| 过滤器名称 | 安装方式 | 过滤面积 | 适合流量大小 |
| --- | --- | --- | --- |
| 篮式过滤器 | 水平安装 | 大 | 大流量流体 |
| T 形过滤器 | 水平/垂直安装 | 小 | 小流量流体 |
| Y 形过滤器 | 水平/垂直安装 | 小 | 小流量流体 |

精过滤器是用来过滤盐溶液中的微米级颗粒杂质。由于硫酸盐的纯度较高，微米颗粒杂质相对较少，行业内盐溶液的精过滤常采用简单、体积小的精密过滤器和滤袋式过滤器，如图 4-28。

图 4-28
常见的精过滤器

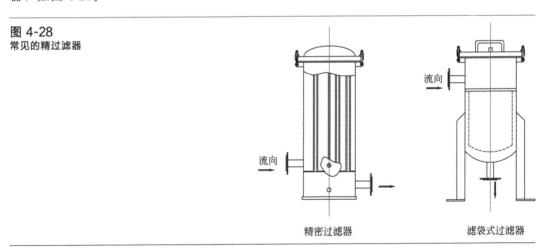

精密过滤器　　　　　　　　　滤袋式过滤器

精密过滤器采用的过滤介质是滤芯，常见的滤芯材质有 PP、PE、PTFE 等。它的工作原理是溶液自外向里透过滤芯滤层而被过滤，杂质被截留在滤芯的深层及表面。滤袋式过滤器采用的过滤介质是滤袋，常见的滤袋材质有 PP、PE、PTFE 等。它的工作原理是溶液冲入滤袋里，液体透过滤袋而被过滤，杂质被截留在滤袋内。精密过滤器内的滤芯过滤精度较高（1μm 以下），但纳污能力较差，滤芯易堵塞，需要频繁更换，更换的滤芯由于吸附了含镍、钴物质，需要作为危废处理。滤袋式过滤器过滤精度不如精密过滤器，其精度达不到 1μm，但纳污能力较好，滤袋清洗之后可反复使用，更换频次较少，运行成本较低，行业中盐溶液精过滤多采用滤袋式过滤器。

## 4.1.2.5 管道除铁器

为尽量避免磁性异物混入盐溶液中，需要对配制好的盐溶液进行除磁处理。采用的除磁装置为管道除铁器。管道除铁器有永磁除铁器和电磁除铁器两类。管道永磁除铁器因具有结构简单、体积小、价格低等特点而被广泛使用，它由壳体和磁棒组组成，如图4-29。将管道除铁器的进出口通过法兰连接在溶液输送管道上，当溶液进入插有磁棒的壳体内，溶液中的磁性异物被吸附在磁棒上，从而达到除磁效果。在选择盐溶液管道除铁器时，壳体宜选择不锈钢材质的圆筒形结构，磁棒的材料常选择铷铁硼永磁材料。除磁效果和磁棒磁场强度、磁棒排布、流速等因素有关。

**图 4-29**
管道永磁除铁器
示意图[13]

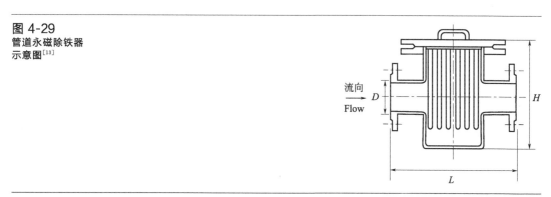

磁棒的磁场强度越大，除磁效果越佳，但成本也会增大。铷铁硼永磁材料磁棒的磁场强度一般可以做到 $8000 \sim 12000 Gs$。三元前驱体中的磁性异物对后续的三元材料的品质影响很大，宜选择 $12000 Gs$ 的磁棒。管道除铁器中磁棒组的磁棒数量在 $7 \sim 10$ 根左右，相同数量的磁棒排布不同也会影响除磁效果。磁棒排布太过密集，影响溶液流速，且磁棒之间间隔太近，相互吸力太大，容易损坏磁棒；排布太过稀疏，则无法达到除磁效果。一般磁棒的吸附距离 $d$ 不超过 $12mm$，其磁棒间隔控制在 $2d \sim 3d$ 为佳。另外，磁棒的排布形式也会影响除磁效果，要求磁棒在腔体内以错位多排、均布的方式进行排布，以便充分利用每根磁棒的磁力。以 9 根磁棒为例，可以排布出两种磁棒组合形式(如图4-30)。组合形式一应比组合形式二的除磁效果要好。

**图 4-30**
磁棒的不同
组合形式

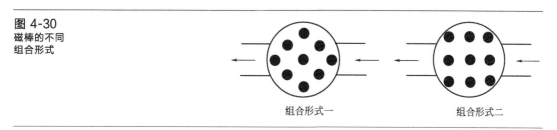

组合形式一　　　　　　　　　组合形式二

溶液的流速也会影响除磁效果，溶液的流速越大，与磁棒的接触时间越短，除磁效果越差。行业内除铁器的安装位置有所不同，有的选择安装在盐溶液配制罐和盐溶液储罐之间的管道上，有的则在盐溶液储罐和反应釜之间的管道上。从除磁效果来讲，后者除磁效果更佳，因为后者的盐溶液流速较小，更利于磁棒对溶液中磁性异物的吸附。

## 4.1.3 碱、氨水溶液计量设备

根据第 3 章介绍，在行业中三元前驱体生产所需的碱溶液原料几乎都采用液碱。氨水溶液采用外购和自身废水设备回收的稀氨水溶液。由于两者的原料形式都很单一，因此碱、氨水溶液两者的计量工艺和设备较为简单和相似，如图 4-31。

图 4-31
液碱/氨水计量工艺
流程简图

### 4.1.3.1 液碱储罐

（1）液碱储罐的规格与结构　液碱储罐用于存储液碱，在行业中多为立式、圆筒形结构，其容积大小一般在 20～100m³ 之间，可根据生产规模设置一到多个。由于三元前驱体生产的液碱消耗量较大，生产 1t 三元前驱体消耗浓度 32％的液碱约 3t，因此有些大规模生产厂家将液碱储罐设计为 200m³。

液碱储罐的结构设计基本和前面讲述的液态硫酸盐储罐一样。市面上液碱的浓度规格有 30％和 50％两种，根据第 1 章中液碱的相图分析，30％的液碱的凝固点在 1℃左右，50％的液碱的凝固点在 10℃左右。因此为了防止液碱的析出，液碱储罐必须设有加热和保温措施。储罐的换热型式有夹套型和管型两种，其中采用内加热盘管（又称沉浸式蛇形管）较为常见。

（2）液碱储罐的材质　液碱是一种强腐蚀性的危险化学品，对液碱储罐材质的选择必须考虑液碱在存储条件下对材质有无腐蚀作用。液碱储罐材质常见的有 PPH、碳钢及不锈钢三类。

液碱对 PPH 几乎没有腐蚀作用，PPH 对浓度 70％以下的液碱可耐至 100℃，但 PPH 的强度不高导致 PPH 罐不适宜做大。由于液碱是一种危险化学品，有些地方法规规定其储罐必须放置在室外。PPH 储罐长年累月暴露于室外，老化速度加快，存在发生液碱泄漏的风险，因此采用 PPH 储罐时应做好防晒措施。

碳钢材质的储罐从罐体强度和经济角度来说是比较划算的，而且碳钢在常温、低浓度的液碱条件下会形成一层 $Fe_3O_4$ 钝化膜而表现出一定的耐腐蚀性，其反应式[14]如下：

$$3Fe + 7NaOH \longrightarrow Na_3FeO_3 \cdot 2Na_2FeO_2 + 7H$$

$$Na_3FeO_3 \cdot 2Na_2FeO_2 + 4H_2O \longrightarrow 7NaOH + Fe_3O_4 + H$$

$$7H + H \longrightarrow 4H_2$$

总反应式为：

$$3Fe + 4H_2O \Longrightarrow Fe_3O_4 + 4H_2$$

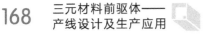

碳钢的残余应力在高浓度热碱的条件下会将这层钝化膜破坏掉而产生腐蚀裂纹，部分氢原子渗入钢材内部还会引起脆化，导致裂纹扩展，这种腐蚀称为碱脆。碱脆不仅会导致储罐的开裂，而且腐蚀产生的磁性异物会随液碱引入三元前驱体中。因此采用碳钢材质的液碱储罐应防止这种腐蚀的发生。另外，由于液碱中还含有少量的氯离子，氯离子半径较小，较易吸附和穿透钝化膜，将钝化膜中的氧排挤掉而形成可溶性的氯化物，从而破坏掉钝化膜，加速腐蚀。

碳钢储罐在制造时应对罐体的焊接处如罐体的纵、环焊缝等进行退火处理，消除应力；应对罐体内部进行衬里和涂层处理保护，常见的衬里材料有环氧树脂玻璃钢、橡胶、聚丙烯、聚四氟乙烯等，涂层材料一般为环氧漆、糖醇漆等；对储罐内的液碱需要加热和保温时，热源采用热循环水，而不采用蒸汽，同时控制液碱保温的温度高于其结晶温度10℃左右即可。

相较于碳钢，不锈钢表面的钝化膜成分含有更耐腐蚀的 $CrO_3$ 与 $NiO$，对 100℃、浓度 50% 的液碱依然保持着良好的抗腐蚀性能。但不锈钢储罐价格较高，一般为碳钢储罐的 4～6 倍。316 不锈钢只是抗氯离子腐蚀较强，在耐碱腐蚀方面并不优于 304 不锈钢，所以不锈钢储罐选择 304 更经济。不锈钢的残余应力处在高浓度碱中也会产生应力腐蚀，不锈钢钝化膜的形成至关重要，因此不锈钢储罐焊接完成后应进行酸性钝化，为钝化膜的形成创造条件。

### 4.1.3.2　氨水储罐

（1）氨水储罐的规格与结构　氨水储罐用于储存氨水，在行业中多见立式、圆筒形结构。氨水储罐的容积不宜做得特别大，因为氨水溶液在三元前驱体生产中的用量不是很大，生产 1t 三元前驱体需要浓度 18% 的氨水约 300～400kg，且它有易挥发的特性。如果存储量过大，氨水会因储存时间过长而浓度降低，造成不必要的损失。一般氨水储罐的储存量以可供使用时间不超过 1 个月为宜。

氨水储罐的结构设计与液态硫酸盐储罐一样。市面上销售的氨水浓度常见的有 20% 和 25%，而通过环保设备回收的氨水浓度也有 15%～18%，根据第 1 章的氨水分析，浓度为 15% 的氨水溶液的冰点已经接近 -20℃，因此氨水储罐不需要像液碱储罐那样设置加热装置。第 1 章分析时讲到，氨水溶液的挥发损失随温度的升高而升高。当氨水储罐置于室外时，应对氨水储罐外壳增加保冷或防晒装置，防止储罐因温度过高造成氨水过度挥发。

（2）氨水储罐的材质　行业内氨水储罐的材质常见的有 PPH、碳钢和不锈钢三类。氨水是一种弱碱，虽然氨水的腐蚀性没有液碱强，但选择材质宜按照上述液碱储罐的要求，要避免腐蚀现象的发生。如采用碳钢材质应对罐体内部进行衬里和涂层处理。氨水对铜、锌及铜、锌合金材质具有强烈的腐蚀作用，因此储罐上其他相应配件应杜绝这类材质的使用。

### 4.1.3.3　氨水、液碱的计量设备

氨水、液碱以及盐、碱、氨水溶液配制所需纯水的计量为间歇式操作，即每次需一次性定量输入一定数量的液体，三者的计量设备常为液体化工定量计量控制仪。它由控制仪

表、发讯装置、流量传感器构成。其结构原理图如图 4-32。

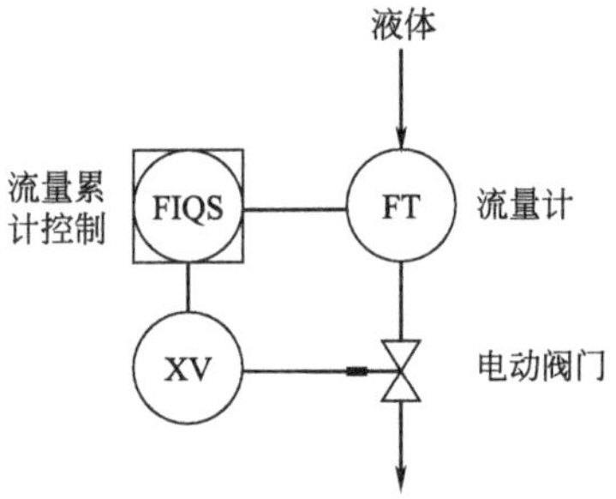

图 4-32
液体化工定量计量控制仪
结构原理图

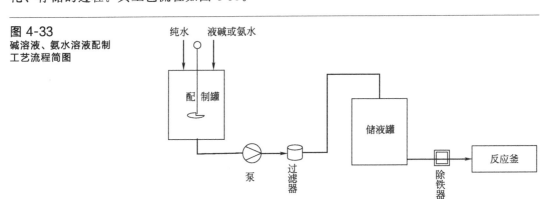

当操作者在控制仪上预设液体需要的数量（质量或体积）时，控制仪自动开启阀门开始液体输送，同时流量计上的发讯装置将实时的流量信号传到控制仪。当流量累计达到预设的数量时，控制仪自动关闭阀门，完成定量输入。液体化工定量计量控制仪的计量精度一般取决于流量传感器的类型，一般有容积式流量计和质量式流量计两种。质量式流量计精度高，可达 1‰，但是价格高；容积式流量计价格低，精度可达 5‰。一般来说，采用的液碱、氨水、纯水的密度相对比较稳定，容积式流量计也能满足工艺要求。

# 4.1.4 碱溶液、氨水溶液配制设备

碱溶液、氨水溶液的配制是将计量好的液碱或氨水与纯水投入配制罐中，通过搅拌、混合的方式得到一定浓度的碱溶液或氨水溶液，同时再对碱溶液或氨水溶液进行除杂净化、存储的过程。其工艺流程如图 4-33。

图 4-33
碱溶液、氨水溶液配制
工艺流程简图

### 4.1.4.1 碱溶液、氨水溶液配制罐

碱溶液配制罐是为了快速实现液碱与纯水的均匀混合，因此碱溶液配制罐也是一个搅拌罐。和盐溶液配制罐类似，多为立式、圆筒形结构，也是由罐体、搅拌系统和轴封三大块组成的。

（1）罐体　行业中碱溶液配制罐的罐体容积多在 $10\sim50m^3$，其材质也多为不锈钢和 PPH，罐体的长径比 $H/D$ 在 $1\sim1.3$ 范围内。大多数厂家会将碱溶液配制罐的罐体和盐溶液配制罐的罐体设计得几乎一样，但也有不同的地方。碱溶液配制罐的罐体由顶盖、筒

体、罐底组成。顶盖上设有进水口、液碱进口、人孔、排气口，有的还会设计氨水进口，用于配制碱氨混合液。罐底设有排放口、取样口，筒体内部设有挡板。有的还会在罐体上设有液位计，用于指示罐内液位。罐体各附件的作用如表 4-21。

**表 4-21　碱溶液配制罐的罐体各附件的作用**

| 附件名称 | 作用 |
| --- | --- |
| 进水口 | 纯水注入罐内入口,设置成管道伸入罐内 |
| 液碱进口 | 液碱注入罐内入口,设置成管道伸入罐内 |
| 氨水进口 | 氨水注入罐内入口,设置成管道伸入罐内 |
| 人孔 | 人进入罐内进行清理或维修的入口 |
| 排气口 | 罐内气体的排放口,防止罐内压力过高。常配套单向阀 |
| 排放口 | 罐内液体的排放出口,常设置排污、排液两个排放口 |
| 取样口 | 罐内液体少量分析取样出口 |
| 挡板 | 强化搅拌强度附件 |

相比于盐溶液配制罐的罐体，碱溶液配制罐的罐体有如下两点不同：①不需要换热系统，原因是碱溶液的配制实际为液碱与水的混合过程，碱比硫酸盐具有更大的溶解度，不会出现像混合硫酸盐配制因同离子效应造成溶解度降低的问题，而且液碱稀释过程会放热；②碱溶液配制罐的罐体顶盖上无需设计氮气口。因碱溶液为强极性溶液，氧气为非极性气体，在碱溶液中溶解度有限，碱溶液配制过程产生的热量也有助于驱赶氧气。

（2）搅拌系统　碱溶液配制罐的搅拌系统也由传动装置和搅拌器组成。传动装置包括电动机、减速装置、联轴器、机架、轴承、搅拌轴组成。其选型和前面所述的盐溶液配制罐类似。一般电动机多采用成本较低的 4P 电动机，减速装置以齿轮减速装置较为常见，搅拌轴多设置成悬臂轴，其他传动系统则按照标准 HG/T 20569—2013《机械搅拌设备》的规定进行选取。

搅拌操作的目的是将液碱和水调和为均匀的碱溶液，属于液-液均相混合。和液态硫酸盐配制混合盐溶液一样，采用搅拌器的类型应为循环型搅拌器，如推进式、桨式。碱在水中的溶解度较大，且碱溶液黏度不高（如 4mol/L 的碱溶液黏度仅为 2mPa·s），流动较为容易，因此只要搅拌器的排量足够，一般不需要太长的桨径。其桨径、罐径之比一般在 0.3～0.5。桨宽、桨径之比在 0.1～0.3。由于碱溶液为小长径比罐体，一般设置一层搅拌器足够。

搅拌器的转速可按前面介绍的互溶液体的搅拌转速进行计算。实际应用过程中，罐径为 2m 左右的配制罐中搅拌转速为 60～80r/min。搅拌器的功率可按前面介绍的算图法和永田进治公式进行计算。

碱溶液搅拌器的材质多采用 304 不锈钢加涂衬的方式，涂衬的目的多为防止搅拌器被碱液腐蚀，涂衬的材料除了耐碱外，还要耐高温，一般碱溶液配制过程中的稀释热可使温度达 70～80℃。常见涂衬材料有 PP、PE、橡胶等。

行业中各家碱溶液的配制浓度存在差异，一般在 4～10mol/L 之间。对于配制浓度达到 10mol/L 的厂家，往往直接采购浓度 32%（折合成摩尔浓度约为 10mol/L）的液碱，进行除杂净化后直接输入反应釜内使用，而不需要碱溶液配制罐。

氨水溶液配制罐在行业中极为少见，在以液氨为原料的厂家才会需要。现在无论是外购还是环保设备回收的氨水，浓度都很低，氨水加入反应釜常用两种方式：①将储罐内氨水进行除杂、净化后直接输入反应釜内使用；②将氨水加入碱溶液配制罐中与碱配制成氨碱混合液，输入至反应釜内使用。

由于氨在碱浓度越高的溶液中挥发程度越大，当采用第②种加入方式时，氨碱混合液中的氨水浓度和碱溶液浓度不宜配得很高，否则会加速氨的挥发损失。一般碱溶液小于 6mol/L，氨水浓度小于 1mol/L。

（3）轴封　碱溶液配制罐多采用机械密封和水密封。对于配制碱氨混合液的配制罐，采用水密封可尽量避免氨气从罐内逸出，因为水密封中的水会将逸出的氨气吸收。一旦水密封中吸收一定浓度的氨气后，需要经常换水和补水。可设计成自动补水模式，如图 4-34。

**图 4-34**
**水密封自动补水示意图**
1—密封座；2—进水口；3—密封液；
4—主轴；5—密封液储槽；6—动密
封环；7—出液口

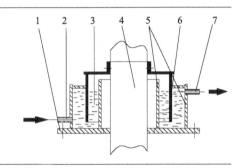

### 4.1.4.2　碱溶液储罐

碱溶液储罐用于存储碱溶液或碱氨混合溶液，它是碱溶液进入反应釜的缓冲装置。它与盐溶液储罐有着相同的结构设计，材质也多为 PPH 和不锈钢。这里强调的是，虽然配制的碱溶液（其浓度一般低于 20%）的冰点在 −20℃ 以下，几乎没有析出风险，但为了保证反应釜中温度控制的稳定性，尤其是在较为寒冷的地区，碱溶液储罐仍然要配置加热和保温装置，保证碱溶液储罐内的温度接近反应釜中的温度。

### 4.1.4.3　碱溶液、氨水溶液的过滤、除杂装置

从碱溶液/氨水溶液的配制工艺流程简图可以看出，碱溶液、氨水溶液和盐溶液有着相同的过滤、除杂工艺。其管道过滤器、精密过滤器、除铁器的要求和盐溶液相同，在此不再赘述。

# 4.2
# 沉淀反应设备

沉淀反应是三元前驱体生产的核心工段。它是指盐溶液、碱溶液、氨水溶液以一定流

 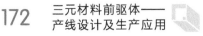

速并流加入反应釜中，并在一定搅拌速度下控制反应温度和 pH 值，发生沉淀反应，生成一定粒度分布的三元前驱体晶体颗粒浆料的过程。有时为了改变其反应结晶条件或结晶方式，会给反应釜配备固含量提浓装置，其工艺流程如图 4-35。

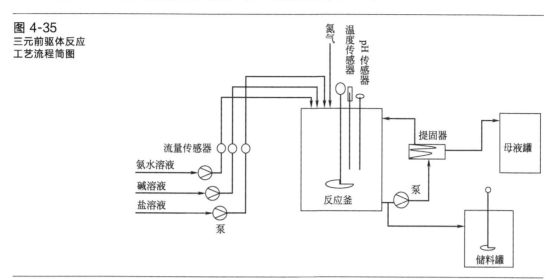

**图 4-35**
三元前驱体反应
工艺流程简图

## 4.2.1　反应釜

### 4.2.1.1　反应釜的结构与设计

　　反应釜是用于三元前驱体反应结晶操作的装置。它和盐、碱溶液配制罐类似，属于搅拌罐的一种，多为立式、圆筒形结构，如图 4-36。它和盐、碱溶液配制罐有着一样的组成结构，也由罐体、搅拌系统、轴封三大部分构成。虽然反应釜为沉淀反应工序的核心设备，但它是一个非标设备，各厂家在其设计上差异较大。

**图 4-36**
反应釜罐体结构图[15]
1—出料口；2—筒体；3—挡流板；
4—下层搅拌器；5—夹套；6—上层
搅拌器；7—传动轴；8—人孔；
9—减速机架；10—进料口

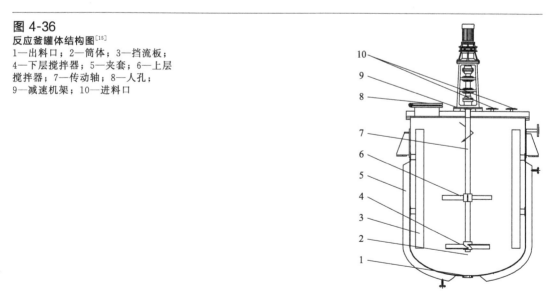

（1）反应釜罐体

① 反应釜罐体的材质与组成：反应釜罐体最早为 PPH 材质，因其成本较低，且当时采用氯化盐为原料，不适宜采用不锈钢材料。当采用硫酸盐为原料后，对反应釜的搅拌强度要求提高，因此 PPH 罐体被淘汰，逐步发展成为不锈钢 316 的罐体。不锈钢材质的反应釜因锈蚀或磨损有产生磁性异物的风险，于是市面上开始出现全钛材质的反应釜，但全钛反应釜的成本较高，其价格是不锈钢反应釜的 2~3 倍，所以现在反应釜主体材质以不锈钢为主，部分罐体配件如进料管、挡板采用钛材。

反应釜的罐体由顶盖、筒体、罐底及换热系统组成。顶盖上设有盐溶液进口、碱溶液进口、氨水溶液进口、氮气口、纯水口、pH 计测量口、温度测量口、浓浆返回口、人孔、排气口，筒体上部设有溢流口，罐底设有排放口。筒体内部设有挡板。反应釜各附件作用如表 4-22。

表 4-22　反应釜各附件作用

| 附件名称 | 作用 |
| --- | --- |
| 盐溶液进口 | 盐溶液注入釜内入口，设置成管道伸入釜内 |
| 碱溶液进口 | 碱溶液注入釜内入口，设置成管道伸入釜内 |
| 氨水溶液进口 | 氨水溶液注入釜内入口，设置成管道伸入釜内 |
| 氮气口 | 氮气注入釜内入口，设置成管道伸入罐底 |
| 纯水口 | 纯水注入釜内入口 |
| pH 计测量口 | 用于釜内 pH 计探头插入口 |
| 温度测量口 | 用于釜内温度探头插入口 |
| 浓浆返回口 | 用于提固器的浓缩浆料返回反应釜入口，也有将该口设计在筒体上 |
| 人孔 | 人进入釜内进行清理或维修的入口 |
| 排气口 | 釜内气体的排放口，防止罐内压力过高。常配套单向阀 |
| 溢流口 | 釜内浆料液位满后浆料出口，常设置多个 |
| 排放口 | 釜内液体的排放出口，常设置排污、排液两个排放口 |
| 挡板 | 强化搅拌强度附件，在反应釜内均布，一般 4~6 块 |

② 反应釜罐体的封头型式：三元前驱体反应釜为常压反应釜，操作压力并不大，反应釜的顶盖型式常设计为结构简单、制造方便的平盖封头型式（如图 4-37），即在钢板上加设型钢制的横梁，用以支承搅拌器及其传动装置。反应釜顶盖通常开孔较多，导致封头的强度被削弱，平盖封头应考虑开孔补强设计。也有厂家设计为承压更大的椭圆封头型式（如图 4-38），但椭圆封头加工难度较大。顶盖与筒体连接方式常有可拆的法兰连接和不可拆的焊接连接两种方式。法兰连接便于罐内安装和检修，尤其是罐体直径较小时，人孔直径较小或无法开设人孔时有其独特优势，但成本上比焊接连接高；焊接连接则罐内安装和检修时较为麻烦。

图 4-37
平盖封头

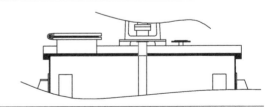

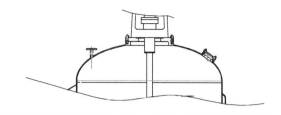

图 4-38
椭圆封头

三元前驱体反应过程属于固液两相混合操作，根据固液悬浮状态程度常分为三种状态[4]，如图 4-39。

图 4-39
搅拌状态下的固液悬浮状态

近底悬浮　　　　　完全离底悬浮　　　　　均匀悬浮

近底悬浮是指固体颗粒在罐底停留时间较长，甚至在罐底出现沉积；完全离底悬浮是指固体颗粒在罐底的停留时间不超过 1~2s；均匀悬浮则是固体颗粒在全釜内实现均匀分布。三元前驱体颗粒具有易沉降的特性，实际过程中很难达到真正意义的均匀悬浮。但为保证三元前驱体颗粒的均匀反应结晶，应尽可能地提高固体颗粒在釜内的悬浮均匀程度。这种悬浮均匀程度除了和搅拌状态相关外，还和罐底的型式有关。

前面介绍搅拌罐的罐底型式有锥形底、平底及椭圆底三种型式。锥形底型式底部离搅拌器较远，会让固液混合液在底部产生滞留区而使固体积聚，应杜绝使用；平底型式产生的流型如图 4-40 所示，从图中可以看出，主体循环流不能达到釜底中央及釜底与釜壁的交界处，这两个部位产生流速很低的非理想流体，因此这两个部位易产生死角而引起固体颗粒的积聚。因此反应釜的罐底型式应选择椭圆底型式。椭圆底虽然很好地解决了釜底和釜壁的死角问题，但随着三元前驱体反应的固含量越来越高，离搅拌器较远的釜底中心可能会在固含量较高时产生近底悬浮，因此有许多厂家开始设计复曲面罐底型式（俗称 W 形底）来改善浆料的悬浮均匀状态，如图 4-41。

图 4-40
平底流体流型

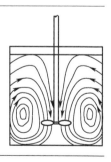

③ 反应釜罐体的容积与长径比：生产用的反应釜的容积规格从最早的 3m³ 开始逐步发展为 6m³、8m³、10m³，甚至有些厂家开始应用 20m³ 的反应釜。容积越大，前驱体颗

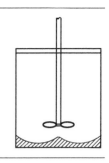

图 4-41
W 形底

粒在釜内的停留时间越长，越有利于反应釜原料液流量的增加而使产能提升。各家采用的反应釜除了容积有所差异之外，其筒体长径比的设计也有较大不同。例如同样容积的反应釜，有的厂家设计的长径比仅为 1.2 左右，有的却高达 1.6。从反应工艺的角度来说，小长径比的反应釜具有较大的罐体直径，搅拌器的长度较长，可以提高反应搅拌作业功率。同时，筒体高度较小，液层较低，液体的上升流速下降较小，有利于固体粒子的均匀悬浮。三元前驱体反应过程产生的搅拌热较大，因此反应体系对传热也有较高的要求，大长径比的反应釜传热面积较大，釜内温度梯度较小，而溶液的 pH 值和温度相关，所以釜内各处的 pH 值也较为均匀。大长径比的反应釜筒体直径较小，搅拌器的直径较短，同等功率转速更快；大长径比的反应釜筒体高度较高，固体颗粒在釜内的循环路径较长，颗粒在釜内的停留时间较长，与原料液有充分的接触时间，更有利于晶体的熟化。从安装的角度来说，大长径比的反应釜由于搅拌轴较长，对轴的安装精度和支承要求较高，否则容易出现轴的摆动。当然，仅仅从长径比来判断哪种反应釜较好是比较片面的，不同长径比的罐体还需要配置合适的搅拌系统。

④ 反应釜的换热型式：根据第 1 章的分析，三元前驱体的反应过程需要在一定温度下进行，因此反应釜还需配备换热系统。由于内部换热型式容易破坏反应釜的内部结构，反应釜的换热型式常选用外部换热型式。外部换热型式常见的有夹套和外盘管，如图 4-42。

图 4-42
反应釜的换热型式

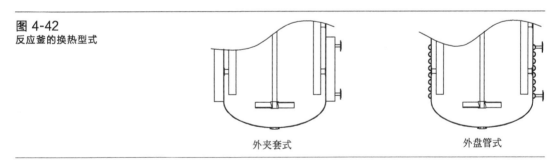

外夹套式　　　　　　　　　　　　外盘管式

夹套和筒体之间没有间隙，外盘管式的外管之间要留有焊接距离，因此外盘管的换热面积不如夹套。但外盘管式内的换热介质流速要快一些，换热系数更高；外盘管焊接在反应釜筒体上相当于成为反应釜的加强圈，所以对于同等压力要求，外盘管式反应釜比外夹套式反应釜对壁厚的要求更低，从而节省设备成本。或者说外盘管式反应釜比外夹套式反应釜能承受更大的压力。例如采用蒸汽进行换热时，外盘管可承受蒸汽压范围在 0.7～1.3MPa，而夹套必须将其减压至 0.4MPa 以下；但外盘管的加工制作较为麻烦，不如夹

三元材料前驱体——
产线设计及生产应用

套制作简单。三元前驱体反应过程的温度一般在 $50\sim60℃$，通常仅需要低压的冷、热循环水就能满足要求，因此结构简单的夹套式有较多的应用，并以图 4-13 中型式Ⅱ和型式Ⅲ应用较为广泛。但如果在常年较为寒冷的地区，需要长时间采用蒸汽作为热媒对反应釜进行加热和保温，则外盘管在节能、罐体安全系数提升以及成本上有较大的优势。

（2）搅拌系统　和盐溶液配制罐一样，反应釜的搅拌系统也由传动系统和搅拌器组成。传动系统由电动机、减速装置、联轴器、机架、轴承、搅拌轴组成，如图 4-43。

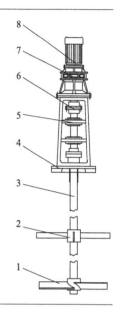

图 4-43
反应釜的搅拌系统图
1—下层搅拌器；2—上层搅拌器；
3—传动轴；4—连接座；5—支点；
6—联轴器；7—减速机；
8—电机

① 反应釜的传动系统：反应釜的电动机一般都是采用价格较低、应用广泛的 4 级异步电动机。行业中反应釜的减速装置主要有齿轮减速机和皮带轮两种。由于反应釜在运行过程中转速较高，减速比较小，皮带轮也得到了广泛应用。相比于齿轮减速机，皮带轮便宜，维修方便，但皮带轮会因皮带的长期轮转磨损在车间内产生粉尘。选择减速装置最重要的还是选择合适的速比。速比过大，最大转速达不到要求的转速；速比过小，最大转速超出要求转速很多，搅拌功率会显著增加，会导致电动机功率无法得到充分利用。

反应釜的联轴器、机架、轴承、搅拌轴的设计应按照标准 HG/T 20569—2013《机械搅拌设备》规定进行。悬臂式搅拌轴和单跨式搅拌轴在行业中均有应用。有些反应釜罐体为大长径比设计，需要的搅拌轴较长，为保证搅拌轴的摆动量不要太大，通常按单跨式进行设计，一般在反应釜底部设置底轴承。但这种底轴承的润滑主要靠釜内的前驱体浆料，轴套容易磨损，需要经常更换，影响生产效率，同时磨损的杂质也会引入产品之中，因此应尽量避免单跨式搅拌轴的使用。因此搅拌轴较长的反应釜可采用双支点机架来控制搅拌轴的摆动量。另外搅拌轴的材质宜选择 316 钢。

② 反应釜的搅拌器：

a. 搅拌器类型的选择。反应釜搅拌器类型的选择与釜内的搅拌操作目的有关，如表 4-23。

表 4-23　反应釜内的搅拌操作目的

| 序号 | 搅拌操作目的 |
| --- | --- |
| 1 | 让三元前驱体固体颗粒在液相中均匀悬浮。三元前驱体颗粒具有较快的沉降速度,需要釜内的浆料具有较大的循环流量和流动速度 |
| 2 | 让进入反应釜内的盐、碱、氨水溶液快速分散、混合,避免釜内局部过饱和度过大。因此需要搅拌器有较强的剪切性能和循环能力 |
| 3 | 强化原料溶液与三元前驱体固体颗粒两相之间的传质。因此需要釜内有较大的湍流速度以加快传质速率 |
| 4 | 保证釜内结晶的成核速率在一定范围。三元前驱体的成核速率主要以二次成核为主,剪切力越大,二次成核速率越大。虽然一定的成核速率,有利于晶体二次颗粒的生长,但成核速率过大,会大大影响二次颗粒的粒度分布。因此搅拌器的剪切性能也不宜太大 |
| 5 | 强化反应釜内的传热,保证反应釜内各处温度的均一性。pH 值与温度相关,温度均一则 pH 值较为稳定,因此需要釜内浆料有较大湍流速度和较大循环量,保证釜内的浆料在传热面上有较大的更新速度以加快传热速率 |

从表 4-23 可以看出,反应釜内浆料要求的流动状态为对流循环、湍流扩散和剪切流。这需要搅拌器既要有较大的循环能力,又要有较大的剪切能力,同时具有较高的转速,在低黏度的三元前驱体浆料中(10%的固含量,三元前驱体的黏度约为 20mPa•s),采用高剪切、高排出性能的涡轮式桨较为合适。涡轮式搅拌器根据叶片形式和安装的角度分为如图 4-44 中的几种类型。

图 4-44
几种常用的涡轮
搅拌器

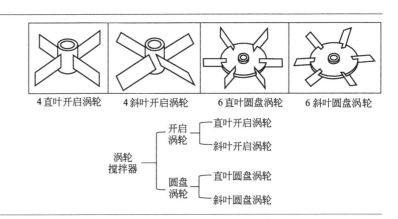

4 直叶开启涡轮　　4 斜叶开启涡轮　　6 直叶圆盘涡轮　　6 斜叶圆盘涡轮

涡轮搅拌器
- 开启涡轮
  - 直叶开启涡轮
  - 斜叶开启涡轮
- 圆盘涡轮
  - 直叶圆盘涡轮
  - 斜叶圆盘涡轮

圆盘涡轮与开启涡轮的区别是圆盘涡轮多一个圆盘,圆盘涡轮多为 6 叶,开启涡轮多为 4 叶,两者产生的流体类型是一样的。直叶涡轮搅拌器属于径向流搅拌器,这种搅拌器功率消耗大,剪切力强,也具备一定的排出性能;斜叶涡轮搅拌器有轴向分流和径向分流,偏向于轴向流搅拌器,产生同样排出流量的功率消耗仅需要直叶涡轮的一半,因此它的排出性能比直叶涡轮好。

四种涡轮式搅拌器的剪切性能大小为[16]:直叶圆盘涡轮>直叶开启涡轮>斜叶圆盘涡轮>斜叶开启涡轮。开启涡轮和圆盘涡轮在三元前驱体反应釜中均有应用,但 6 直叶圆盘涡轮剪切力太大,较少使用,一般在三元前驱体反应釜中较常用的为其他三种涡轮搅拌器,其常见的参数如表 4-24。

三元材料前驱体——
产线设计及生产应用

表 4-24　三元前驱体反应釜中应用的几种搅拌器的参数

| 序号 | 搅拌器名称 | 叶片数量 | 桨叶角度 | 搅拌器参数 |
|------|-----------|---------|----------|-----------|
| 1 | 直叶开启涡轮 | 4 | 90° | $d/D$：0.3～0.5；$b/d$：0.1～0.3 |
| 2 | 斜叶开启涡轮 | 4 | 30°、45°、60° | $d/D$：0.3～0.5；$b/d$：0.1～0.3 |
| 3 | 斜叶圆盘涡轮 | 6 | 45°、60° | $d：l：b=20：5：4$ |

注：表中 $d$ 为搅拌器直径；$D$ 为罐体直径；$b$ 为搅拌器宽度；$l$ 为搅拌叶片长度。

由于直叶开启涡轮排量不足，没有轴向流产生，而斜叶开启涡轮的剪切力较弱，在三元前驱体反应釜中常采用直叶开启涡轮和斜叶开启涡轮组合使用，两种搅拌器的层间距 $L$ 通常为 $(1～1.5)d$，这种组合式双层搅拌桨适用于液层深度较高或长径比较大的反应釜。

6 斜叶圆盘涡轮兼具高剪切和高排出性能，因此也有厂家使用单层 6 斜叶圆盘涡轮搅拌器。这种单层搅拌器适用于液层深度较低或长径比较小的反应釜。但是圆盘涡轮搅拌器中间的圆盘部分会阻碍桨叶上下液相的混合，易对釜内的固液悬浮产生不利影响。

b. 搅拌器转速的计算。反应釜搅拌器的转速同样可按本章前面讲述的搅拌器转速确定方法计算，但是反应釜内搅拌操作的目的较多，需要综合多方面来考虑。下面举例讲述反应釜搅拌器转速的确定方法。

假设反应釜罐体直径为 1.8m，搅拌器采用斜叶开启涡轮（$\theta=45°$）和直叶开启涡轮二层搅拌器，搅拌器的桨径罐径之比 $d/D$ 为 1/3，釜内三元前驱体颗粒的平均粒径 $d_p$ 为 10$\mu$m，颗粒密度为 3.0g/mL，液相硫酸钠水溶液密度为 1.2g/mL，反应釜内的固含量为 10%，黏度为 20mPa·s，反应釜内的浆料密度为 1300kg/m³，求搅拌器的转速。

首先确定反应釜内三元前驱体浆料固液均匀悬浮所需要的转速，根据前面介绍，必须计算出三元前驱体颗粒的设计沉降速度，可通过查图 4-23 得到，三元前驱体颗粒可近似看为球形颗粒，其沉降速度也可按式(4-15)进行计算：

$$U_t=1.72\sqrt{\frac{\gamma_s-\gamma}{\gamma}gd_p}=1.72\times\sqrt{\frac{3-1.2}{1.2}\times9.8\times10\times10^{-6}}=0.021(\text{m/s})$$

根据表 4-15，固含量为 10% 的三元前驱体颗粒沉降速度的修正系数 $f_w=0.91$，它的设计沉降速度 $U_d$ 为：

$$U_d=0.91\times0.021=0.019(\text{m/s})=1.14(\text{m/min})$$

反应釜要求的固液悬浮必须达到均匀循环，还能达到溢流方式进行出料，设计固液悬浮的搅拌级别为 9 级。假设近似认为反应釜内的固液悬浮主要靠排出性能大的斜叶开启涡轮桨，根据涡轮搅拌桨和反应釜的 $d/D=1/3$ 及搅拌等级查图 4-22 求得 $\phi$ 值为 $6\times10^{11}$。根据式(4-14)可求得反应釜固液需要的搅拌转速 $N_1$：

$$N_1=\sqrt[3.75]{\frac{\phi U_d}{9.28\times10^3\times d^{2.81}}}=\sqrt[3.75]{\frac{6\times10^{11}\times1.14}{9.28\times10^3\times0.6^{2.81}}}=184(\text{r/min})$$

故反应釜内固液悬浮的转速为 $N_1=184$r/min，即 3.06r/s。

由于盐、碱反应速度非常快，反应釜内进入的盐、碱、氨水溶液要在反应之前尽可能地在液相中快速、均匀分散，此时的搅拌强度按互溶液体混合强度等级 10 级进行设计。查表 4-13，当搅拌等级达到 10 级时，其三元前驱体浆料需要达到的整体流速 $u$ 为 0.305m/s。根据式(4-10)求得搅拌器的排出流量为：

$$Q_d = \frac{u\pi D^2}{4} = \frac{0.305 \times 3.14 \times 1.8^2}{4} = 0.78(m^3/s)$$

先根据上面求得的固液悬浮的转速 $N_1$，求得反应釜内的搅拌雷诺数 $Re_1$ 为：

$$Re_1 = \frac{3.06 \times 1300 \times 0.6^2}{20 \times 10^{-3}} = 7.2 \times 10^4$$

由反应釜的 $d/D = 1/3$ 及雷诺数 $Re_1$ 查图 4-21 得到搅拌器的排出流量数 $N_{qd1} = 0.75$。

根据式(4-11)再计算出搅拌器的另一个转速 $N_2$：

$$N_2 = \frac{Q_d}{N_{qd1}d^3} = \frac{0.78}{0.75 \times 0.6^3} = 4.81(r/s)$$

再根据 $N_2$ 求得另一个搅拌雷诺数 $Re_2$：

$$Re_2 = \frac{4.81 \times 1300 \times 0.6^2}{20 \times 10^{-3}} = 1.1 \times 10^5$$

根据 $Re_2$ 继续查图 4-21 得到排出流量数 $N_{qd2} = 0.75$。

$N_{qd1} = N_{qd2}$，所以反应釜内盐、碱快速分散均匀要求的转速为 4.81r/s，即 289r/min。

综合两方面的考虑，反应釜内要求的转速应为 289r/min。

实际上行业中 6~8m³ 的三元前驱体反应釜的转速在 150~350r/min 之间，且随着反应釜直径的增大而减小。因此上述的结果和实际情况比较吻合。

c. 功率的计算。对于采用单层搅拌器的反应釜，其搅拌器的功率可按照本章前面介绍的算图法或永田进治公式法进行计算。而对于采用斜叶与直叶涡轮搅拌器的双层搅拌器的反应釜，则无法直接套用前面的算法。

首先，多层搅拌器之间的层间距 $L$ 会导致功率增加的多少有所不同。搅拌器相距太远，各搅拌器的作用场之间存在未受到搅拌作用的区域；相距太近，相邻两层的液流流速太近而速度梯度太小，导致混合效果不好。一般来说 $L$ 为 1~1.5 倍桨径为宜。其次，采用不同组合形式的开启涡轮式搅拌桨与单层直叶涡轮桨的关系[4]见图 4-45。从图 4-45 中可以看出，斜叶与直叶涡轮搅拌器的组合功率约为单层直叶涡轮搅拌器的 1.5 倍，因此可由算图法或永田进治公式法求得单层直叶涡轮的搅拌器功率，再乘以 1.5 倍进行估算。

图 4-45
不同组合形式的涡流桨的搅拌功率[4]
注：图中 1 为双层平直开启涡轮；2 为平直叶开启涡轮与折叶开启涡轮；3 为双层折叶开启涡轮。实验中桨宽与桨径的比值为 1/8，折叶桨桨叶倾斜角 $\theta$ 为 45°，$P_2$ 为双层搅拌器的功率，$P_1$ 为单层直叶桨的功率

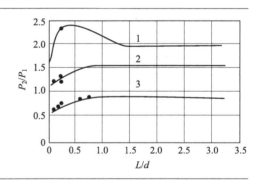

以双层搅拌器的反应釜为例，现假设反应釜罐体直径为 1.8m，搅拌器采用 4 斜叶开启涡轮（$\theta = 45°$）和 4 直叶开启涡轮二层搅拌器，搅拌器的桨径罐径之比 $d/D$ 为 1/3，桨宽与桨径之比 $b/d$ 为 0.15，黏度为 20mPa·s，液深与罐径比 $H/D = 1.2$，反应釜内的浆料密度为 1300kg/m³，搅拌器的转速为 240r/min，全挡板条件，求搅拌器的功率。

三元材料前驱体——
产线设计及生产应用

首先利用永田进治公式计算反应釜内单层直叶涡轮搅拌器的功率，先将 4 直叶涡轮桨等效成当量 2 直叶涡轮，已知 4 直叶涡轮的 $b/d=0.15$，$d/D=1/3$，则搅拌器的直径 $d$ 和桨叶宽度 $b$ 为：

$$d=1.8/3=0.6(\text{m})$$
$$b=0.6\times0.15=0.09(\text{m})$$

4 直叶涡轮桨等效成的当量 2 直叶涡轮桨的桨宽 $b^*$ 为：

$$b^*=2b=0.18\text{m}$$

在全挡板条件下，根据当量二叶桨的桨宽值 $b^*$ 及 $D$ 值由式（4-23）求得直叶涡轮桨的搅拌雷诺数 $Re_c$ 为：

$$Re_c=\frac{25}{(0.18/1.8)}\times\left(\frac{1}{3}-0.4\right)^2+\left[\frac{0.18/1.8}{0.11\times(0.18/1.8)-0.0048}\right]=17.25$$

再将 $b^*$、$D$ 及 $d$ 值代入式（4-20）、式（4-21）、式（4-22）分别求得 $A$、$B$、$p$ 值。

$$A=14+\frac{0.18}{1.8}\times\left[670\times\left(\frac{1}{3}-0.6\right)^2+185\right]=37.28$$
$$B=10^{\left[1.3-4\times(0.18/1.8-0.5)^2-1.14\times(1/3)\right]}=1.90$$
$$p=1.1+4\times\frac{0.18}{1.8}-2.5\times\left(\frac{1}{3}-0.5\right)^2-7\times\left(\frac{0.18}{1.8}\right)^4=1.43$$

将 $A=37.28$，$B=1.90$，$p=1.43$，$Re_c=17.25$ 代入式（4-18）中，可求得直叶涡轮桨的功率准数 $N_P$：

$$N_P=\frac{37.28}{17.25}+1.90\times\left(\frac{1000+1.2\times17.25^{0.66}}{1000+3.2\times17.25^{0.66}}\right)^{1.43}\times1.2^{(0.35+0.18/1.8)}=4.16$$

因此可求得 4 直叶开启涡轮搅拌器的搅拌功率 $P_1$ 为：

$$P_1=N_P\rho N^3d^5=4.16\times1300\times4^3\times0.6^5\times10^{-3}=26.9(\text{kW})$$

则 4 直叶开启涡轮桨和 4 斜叶涡轮桨的组合形式的总功率 $P$ 为：

$$P=1.5P_1=1.5\times26.9=40.35(\text{kW})$$

假设反应釜采用水密封，轴封损失忽略不计，传动效率 $\eta$ 为 0.95，因此所需要的电动机功率 $N_{\text{电机}}$：

$$N_{\text{电机}}=\frac{P}{\eta}=\frac{40.35}{0.95}=42.5(\text{kW})。$$ 故该反应釜需采用 45kW 的电机。

4 直叶开启涡轮桨也可以采用算图法计算，由于 Rushton 算图上没有开启直叶涡轮，在 Bates 算图上可以查到 6 直叶开启涡轮。

先求出反应釜内的搅拌雷诺数 $Re$：

$$Re=\frac{4\times1300\times0.6^2}{20\times10^{-3}}=9.4\times10^4$$

根据 $Re$ 从 Bates 算图上查得 6 片平直叶开启涡轮（$b/d=1/5$）的功率准数 $N_P=4.0$。

求得算图上搅拌器的功率 $P_0$：

$$P_0=N_P\rho N^3d^5=4.0\times1300\times4^3\times0.6^5\times10^{-3}=25.9(\text{kW})$$

由于反应釜内的 4 直叶涡轮桨及其应用条件与算图上的 6 直叶涡轮桨有差异，故其功率还需修正：

反应釜内液层深度与罐径比 $H/D=1.2$，液层深度的修正系数 $f_1$ 为：

$$f_1 = \left(\frac{H}{D}\right)^{0.6} = 1.2^{0.6} = 1.12$$

反应釜内的平直叶涡轮搅拌器的数量为 4 块，桨叶的数量修正系数 $f_2$ 为：

$$f_2 = \left(\frac{n_p}{6}\right)^{0.8} = \left(\frac{4}{6}\right)^{0.8} = 0.72$$

由于反应釜内的进料管道较多，考虑这些附件对搅拌功率的增加，根据表 4-16 查得进料管对涡轮桨的影响系数 $q$ 为 0.20。

当然桨宽还有差异，在此忽略，所以得到 4 直叶涡轮搅拌器的功率 $P_1$ 为：

$$P_1 = (1+q)f_1 f_2 P_0 = 1.20 \times 1.12 \times 0.72 \times 25.9 = 25.1(\text{kW})$$

那么 4 直叶开启涡轮和 4 斜叶开启涡轮的组合形式的总功率 $P$ 为：

$$P = 1.5 P_1 = 1.5 \times 25.1 = 37.7(\text{kW})$$

假设反应釜的传动效率为 0.95，同样可计算得到所需要的电动机的功率 $N_{电机}$ 为：

$$N_{电机} = \frac{P}{\eta} = \frac{37.7}{0.95} = 40(\text{kW})$$

故该反应釜需采用 45kW 的电动机。

实际应用过程中 6~8m³ 的反应釜的电动机功率在 30~55kW。这可能和各家的搅拌器（如桨径、桨宽、桨叶倾斜角）、罐体参数（如直径、长径比）有差异以及功率放大程度有关。

从上面的计算可以看出，反应釜的搅拌器转速快，功率大，搅拌器长时间与釜内颗粒摩擦，容易磨损产生磁性异物。因此越来越多的厂家采用更耐磨的钛材搅拌器。

（3）轴封　反应釜的轴封方式多为机械密封和水密封。采用水密封的好处是水密封可以吸收反应釜内有无组织逸散的氨气，大大改善车间内的作业环境。但水密封的强度不高，不耐压。

### 4.2.1.2　反应釜的放大

三元前驱体行业发展近二十年，反应釜的容积仅从 3m³ 发展到大规模应用的 10m³。虽然有些厂家开始尝试使用 20m³ 的反应釜，但并未得到广泛应用，从根本上说是反应釜的放大问题没有得到解决。反应釜的放大问题其实就是釜内介质物性不变时，从小容积反应釜放大到大容积反应釜后如何能重现小容积反应釜的工艺过程结果。反应釜的放大方法有几何相似放大法和非几何相似放大法[17]。

（1）几何相似放大法　根据相似理论，要放大实验参数，就必须要让两个系统具有相似性。其相似的内容分为如下几类。

① 几何相似：两个装置相应的几何尺寸的比例都相等。如罐体长度、直径、体积、桨叶直径等。

② 运动相似：几何相似系统中，对应位置上流体的运动速度之比相等。如体积循环流量、流体速度、体积功率等。

③ 动力相似：几何相似系统中，对应点上的各种力（惯性力、流体黏滞力、重力和表面张力）的比值或者度量这些力的特征数相等。如雷诺数是惯性力与流体黏滞力之比，

弗劳德数是重力与流体黏滞力之比，韦伯数是惯性力与表面张力效应之比。

几何相似放大法是指将反应釜按几何相似放大后，保证其运动相似和动力相似。常见的放大准则如表 4-25。

表 4-25 反应釜的放大准则

| 放大参数 | 放大准则 | 放大参数的含义 |
|---|---|---|
| 单位体积平均搅拌功率 $P_V$ | $N_1^3 d_1^2 = N_2^3 d_2^2$ | 对釜内平均湍流速度的量度，是表征微观混合的特征参数 |
| 叶端线速度 $U$ | $N_1 d_1 = N_2 d_2$ | 搅拌器的剪切性能以及釜内介质流体的整体流速的量度 |
| 雷诺数 $Re$ | $N_1 d_1^2 = N_2 d_2^2$ | 宏观液体混合的度量 |
| 弗劳德数 $Fr$ | $N_1^2 d_1 = N_2^2 d_2$ | 流体流速缓急的度量 |

从表 4-25 中的这些放大准则来看，要达到这些参数的全部相似是不可能的。只能根据搅拌的目的按照工艺影响最大的某一参数进行放大，再逐次考虑其他因素是否符合要求。

三元前驱体反应工艺的目的是制备一定粒度分布的晶体颗粒，要求反应过程中粒度可控，因此主要影响工艺的因素是保持反应釜内过饱和度的稳定及一定的晶体成核速率。只有保证釜内流体的湍流速度达到一定程度，才能将盐、碱、氨水溶液快速达到分子扩散级别，从而保证过饱和度的稳定。衡量流体湍流速度的参数为 $P_V$；晶体的成核速率和剪切力相关，流体的剪切力越大，成核速率越快，三元前驱体反应过程需要保证成核速率在一定范围，否则会引起过度成核，从而影响颗粒的粒度分布，因此需要控制剪切力在一定范围，衡量剪切力的参数为叶端线速度 $U$。总之，三元前驱体反应釜按几何相似放大，参数首先应该考虑 $P_V$，只要放大后其叶端线速度相差不大就可以。当然放大后宏观混合参数也很重要，只是三元前驱体的黏度比较小，$Re$ 很大，很容易达到湍流状态，放大后对湍流状态改变不大，可作为最次要因素考虑。

例如：一个直径 1.8m 的反应釜，桨径罐径比 $d/D$ 为 1/3，反应过程中搅拌转速为 4r/s，现按几何放大到直径 2.4m 的反应釜，反应釜内浆料的黏度为 $20\text{mPa} \cdot \text{s}$，密度为 $1300\text{kg/m}^3$，求其合适的转速。

为了保持桨径罐径比不变，几何放大的反应釜的搅拌器直径 $d_2$ 为

$$d_2 = \frac{d_1}{D_1} D_2 = \frac{1}{3} \times 2.4 = 0.8(\text{m})$$

反应釜按 $P_V$ 进行放大，则需要：

$$N_1^3 d_1^2 = N_2^3 d_2^2$$

则可求得放大后搅拌器的转速为：

$$N_2 = \sqrt[3]{\frac{4^3 \times 0.6^2}{0.8^2}} = 3.3(\text{r/s})$$

原小反应釜的叶端线速度 $U_1 = N_1 d_1 = 4 \times 0.6 = 2.4(\text{m/s})$；雷诺数 $Re_1 = \dfrac{1300 \times 4 \times 0.6^2}{20 \times 10^{-3}} = 9.4 \times 10^4$

放大反应釜的叶端线速度 $U_2 = N_2 d_2 = 3.3 \times 0.8 = 2.64(\text{m/s})$；雷诺数 $Re_2 = $

$$\frac{1300 \times 3.3 \times 0.8^2}{20 \times 10^{-3}} = 1.4 \times 10^5$$

叶端线速度与雷诺数均变化不大，因此这种放大是可行的。

（2）非几何相似放大法　几何相似放大法算法比较简单，但只能让某一参数与原罐体一致，对于放大体积不大的罐体来说比较合适。当放大较大体积时，就不适用了。例如从上面的计算结果来看，按 $P_V$ 放大的反应釜，其叶端线速度有所增加，如果放大很大体积，其增加程度会更大，有可能导致反应釜内的剪切力过大而不适合于前驱体的生产。这时候就要考虑非几何相似放大法。

非几何相似放大是放弃几何相似的制约，让放大后反应釜内的更多参数达到一致。但要做到非几何相似放大，必须弄清楚一些几何参数如 $d/D$、$b/d$、$H/D$、$n_p$、$\theta$ 等与混合参数如 $P_V$、$U$、$Re$ 等的关系。而这些参数关系往往需要通过实验才能找出影响结果，有的甚至还要改变搅拌器的型式与反应釜的结构才能达到放大前后反应釜的混合参数相似的目的。例如反应釜放大到很大体积时，先要求 $P_V$ 相等，那么会导致其叶端线速度 $U$ 放大很多。如果要保持 $U$ 变化不大，则需要降低转速 $N$，又会引起 $P_V$ 变小。为了能让 $P_V$ 保持不变，只能提高搅拌器的功率准数 $N_P$，可能需改变搅拌器的型式才能达到 $P_V$ 保持不变的结果。

### 4.2.1.3　泰勒反应器

（1）泰勒涡流的形成与形态　行业生产中应用的反应釜都为上述的立式搅拌罐结构。韩国近几年推出了一种新型的泰勒反应器，它是依据泰勒涡流原理制作的。泰勒涡流是指在相对旋转的两个圆筒间隙间（通常为内圆筒转动，外圆筒静止），当两个圆筒的相对旋转速率达到某一临界值后，由于离心力和流体科氏力的作用，会让流体在沿圆筒轴向的方向诱导产生一系列正反交替、有序排列的环形涡，这种环形涡称为泰勒涡流，如图4-46。泰勒涡流能够为反应介质提供较大的比表面接触面积，增大流体中的传质速率和混合强度；同时这种稳定的泰勒流会让工艺条件稳定，容易制备出品质均一的产品。

图 4-46
泰勒示意图[18]

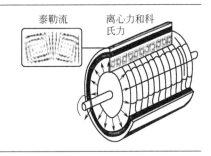

泰勒涡流的流体状态常用无量纲的泰勒数来表示。当泰勒数达到一定临界值时，才会有泰勒涡流形成；而当泰勒数高到某一数值时，泰勒涡流又会消失。它的定义[19]如式(4-25)。

$$Ta = \frac{b^{3/2} r_i^{1/2} \omega}{\nu} \qquad (4-25)$$

式中，$Ta$ 为泰勒数；$b$ 为两圆筒间的环形间隙宽度，m；$r_i$ 为内圆筒半径，m；$\omega$ 为内圆筒转速，$r/s$；$\nu$ 为流体的动力学黏度，$m^2/s$。

从式（4-25）可以看出，当反应器的尺寸和流体确定之后，$Ta$ 和内圆筒的转速 $r_i$ 有关。通过调节内圆筒的转速，可以得到不同形态的泰勒涡流。当内圆筒转速较低时，$Ta$ 数值较小，没有泰勒涡流形成，流体主要形成库埃特层流，如图 4-47(a)；当转速进一步增加时，$Ta$ 超过某一临界值，流体形成了层流泰勒涡，如图 4-47(b)；当转速继续提高，层流泰勒涡会出现周向波动，形成波状泰勒流，如图 4-47(c)；当转速再继续增大时，流体湍动增强，形成湍动泰勒流，如图 4-47(d)；当转速更进一步增大，$Ta$ 超过某一临界值时，涡流结构被破坏，泰勒流消失，变成完全湍动状态。

图 4-47
几种泰勒涡
流形态[19]

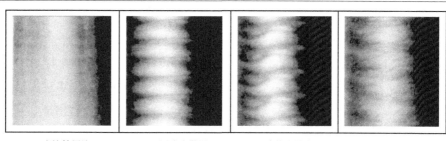

(a) 库埃特层流　　　(b) 层流泰勒涡　　　(c) 波状泰勒流　　　(d) 湍动泰勒流

（2）泰勒反应器的设计[19,20]　　不同的泰勒流形态对反应过程会有不同影响。在层流泰勒涡中，涡内传质系数大于涡间传质系数，反应接近于平推流；在波状或湍动泰勒流中，由于流体湍动大大增加，涡间传质系数大大增加，反应接近于全混流，但这种返混会让流体中的溶质浓度梯度降低而传质速率减小，从而使反应推动力下降。不同泰勒流形态各区域受到的剪切作用也不一样。层流泰勒涡中，内、外层颗粒受到的剪切作用不均匀，外层颗粒比内层颗粒受到的剪切作用大；在波状或湍动泰勒流中，各处的颗粒受到的剪切作用几乎一样。剪切作用的均匀性会影响晶体颗粒的微观形貌及固体颗粒的悬浮均匀状态。对于三元前驱体的反应结晶来说，由于反应速率非常快，对晶体颗粒的微观形貌以及粒度分布的均一性要求比较高，因此需要在高转速下进行制备。Laminar 公司设计的几款实验室级别的连续泰勒反应器转速均达到了 1500r/min。

泰勒流的形成及形态除了和内圆筒的转速以及流体黏度有关外，还和反应器的尺寸有很大关系。因此设计泰勒反应器的关键点有内、外圆筒的半径之比 $r_i/r_o$ 和反应器长度与环形间隙之比 $L/b$。

泰勒流要在环形间隙很小的情况下才能形成，因此泰勒反应器的环状间隙设计得非常小，实验室级别的反应器的环形间隙仅约 1cm，所以其体积容量非常小。常规的立式搅拌罐也可将搅拌器和釜壁看作是两个圆筒相对旋转的体系，但因为其间隙太大，很难形成泰勒流。泰勒涡流柱的宽度取决于环形间隙宽度，$r_i/r_o$ 值越大，反应器的环形间隙越小，泰勒涡流柱宽度越小，泰勒涡流数目越多。环形间隙还和泰勒流形态有关，有观点认为只有当 $r_i/r_o$ 小于 0.7 时，才会有波状泰勒流产生；当 $r_i/r_o > 0.7$ 时，随着转速的增加，由泰勒层流直接变为湍动泰勒流。通常泰勒反应器设计时 $r_i/r_o > 0.7$。表 4-26 是 Laminar 公司的几款泰勒反应器的参数。

表 4-26　Laminar 公司的几款泰勒反应器的参数[18]

| 型号 | 体积容量/L | 尺寸($L \times W \times H$)/mm |
| --- | --- | --- |
| Mini-V | 0.02 | $274 \times 525 \times 617$ |
| Labll-V | 0.1 | $500 \times 500 \times 1178$ |
| Lab II-H | 0.2 | $1102 \times 450 \times 574$ |
| Tera 3100 | 1 | $1470 \times 700 \times 1157$ |
| Tera 3300 | 1 | $1400 \times 700 \times 1150$ |

$L/b$ 的比值和泰勒涡流数目有很大关系，有研究认为泰勒涡流数目几乎和 $L/b$ 值相等。因此长度 $L$ 越长，泰勒涡流数目也越多。当 $L/b$ 大于 10 时，其反应器的末端效应（会让泰勒涡流个数减小）可以忽略，通常泰勒反应器的 $L/b$ 设计在 30～60。

另外，泰勒反应器在内、外圆筒旋转轴的形状、结构设计上多种多样，以用于调节反应器流体参数。例如有的外圆筒壁上是光滑的，有的可能设计有沟槽。有的内圆筒转动轴为常规圆柱体形状，有的在内圆柱搅拌轴上的不同位置进行变径，如图 4-48。

图 4-48
几种不同型式的内圆筒
旋转轴[18]

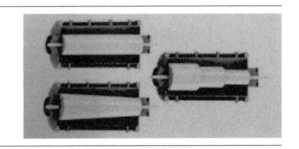

Laminar 公司设计的泰勒反应器如图 4-49。从图中可以看出，盐、碱、氨水溶液从原料液进料口进入反应器的环形间隙的最左端，随着内圆筒的旋转，发生沉淀反应结晶，在轴上形成泰勒涡流并向右移动，移动过程中晶体进一步生长，到溢流口溢流出。在反应器的中部设置进料口，还可用于制备核壳前驱体和梯度前驱体。

图 4-49
泰勒反应器的结构[18]
1—原料液进料口；2—换热介质出口；
3—换热介质进口；4—排放口；
5—浆料溢流口；6—内圆筒旋
转轴；7—温度控制区；
8—环形间隙反应区

（3）泰勒反应器的特点　Laminar 公司用泰勒反应器与常规间歇反应釜在三元前驱体制备上进行了对比，如表 4-27。

三元材料前驱体——
产线设计及生产应用

表 4-27　常规间歇反应釜与连续泰勒反应器对比[18]

| 指标 | 常规间歇反应釜 | 连续泰勒反应器 |
|---|---|---|
| 流体混合方式 | 微观混合 | 微观混合 |
| 传质速率/(m/s) | 1 | 3.3 |
| 混合强度/(W/kg) | 0.8 | 5.8 |
| 反应时间/h | 10 | 2 |
| 径距,$(D_{90}-D_{10})/D_{50}$ | 0.5 | 0.2 |
| 振实密度/(g/cm³) | 2.1 | 2.2 |

从表 4-27 可以看出，连续泰勒反应器比常规间歇反应釜有较高的传质速率和较高的混合强度，在较短的时间达到了较高的振实密度，粒度分布也非常窄。泰勒反应器在保证产品质量的前提下，大大提高了生产效率。但泰勒反应器的规格仅适用于实验，产能非常小，而且昂贵，在大规模生产中未得到应用。其存在的放大问题是如何保证反应器的几何特征参数如 $r_i/r_o$、$L/b$ 放大以后，还能保证反应器动力、运动特征参数如 $Ta$、剪切应力相似。若解决好泰勒反应器的放大问题，其在三元前驱体行业中将有较好的应用前景。

# 4.2.2　pH 控制系统

## 4.2.2.1　反应釜内 pH 控制原理

根据第 2 章分析，三元前驱体制备过程中，当固含量稳定时，pH 值是唯一影响过饱和度的变量，因此实现 pH 的自动控制是三元前驱体大规模生产的前提。

pH 值是指溶液中游离 $H^+$ 的浓度。为了保证进入反应釜内的盐反应完全，碱必须过量。在第 1 章曾讲到，氨在高 pH 值下电离度很小，在反应釜内的氨基本以游离状态存在，对 $OH^-$ 几乎没有贡献。因此三元前驱体反应釜中的 pH 值实际是盐、碱反应后过量的 $OH^-$ 的含量，可由式(4-26) 表示。

$$M^{2+}+(2+x)OH^- \longrightarrow M(OH)_2+xOH^- \tag{4-26}$$

从式(4-26) 可以看出，进入反应釜内的盐和碱溶液可以生成定量化学计量比的氢氧化物，根据反应釜内总碱的物料平衡，进入反应釜的碱量一部分与盐发生沉淀反应，一部分则游离存在于反应釜中。假设 $dt$ 时刻，浓度为 $c(M^{2+})$ 的盐溶液流量为 $Q(M^{2+})$，浓度为 $c(NaOH)$ 的碱溶液的流量为 $Q(NaOH)$，则釜中游离的 $OH^-$ 的物质的量 $dn(OH^-)$ 随时间的变化关系如式(4-27)。

$$\frac{dn(OH^-)}{dt}=n(NaOH)-2n(M^{2+})=c(NaOH)Q(NaOH)-2c(M^{2+})Q(M^{2+})$$

$$\tag{4-27}$$

式中，$\dfrac{dn(OH^-)}{dt}$ 为釜中游离的 $OH^-$ 的物质的量随时间的变化量；$c(NaOH)$、$c(M^{2+})$ 为配制盐、碱溶液的浓度；$Q(NaOH)$、$Q(M^{2+})$ 为进入反应釜内盐、碱溶液的流量。

从式(4-27) 可以看出，由于配制盐、碱溶液的浓度 $c(NaOH)$、$c(M^{2+})$ 为已知定量，当 $\dfrac{\mathrm{d}n(\mathrm{OH}^-)}{\mathrm{d}t}$ 为 0 时，即 pH 控制为某一定值时，改变盐溶液流量 $Q(\mathrm{M}^{2+})$，则碱溶液流量 $Q(\mathrm{NaOH})$ 随着 $Q(\mathrm{M}^{2+})$ 发生相应变化，否则 pH 则会发生偏离。因此反应釜内的 pH 值控制原理完全是以 $\mathrm{M}^{2+}$ 与 $\mathrm{OH}^-$ 有着定量化学计量比的反应为基础的。

#### 4.2.2.2 反应釜内 pH 自动控制方案

在制备三元前驱体过程中，通常固定输入盐溶液或碱溶液中任一流量，然后再调节另一种溶液的流量，实现 pH 值的自动控制。假设固定盐溶液的流量，反应釜内的 pH 值自动控制工艺框图见图 4-50。

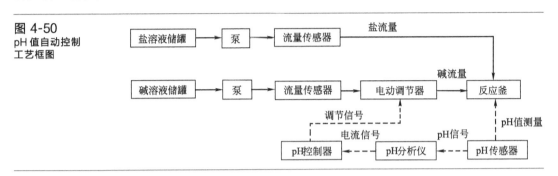

图 4-50
pH 值自动控制
工艺框图

根据图 4-50，反应釜内的 pH 自动控制工艺如下：首先在 pH 控制器上设置一个 pH 值，盐、碱溶液通过泵和流量传感器以一定流量输入反应釜反应，pH 传感器测得反应釜内的 pH 值信号通过 pH 分析仪转换成电流信号后传给 pH 控制器，pH 控制器再根据实际 pH 值与设定 pH 值的偏差进行运算处理后输出调节电流信号，传送给电动调节器，电动调节器通过控制碱流量的大小来达到自动控制 pH 值的目的。

（1）反应釜内盐、碱溶液输送系统　从图 4-50 可以看出，反应釜内的盐、碱溶液的输送也属于 pH 控制的一部分。它一般由泵、流量传感器及流量调节器组成。行业内常有两种输送方案，根据输送方案的不同，其装置选择有差异：

① 一种是磁力泵、流量计和电动调节阀的组合形式。它是采用磁力泵来进行溶液的输送，流量计来指示溶液流量的大小，电动调节阀通过控制阀门的开度来调节流量的大小。在进行 pH 调节时，被调节溶液的流量会在一个较大范围内波动。功率一定的情况下，泵的排出流量和压头是成反比的，当泵流量减小时，泵的压头升高，会对泵的密封、系统管道、阀门等造成损害，因此磁力泵需要配备变频器使泵的压力恒定。电动调节阀的开度精度决定了 pH 的控制精度，开度精度越大，流量变化越小，系统越容易找到合适的流量，pH 控制越精准。

② 另一种是计量泵加流量计的组合形式。它是采用计量泵进行溶液的输送，计量泵具有自带行程控制，具有调节流量的功能，因此不需要电动调节阀。同样，计量泵的行程控制精度也决定了 pH 精度。由于计量泵输出流体的形式为脉冲形式，这种流量脉动和压力脉动会导致流量传感器测量流量不稳定。为了降低计量泵的流量脉动和压力脉动，减小出口管路振动，需要在计量泵的出口设置一个小容积的缓冲罐。为了保证减振效果，缓冲罐尽量离计量泵出口近一些。

三元材料前驱体——
产线设计及生产应用

有些厂家还会在计量泵之前加一个平衡罐来平衡溶液液位，用于减少随着储罐内溶液消耗导致液位下降而引起管道内流量的波动，如图 4-51。但这种液位下降引起的管道压力变化相对于泵的压头几乎可以忽略不计。

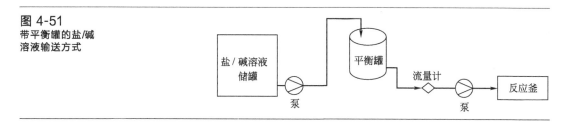

图 4-51
带平衡罐的盐/碱
溶液输送方式

生产中盐、碱溶液计量采用的流量计类型很多，如质量流量计、电磁流量计、转子流量计，这几种流量计的差异主要体现在计量方式、计量精度以及价格三个方面，如表 4-28。

表 4-28　几种流量计的比较

| 流量计类型 | 计量方式 | 计量精度 | 价格/万元 |
| --- | --- | --- | --- |
| 质量流量计 | 质量流量 | 1‰～2‰ | 3～5 |
| 电磁流量计 | 体积流量 | 5‰～1% | 0.3～0.5 |
| 转子流量计 | 体积流量 | 2%～5% | 0.03～0.05 |

根据式(4-27)，当反应釜内的 pH 值为某一定值，由于盐、碱溶液的浓度为恒定不变的值，当盐溶液流量为某一值时，由于反应釜内盐与碱反应生成的是有定量化学计量比的氢氧化物，碱溶液会通过 pH 控制系统调节相应的流量流入反应釜内与盐进行反应，以达到需要控制的 pH 值。所以反应釜的 pH 控制精度不在于流量计的精度，而在于流量调节阀或者行程控制的精度。只要调节阀或行程控制的精度足够，即便选择便宜、精度较差的转子流量计，也能实现 pH 的精准控制。

（2）pH 控制器　pH 控制器是整个 pH 控制系统的"大脑"，它通过反应釜反馈过来的 pH 值输出信号与设定的 pH 值信号进行比对，根据其信号偏差量产生输入信号给调节器，控制被调节溶液的流量，使实际 pH 值与设定 pH 值接近。输入信号和输出信号形成一个闭合回路，因此称之为闭环控制。

工业自动化领域中 95% 的闭环控制操作采用比例（proportional）、积分（integral）、微分（differential）控制，简称 PID 控制器。它是通过比例、积分、微分三种控制算法来有效地纠正实际值与目标值的偏差，使系统达到稳定的状态。被控对象的实际值、目标值都是随时间变动的，它们都是时间的函数。假设体系中被控对象的目标值为 $r(t)$、实际值为 $y(t)$，两者之间的偏差为 $e(t)$，它们之间的关系如下：

$$e(t)=y(t)-r(t)$$

$e(t)$ 通过比例、积分、微分算法得到控制量 $u(t)$，并将信号其传给调节器，从而使 $y(t)$ 接近 $r(t)$。PID 控制原理如图 4-52。

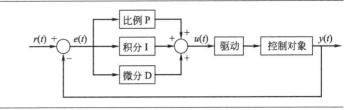

图 4-52
PID 控制原理框图[15]

PID 控制器的三种算法是相互独立的，各自调节 $e(t)$ 的功能不一样，控制量 $u(t)$ 是三种算法的总和，如式(4-28)[15]：

$$u(t) = K_P\left[e(t) + \frac{1}{T_I}\int e(t)\mathrm{d}t + T_D\frac{\mathrm{d}e(t)}{\mathrm{d}t}\right] \tag{4-28}$$

式中，$K_P$ 为比例系数；$T_I$ 为积分时间常数；$T_D$ 为微分时间常数。

① 比例（P）控制算法：从式(4-28)可以看出比例控制算法的控制量与系统偏差的关系为：

$$u(t) = K_P e(t)$$

P 算法的控制量和偏差量成倍数关系。当比例系数 $K_P$ 值一定时，$e(t)$ 越大，即实际值与目标值相差越大，其控制量越大，反之亦然。当 $e(t)$ 一定时，$K_P$ 越大，$u(t)$ 越大，从而加快实际值接近目标值。但 $K_P$ 过大而 $e(t)$ 较小时，依然会有较大的控制量，可能会造成系统的不稳定。

② 积分（I）控制算法：从式(4-28)可以看出系统偏差与积分控制算法的控制量的关系为：

$$u(t) = \frac{K_P}{T_I}\int e(t)\mathrm{d}t = K_I\int e(t)\mathrm{d}t$$

I 算法的控制量与系统偏差的累积成正比。虽然比例控制算法可以减小偏差，但只采用比例控制时，偏差不能完全消除，会存在一个稳定偏差，因此不能实现精准的控制。而积分算法则是只要有偏差就会产生控制量，这时候加上积分算法来增加控制量，会使稳定偏差进一步减小，直至偏差为零。当 $e(t)$ 一定时，积分系数 $K_I$ 越大，$u(t)$ 越大，积分时间越短，但容易超调，引起系统的振荡；$K_I$ 越小，$u(t)$ 越小，积分时间越长，即消除稳定偏差的时间会变长。积分控制算法不能单独使用，它通常和比例算法一起使用（称之为 PI 控制），这样可以很好地减小系统偏差。

③ 微分（D）控制算法：从式(4-28)可以看出系统偏差与微分控制算法的控制量的关系为：

$$u(t) = K_P T_D\frac{\mathrm{d}e(t)}{\mathrm{d}t} = K_D\frac{\mathrm{d}e(t)}{\mathrm{d}t}$$

D 算法的控制量和系统偏差的变化速率成正比关系，而与偏差的大小无关，即 $u(t)$ 与 $e(t)-e(t-1)$ 变化有关系。当实际值越靠近目标值，其偏差越小，$e(t)-e(t-1)$ 为负值，微分算法对 $u(t)$ 产生一个负数项，即对控制产生抑制作用，可见微分控制算法可以预见偏差的变化趋势，减小偏差向任何方向的变化，从而减小系统的振荡，提高系统的稳定性。当 $K_D$ 过大，微分作用过强，容易对系统控制过早地产生抑制作用，反而会延长调节时间。微分控制算法也不能单独使用，它常常和比例算法（称之为 PD 控制器）或三种算法（称之为 PID 控制器）一起使用。

反应釜内连续有盐、碱溶液进入，是一个不稳定的系统。采用 PID 控制器可以平衡盐、碱流量，实现釜内 pH 值的稳定。假设进入反应釜的盐溶液流量不变，当反应釜内的实际 pH 值与设定 pH 值有偏差时，PID 控制器通过比例、积分、微分作用给出控制信号控制碱溶液阀门的开度，从而自动调节碱溶液的流量，实现反应釜内 pH 自动、稳定控制，偏差仅为 ±0.01pH。根据图 4-50，pH 控制器的输出只需要控制一种控制阀门（盐或碱溶液的流量）就可以实现，因此称之为单程控制。其控制特性示意图如图 4-53。

**图 4-53**
pH 控制特性示意图

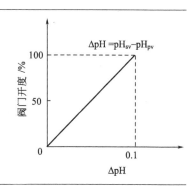

（3）pH 计　pH 计是反应过程在线监控釜内 pH 值的检测仪器，它由 pH 计探头和 pH 分析仪构成。由于需要长时间浸泡在碱性的三元前驱体浆料中，pH 探头必须耐碱，并在碱性条件下有较长的使用寿命。

pH 探头的安装方式常见的有釜内安装和釜外安装两种。釜内安装是将 pH 计探头放入一根套管中插入釜内直接测量。这种安装方式 pH 探头更换比较麻烦，且釜内搅拌强度大时容易导致 pH 计损坏。釜外安装是将釜内的浆料抽到釜外进行测量，如图 4-54。

**图 4-54**
釜外安装 pH 计探头示意图[21]
1—排样管；2—蠕动泵；3—回样管；
4—反应釜；5—取样器；6—在线 pH
计探头；7—固定接头；8—取样管；
9—在线 pH 计分析仪

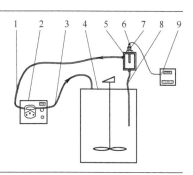

如图 4-54，反应釜内的浆料通过蠕动泵不断抽入一个插有 pH 计探头的取样杯内，同时取样杯内浆料流回至反应釜内，这样取样杯的浆料与釜内的浆料形成一个动态循环，保证测量的 pH 值与釜内一致。这种安装方式 pH 探头更换方便，且使用寿命长。

## 4.2.3　温度控制系统

pH 值是通过 pH 计测量被测液体与参比电极的电位差来获得的，它的测量原理可用能斯特方程[22]表示：

$$E = E_0 - 2.30206 \frac{RT}{F} \mathrm{pH} \qquad (4\text{-}29)$$

式中，$E$ 为被测液体与参比电极的电位差；$E_0$ 为 pH 值为 0 时与参比电极的电位差；$F$ 为法拉第常数；$R$ 为气体常数；$T$ 为被测液体温度。

从式(4-29) 可以看出，当被测液体确定之后，pH 值与温度 $T$ 成反比关系，只有当温度为定值时，pH 才能确定。因此只有保持反应釜内的温度稳定才能保证 pH 值的稳定。

生产中反应釜的搅拌功率较大，产生的搅拌热也较大，这种搅拌热在反应釜内的积聚和外界气候条件有关。根据生产经验，反应釜内温度控制在 50~60℃。如果反应釜没有外层保温时，当气温在 10℃ 以上，搅拌热散失速率较慢，需要通过冷媒换热才能维持要求的温度范围；当气温在 10℃ 以下，搅拌热散失速率较快，则需要通过热媒换热才能维持要求的温度范围。为了保证反应釜内的温度控制能适应外界气温的变化，反应釜的换热器需要具备加热和冷却的功能。例如有的厂家采用夹套作为换热型式时，将夹套分成两段，下段通入热媒，上段通入冷媒，如图 4-55。通过温度控制器调节冷媒和热媒的流量，即使气候条件变化较大，反应釜内温度也能控制在要求范围内。

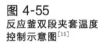
**图 4-55**
反应釜双段夹套温度
控制示意图[15]

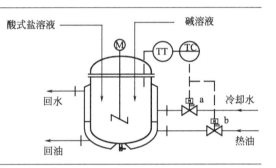

（1）**换热媒介输送系统**　反应釜温度控制采用的换热媒介常为冷、热循环水，其输送系统常采用磁力泵和调节阀的组合形式，冷、热循环水的流量大小由调节阀的开度进行控制。由于在温度控制过程中冷、热介质的流量变化较大，为了稳定泵的压力，还需给泵配置变频器。

（2）**温度控制器**　反应釜内的温度自动控制也可以采用 PID 控制，由于反应釜内要通入两种换热媒介，需要两个流量调节器。但这两个调节器的调节都是为了实现釜内温度与设定温度一致，这时候可将 PID 控制器进行分程控制，即将 PID 的输出信号分为两段：一段用于控制冷却，另一段用于控制加热。其自动控制工艺原理图如图 4-56。

**图 4-56**
温度自动控制工艺原理图
图中 $PV$ 为实际温度值，
$SV$ 为设置温度值，
$e(t)$ 为 $PV \sim SV$

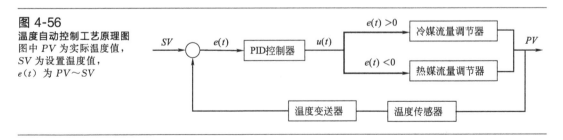

当釜内实际温度（$PV$）大于设置温度（$SV$）时，PID 控制器将控制信号传送给冷媒

流量调节器，热媒流量调节阀关闭；而当 $PV$ 小于 $SV$ 时，PID 控制器则将控制信号传送给热媒流量调节器，冷媒流量调节阀关闭。其分程控制特性图如图 4-57。

图 4-57
反应釜温度分程控制特性图

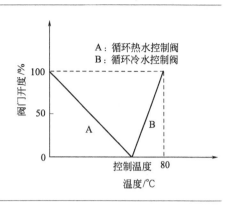

（3）温度传感器　温度传感器用于监测反应釜内浆料的温度。有的厂家将热电偶直接插入釜内进行监测。由于 pH 传感器也具有温度监测功能，也有厂家直接采用 pH 传感器同时对釜内的 pH 值和温度进行监测。

# 4.2.4　提固器

提固器是为了改变反应釜内的结晶操作条件或结晶操作方式而提高反应釜内固含量的设备。提固器提高固含量的方法是将反应釜内浆料进行固液分离之后将母液排出釜外，因此提固器应具备快速的固液分离能力。三元前驱体反应釜常用的提固器主要有沉降槽和浓密机两种形式。

## 4.2.4.1　沉降槽

沉降槽是通过三元前驱体浆料自身的重力沉降特性来实现浆料的固液分离，如图 4-58。

图 4-58
沉降槽结构示意图
1—回料锥底；2—槽体；3—视镜；
4—排气口；5—排水口

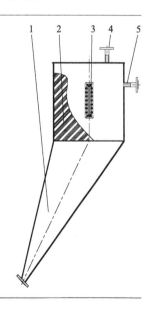

从图中可以看出，沉降槽为一个锥形底部的圆筒，锥形底部出口与反应釜相连。反应釜内的浆料通过底部相连的口流入沉降槽，沉降槽内的固体沉降至底部进入反应釜，而母液则向上流动通过排水口排出。有时候为了加快沉降速率，在沉降槽设置多块挡流板以增大沉降面积。

沉降槽的结构简单，便宜，但无法将三元前驱体浆料提浓至较高的固含量，一般不超过20%。当固含量很高时，浆料的密度与黏度增大，固体颗粒沉降受周围颗粒的干扰较大，因而受到更大的沉降阻力而使沉降速度减慢。

### 4.2.4.2 浓密机

浓密机是通过滤棒过滤的方式来实现浆料的固液分离，如图4-59。从图中可以看出，浓密机设计成一个搅拌罐结构，底部为锥形底，便于浓浆的排出。搅拌器的作用是防止罐内浆料沉降，罐壁内部排布数层滤棒。反应釜内的浆料通过浆料泵泵入浓密机内，浆料中的母液则透过滤棒流出罐外，而罐内浓缩后的浆料则回流至反应釜。为了防止滤棒堵塞影响过滤效率，还需增加滤棒的反冲洗和反吹装置。为了避免前驱体的氧化，反吹气体必须采用氮气。

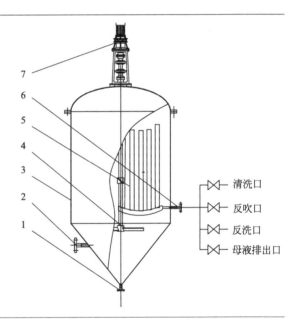

**图 4-59**
浓密机结构示意图[22]
1—进料孔；2—浓缩出口；
3—筒体；4—搅拌器；5—滤棒；
6—清液出口；7—搅拌电机

浓密机的过滤面积较大，过滤效率较高，能将前驱体浆料提浓至800～1000g/L。但浓密机结构复杂，昂贵，运行成本较高。

## 4.2.5 储料罐

### 4.2.5.1 储料罐的结构与材质

储料罐用于储存反应完成的三元前驱体浆料，以待洗涤。由于三元前驱体浆料为固液混合物，且前驱体颗粒具有易沉降的特性，储料罐需设计成搅拌罐型式来保证罐内混合物

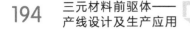

的均匀。因此和盐、碱溶液配制罐一样，储料罐也由罐体、搅拌系统、轴封三大部分组成，如图 4-60。

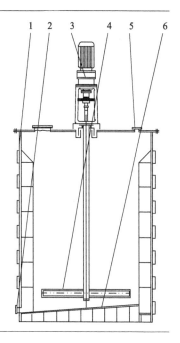

图 4-60
PPH 储料罐结构示意图
1—筒体；2—排出口；3—搅拌电机；
4—搅拌器；5—进料口；6—斜底

储料罐的罐体常为立式圆筒形结构，由顶盖、筒体、罐底三大部分组成。顶盖多为平顶型式，设置有浆料入口、纯水入口、氮气入口、排气口、人孔。筒体内部设有挡板，筒体材质多为 PPH 和不锈钢两种，由于 PPH 便宜，且能满足搅拌强度要求，PPH 罐应用更广泛。罐底设有排放口，罐底型式选择和罐体材质相关。PPH 罐为斜底型式，不锈钢罐为椭圆罐底。罐体各附件作用如表 4-29。

表 4-29　储料罐罐体各附件作用表

| 附件名称 | 作用 |
|---|---|
| 纯水入口 | 纯水注入罐内入口，设置成管道伸入罐内 |
| 浆料入口 | 浆料注入罐内入口 |
| 氮气口 | 氮气注入罐内入口，防止浆料氧化，设置成管道伸入罐底 |
| 人孔 | 人进入罐内进行清理或维修的入口 |
| 排气口 | 罐内气体的排放口，防止罐内压力过高，常配套单向阀 |
| 排放口 | 罐内液体的排放出口，常设置排污、排液两个排放口 |
| 挡板 | 强化搅拌强度附件 |

#### 4.2.5.2 储料罐的设计

储料罐按小长径比设计较为适宜，通常长径比控制在 1～1.2，这样更有利于固液混合物的均匀悬浮。罐体容积常和产能以及洗涤设备处理周期相关。罐体容积设计可按式（4-30）进行计算。

$$V_{储料罐} = \frac{m\tau}{\eta} \qquad\qquad (4\text{-}30)$$

式中，$V_{储料罐}$ 为储料罐的容积，$m^3$；$m$ 为反应釜的小时产能，$m^3/h$；$\tau$ 为洗涤设备处理周期，h；$\eta$ 为储料罐的装填系数，取 $0.85\sim0.90$。

通过式(4-30) 计算出罐体容积，再根据长径比可计算出罐体的直径及高度。

储料罐的搅拌系统由电机、减速机、机架、搅拌轴、轴承及搅拌器组成。传动系统的选择宜按照前面介绍的相关标准要求，储料罐内的搅拌工艺操作目的仅仅是要求罐内的三元前驱体浆料达到完全离底悬浮即可，常见的搅拌器类型为桨式、折叶涡轮式搅拌桨。为了减少搅拌桨叶与固体颗粒之间的磨损，搅拌桨叶通常要做涂层处理，涂层材料有碳化钨、PP 等。

储料罐的参数可按前面介绍的盐配制罐的方法进行设计，在此不再赘述。典型的储料罐参数如表 4-30。

表 4-30　储料罐参数

| 罐体名称 | 罐体容积/$m^3$ | 长径比 | 罐体直径/m | 电机功率/kW | 搅拌器类型 | 搅拌器层数 | 搅拌器离底高度/m | 桨径罐径之比 $d/D$ | 搅拌器转速/(r/min) |
|---|---|---|---|---|---|---|---|---|---|
| 储料罐 | 10 | 1.2 | 2.2 | 11 | 桨式搅拌桨 | 一层 | 1 | 0.5 | 60 |

储料罐的轴封常采用机械密封和水密封两种形式。三元前驱体浆料中有大量的氨气，采用水密封能较好地阻隔罐内无组织逸散的氨气逸出罐外。

# 4.3
# 洗涤设备

洗涤工序是指将反应合格的三元前驱体浆料输入洗涤设备内进行固液分离、洗涤除去杂质离子，得到较为纯净的滤饼的过程。其工艺流程如图 4-61。

图 4-61
洗涤工序工艺流程图

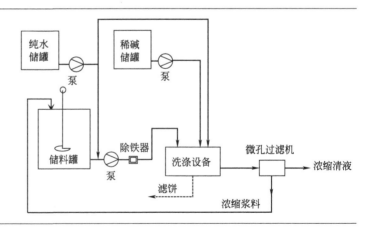

三元材料前驱体——
产线设计及生产应用

## 4.3.1 浆料输送系统

三元前驱体浆料采用泵通过管道输送至洗涤设备,管道系统中设置管道除铁器,可有效去除浆料中的磁性异物。由于浆料为固液混合物,且具有易沉降的特性,常采用隔膜泵输送。隔膜泵可以将泵内的浆料排空,同时防止管道内余料回流,有效减少浆料在泵内残留、沉积,减少对泵的损坏。为防止管道残余浆料中的固体颗粒在管道内沉积,造成管道堵塞,输送管道还要配置纯水冲洗管道。浆料输送系统工艺框图如图 4-62。

图 4-62
浆料输送系统工艺框图

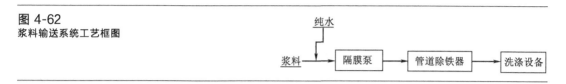

## 4.3.2 洗涤设备类型

洗涤设备是用来实现固液分离的装置,三元前驱体生产采用的洗涤设备在行业中并不统一。常见的洗涤设备有过滤式离心机,过滤、洗涤二合一设备和压滤机三种类型。三种设备都为间歇性操作,但在分离方法、洗涤效果、分离效率、处理量等方面均有所不同。

### 4.3.2.1 离心机

离心机是通过强大的离心力实现固液分离的过滤设备。离心机的种类有很多,其中三元前驱体应用较为常见的是平板式刮刀自动卸料拉袋离心机。

(1)离心机的结构　离心机由机盖、机身、轴承、主轴、布料器、转鼓、料位探测器、滤袋、刮刀、汇集料斗、平板等组成,如图 4-63。

根据图 4-63,滤袋固定在转鼓内壁,当转鼓高速旋转时,浆料通过布料器均匀分布在转鼓的滤袋上,转鼓产生的强大离心力加速将浆料中的母液透过滤布微孔和转鼓壁上的小孔,并从出水口排出,而三元前驱体颗粒则被截留在滤布上形成滤饼层。当料位探测器探测到滤饼层厚度达到限位时,则停止进料。进料完毕后,洗涤介质通过布料器均匀分布在滤饼层,并在转鼓的离心作用下透过滤饼层甩出转鼓外,通过排水口排出。洗涤完成后刮刀将滤袋上的滤饼刮下,并从汇集料斗落下。卸料完成后通过拉袋动作将滤袋上的余料抖落干净。离心机的过滤洗涤工艺框图如图 4-64。

为防止离心机各部分在洗涤过程中与浆料颗粒接触、摩擦、腐蚀产生磁性异物,常常对离心机各部件的材质有所要求。这里建议对离心机各部件的材质要求如表 4-31。

(2)离心机的过滤机理及特点　过滤机理常和过滤介质有关,常见的过滤机理有如下四种[23]。

① 表面拦截:比过滤介质孔径大的颗粒被拦截在介质表面,而比过滤介质孔径小的颗粒则会透过介质,如图 4-65(a)。

② 深层拦截:有些比过滤介质孔径小的颗粒在穿行介质孔时被拦截,如图 4-65(b)。

③ 深层过滤:颗粒在穿行介质空隙时沉积在介质孔道的内壁上,如图 4-65(c)。

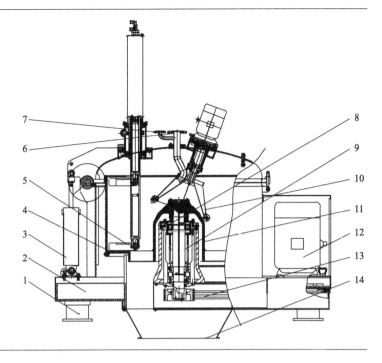

图 4-63
平板式刮刀自动卸料拉袋离心机
1—避振支座；2—平板机架；
3—翻盖液压缸；4—离心转鼓；
5—卸料刮刀；6—进料口；
7—洗涤口；8—轴承；
9—主轴；10—布料转鼓；
11—转鼓支座；12—电机；
13—三角皮带；14—卸料口

图 4-64
离心机洗涤流程框图

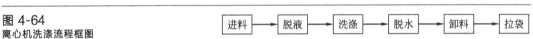

进料 → 脱液 → 洗涤 → 脱水 → 卸料 → 拉袋

表 4-31　离心机主要部件材质要求建议表

| 部件名称 | 材质要求 | 部件名称 | 材质要求 |
|---|---|---|---|
| 转鼓 | 316 钢 | 外壳筒体 | 316 钢 |
| 机盖 | 316 钢 | 主轴 | 40Cr |
| 料位探测板、探测轴 | 钛材 | 刮刀 | 钛材 |
| 汇集料斗 | 304＋涂层 | 平板 | Q235＋316 钢包衬 |

④ 滤饼过滤：因表面拦截机理在介质表面形成滤饼层使介质孔径变小，从而使滤饼成为过滤介质，如图 4-65(d)。

离心机的过滤介质采用的是 PP 滤布，其目数选择多在 1500～2500 目之间，折合成孔径大小约在 6～10μm。而常见的三元前驱体产品中最小颗粒粒径仅为 2～3μm。在实际生产过程中，进料初期会出现漏料现象，其他时段漏料现象较少，证明在进料初期主要是表面拦截机理，一些小于滤布孔径的颗粒随着母液排出滤布外，随着滤布表面形成滤饼层，滤布表面的孔隙减小，其过滤机理转为滤饼过滤。因此离心机在选择滤布孔径时不用选择小于前驱体中最小颗粒粒径的滤布，滤布只是起着支撑滤饼的作用，过滤效率完全取决于滤饼堆积的孔隙率。当三元前驱体的颗粒较小时，滤饼孔隙率较小，过滤效率较差，脱水时间会变长，反之则脱水时间较短。

滤饼过滤的阻力还和滤饼层的厚度有关，滤饼层的厚度越来越厚，过滤阻力越来越大，导致液流透过滤饼不畅。离心机的滤饼洗涤过程是洗涤介质（如水）透过滤饼层将其

图 4-65
过滤机理示意图[23]

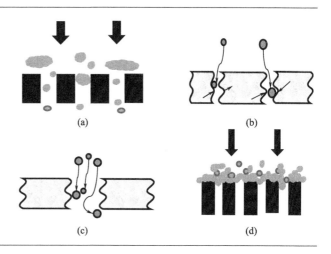

(a)

(b)

(c)

(d)

中夹带的母液置换出来,因此离心机的洗涤效果不佳。

离心机转鼓产生的离心力主要起加速过滤作用,常用分离因素 $f$ 来衡量离心机的分离性能,$f$ 越大,离心分离推动力越大,离心机的分离性能越好。$f$ 为离心力($F_r$)与重力($F_g$)之比,如式(4-31)。

$$f = \frac{F_r}{F_g} = \frac{m\omega^2 r}{mg} = \frac{(2\pi n)^2 r}{g} \tag{4-31}$$

式中,$f$ 为分离因素;$\omega$ 为角速度,$s^{-1}$;$r$ 为转鼓半径,m;$n$ 为转鼓转速,r/s;$g$ 为重力加速度,m/s。

从式(4-31)可以看出,增加转鼓转速比增加转鼓直径更容易获得更大的分离因素,因此实际应用的离心机多为高转速、小直径,这样既能保证离心机有较大的分离因素,又能保证转鼓受到的应力较小。其中以转鼓直径 1250mm 的离心机应用最为广泛,最高转速可达 1200r/min。将转速 $n = 1200$,$r = 0.625$ 代入式(4-31)中,可求得转鼓直径 1250mm 的离心机的最大分离因素为:

$$f = \frac{(2\pi n)^2 r}{g} = \frac{(2 \times 3.14 \times 20)^2 \times 0.625}{9.8} = 1006$$

即浆料在转鼓中所受到的离心力为重力的 1006 倍,因此离心机通常有非常好的脱水效率,对于一般的大颗粒三元前驱体,离心机完成过滤、洗涤的时间仅需 3h 左右,其滤饼含水率可达 10% 以下。

(3)离心机的处理量  虽然小转鼓直径的离心机有较高的分离因素,但其单批次的处理量较小。图 4-66 为离心机的转鼓结构示意图,常见的转鼓直径($D_{转鼓}$)1250mm 离心机的参数为:拦液板内径 $D_{拦液}$ 为 870mm,转鼓直段高度 $h$ 为 630mm。假设三元前驱体滤饼的堆积密度 $\rho$ 为 1300kg/m³,求离心机单批次处理量。

离心机转鼓内的滤饼厚度不得超过拦液盖板的宽度,否则滤饼会从拦液板内径口流出。根据图 4-66 可求得转鼓有效容积 $V_{有效}$ 为:

$$V_{有效} = \left( \frac{\pi D_{转鼓}^2}{4} - \frac{\pi D_{拦液}^2}{4} \right) h = \left( \frac{3.14 \times 1.25^2}{4} - \frac{3.14 \times 0.87^2}{4} \right) \times 0.63 = 0.40 \, (\text{m}^3)$$

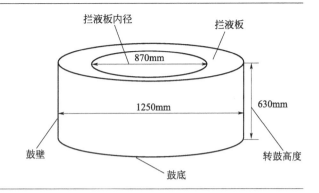

**图 4-66**
离心机转鼓结构示意图

假设转鼓的装填系数 $\varphi$ 为 0.8，那么离心机的单批次处理量 $m$ 为：

$$m = V_{\text{有效}}\rho\varphi = 0.40 \times 1300 \times 0.8 = 416(\text{kg})$$

### 4.3.2.2 过滤、洗涤二合一设备

过滤、洗涤二合一设备是通过压滤的方式实现固液分离的过滤设备。它是在过滤、洗涤、干燥设备三合一简化基础上的产品。

（1）过滤、洗涤二合一设备的结构 过滤、洗涤二合一设备为不锈钢密闭、立式容器，包括罐体、搅拌装置、升降机构、过滤底盘和液压装置，如图 4-67。罐体内需通入压力气体，因此罐体通常要按照压力容器来设计、制造。罐内的桨叶形式常常设计成 S 形桨叶。

**图 4-67**
过滤、洗涤二合一设备结构示意图
1—筒体；2—清洗球头；3—搅拌电机；
4—液压升降器；5—过滤底座；
6—搅拌卸料器；7—排水口

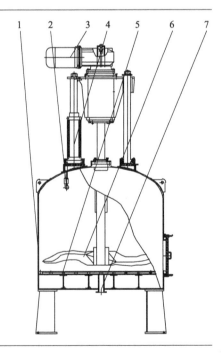

如图 4-67，三元前驱体浆料通过罐体的进料口进入罐体内，当罐内液位达到限位时，关闭进料阀，在罐内补充一定压力的气体（通常为压缩空气），罐内的液体在压力的推动

三元材料前驱体——
产线设计及生产应用

下透过过滤介质从排水口排出，而固体颗粒则被拦截在罐内。当浆料母液压滤完毕后，可向罐内补充洗涤介质，同时开动搅拌装置，利用液压装置开启搅拌的升降机构，慢慢将滤饼刮松，让滤饼与洗涤介质形成二次浆料，从而使滤饼得到充分洗涤。洗涤完毕之后，再向罐内补充一定压力的气体，将洗涤介质压出罐外。脱水完毕后，开启搅拌装置，通过升降机构调整搅拌行程，将滤饼刮松并从卸料口排出。过滤、洗涤二合一设备洗涤工艺框图如图 4-68。

**图 4-68**
**过滤、洗涤二合一设备的洗涤工艺框图**

（2）过滤、洗涤二合一设备的过滤机理及特点　过滤、洗涤二合一设备可以采用滤布和金属烧结网两种形式的过滤介质。滤布容易破损，且更换较为麻烦，故采用金属烧结网的较多。金属烧结网的表面比较光滑，网孔的比表面积较小，对固体颗粒的深层拦截、深层过滤潜力较小，应选择目数较高的金属烧结网，通常在 3000～6000 目。随着滤饼层的形成，其过滤机理也转为滤饼过滤。

过滤、洗涤二合一设备的过滤推动力为滤饼两侧的压力差，根据 Dancy 过滤方程[24]：

$$\frac{dV}{dt} = \frac{K\Delta p}{\mu(R+r)} \tag{4-32}$$

式中，$dV/dt$ 为单位面积、单位时间的滤液过滤量；$K$ 为过滤系数；$\Delta p$ 为压力差；$\mu$ 为浆料黏度；$R$ 为滤饼阻力；$r$ 为烧结金属网阻力。

从上式可以看出，当压力差 $\Delta p$ 越大时，过滤速率越大，但也会造成滤饼压缩越来越紧密，导致滤饼孔隙减小，使滤饼阻力 $R$ 增大，反而不利于过滤速度的提高。当压力增大到一定程度，对滤饼水分基本不会产生影响。因此过滤、洗涤二合一设备的压力通常不是很高，在 0.2～0.3MPa 范围内。

影响滤饼阻力的另一个因素是滤饼的厚度，滤饼的厚度越大，过滤阻力越大。一般滤饼厚度以不超过 500mm 为宜。过滤、洗涤二合一设备内的滤饼厚度 $H$ 可按式（4-33）估算：

$$H = \frac{4W}{\rho\pi D^2} \tag{4-33}$$

式中，$W$ 为过滤、洗涤二合一设备内滤饼的质量，kg；$D$ 为罐体直径，m；$\rho$ 为滤饼的堆积密度，kg/m³。

综上分析，过滤、洗涤二合一设备采用较小的压力差，且具有较高滤饼阻力和较大的过滤介质阻力（过滤网目数较高），因此过滤、洗涤二合一设备的脱水效率较低，脱水时间较长，且滤饼含水率较高。对于大颗粒三元前驱体，过滤、洗涤二合一洗涤设备完成一次操作需要的时间为 10～12h，且滤饼含水率为 10%～13%。对于小粒度的三元前驱体，过滤、脱水时滤饼阻力大，往往滤饼含水率难以达到要求，因此过滤、洗涤二合一设备无法应用于小粒度三元前驱体的洗涤、过滤。

另外，过滤、洗涤二合一洗涤设备的滤饼洗涤，是采用滤饼与洗涤介质制成二次浆料再过滤的方式，滤饼与洗涤介质有充分的接触面积，具有较好的洗涤效果。

（3）过滤、洗涤二合一设备的规格及处理量 过滤、洗涤二合一设备的规格按容积大小可分为多种类型，常见的规格参数如表4-32。

**表4-32 过滤、洗涤二合一设备规格参数表[25]**

| 罐体直径/mm | 800 | 1200 | 1600 | 1800 | 2000 | 2400 | 2800 | 3000 |
|---|---|---|---|---|---|---|---|---|
| 罐体容积/m³ | 0.5 | 1.5 | 2 | 3.5 | 4.5 | 6.5 | 9.5 | 11.5 |
| 过滤面积/m² | 0.5 | 1 | 2 | 2.5 | 3 | 4.5 | 6 | 7 |

根据表4-32中的设备规格参数及式（4-33），可以估算出过滤、洗涤二合一设备的单批次处理量。例如采用罐体直径为2400mm的过滤、洗涤二合一设备洗涤三元前驱体，设备内滤饼厚度为400mm，三元前驱体滤饼的堆积密度为1300kg/m³，求过滤、洗涤二合一设备的单批次处理量。

直接根据式（4-33）可求出的过滤、洗涤二合一设备的处理量$W$：

$$W = \frac{0.4 \times 1300 \times 3.14 \times 2.4^2}{4} = 2351 (\text{kg})$$

可见与离心机相比，过滤、洗涤二合一洗涤设备有较大的单批次处理量。

### 4.3.2.3 压滤机

（1）洗涤压滤机 在三元前驱体行业发展的初期，采用的洗涤设备是板框压滤机。但由于板框压滤机有劳动强度大、处理量小、滤饼含水率较高、密封性差等缺点，逐渐较少使用。随后出现了一种密闭形式的洗涤压滤机，如图4-69。

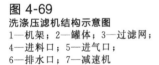

**图 4-69**
**洗涤压滤机结构示意图**
1—机架；2—罐体；3—过滤网；
4—进料口；5—进气口；
6—排水口；7—减速机

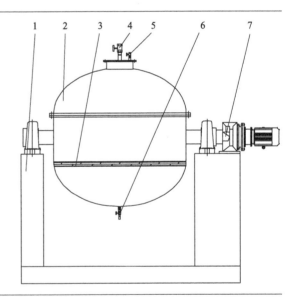

① 洗涤压滤机的结构：洗涤压滤机的结构类似于没有搅拌装置的过滤、洗涤二合一设备。它由罐体、支架、过滤底盘、传动装置等组成。相比于前面介绍的两种洗涤设备，它的结构简单，具有较大的成本优势。

如图4-69，前驱体浆料通过罐体的进料口加入罐体内。当罐内液位达到限位时，停止进料，并向罐内补充压力气体（通常为压缩空气），使浆料中的液体透过过滤介质压出，固体颗粒则被拦截在过滤介质上。进料完毕后，向罐内注入一定的洗涤介质，再通过压力气体将洗涤介质由滤饼表面渗透至滤饼空隙，并透过过滤介质压出罐外。洗涤完毕后，开启传动装置，将罐体旋转180°至罐顶，放料口朝下，将罐内滤饼卸出。

② 洗涤压滤机的过滤机理及特点：洗涤压滤机常采用滤布为过滤介质，滤布的目数通常在1500～2500目。它的过滤机理也是由初始的表面拦截转为滤饼过滤。洗涤压滤机的过滤速率也可由Dancy过滤方程来表示。其压力差不宜过大，通常在0.2～0.5MPa之间，其脱水效率也不高，通常完成一次三元前驱体洗涤操作需要12h左右。为了减小滤饼阻力，其滤饼厚度也不宜超过500mm。其滤饼厚度计算公式可依据式（4-33）进行估算。

洗涤压滤机容积较小，约为1m³，它适合应用于浓缩后前驱体浆料的洗涤，对于固含量较低的浆料需要多次进料、压滤操作，从而影响生产效率。

洗涤压滤机的罐体直径在1.2～1.8m之间，由罐体直径可按式（4-33）估算出其单次处理量。例如某洗涤压滤机的直径为1.2m，滤饼厚度为400mm，滤饼的堆积密度为1300kg/m³，求它的单批次处理量。

直接根据式（4-33）可求出的洗涤压滤机的单批次处理量$W$：

$$W = \frac{0.4 \times 1300 \times 3.14 \times 1.2^2}{4} = 588 (\text{kg})$$

相比于之前的两种洗涤设备，它的处理效率是最低的。洗涤压滤机的滤饼洗涤方式和离心机较为类似，即采用单纯的置换洗涤方式，其洗涤效果较差。综合而言，和前面介绍的两种设备相比，洗涤压滤机除了在成本上有优势之外，它的洗涤效果、洗涤效率都较差，因此在行业中应用并不广泛。

（2）全自动板框压滤机　随着板框压滤机的发展，全自动板框压滤机的出现让板框压滤机重新进入了三元前驱体行业。它在过去普通板框压滤机的基础上增加了自动拉板、自动接液翻板、自动清洗滤布等系统，通过PLC程序控制，全自动完成整个过滤、洗涤、卸料及滤布清洗过程，成为了一种新型的自动化洗涤设备。

① 全自动板框压滤机的结构：全自动板框压滤机由机架、过滤机构、自动拉板、液压系统、电气系统等组成，如图4-70。

机架是整套设备的基础，它主要用于支撑过滤机构和拉板机构，由止推板、压紧板、机座、油缸体和主梁等连接组成。过滤机构由机架主梁上依次排列的滤板及滤板之间的滤布构成，每两个相邻的滤板构成一个滤室。当压滤机开始工作时，油缸体内的活塞杆利用液压系统推动压紧板将压紧板和止推板之间的滤板压紧，保证滤室内具备一定的压力。浆料从止推板的进料口进入各个滤室内进行加压过滤，浆料中的固体颗粒被拦截在滤布内，液体则通过滤板上的明流排液口（或暗流排液口）排出。进料完毕后，再从洗涤口通入洗涤介质进行洗涤，洗涤完毕，再从洗涤口通入压缩空气，将滤饼的水分吹干。过滤、洗涤完毕后，压紧板松开，拉板系统自动将滤板拉开，滤饼因自身的重力作用而下落。

自动压滤机过滤、洗涤完毕后，前驱体滤饼易黏附在滤布上，造成滤布堵塞而使过滤效率下降，这时可采用滤布自动清洗装置自动完成滤布清洗，其结构如图4-71。

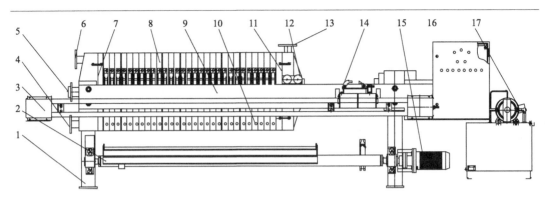

**图 4-70　全自动板框压滤机结构示意图**

1—支腿；2—接料托盘；3—拉板传动；4—排液口；5—进料口；6—洗涤口；7—止推板；
8—滤板或滤框；9—横梁；10—明流排液口；11—压紧板；12—压紧板导轮；13—反吹口；
14—拉板机构；15—托盘传动；16—控制箱；17—液压系统

**图 4-71**
**滤布清洗装置结构图[26]**

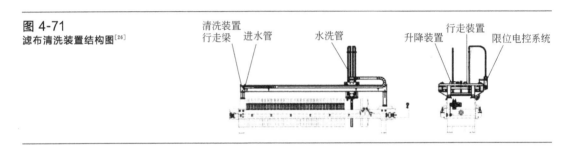

② 全自动板框压滤机的过滤机理及特点：全自动板框压滤机也是采用滤布为过滤介质，它的过滤机理和前面介绍的几种洗涤设备一样，由初始的表面拦截变为滤饼过滤，三元前驱体采用的滤布目数为 1500～2500 目。

全自动板框压滤机采用的压力差不宜过大，它的滤饼厚度比较小，通常仅有 30～40mm，其操作压力比前面介绍的两种压滤设备稍大，通常不超过 0.8MPa。全自动板框压滤机的脱水效率也不高，一般处理后的三元前驱体滤饼的含水率为 15%～20%。

全自动板框压滤机过滤时是滤板两面同时过滤，但是洗涤时为滤板横穿洗涤法，即洗涤时洗涤介质横穿滤板，所以它的洗涤面积只有过滤面积的一半，但穿过滤板的厚度是过滤时的 2 倍，其洗涤效果一般。

③ 全自动板框压滤机的处理量：全自动板框压滤机的处理量和过滤面积相关，可根据单批次的物料处理量计算出需要的过滤面积，再计算出需要的滤板数量。所以全自动板框压滤机通常没有固定的规格，需要根据实际要求来选择滤板的数量。按国标制造的压滤机的过滤面积，每平方米等价于 15L 的固体容积[27]。在进行压滤机选型时可根据处理量按过滤面积选型。其最小过滤面积可按下式进行估算：

$$A = \frac{1000V_{固}}{15} \qquad (4\text{-}34)$$

式中，$A$ 为压滤机的过滤面积，$m^2$；$V_{固}$ 为压滤后过滤滤饼的体积，$m^3$。

例如：采用全自动板框压滤机一次性间歇处理固含量为 10% 的三元前驱体浆料 50$m^3$，浆料密度为 1300kg/$m^3$，压滤后三元前驱体滤饼的含水率为 15%，滤饼的堆积密度为 1300kg/$m^3$。求压滤机需要的过滤面积。

根据固体物料的物料平衡：

$$V_{浆料}\rho_{浆料}w_1 = V_{固}\rho_{滤饼}(1-w_2)$$

式中，$V_{浆料}$ 为浆料体积，$m^3$；$\rho_{浆料}$ 为浆料密度，kg/$m^3$；$w_1$ 为浆料的固含量；$V_{固}$ 为压滤后固体的体积；$\rho_{滤饼}$ 为滤饼堆积密度，kg/$m^3$；$w_2$ 为滤饼含水率。

根据上式可求得压滤后固体的体积 $V_{固}$：

$$V_{固} = \frac{50 \times 1300 \times 0.1}{1300 \times (1-0.15)} = 5.88(m^3)$$

再将 $V_{固}$ 代入式(4-34)求得板框压滤机的过滤面积 $A$：

$$A = \frac{1000 \times 5.88}{15} = 392(m^2)$$

压滤机的过滤面积和滤板尺寸及数量有关。滤板的尺寸为正方形，为两面过滤，如图 4-72。

图 4-72
板框压滤机滤板的
结构示意图

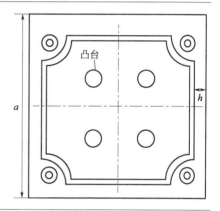

通常压滤机滤板框边长为 320~2000mm，根据图 4-72，其滤板的有效面积可按式 (4-35) 计算。

$$S = 2[(a-2h)^2 - S_{凸台}] \tag{4-35}$$

式中，$S$ 为滤板的有效面积，$m^2$；$a$ 为滤板外径边长，m；$h$ 为框厚，m；$S_{凸台}$ 为凸台面积，$m^2$；2 代表滤板为两面过滤。

根据所需要的过滤面积，可求得要求的滤板数量，如式(4-36)。

$$N = \frac{A}{S} \tag{4-36}$$

式中，$N$ 为要求的滤板数量；$A$ 为要求的总过滤面积，$m^2$；$S$ 为滤板的面积，$m^2$。

假设上例中采用的滤板边长为 1250mm，框厚为 40mm，求需要采用的滤板数量。

先根据式(4-35)计算出单个滤板的有效过滤面积 $S$：

$$S = 2 \times [(1.25 - 2 \times 0.04)^2 - S_{凸台}] = 2 \times (1.37 - S_{凸台}) \approx 2.6(m^2)$$

再根据式(4-36) 求得需要的滤板数量 $N$：

$$N = \frac{392}{2.6} = 151 (块)$$

板框压滤机的滤室由相邻的两块滤板构成，加上头、尾的止推板和压紧板，因此滤室的总数量和滤板数量关系如式(4-37)：

$$n = N + 1 \tag{4-37}$$

式中，$n$ 为板框压滤机滤室的数量；$N$ 为板框压滤机滤板的数量。

滤室的总容积通常等价于需要处理的固体滤饼的容积，滤饼的容积可按式(4-38)进行计算：

$$V_{固} = V_{滤室} = \frac{Snh_{滤饼}}{2} = \frac{S(N+1)h_{滤饼}}{2} \tag{4-38}$$

式中，$h_{滤饼}$ 为滤饼的厚度。

假设上面叙述的例子中板框压滤机中滤饼的厚度 $h_{滤饼}$ 为 30mm，三元前驱体滤饼的堆积密度为 $1300kg/m^3$，求板框压滤机的滤室的总容积 $V_{滤室}$ 和单批次处理量 $W$。

上面计算得到板框压滤机的滤板数量为 151 块，各滤板的过滤面积为 $2.6m^2$，直接用式(4-38)可求得总滤室容积：

$$V_{滤室} = \frac{2.6 \times (151+1) \times 0.03}{2} = 5.93 (m^3)$$

则可处理的三元前驱体滤饼的质量为：

$$m = 1300 \times 5.93 = 7709 (kg)$$

从上面的计算来看，压滤机的一次处理量大，但滤板数量较多，设备比较庞大，对车间内占地面积有一定的要求。

通过上面对几种洗涤设备的分析，将它们的特点综合对比如表 4-33。

表 4-33　几种洗涤设备的特点综合对比

| 设备名称 | 分离方法 | 分离效率 | 单位时间处理效率 | 洗涤效果 | 自动化 | 价格 |
|---|---|---|---|---|---|---|
| 离心机 | 离心过滤 | 好 | 一般 | 较差 | 是 | 一般 |
| 过滤、洗涤二合一设备 | 加压过滤 | 差 | 较好 | 好 | 否 | 一般 |
| 洗涤压滤机 | 加压过滤 | 差 | 较差 | 较差 | 否 | 便宜 |
| 全自动板框压滤机 | 加压过滤 | 一般 | 较好 | 一般 | 是 | 昂贵 |

## 4.3.3　稀碱储罐和纯水储罐

为了加强洗涤效果，三元前驱体的洗涤过程要采用稀碱溶液进行洗涤。由于配制的稀碱溶液浓度较低，NaOH 的质量分数一般不超过 5%，可采用泵循环的方式进行配制。其配制工艺流程简图如图 4-73。

采用上述的配制方式，不仅可以简化配制流程，还可将稀碱储罐和配制罐合二为一，从而节省投资。罐体的材质选择成本较低的 PPH 就能满足要求。从第 1 章分析可知，高温稀碱溶液对三元前驱体有更好的洗涤效果，因此罐体还需有换热装置。罐体的容积不宜过大，能够存放一天的稀碱用量即可，以节约加热能耗。

图 4-73
稀碱溶液配制工艺简图

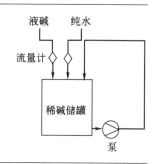

纯水储罐是用来盛放洗涤介质纯水的装置。选择 PPH 材质在成本上比较划算。同样，高温水洗对三元前驱体洗涤效果有促进作用，纯水储罐也需配备换热装置。但相比于稀碱，纯水用量要大很多，因此储罐的容积和加热能力应保证有足够的热水供应。

## 4.3.4　微孔过滤机

洗涤设备在正常洗涤过程中或多或少会出现"跑料"现象，如果洗涤设备出现非正常现象，如过滤介质破损或设备泄漏，还有可能造成大量漏料事故，因此在洗涤废水出口设置一个拦截固体颗粒的装置可以大大提高产品的收率。在三元前驱体行业发展初期，多采用板框压滤机来回收废水中的颗粒料，但板框压滤机收集效率较低，劳动强度大，近年来微孔过滤机因过滤效率和过滤精度较高的特点，逐渐在行业中得到广泛应用。

微孔过滤机类似于反应釜采用的浓密机，为立式密闭容器结构。它在容器内部悬挂特种高分子 PA 和 PE 微孔管，废水透过微孔管被过滤出去，而固体颗粒则被拦截在容器内。微孔过滤机收集到的浓缩浆料可返回储料罐重新脱水、洗涤。

# 4.4
# 干燥设备

干燥工序也是除杂工序，是为除去三元前驱体中的水分，即将滤饼加入干燥设备，通过加热将水分去除的过程，其工艺流程如图 4-74。

图 4-74
干燥工艺流程简图

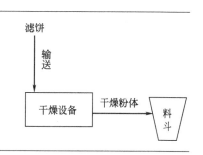

## 4.4.1 干燥设备类型

三元前驱体生产采用的干燥设备也有多种类型，常见的是热风循环烘箱、盘式干燥机以及回转筒式干燥机三大类。以上三种干燥设备在干燥效率、干燥效果以及干燥规模上均有所差异。

### 4.4.1.1 热风循环烘箱

热风循环烘箱是一种传统的干燥设备，价格低，是三元前驱体行业发展初期主要的干燥设备。

（1）热风循环烘箱的结构及干燥过程　热风循环烘箱由箱体、加热器、保温材料、热风循环系统、烘车、烘盘以及电气控制系统组成，如图4-75。

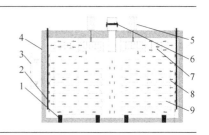

**图 4-75**
**热风循环烘箱结构示意图**
1—脚轮；2—热电偶；3—控制面板；
4—保温外壳；5—风机；6—排气口；
7—加热丝；8—料盘；9—料盘支架

烘箱的箱体由槽钢、角钢焊接而成的框架和焊接在框架上钢板构成，在箱体的外壳和内衬之间的空隙中填充有硅酸铝棉作为保温隔热层。物料通过人工装入烘盘，并将烘盘放在烘车上推入烘箱。热风循环系统由循环风机和箱内的风道构成，风机吹出的风经过一侧风道进入加热器受热后吹到烘盘内的物料表面进行加热，物料挥发出的水分随热风带出，经过另一侧风道时又再次被风机吸入，形成热风循环。当热风中的含湿率达到一定值时，排湿口打开，含湿空气被排出，新风则从新风口补入。温度控制采用 PID 控制系统来保持温度的稳定。当物料干燥完毕，关闭加热，待物料冷却后，将烘车拉出，人工卸料至料斗内。

（2）热风循环烘箱干燥原理及特点　热风循环烘箱的干燥是通过循环热风将热量传递给烘盘表层的前驱体物料，随着表层物料水分的蒸发，深层物料的水分开始由深层向表层扩散而挥发，此时干燥过程为恒速干燥阶段，干燥速率与循环热风的含湿率相关，含湿率越大，干燥速率越慢。由于循环热风的水蒸气移走不及时，湿度较大，干燥速率较低。随着干燥过程的进行，表层物料的水分越来越少，由于烘盘中的物料为静态，深层物料的水分扩散受阻，干燥过程进入降速干燥阶段，干燥速率下降，导致干燥时间较长。因此采用烘箱进行三元前驱体干燥时，干燥效率较低，再加上烘箱干燥为间歇操作，需要频繁地开、停车，能耗也较大。

烘箱中的热风循环路径如图4-76，当热风从一侧传向另一侧时，由于热空气具有上升流动的特性，导致另一侧下方有较少热空气流动而产生低温区，使得整个烘箱的温差较大。一般来说，烘箱内的温差有 8～12℃。另外，烘箱内物料的静态干燥形式也会造成表层物料和深层物料的温度差异。根据第 1 章的分析，干燥温度的差异对三元前驱体的水分及氧化程度均有影响，因此采用烘箱干燥三元前驱体时，易造成三元前驱体的水分及氧化程度不一致。

**图 4-76**
**烘箱中的热风循环**
**路径图[28]**

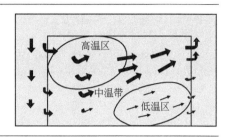

烘箱还有一个比较大的缺陷就是干燥过程中物料装盘以及卸料完全要依靠人工，劳动强度较大，同时人工卸料时会产生大量的粉尘，工作环境恶劣。但烘箱内部好清理，对于小批量、多品种的三元前驱体生产还是比较适用的。所以在行业中还有小规模的应用。

（3）风热循环烘箱的处理量　烘箱是一种间歇干燥设备，产能完全取决于烘箱的规格。常见的烘箱规格有单门单车、双门双车、双门四车、三门六车、四门八车等。一般每车有 24 个烘盘，每个烘盘能盛装三元前驱体的质量约 20～30kg。假设按每个烘盘烘干物料质量为 25kg，则几种规格烘箱的单批次产能如表 4-34。

**表 4-34　不同烘箱规格的产能**

| 烘箱规格 | 烘盘数量 | 产能/kg |
|---|---|---|
| 单门单车 | 24 | 600 |
| 双门双车 | 48 | 1200 |
| 双门四车 | 96 | 2400 |
| 三门六车 | 144 | 3600 |
| 四门八车 | 192 | 4800 |

### 4.4.1.2　盘干机

盘干机是盘式干燥机的简称，它是在间歇搅拌干燥机的基础上改进的一种连续热传导干燥设备。目前在三元前驱体行业得到了大规模的应用。

（1）盘干机的结构及干燥过程　盘干机常为立式圆筒形结构，由壳体、框架、空心加热圆盘、主轴、耙杆、耙叶、主轴、料仓、加料器、热风系统、除尘系统等组成，如图 4-77。

空心加热圆盘有大、小圆盘两种，大圆盘中心有落料口，它们按大小交错排列水平固定在壳体的框架上，圆盘内部可通入换热介质，可完成物料的加热和冷却。每个加热圆盘上均有十字耙杆，耙杆固定在主轴上，耙杆上装有若干个耙叶，上下圆盘的耙叶安装方向相反。料仓中的前驱体滤饼通过加料器落入第一层小加热圆盘上，随着主轴的转动，小圆盘上的物料被耙叶刮至圆盘边缘，落入第二层大圆盘上。大圆盘上的物料被反向设计的耙叶刮至圆盘中心，并从大圆盘中心落料口落下至下一层小圆盘。如此往复多层，由于空心圆盘内通入蒸汽或导热油加热介质，物料在圆盘内不断地翻炒、落下完成干燥过程。当干

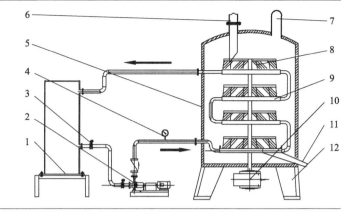

图 4-77
盘式干燥机结构图[15]
1—导热油箱；2—热油泵；3—截止阀；
4—温度计；5—连续干燥器；6—进料口；
7—排气口；8—刮扫器；9—加热盘；
10—减速机；11—下料口；12—支腿

燥热物料落入最后一层空心圆盘，该层空心圆盘通入冷却介质如冷循环水将物料冷却，并由耙叶耙出料口排出。物料蒸发出的水分由热风系统的热空气从顶部的排湿口进入除尘系统。整个过程连续无间断。

采用盘干机干燥三元前驱体时，设备内如加料器与物料、耙杆与耙架、耙架与耙叶、耙叶与圆盘长期接触、摩擦，如果材料选择不当（如选择不锈钢），极易磨损产生磁性异物引入材料中。因此建议在设备设计时，这几个部件的材质可按表 4-35 选择。

表 4-35　盘干机部件材质推荐表

| 部件名称 | 加料器 | 耙杆 | 耙架 | 耙叶 | 加热圆盘 |
|---|---|---|---|---|---|
| 材质 | 钛材 | 钛材 | 钛材 | 钛材或聚四氟乙烯 | 钛材 |

（2）盘干机的干燥原理及特点　盘干机的干燥过程中由通有加热介质的加热圆盘将热量传递给物料，将物料中的水分蒸发。由于物料在干燥过程中不断翻炒，内层和表层的温度梯度较小，大大提高了内层物料的水分扩散速率，干燥时间短。因此采用盘干机干燥的效率高，且干燥较为均匀。盘干机为连续操作，不需要频繁地开、停车，能耗较低。其缺点是盘干机加热圆盘上的物料不易清理干净，如需频繁更换产品规格，新规格的前驱体容易被上一种规格的前驱体污染。因此盘干机适合于大批量、稳定规格产品的干燥。另外，盘干机内的耙叶属于易耗品，且数量达到数百个，更换较为麻烦。

（3）盘干机的处理量　盘干机为非标设备，并没有固定的规格，它的处理量和空心圆盘的加热面积有关，可根据物料处理量要求进行换热面积的设计。干燥的过程实际为传热、传质过程。当换热介质的规格确定之后，通过整个干燥过程的热量平衡就能计算出空心圆盘的换热面积。下面以具体实例来说明其计算方法。

例如，假设三元前驱体滤饼含水率为 15%，要求盘干机的产能为 250kg/h 干料，干燥后的水分要求为 0.3%，出料温度要求为 60℃。盘干机加热采用的蒸汽为 160℃、0.6MPa。三元前驱体物料初始温度为 10℃，比热容为 1.3kJ/(kg·℃)，空气的初始温度为 10℃，冷却盘的冷却水进水温度为 30℃，回水温度为 35℃，加热盘的传热系数 $K$ 为 80kJ/(m²·℃·h)。求盘干机加热盘和冷却盘的换热面积。

盘干机干燥共分为物料的加热和冷却两个阶段，对于加热阶段的热量平衡为：

$$Q_{加热} = Q_{固体} + Q_{水分} + Q_{空气} + Q_{环境散失} \tag{4-39}$$

三元材料前驱体——
产线设计及生产应用

式中，$Q_{加热}$为加热过程的总换热量，kJ/h；$Q_{固体}$为滤饼中三元前驱体固体的加热量，kJ/h；$Q_{水分}$为滤饼中的水分加热量，kJ/h；$Q_{空气}$为干燥过程中空气的加热量，kJ/h；$Q_{环境散失}$为加热过程中环境散失的热量，kJ/h。

根据式(4-39)，必须先计算出滤饼中三元前驱体固体颗粒、水分以及空气的输入流量，才能得到各物质的加热量，需要对整个过程做物料平衡。

盘干机的产能$G_{盘干机}$为250kg/h，且滤饼的含水率$\omega_1$为15%，干燥后的物料水分含量$\omega_2$为0.3%，令滤饼的加入速度为$G_{滤饼}$，则对干燥前后的三元前驱体做物料平衡有：

$$G_{盘干机}(1-\omega_2)=G_{滤饼}(1-\omega_1) \tag{4-40}$$

根据式(4-40)可求得滤饼的加入速度为：

$$G_{滤饼}=\frac{250\times(1-0.003)}{1-0.15}=294(\text{kg/h})$$

则每小时蒸发的水量$G_{水分}$为：

$$G_{水分}=G_{滤饼}-G_{盘干机}=294-250=44(\text{kg/h})$$

由于物料冷却温度为60℃，为防止热风内的水分在盘干机、物料及布袋内冷凝，取盘干机内的露点温度为55℃，根据大气露点-水分关系表，查得空气露点55℃的水分为0.114kg水/kg干空气。由于盘干机的热风系统产出的热风经过过滤、除湿，其水分近似看作是0，盘干机内热风气氛中的水分全部来自于物料蒸发的水分，那么为了保证机内的露点达到要求，则每小时需要向盘干机内补充的空气流量为：

$$G_{空气}=\frac{G_{水分}}{0.114}=\frac{44}{0.114}=386(\text{kg/h})$$

根据各种物料的质量流速，可分别根据下式计算出各自的加热量。已知水的比热容$c_{水}$为4.2kJ/(kg·℃)，汽化潜热$\gamma$为2260kJ/kg，空气的比热容$c_{空气}$为1.003kJ/(kg·℃)，三元前驱体的比热容$c_{前驱体}$为1.3kJ/(kg·℃)。

$$Q_{水分}=c_{水}G_{水分}\Delta T+\gamma G_{水分} \tag{4-41}$$

由式(4-41)可计算得到水分的加热量为：

$$Q_{水分}=4.2\times44\times(100-10)+2260\times44=116072(\text{kJ/h})$$

$$Q_{固体}=c_{固体}G_{盘干机}\Delta T \tag{4-42}$$

由式(4-42)可计算得到三元前驱体的加热量为：

$$Q_{固体}=1.3\times250\times(100-10)=29250(\text{kJ/h})$$

$$Q_{空气}=c_{空气}G_{空气}\Delta T \tag{4-43}$$

$$Q_{空气}=1.003\times386\times(100-10)=34845(\text{kJ/h})$$

盘干机干燥过程的环境散失量按所有介质的加热量的20%进行估算，则总的加热量为：

$$Q_{加热}=1.2\times(116072+29250+34845)=216201$$

盘干机的总加热面积可按下式进行计算：

$$F=\frac{Q_{加热}}{\alpha\Delta t} \tag{4-44}$$

式中，$F$为总的加热面积，$m^2$；$\alpha$为加热圆盘的传热系数，kJ/($m^2$·℃·h)；$\Delta t$为加热盘的对数平均温差，℃。

加热盘的蒸汽和物料的始末温度如表4-36。

表 4-36　加热盘的蒸汽和物料的始末温度　　　　单位：℃

| 蒸气进口温度 $T_1$ | 160 | 蒸气出口温度 $T_2$ | 160 |
| --- | --- | --- | --- |
| 物料进口温度 $t_1$ | 10 | 物料出口温度 $t_2$ | 100 |
| $\Delta T_1 (= T_1 - t_1)$ | 150 | $\Delta T_2 (= T_2 - t_2)$ | 60 |

根据表4-36可计算出加热盘的对数平均温差为：

$$\Delta t_m = \frac{\Delta T_1 - \Delta T_2}{\ln(\Delta T_1 / \Delta T_2)} = \frac{150 - 60}{\ln(150/60)} = 98(℃)$$

根据式(4-44)，可求得加热圆盘的面积为：

$$F = \frac{216201}{80 \times 98} = 28(m^2)$$

盘干机冷却阶段的热量平衡为：

$$Q_{冷却} = Q'_{固体} + Q'_{空气} - Q'_{环境散失}$$

式中，$Q_{冷却}$ 为干燥过程总的冷却量，kJ/h；$Q'_{固体}$ 为三元前驱体固体的冷却量，kJ/h；$Q'_{空气}$ 为空气的冷却量，kJ/h；$Q'_{环境散失}$ 为环境的散失量，kJ/h。

为了简化计算，式中 $Q'_{空气} - Q'_{环境散失}$ 通常考虑为三元前驱体固体颗粒的冷却量的10%。

按式(4-42)求得三元前驱体固体颗粒的冷却量为：

$$Q'_{固体} = 1.3 \times 250 \times (100 - 60) = 13000(kJ/h)$$

则总的冷却量 $Q_{冷却}$：

$$Q_{冷却} = 1.1 \times 13000 = 14300(kJ/h)$$

冷却盘的冷却水和物料的始末温度如表4-37。

表 4-37　冷却盘的冷却水和物料的始末温度　　　　单位：℃

| 物料进口温度 $T_1$ | 100 | 物料出口温度 $T_2$ | 60 |
| --- | --- | --- | --- |
| 冷却水进口温度 $t_1$ | 30 | 冷却水出口温度 $t_2$ | 35 |
| $\Delta T_1 = T_1 - t_2$ | 65 | $\Delta T_2 = T_2 - t_1$ | 30 |

冷却盘的对数平均温差为：

$$\Delta t_m = \frac{\Delta T_1 - \Delta T_2}{\ln(\Delta T_1 / \Delta T_2)} = \frac{65 - 30}{\ln(65/30)} = 45(℃)$$

近似考虑冷却时的换热系数与加热时相同，则按式(4-44)可求得冷却盘的换热面积为：

$$F = \frac{14300}{80 \times 45} = 4(m^2)$$

当处理含水率15%的三元前驱体滤饼，且产能要求为250kg/h时，得到的盘干机参数如表4-38。

  三元材料前驱体——
产线设计及生产应用

表 4-38  产能 250kg/h 的盘干机参数

| 滤饼含水率 /% | 产能 /(kg/h) | 产品含水率 /% | 蒸汽规格 | 冷却水温度 /℃ | 加热盘换热面积/m² | 冷却盘换热面积/m² |
|---|---|---|---|---|---|---|
| 15 | 250 | 0.3 | 160℃,0.6MPa | 进:30;出:35 | 28 | 4 |

### 4.4.1.3  回转筒式干燥机

回转筒式干燥机是一种大型的干燥设备,仅适合大规模的生产厂家应用。随着前驱体行业规模化的发展,未来有望在前驱体行业得到大规模应用。

(1) 回转筒式干燥机的类型  根据湿物料与干燥介质的传热方式,回转筒式干燥机分为直接加热型、间接加热型及复式加热型三种形式。

① 直接加热型:圆筒内通入高温气体,直接与物料逆流或对流接触,把热量传递给物料进行干燥。它是热对流方式干燥的干燥设备,适合于能耐高温且不易引起扬尘的物料。

② 间接加热型:在圆筒夹套内通入加热介质,通过圆筒内壁间接将热量传导给加热物料。它属于热传导式的干燥设备,适合应用于易扬尘的粉状材料,这种类型的传热效率较差,通常应用较少。

③ 复式加热型:湿物料一部分热量由传热介质通过圆筒内壁传递,另一部分热量由高温气体直接与物料传递,它是热传导和热对流两种形式组合的干燥机。

三元前驱体颗粒对干燥温度特别敏感,且颗粒较小,易引起扬尘,如采用直接加热型,容易造成前驱体过热,并产生大量扬尘;如采用间接加热型,则热效率不高。因此,采用复式加热型可充分发挥两者的优点。

(2) 复式传热回转筒式干燥机的结构及干燥过程  复式传热回转筒式干燥机为圆筒形结构,它由内筒、外筒、抄板、引风机、加料器、加热器、收尘系统等构成,如图 4-78。

图 4-78
复式传热回转筒式干燥机
结构示意图[29]

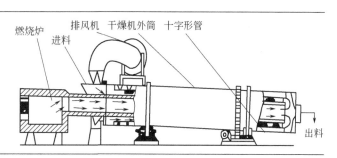

复式加热回转筒式干燥机的主体是略带倾斜(倾斜角度在 1°～5°)并能回转的筒体,筒体中心固定一根十字断面的内筒,如图 4-79。物料通过加料器从筒体高的一端加入圆筒内,在筒体的转动以及重力的作用下在内筒与外筒的环状空间从左至右移动,移动的过程中被加热装置产生的热空气加热干燥。热空气从中央内筒进入,并从左至右移动,然后再进入环状空间与物料接触。因此热空气的一部分热量通过内筒壁传递给物料,另一部分热量则通过与物料直接接触传递。内筒壁上设有抄板,在物料移动的过程中不断地将物料抄起、撒下,使物料与干燥介质的接触面积大大增加,从而使物料充分干燥。干燥后的热空气最后由引风机进入收尘系统进行除尘处理后排放。由于热空气干燥物料后会带有大量物料颗粒,收尘系统常采用旋风分离器将颗粒捕捉下来。如需进一步减少尾气含尘量,还应经过袋式除尘器或湿法除尘器后再排放。

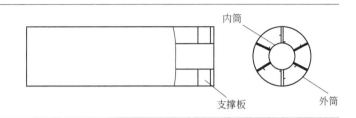

图 4-79
复式传热回转筒式干燥机
的内、外筒结构示意图[29]

(3) 复式传热回转筒式干燥机的原理及特点　回转筒干燥机既可以采用间歇干燥方式,也可以采用连续干燥方式,绝大多数为连续干燥方式,间歇干燥处理量小,一般在干燥过程中有转晶、焙烧要求时采用。通常三元前驱体采用连续干燥方式。

根据物料和筒体热空气的流动方式,回转筒干燥机分为并流和逆流两种干燥方式。并流干燥方式是热空气与物料移动方向一致,湿物料一进入筒内就与高温热空气接触而被快速干燥,此处的干燥推动力最大;物料出料时则与含湿量较大的热空气接触,此处的干燥推动力最小,因此并流干燥各段的干燥推动力很不均匀,它适合可以允许快速干燥且吸湿性不大的物料。逆流干燥则是热空气与物料的移动方向相反,这种干燥方式的各段对数平均温差较小,干燥推动力均匀,适合于吸湿性较小、干燥程度较大的物料。另外,逆流干燥的热空气所带的粉尘在经过湿料区时被滤清,因此排气中的粉尘较少。三元前驱体是一种吸湿性较大、易产生粉尘的物料,要求干燥后的水分较低,采用逆流干燥较为合理。

采用复式传热回转筒式干燥机时,湿物料首先被内筒壁传导加热,然后由内筒内的热空气直接对流传热,散热面大大减少,同时热交换面大大增加,其热能效率高。在干燥过程中由于抄板的作用大大增加了物料与筒内壁及热空气的接触面积,整个干燥过程降速干燥阶段较短。所以它的干燥速率较快,且较为均匀。

(4) 回转筒干燥机的设计　回转筒干燥机也没有固定的规格,通常要根据物料的处理量及干燥要求进行干燥机的相关参数如容积、直径、长度等设计。设计的关键点是保证物料在筒内的停留时间大于物料干燥所需的时间,以保证物料被充分干燥。回转筒中物料在回转中的运动较为复杂,既有自身的重力下落运动,又有筒体的转动、抄板的运动、气流的运动,因此物料的停留时间往往靠实验测定。在进行简单计算时,可采用式(4-45)[30]。

$$\tau = \frac{L\sin\delta}{\pi Dn\sin\beta} \tag{4-45}$$

式中,$\tau$ 为物料的平均停留时间,min;$\beta$ 为筒体倾斜角度,(°);$n$ 为筒体转速,r/min;$D$ 为筒体直径,m;$L$ 为筒体长度,m;$\delta$ 为物料的安息角。

物料在回转筒内的停留时间和筒体的直径及长度、倾斜角度、填充率、转速有关,为保证物料有足够的停留时间,通常要设计这几个参数[31]。

① 筒体的直径 $D$ 及长度 $L$:回转筒干燥机的长度和直径决定了筒体的容积,同样的填充率,容积越大,产能越大。国内的回转筒干燥机一般直径为 0.6~3.5m,长度为 10~27m;回转筒的容积 $V_{回转筒}$ 可按式(4-46)进行计算:

三元材料前驱体——
产线设计及生产应用

$$V_{回转筒} = \frac{\pi}{4}D^2L \qquad (4\text{-}46)$$

回转筒干燥机的直径可按式（4-47）进行计算：

$$D = \sqrt{\frac{4G_{湿空气}}{v\pi}} \qquad (4\text{-}47)$$

式中，$v$ 为气体流速，单位为 m/s；$G_{湿空气}$ 为单位横截面积的空气质量流速，kg/($m^2 \cdot s$)。

从式（4-47）可以看出，回转筒中的气体流速 $v$ 决定了回转筒的直径 $D$，它的选择常和物料堆积密度以及物料粒度有关，有研究总结了回转筒干燥机的堆积密度与气体流速的关系如表 4-39[31]。

表 4-39　转筒干燥机的气体流速 $v$ 的选择[31]

| 物料的粒径 /mm | 气体流速 $v$/(m/s) | | | | |
|---|---|---|---|---|---|
| | 350kg/m³① | 1000kg/m³① | 1400kg/m³① | 1800kg/m³① | 2200kg/m³① |
| <0.3 | 0.5 | 2.0 | 3.0 | 4.0 | 5.0 |
| 0.3~2.0 | 0.5~1.0 | 2.0~5.0 | 3.0~7.5 | 4.0~10.0 | 5.0~12.0 |
| >2.0 | 1.3 | 5.3 | 8.0 | 10.5 | 13.0 |

① 为物料的堆积密度。

从表 4-39 可看出，物料的粒径、堆积密度越小，气体流速越小，可以避免产生大量的粉尘。三元前驱体颗粒的平均粒径不超过 $20\mu m$，堆积密度在 $1100 \sim 1300 kg/m^3$ 之间，通常选择气体流速为 2.0~3.0m/s。

筒体的长径比决定了物料的停留时间，筒体长径比越长，停留时间越长，通常比值（$L/D$）在 6~10 之间。

② 倾斜角度 $\beta$：回转筒干燥机筒体倾斜安装有利于物料在筒内移动。倾斜角度太大，物料前进速度较快，停留时间较短。一般倾斜角度 $\beta$ 的范围为 1°~5°，通常用 $\sin\beta$ 表示倾斜率 $S$。

③ 填充率 $\varphi$：回转筒的填充率为筒内停留物料的体积与筒体容积的比值。它代表筒体物料的多少。当填充率较大时，物料从抄板下落速度较快，与传热介质接触不充分，同时还会增加传动功率。填充率可按式（4-48）进行计算：

$$\varphi = \frac{\tau V_{加料}}{V_{回转筒}} \qquad (4\text{-}48)$$

式中，$\varphi$ 为填充率；$\tau$ 为物料平均停留时间；$V_{加料}$ 为单位时间的加料体积；$V_{回转筒}$ 为回转筒的容积。

④ 转速 $n$：筒体的转速越大，物料在筒体内的停留时间越短，同时能耗也会增加。转速 $n$ 通常和筒体直径大小有关，一般转速 $n = (6 \sim 10)/D$。大直径取小值，小直径取大值。实际过程中转速在 1~8r/min。

⑤ 气体的质量流速 $G$：气体在筒内的质量流速 $G$ 越大，传热速率越快，但易引起扬尘。一般回转筒内干燥机的流速为 $0.55 \sim 5.5 kg/(m^2 \cdot s)$。对于粒度较小的应取小值。

为了达到物料的干燥要求，除了保证物料有充分的停留时间外，还需要有足够的热量传递。回转筒干燥机干燥过程的干燥热量用式(4-49)计算：

$$Q = \alpha_V V_{回转筒} \Delta T_m \tag{4-49}$$

式中，$Q$ 为总传热量，kW；$\alpha_V$ 为体积传热系数，kJ/(m³·h·℃)；$V_{回转筒}$ 为回转筒的有效传热容积，m³；$\Delta T_m$ 为对数平均温差，℃。

从式(4-49) 可以看出，如果知道整个干燥过程所需的总传热量 $Q$ 和体积传热系数 $\alpha_V$，就可以得到回转筒的容积 $V_{回转筒}$。$\alpha_V$ 与回转筒的直径和筒体截面的气体质量流速有关。它常有许多经验公式[31]进行计算。

a. 经验式：

$$\alpha_V = \frac{0.07738 G_{湿空气}^{0.16}}{D} \tag{4-50}$$

式中，$\alpha_V$ 为体积传热系数，kcal/(m³·s·℃)；$G_{湿空气}$ 为单位横截面积的空气质量流速，kg/(m²·s)；$D$ 为筒体直径，m。

b. Miller 计算式：

$$\alpha_V = 1.125(n_{抄板} - 1)G_{湿空气}^{0.46}/(2D) \tag{4-51}$$

式中，$\alpha_V$ 为体积传热系数，kcal/(m³·h·℃)；$G_{湿空气}$ 为单位横截面积的空气质量流速，(kg/m²·h)；$D$ 为筒体直径，m；$n_{抄板}$ 为抄板数。

式(4-51) 适用范围：适用于抄板数 $n_{抄板} \leqslant 16$ 时；当抄板数 $> 16$ 时，仍以 16 代入计算，计算得到的 $\alpha_V$ 还需乘以 0.7 进行修正。

c. Fridman 计算式：

$$\frac{\alpha_V D}{G_{湿空气}^{0.16}} = 19\varphi^{0.5} \tag{4-52}$$

式中，$\alpha_V$ 为体积传热系数，kcal/(m³·h·℃)；$G_{湿空气}$ 为单位横截面积的空气质量流速，kg/(m²·h)；$D$ 为筒体直径，m；$\varphi$ 为回转筒干燥机的填充率。

式(4-52) 适用范围：逆流干燥，$\alpha_V$ 乘以 0.8 进行修正，$G_{湿空气} = 1340 \sim 6720$kg/(m³·h)。

d. Saeman 计算式：

$$\alpha_V D = 0.108(n_{抄板} - 1)G_{湿空气}^{0.67} \tag{4-53}$$

式中，$\alpha_V$ 为体积传热系数，kcal/(m³·h·℃)；$G_{湿空气}$ 为单位横截面积的空气质量流速，kg/(m²·h)；$D$ 为筒体直径，m。

式(4-53) 适用范围：抄板数量为 6～16。

e. A.B. 雷科夫计算式：

$$\alpha_V = 13.8 G_{湿空气}^{0.9} \times n^{0.7} \times \varphi^{0.54} \tag{4-54}$$

式中，$\alpha_V$ 为体积传热系数，kcal/(m³·h·℃)；$G_{湿空气}$ 为单位横截面积的空气质量流速，kg/(m²·h)；$n$ 为筒体转速，r/min；$\varphi$ 为回转筒干燥机的填充率。

式(4-53) 适用范围：$G_{湿空气} = 0.6 \sim 11.8$kg/(m³·h)；$n = 1.5 \sim 5$r/min。

下面以采用回转筒干燥机干燥三元前驱体为例，讲述回转筒干燥的设计方法[32]。

现采用复式传热回转筒式干燥机进行干燥三元前驱体滤饼（三元前驱体的平均粒径 $d_p = 10\mu m$），要求产能为 5t/h，已知滤饼的含水率 $\omega_1$ 为 12%，干燥后的物料水分 $\omega_2$ 为 0.3%，滤饼的堆积密度 $\rho$ 为 1300kg/m³，物料的初始温度 $t_1$ 为 10℃，现热空气的进口温

度 $T_1$ 为 200℃，物料出口温度 $t_2$ 为 100℃，热空气的出口温度 $T_2$ 为 100℃，求回转筒干燥机的尺寸。

根据式（4-49）必须先求得整个干燥过程的换热量 $Q_{加热}$，整个干燥过程的热量平衡为：

$$Q_{加热}=Q_{固体}+Q_{水分}+Q_{环境散失} \tag{4-55}$$

式中，$Q_{加热}$ 为加热过程的总换热量，kJ/h；$Q_{固体}$ 为滤饼中三元前驱体固体的加热量，kJ/h；$Q_{水分}$ 为滤饼中水分的加热量，kJ/h；$Q_{环境散失}$ 为加热过程中的环境散失热量，kJ/h。

对各个部分加热量的计算，首先需要对整个干燥过程做物料平衡。

回转筒干燥机的产能 $G_{干料}$ 为 5t/h，且滤饼的含水率 $\omega_1$ 为 15%，干燥后的物料水分含量 $\omega_2$ 为 0.3%，令滤饼的加入速度为 $G_{滤饼}$，则对干燥前后的三元前驱体做物料平衡有：

$$G_{干料}(1-\omega_2)=G_{滤饼}(1-\omega_1) \tag{4-56}$$

物料的产出速度为 $G_{干料}=5000\text{kg/h}=1.39\text{kg/s}$

根据式（4-56）可求得滤饼的加入速度为：

$$G_{滤饼}=\frac{5000\times(1-0.003)}{1-0.12}=5665(\text{kg/h})=1.58(\text{kg/s})$$

则需要的水分蒸发速度 $G_{水分}$ 为：

$$G_{水分}=G_{滤饼}-G_{盘干机}=1.58-1.39=0.19(\text{kg/s})$$

根据各种物料的质量流速，可分别根据下式计算出各自的加热量。已知水的比热容 $c_{水}$ 为 4.2kJ/(kg·℃)，汽化潜热 $\gamma$ 为 2260kJ/kg，三元前驱体的比热容 $c_{前驱体}$ 为 1.3kJ/(kg·℃)。

$$Q_{水分}=c_{水}G_{水分}\Delta T+\gamma G_{水分} \tag{4-57}$$

由式（4-57）可计算得到水分的加热量为：

$$Q_{水分}=4.2\times0.19\times(100-10)+2260\times0.19=501(\text{kJ/s})$$

$$Q_{固体}=c_{前驱体}G_{干料}\Delta T \tag{4-58}$$

由式（4-58）可计算得到三元前驱体的加热量为：

$$Q_{固体}=1.3\times1.39\times(100-10)=163(\text{kJ/s})$$

回转筒干燥机干燥过程的环境散失量按所有介质的加热量的 20% 进行估算，则总的加热量为：

$$Q_{加热}=1.2\times(501+163)=797(\text{kJ/s})$$

由于热量完全由热空气提供，那么：

$$Q_{加热}=c_H G_{热空气}(T_1-T_2) \tag{4-59}$$

式中，$c_H$ 为空气的湿比热容，kJ/(kg·℃)；$G_{热空气}$ 为热空气的质量流量，kg/s。

式（4-59）空气的湿比热容 $c_H$ 和空气含湿量 $X$ 有如下关系：

$$c_H=1.01+1.88X \tag{4-60}$$

式中，$X$ 为含湿量，kg 水蒸气/kg 干空气，即 1kg 干空气所含的水蒸气质量。

热空气中的初始含湿量 $X_1$ 等于加热前空气初始含湿量 $X_0$。假设室内温度为 27℃，湿球温度为 17℃，根据湿空气的 $I$-$X$ 图，查得空气中的含湿量 $X_0$ 为 0.008kg/kg 干空气，那么干空气的湿比热容为：

$$c_H = 1.01 + 1.88 \times 0.008 = 1.025$$

则根据式(4-59)求得干空气的质量流速为：

$$G_{热空气} = \frac{797}{1.025 \times (200-100)} = 7.78(kg/s)$$

滤饼蒸发的水分全部跑到热空气当中，则热空气出口的含湿量 $X_2$ 为：

$$X_2 = \frac{G_{水分}}{G_{热空气}} + X_0 = \frac{0.19}{7.78} + 0.008 = 0.0324(kg/kg \text{ 干空气})$$

回转筒中的湿空气的气体流速 $G_{湿空气}$：

$$G_{湿空气} = G_{热空气}(1+X_2) = 7.78 \times (1+0.0324) = 8.03(kg/s)$$

由于三元前驱体颗粒的平均粒径仅为 10μm，根据表 4-39，气体流速取 2.5m/s，由式(4-47)求得回转筒干燥机的直径 $D$ 为：

$$D = \sqrt{\frac{4 \times 8.03}{2.5 \times 3.14}} = 2.0(m)$$

那么回转筒干燥机单位截面积上的气体质量流速 $= \frac{4G_{湿空气}}{\pi D^2} = \frac{4 \times 8.03}{3.14 \times 2.0^2}$

$$= 2.56[kg/(m^2 \cdot s)]$$

回转筒的体积传热系数按经验式(4-50)有：

$$\alpha_V = \frac{0.07738 G_{湿空气}^{0.16}}{D}$$

$$= \frac{0.07738 \times 2.56^{0.16}}{2} = 0.045[kcal/(m^3 \cdot s \cdot ℃)] = 0.1884[kJ/(m^3 \cdot s \cdot ℃)]$$

热空气与物料的始末温度如表 4-40，近似将两种传热过程看作热空气与物料为逆流接触传热。

表 4-40　热空气与物料始末温度　　　　　　　　　　　　　　　　单位：℃

| 热空气进口温度 $T_1$ | 200 | 热空气出口温度 $T_2$ | 100 |
| --- | --- | --- | --- |
| 物料进口温度 $t_1$ | 10 | 物料出口温度 $t_2$ | 100 |
| $\Delta T_1 = T_1 - t_2$ | 100 | $\Delta T_2 = T_2 - t_1$ | 90 |

对数平均温差 $\Delta T_m$ 为：

$$\Delta T_m = \frac{\Delta T_1 + \Delta T_2}{2} = \frac{(100+90)}{2} = 95(℃)$$

由式(4-49)可求得回转筒干燥机的容积 $V_{回转筒}$：

$$V_{回转筒} = \frac{797}{0.1884 \times 95} = 45(m^3)$$

根据式(4-46)求得回转筒干燥机的筒体长度 $L$ 为：

$$L = \frac{4V_{回转筒}}{\pi D^2} = \frac{4 \times 45}{3.14 \times 2^2} = 14.33(\mathrm{m}),圆整为15\mathrm{m}。$$

则回转筒的长径比 $L/D = 7.5$，符合 $6 \sim 10$ 的范围。

根据转速 $n = (6 \sim 10)/D$，范围数值取8，则得到搅拌器转速 $n$：

$$n = \frac{8}{2} = 4(\mathrm{r/min})$$

筒体的倾斜率按 $\sin\beta = 0.03$ 计，$\beta$ 为 $1.72°$。假设三元前驱体物料的安息角 $\delta$ 为 $45°$，按式(4-45)求得三元前驱体物料停留时间：

$$\tau = \frac{L\sin\delta}{\pi D n \sin\beta} = \frac{15 \times \sin 45°}{3.14 \times 2 \times 4 \times \sin 1.72°} = 14.1(\mathrm{min}) = 846(\mathrm{s})$$

已知三元前驱体滤饼加料速度为 $1.58\mathrm{kg/s}$，堆积密度 $\rho$ 为 $1300\mathrm{kg/m^3}$，则物料的加料体积：

$$V_{加料} = \frac{G_{滤饼}}{\rho} = \frac{1.58}{1300} = 0.00122(\mathrm{m^3/s})$$

求得回转筒被圆整后的容积为：

$$V_{回转筒} = \frac{3.14 \times 2^2 \times 15}{4} = 47.1(\mathrm{m^3})$$

根据式(4-48)求得回转筒的填充率 $\varphi$ 为：

$$\varphi = \frac{\tau V_{加料}}{V_{回转筒}} = \frac{846 \times 0.00122}{47.1} = 2.2\%$$

因此，复式传热回转筒式干燥机处理三元前驱体按 $5\mathrm{t/h}$ 的产能，回转筒干燥机的参数如表4-41所示。

表4-41　三元前驱体 5t/h 回转筒干燥机参数表

| 产能 /(t/h) | 滤饼含水率 /% | 干燥粉体含水率 /% | 热空气温度参数/℃ | 物料温度参数/℃ | 体积传热系数 /[kJ/(m³·s·℃)] | 干燥机直径/m | 干燥机长度/m | 转速 /(r/min) | 倾斜率 | 填充率 /% |
|---|---|---|---|---|---|---|---|---|---|---|
| 5 | 12 | 0.3 | 进:200 出:100 | 进:10 出:100 | 0.1884 | 2 | 15 | 4 | 0.03 | 2.2 |

从表4-41可以看出，回转筒干燥机的缺点是设备体积庞大，对占地面积有较高的需求，同时它的价格也比较高，因此用它进行大规模产品的干燥比较划算。

综合上面三种干燥设备的分析，将它们的特点进行综合对比，如表4-42所示。

表4-42　几种干燥设备对比

| 设备名称 | 传热方式 | 干燥方式 | 干燥效率 | 处理效率 | 干燥均匀性 | 自动化 | 价格 |
|---|---|---|---|---|---|---|---|
| 热风循环烘箱 | 热传导 | 间歇干燥 | 低 | 低 | 差 | 否 | 便宜 |
| 盘式干燥机 | 热传导 | 连续干燥 | 高 | 较高 | 好 | 是 | 较贵 |
| 回转筒式干燥机 | 热传导和对流传热 | 连续/间歇干燥 | 高 | 高 | 好 | 是 | 昂贵 |

## 4.4.2　滤饼传输系统

三元前驱体的滤饼传输系统是将洗涤设备卸下的滤饼传送至干燥设备进行加热干燥。当采用热风循环烘箱干燥时，由于其加热方式为人工间歇操作，滤饼输送采用的是料车，即洗涤设备将物料直接卸至料车内，然后将料车运送至烘箱处。当采用连续干燥设备如盘式干燥机、回转筒式干燥机干燥时，对滤饼输送方式会有自动化或机械化的要求。行业中常见的自动化的滤饼输送方式有料斗提升输送和管链输送两种方式。

### 4.4.2.1　料斗提升输送

料斗提升输送方式实际为料车输送的一种改进方式，如图 4-80。

**图 4-80**
**料斗提升输送方案图**
1—搅拌器；2—耙齿；3—料斗；
4—放料推板；5—料斗；6—吊钩

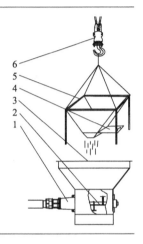

将洗涤设备内的滤饼卸至一个料车或料斗内，该料车和料斗的底部设计有可抽动的推板，可调节料车或料斗的底部开度以方便物料落下。通过电葫芦提升至干燥设备的加料器上方，调整推板的开度让滤饼缓慢落入干燥设备内。这种运送方式设备简单、投资不大，但由于三元前驱体滤饼在料车或料斗内容易堆积紧密而使下料不畅，有时候需要人为干预下料。

### 4.4.2.2　管链输送

管链输送机是一种密闭管道、连续的新型输送设备，它常用于输送粉状、小颗粒状及小块状等散状物料，可以水平、倾斜和垂直组合输送。它的结构如图 4-81。

管链输送机包括头箱和尾箱，头箱装有主动式链轮，主动式链轮连接电机，尾箱装有被动式链轮，主动式链轮将链与被动式链轮连接起来，链条安装在头箱和尾箱之间的圆形进料管中，链条上装有圆形链片，如图 4-82，链轮转动带动链片运动。当水平输送时，物料颗粒受到链片在运动方向的推力，当料层间的内摩擦力大于物料与管壁的外摩擦力时，物料就随链片向前运动，形成稳定的料流；当垂直输送时，管内物料颗粒受链片向上的推力，因为下部给料阻止上部物料下滑，产生了横向侧压力，故增强了物料的内摩擦力，当物料间的内摩擦力大于物料与管内壁外摩擦力及物料自重时，物料就随链片向上输送，形成连续料流。

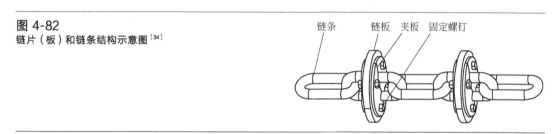

**图 4-81**
管链输送机结构图[33]

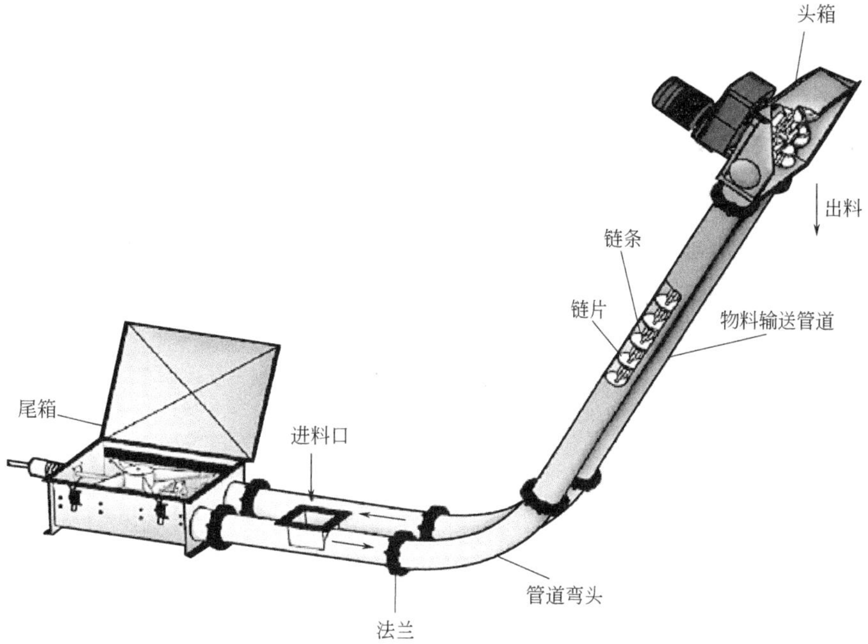

头箱

出料

链条

链片

物料输送管道

尾箱

进料口

管道弯头

法兰

**图 4-82**
链片（板）和链条结构示意图[34]

链条　链板　夹板　固定螺钉

　　管链输送可实现物料定量计量输送，可以实现自动化控制；物料在密闭管道输送，不易被污染；物料在管道内平滑输送，磨损较少；管链输送的功率较少，能耗较低。但管链输送机较为昂贵，一套管链输送系统需要数十万元。表 4-43 为某公司几种规格的管链输送机参数[35]。

表 4-43　几种型号的管链输送机参数[35]

| 型号编号 | 输送能力/(m³/h) | 链轮转速/(r/min) | 链片线速度/(m/s) | 电机功率/kW |
|---|---|---|---|---|
| 1 | 4 | 20 | 0.29 | 4 |
| 2 | 8 | 18 | 0.31 | 5.5 |
| 3 | 16 | 15 | 0.31 | 7.5 |
| 4 | 28 | 12 | 0.30 | 11 |
| 5 | 48 | 10 | 0.30 | 15 |
| 6 | 60 | 8 | 0.28 | 18.5 |
| 7 | 80 | 8 | 0.28 | 22 |

# 4.5
# 粉体后处理设备

粉体后处理工序是对三元前驱体进行一次除杂、净化的过程。它包括批混、筛分、除铁、包装四道流程。其工艺流程如图4-83。

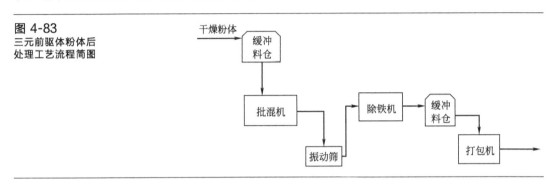

图 4-83
三元前驱体粉体后
处理工艺流程简图

干燥粉体 → 缓冲料仓 → 批混机 → 振动筛 → 除铁机 → 缓冲料仓 → 打包机

对于这几种流程的顺序，行业中存在不同的见解。有的认为先进行粉体的筛分、除铁后再进行批混操作，其原因是筛分、除铁会影响批混效果；而有的认为先批混后再进行筛分、除铁，其原因是筛分、除铁为净化工序，先净化工序再进行批混操作会给最终产品引入新的杂质。笔者认为后者的流程顺序更为合理，毕竟得到一个较为纯净的三元前驱体产品是更主要的目的。

## 4.5.1　粉体输送系统

粉体输送系统是将干燥设备完成的干料输送至缓冲料仓的动力系统，三元前驱体的粉体输送系统可采用气力输送和管链输送。管链输送在4.4.2.2有介绍，在此不再重复。气力输送根据管道内是正压还是负压分为正压气力输送和负压气力输送。

### 4.5.1.1　正压气力输送系统

正压气力输送系统是指利用输送管道与大气压力的正压差将物料吹送到指定位置。它由鼓风机、加料器、输送管、旋风分离器、除尘器等组成，其输送示意图如图4-84。

如图4-84，鼓风机从输送系统的前端向输送管道内通入一定的压缩气体，利用管道起点与终点的压力差，使空气在管道内流动，并带动物料运动。在进入料仓卸料之前，采用旋风分离器将气相中的固体颗粒分离出来，气体则通过除尘器收尘后由排气管道排出。

采用正压气力输送，系统内部为正压，物料比较容易卸出，对旋风分离器和除尘器要求简单，输送距离较远，输送浓度较大；系统如果有缝隙，外界大气、水分也不会影响管道内的物料。但管道内的压缩气体要长期与物料接触，因此对输送气体的要求较高，需要对其采取除水、除油、除杂等措施，否则会污染输送物料。由于输送时的工作压力很高，发送端全部处于密闭状态，故一般只能间断输送，不能连续输送。对加料装置要求较高，

**图 4-84**
正压气力输送系统示意图

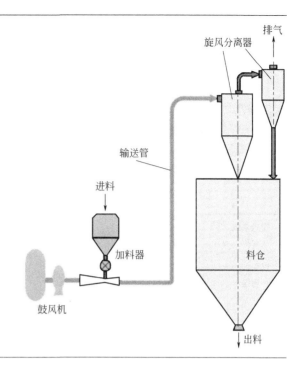

需要布置仓泵、缓冲仓,结构复杂。

## 4.5.1.2　负压气力输送系统

负压气力输送系统则是利用管道内与大气压的负压差将物料吸送到指定位置。它由吸料斗、输料管、真空泵、旋风分离器、除尘器组成,其输送示意图如图 4-85。在输送系统的末端通过真空泵使输送管道内形成负压,这个负压与外界的压力差成为动力进行输送。因为压力差的存在,外界的空气被吸入管道,同时物料随着空气的运动被带进管道。在进入料仓之前,先通过旋风分离器进行固气分离,然后气体经过除尘器处理后,由真空泵抽出。

**图 4-85**
负压气力输送系统示意图

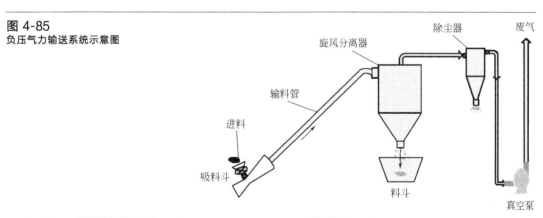

负压气力输送时,在负压作用下,物料很容易被吸入,对于加料端的结构要求简单,能够连续供料和输送;系统如果有缝隙,则管道内粉尘不会向外扩散;物料与气体接触较

少，物料不易被气体污染。但输送时由于压差较小，输送距离较短，输送浓度较低，且要求各部件如旋风分离器、除尘器的密封要求较高，而且排气要从真空泵排出，因此对除尘器的要求也较高。

无论是正压气力输送还是负压气力输送，输送管道与物料都易被输送气流磨损。负压气力输送因输送速度较快，比正压气力输送磨损更为厉害，有些厂家采用带内衬陶瓷或塑料的输送管道来输送三元前驱体。在布置输送管道时，不宜将输送管道敷设得太长，尽量设计得紧凑一些。

气力输送和管链输送特点对比如表 4-44。

表 4-44　几种输送系统特点对比

| 输送系统名称 | 输送方式 | 输送距离 | 能耗 | 物料、管道磨损程度 | 物料污染程度 | 输料量 | 空间布置要求 | 成本 |
|---|---|---|---|---|---|---|---|---|
| 正压气力输送 | 间歇输送 | 较长 | 较高 | 较高 | 大,易被输送气体污染 | 较大 | 需要布置仓泵、缓冲仓,要求高 | 较低 |
| 负压气力输送 | 连续/间歇输送 | 较短 | 高 | 高 | 较小 | 较小 | 低 | 较低 |
| 管链输送 | 连续/间歇输送 | 长 | 低 | 低 | 小 | 大 | 低 | 高 |

# 4.5.2　批混机

三元前驱体批混的目的是通过合批混合的方式消除不同时段生产的产品的品质差异。三元前驱体采用的批混机通常为卧式螺带混合机。卧式螺带混合机由 U 形筒体、螺带搅拌叶片和传动部件组成，如图 4-86。

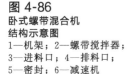

图 4-86
卧式螺带混合机
结构示意图
1—机架；2—螺带搅拌器；
3—进料口；4—排料口；
5—密封；6—减速机

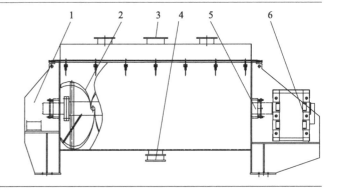

卧式螺带混合机的主轴上常布置内外、左右双层反螺旋带，物料从加料口进入机内，当主轴转动时，内螺旋带将物料向外侧输送，外螺旋带将物料向内部聚集，使物料在筒体内对流循环、剪切掺混，完成物料在较短时间内的快速均匀混合。

为了防止三元前驱体物料与搅拌器、筒体壁磨损产生磁性异物，螺带混合机的搅拌器及筒体需要做涂层处理，涂层材料常用碳化钨、纳米陶瓷等。

螺带混合机容积的选择常和单批次处理量、填充率有关，一般填充率不超过 60%。

容积的选择可按式(4-61) 进行估算：

$$V=\frac{W}{\rho\eta}$$ 

(4-61)

式中，$V$ 为螺带混合机的容积，$m^3$；$W$ 为三元前驱体的单批次处理量，$kg$；$\rho$ 为前驱体的堆积密度，$kg/m^3$；$\eta$ 为螺带混合机的填充率。

例如，现采用螺带混合机批混三元前驱体干燥粉体，单批次混合处理量为 3t，假设三元前驱体粉体的堆积密度为 $1500kg/m^3$，螺带混合机内填充率为 50%；求需要的螺带混合机的容积。

直接根据式(4-61) 求出螺带混合机的容积 $V$：

$$V=\frac{W}{\rho\eta}=\frac{3000}{1500\times0.5}=4(m^3)$$

# 4.5.3 振动筛

## 4.5.3.1 振动筛的结构

振动筛是固相处理的一种过滤性的机械分离设备。它的目的是将三元前驱体干燥粉体中的大颗粒异物筛分去除。三元前驱体粉颗粒大小在微米级，需采用高精度细粉筛分机，其中旋振筛在三元前驱体行业中应用比较广泛。它由筛盖、筛框、振动电机、隔振簧、机座等部分组成，如图 4-87。

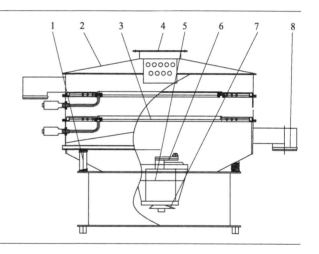

图 4-87
旋振筛结构示意图
1—弹簧；2—筛盖；3—筛网；
4—进料口；5—电机；6—上偏心锤；
7—下偏心锤；8—出料口

如图 4-87，筛盖上设有进料口，其下端与筛框相连，筛框上固定有筛网，在底部机座的支架上装有振动电机，其上下两端安装有偏心锤将电机的旋转运动转换成水平、垂直、倾斜三次元运动，这种振动力使筛框做周期性的往复运动，进而带动筛网做周期性的振动，从而使筛网上的物料做定向跳跃式运动。其间，小于筛网孔径的物料通过筛孔落入下一层，成为筛下物，大于筛孔的物料则通过连续跳跃运动从出料口排出，成为筛上物，最终完成筛分工作。在振动的过程中，隔振簧在振动筛与地基之间起隔振作用。

为了加强筛分效果，旋振筛衍生了一款超声波振动筛产品。超声波筛分系统由超声波发生器、换能器、共振环组成。超声波发生器产生高频振荡，由换能器转换成高频正弦形式的纵向振荡波，该振荡波传到共振环上使共振环产生共振，然后由共振环将振动均匀地传输至筛网，筛网上的物料在做低频三次元振动的同时，叠加上超声波振动，从而使筛面上的物料始终保持悬浮状态，抑制了粉体因黏附、摩擦、平降、楔入等造成的筛网堵塞，大大提高了生产效率。

#### 4.5.3.2 振动筛的筛分效率

振动筛的筛分效率常和振幅、振动频率、振动方向角和筛面等因素相关。

（1）振幅 振动筛的振幅增大，筛孔堵塞现象将会大大降低，筛分效率会提高。但如果幅度太大，设备的破坏性也就越大。通过调整上下 2 块偏心锤的重量，可以改变振动筛的振幅。当增加偏心锤的重量时，振动筛的振幅增大，反之则减小。

（2）振动频率 振动频率较低时，筛网上的物料不易被抛起，容易造成筛网堵塞；但如果振动频率较高，则容易使物料形成粉尘，筛分效率也不高。振动频率需要根据实际情况进行调节。振动频率与电动机的转速和传动系统的减速比有关，电动机的转速越大，减速比越小，振动频率越高，反之则越低。

（3）振动方向角 振动方向与筛面之间的夹角称为振动方向角。为了保证筛面上的物料向前跳动，必须要有一定的振动方向角，振动方向角和物料的运动轨迹有关。振动方向角较小时，物料的运动速度快，处理能力高，适用于易筛分的物料；振动方向角较大时，物料抛掷得高，适用于难筛分的物料。振动方向角可通过上下偏心锤进行调整。表 4-45 为不同振动方向角的振动筛的特点及主要用途。

**表 4-45 不同振动方向角的振动筛的特点及主要用途[36]**

| 物料流动方向 | 上下偏心锤夹角 | | 特点 | 用途 |
|---|---|---|---|---|
| | 5° | | 物料由中心直线流向圆周方向 | 概略分级,将易于筛分的物料做大量分级,粗粒的筛分 |
| | 15° | | 开始漩涡运动 | 用于一般筛分 |
| | 85° | | 最长的漩涡运动 | 精密分级,用于微粉高凝聚性及高含水料的分级 |
| | 100°以上 | | 物料向中央集中 | 特殊用途 |

（4）筛面　三元前驱体采用的筛面为不锈钢筛网。通常筛网的孔隙率及孔径大小会影响筛分效果。

① 筛网的孔隙率：筛网的孔隙率是指筛孔的总面积与筛网的总面积的比值，可由下式计算：

$$\eta_s = (1 - zD_b)^2 \times 100\%$$

式中，$\eta_s$ 为筛网的孔隙率；$z$ 为单位长度的筛孔数目；$D_b$ 为筛丝直径。

孔隙率越大，筛分处理能力越大，但筛丝直径越小，筛网越容易破损。

② 筛网的孔径：筛网的孔径通常用筛网目数来表示，目数越大，孔径越小。筛网目数的选择和筛分物料的粒度有关。当筛网目数较大时，物料较难通过筛网导致筛分处理能力降低；当筛网目数较小时，杂质可能和物料一起筛落下去导致筛分效果不佳。三元前驱体按粒度有大粒度和小粒度规格之分，不同粒度规格采用的筛网目数如表 4-46。

表 4-46　不同粒度的三元前驱体采用的筛网目数

| 前驱体规格 | 典型粒度参数/μm | | | | | 采用的筛网目数/目 |
|---|---|---|---|---|---|---|
| | $D_{min}$ | $D_{10}$ | $D_{50}$ | $D_{90}$ | $D_{max}$ | |
| 小粒度 | 1.8 | 2.8 | 4.0 | 5.5 | 10.0 | 200～300 |
| 大粒度 | 3.0 | 6.5 | 10.5 | 15.0 | 33.0 | 100～200 |

当采用上述目数筛网并且筛网直径为 1m 时，大粒度三元前驱体的处理能力可达 600～800kg/h；小粒度三元前驱体的处理能力可达 300～600kg/h，且筛分效率可达 99%以上。

# 4.5.4　除铁机

除铁机是将三元前驱体物料中的磁性异物分离出去的设备。目前行业中对三元前驱体的磁性异物要求非常高，要求达到 ppb 级别，因此除铁工序是三元前驱体粉体处理必不可少的工序。前面介绍的管道除铁器采用永磁除铁方式，而三元前驱体的粉体除磁设备常采用电磁除铁机。电磁除铁机由给料斗、振动器、机体及机架组成，如图 4-88。

整个机体放置在机架上，机体内有电磁线圈，电磁线圈为铁芯绕线圈，通电后因电磁效应会产生强大的磁场，一般可达到 20000Gs 以上。电磁线圈中有一个内筒，内筒中安装有筛网。当物料加入料斗后，电磁线圈通电处于充磁状态，并将筛网磁化，物料利用振动器的振动落入内筒，物料中的磁性物质被吸附在筛网上，去磁后的物料则通过出料口排出。当物料除磁完毕后，停止通电，电磁区的磁性消失，将下料口拨向排铁口，将筛网上的磁性物质振落从排铁口排出。因为电磁线圈的通电时间过长会导致线圈发热，从而电阻增大，磁性降低，因此在使用过程中还需对电磁线圈做冷却处理，常见的冷却方式有水冷和风冷。

# 4.5.5　打包机

打包机在许多行业均有应用，它是将产品进行定量封装以备存储的装置。在三元前驱体行业中打包机并不是一个必备的设备。例如有些自产自用的三元前驱体厂家常常以桶装

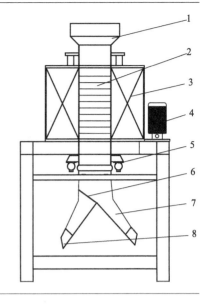

**图 4-88**
**电磁除铁机的结构示意图**
1—进料口；2—筛网；3—电磁线圈；
4—油泵；5—振动器；6—隔板；
7—排铁口；8—出料口

的形式存储，而没有打包步骤。

　　打包机一般主要由料斗、自动称重装置、输送给料装置、封包装置、仪表控制等组成，如图 4-89。人工插袋后，前驱体物料自料斗通过输送给料装置至称重装置，粗细流给料同时工作，传感器开始计量并向控制仪表传送重量信号，当袋重快要达到设定值时，重量信号经传感器送至称重控制仪表，输出粗流关闭信号，粗流给料停止工作，细流给料继续工作，当达到设定值时，控制仪表输出细流关闭信号，细流给料停止，停止给料。当物料完全进入包装袋时，对包装内注入氮气或真空封包，打包完成。三元前驱体产品比较

**图 4-89**
**打包机结构示意图**
1—缓冲托架；2—卡板；3—吨袋；
4—夹袋封口装置；5—放料口；
6—防尘管；7—称量传感器；
8—过滤除尘器；9—进料口；
10—真空管

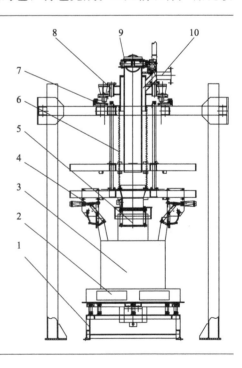

昂贵，要求打包机的称量系统比较准确。通常会在打包机外围配置一个复验秤，即在打包机装料完毕、封包之前，用复验秤对包装袋中物料进行校验。

## 4.5.6　缓冲料仓

在粉体处理过程中，当连续两个工序的操作方式不一致时，或两个工序的操作方式一致，但前一道工序的处理能力大于后一道工序时，往往需要在这两个工序中间设置一个缓冲料仓，以保证生产能够连续进行。例如，连续操作的干燥设备与间歇操作的批混设备之间，或当除铁机的处理能力大于打包机的处理能力时，在除铁机和打包机之间，通常需要设置缓冲料仓。

三元前驱体缓冲料仓通常设计成圆筒结构，底部设计成漏斗形状，以便物料能够自然下落，如图4-90。

**图 4-90**
缓冲料仓结构图
1—支架；2—筒体；3—进料口；
4—料位器；5—振动器；6—放料器

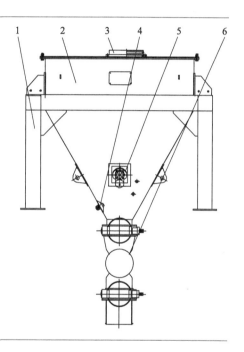

为了防止料仓内物料被污染或料仓中的粉尘逸出，料仓需要密封。为了方便观察仓内料位，还需设计有视镜。料仓的材质通常为304不锈钢，为了减少物料与料仓壁之间的磨损，料仓内壁需要做涂层或内衬处理，大多数在料仓内壁内衬PP。

缓冲料仓的容积和前后两个工序之间的处理能力相关。当前后两个工序的操作方式不一致时，需要的缓冲料仓最小容积可按式(4-62)进行估算：

$$V_{缓冲} = 1.2 \frac{W_{前} t_{后}}{\rho \varphi} \tag{4-62}$$

式中，$V_{缓冲}$ 为缓冲料仓容积，$m^3$；$W_{前}$ 为前一连续工序的处理能力，$kg/h$；$t_{后}$ 为后一间歇工序的周期处理时间，$h$；$\rho$ 为粉体的堆积密度，$kg/m^3$；$\varphi$ 为料仓的装填系数；1.2 为工程放大量。

例如，盘干机的干燥产能为600kg/h时，批混机的间歇周期处理时间为8h，料仓的装填系数为 0.9,三元前驱体的堆积密度为 1600kg/h。求在盘干机与批混机之间需要的缓冲料仓的最小容积。

直接根据式(4-62)可求得缓冲料仓的最小容积 $V_{缓冲}$:

$$V_{缓冲} = 1.2 \frac{W_{前} t_{后}}{\rho \varphi} = 1.2 \times \frac{600 \times 8}{1600 \times 0.9} = 4 (m^3)$$

## 参 考 文 献

[1] 沈泉飞,吴晓鹏,余绍华. 关于 PPH 储罐挤出缠绕储罐相关问题的探析 [J]. 中国建材科技,2015,(08):299,295.

[2] 艾默生公司. 流量产品交流会 [N/OL]. [2020-04-05]. https://wenku.baidu.com/view/42b07ea4b 8d528ea 81c758f5f61fb7360a4c2b4d. html.

[3] HG/T 3109—2009 [S]. 钢制机械搅拌容器型式及基本参数.

[4] 王凯,虞军,等. 搅拌设备 [M]. 北京:化学工业出版社,2003.

[5] 何文静. 储罐内加热盘管的设计与计算 [J]. 化工设计,2013,23 (3):10-13.

[6] 曹晓玲. 搅拌设备设计的几点体会 [J]. 化工设计通讯,2005,31 (1):38-41,52.

[7] HG/T 20569—2013 [S]. 机械搅拌设备.

[8] 陈炳和. 化学反应过程与设备 [M]. 北京:化学工业出版社,2009.

[9] HG/T 3796.1—2005 [S]. 搅拌器形式及基本参数.

[10] 中石化上海工程有限公司. 化工工艺设计手册 [M]. 5 版. 北京:化学工业出版社,2018.

[11] 吴宁,张琪,曲占庆. 固体颗粒在液体中沉降速度的计算方法评述 [J]. 石油钻采工艺,2000,22 (2):51-51,56.

[12] 赵瑞林. 浅谈搅拌设备功率计算公式对推进式搅拌器的适用范围 [J]. 铀矿冶,2000,19 (3):184-189.

[13] 上海毓翔机械有限公司. 过滤器系列 [N/OL]. [2020-04-05]. https://www.yxpec.com/.

[14] 左景伊,左禹. 腐蚀数据与选材手册 [M]. 北京:化学工业出版社,1995.

[15] 王伟东,仇卫华,丁倩倩. 锂离子电池三元材料——工艺技术及生产应用 [M]. 北京:化学工业出版社,2015.

[16] 吴梦楚,吴长松,梁佳赟,等. 6 种常规搅拌器的性能研究 [J]. 化学工程,2017,45 (8):68-73.

[17] 李绍芬. 反应工程 [M]. 2 版. 北京:化学工业出版社,2000.

[18] 上海一实贸易有限公司. Laminar 连续型反应器 [N/OL]. [2020-04-05]. http://djksh-es.com/index. html.

[19] 叶立,蔡小舒,童正明. 泰勒反应器应用技术进展 [J]. 化工进展,2012,31 (9):1878-1884,1907.

[20] 董杰. 泰勒反应器中的细乳聚合 [D]. 杭州:浙江大学,2010.

[21] 方艳. 一种设在反应釜外的实时取样装置:CN 201821729928 [P]. 2019-12-24.

[22] 唐宗薰. 无机化学热力学 [M]. 北京:科学出版社,2010.

[23] 杨守志,孙德堃,何方箴. 固液分离 [M]. 北京:冶金工业出版社,2008.

[24] 赵良兴. 影响加压过滤机工作效果的主要因素分析 [J]. 选煤技术,2009,(2):22-23.

[25] 无锡市宏盛医药设备有限公司. 过滤、洗涤"二合一"系列产品 [N/OL]. [2020-04-05]. http://www.hongshengyj.com/jt/p2. html.

[26] 尤伟. 压滤机全自动滤布冲洗装置的应用 [J]. 能源与节能,2018,(1):156-157.

[27] 环保零距离. 浅析压滤机的选型计算 [N/OL]. [2020-04-05]. https://www.sohu.com/a/166237874 _ 732811.

[28] 杨小荣. 制药行业烘箱的研究及改进方案 [J]. 化工与医药工程,2014,35 (5):36-41.

[29] 金国森. 干燥设备 [M]. 北京:化学工业出版社,2002.

[30] 丁德承. 转筒干燥器工程计算内容和方法 [J]. 医药工程设计,2011,32 (1):6-11.

[31] 杨岳峰. 转筒干燥机的总体与结构设计 [D]. 南昌:南昌航空大学科技学院,2011.

［32］ 廉雅斌，白立晓，刘国恒 . 炭黑工业研究与转筒干燥器工艺计算 ［J］. 天津化工，2013，27 （5）：41-43.

［33］ 凯睿达公司 . 管链输灰系统 ［N/OL］. ［2020-04-05］. https：//wenku. baidu. com/view/a57510dcba0d4a7302763ac0. html.

［34］ 麦科威公司 . 管链输送机 ［N/OL］. ［2020-04-05］. http：//www. mechwell. com. cn/web/.

［35］ 潍坊科磊机械设备有限公司 . 管链输送设备 ［N/OL］. ［2020-04-05］. http：//www. wfkeleijx. com/guanlianshu-songji/r-85. html.

［36］ 新乡市百强机械设备有限公司 . 旋振筛 ［N/OL］. ［2020-04-05］. https：//wenku. baidu. com/view/8ab4a833 4431b90d6c85c7d5. html.

# 三元材料前驱体
## ——产线设计及生产应用

# Precursors for Lithium-ion Battery Ternary Cathode Materials
## ——Production Line Design and Process Application

第 **5** 章

# 公辅设备及
# 环保工程

公辅设备是为生产设备提供水、电、气的公共辅助装置。环保工程是处理生产过程中产生的固废、废气、废水，使之达到排放要求。

# 5.1
# 公用物料规格及消耗概述

公用物料是指由公辅设备生产的介质，弄清楚它们的规格及消耗才能对公辅设备进行设计和选型。三元前驱体生产线的公用物料按用途可分为水、气、蒸汽、电四大类型。

## 5.1.1 工业纯水

### 5.1.1.1 工业纯水的规格

工业纯水在三元前驱体生产线中主要用于盐、碱溶液的配制和滤饼的洗涤以及设备清洗，也可用于蒸汽、循环水的制备。工业纯水的纯度用电导率或电阻率来表示，电导率越大或电阻率越小，表明水中所含的杂质越多，水的纯度越低，反之则水的纯度越高。其中，电导率和电阻率互为倒数，如式(5-1)。

$$\kappa = \frac{1}{R} \tag{5-1}$$

式中，$\kappa$ 为电导率，$\mu S/cm$；$R$ 为电阻率，$M\Omega \cdot cm$。

水的电导率或电阻率和温度有关，通常指的是 25℃下的电导率或电阻率。当水的温度不是 25℃时，其电导率和 25℃的电导率的关系如式(5-2)[1]。从式中可以看出，温度越高，电导率越大，因此给出水的电导率或电阻率时需注明温度。

$$\kappa(t) = \kappa(25℃)[1 + \alpha(t - 25)] \tag{5-2}$$

式中，$\kappa(t)$ 为温度为 $t$℃时的电导率；$\kappa(25℃)$ 为温度为 25℃时的电导率；$\alpha$ 为水的电导率的温度系数。

工业纯水通用的标准为 GB/T 11446.1—2013《电子级水》。标准中将纯水分为 4 个等级，如表 5-1。

三元前驱体生产用的工业纯水的纯度越高越好，至少要达到表 5-1 中 EW-Ⅲ 的电子级水的标准，这样可以有效控制水中的杂质引入到产品当中。

### 5.1.1.2 工业纯水的消耗

三元前驱体生产用的工业纯水消耗和工艺参数、设备及生产产能有关。例如配制的盐、碱溶液浓度越高，则纯水消耗量越小。如进行滤饼洗涤的时候，根据洗涤工艺的不同，有的厂家洗涤水的重量仅为物料的 5 倍，有的厂家达到 10 倍。当工业纯水仅仅作为溶液配制、滤饼洗涤以及设备清洗水用时，其消耗量可用式(5-3)进行估算：

$$W_{纯水} = 1.05(a + b)W_{物料} \tag{5-3}$$

式中，$W_{纯水}$ 为纯水的总消耗量，t/d；$W_{物料}$ 为三元前驱体的日产能，t/d；$a$ 为配制盐、碱溶液的纯水消耗量，t/t；$b$ 为滤饼洗涤纯水用量，t/t，通常取值为 5～10。

表 5-1　电子级水的技术指标[2]

| 项目 | | 技术指标 | | | |
| --- | --- | --- | --- | --- | --- |
| | | EW-Ⅰ | EW-Ⅱ | EW-Ⅲ | EW-Ⅳ |
| 电阻率(25℃)/MΩ·cm | | ≥18(5％的时间<br>不低于17) | ≥15(5％的时间<br>不低于13) | ≥12.0 | ≥0.5 |
| 全硅/(μg/L) | | ≤2 | ≤10 | ≤50 | ≤1000 |
| 微粒数<br>/(个/L) | 0.05～0.1μm | 500 | — | — | — |
| | 0.1～0.2μm | 300 | — | — | — |
| | 0.2～0.3μm | 50 | — | — | — |
| | 0.3～0.4μm | 20 | — | — | — |
| | 0.4～0.5μm | 4 | — | — | — |
| 细菌个数(个/mL) | | ≤0.01 | ≤0.1 | ≤10 | ≤100 |
| 铜/(μg/L) | | ≤0.2 | ≤1 | ≤2 | ≤500 |
| 锌/(μg/L) | | ≤0.2 | ≤1 | ≤5 | ≤500 |
| 镍/(μg/L) | | ≤0.1 | ≤1 | ≤2 | ≤500 |
| 钠/(μg/L) | | ≤0.5 | ≤2 | ≤5 | ≤1000 |
| 钾/(μg/L) | | ≤0.5 | ≤2 | ≤5 | ≤500 |
| 铁/(μg/L) | | ≤0.1 | — | — | — |
| 铅/(μg/L) | | ≤0.1 | — | — | — |
| 氟/(μg/L) | | ≤1 | — | — | — |
| 氯/(μg/L) | | ≤1 | ≤1 | ≤10 | ≤1000 |
| 亚硝酸根/(μg/L) | | ≤1 | — | — | — |
| 溴/(μg/L) | | ≤1 | — | — | — |
| 硝酸根/(μg/L) | | ≤1 | ≤1 | ≤5 | ≤500 |
| 磷酸根/(μg/L) | | ≤1 | ≤1 | ≤5 | ≤500 |
| 硫酸根/(μg/L) | | ≤1 | ≤1 | ≤5 | ≤500 |
| 总有机碳/(μg/L) | | ≤20 | ≤100 | ≤200 | ≤1000 |

式(5-3)中 $a$ 的取值和盐、碱溶液的配制浓度、原料的含水率以及镍钴锰的配制比例有关，如式(5-4)。

$$W_{盐溶液} + W_{碱溶液} = (W_{盐} + W_1) + (W_{碱} + W_2) \tag{5-4}$$

式中，$W_{盐溶液}$ 为盐溶液中水的质量，t/t；$W_{碱溶液}$ 为碱溶液中水的质量，t/t；$W_{盐}$ 为原料盐中的含水量，t/t；$W_{碱}$ 为原料碱中的含水量，t/t；$W_1$ 为配制盐溶液所消耗的纯水量，t/t；$W_2$ 为配制碱溶液所消耗的纯水量，t/t。

1t 三元前驱体 $Ni_x Co_y Mn_z(OH)_2$（$x$、$y$、$z$ 为 Ni、Co、Mn 的比例，$x+y+z=1$）的总物质的量为 $n$，则：

$$n = \frac{1 \times 10^6}{M_{xyz}} \tag{5-5}$$

式中，$n$ 为 1t 三元前驱体的总物质的量，mol；$M_{xyz}$ 为 Ni、Co、Mn 比例为 $x$、$y$、$z$ 的三元前驱体的摩尔质量。

三元前驱体中的 Ni、Co、Mn 元素全部来自盐溶液，生产 1t 三元前驱体需要的盐溶液的总体积 $V_盐$ 为：

$$V_盐 = \frac{n}{c_盐} \times 10^{-3} \tag{5-6}$$

式中，$V_盐$ 为盐溶液的总体积，$m^3/t$；$c_盐$ 为盐溶液的配制浓度，mol/L。

将式(5-5)代入式(5-6)有：

$$V_盐 = \frac{1 \times 10^3}{M_{xyz} c_盐} \tag{5-7}$$

当盐溶液配制采用固体硫酸盐时，镍、钴、锰硫酸盐化学式分别为 $NiSO_4 \cdot 6H_2O$、$CoSO_4 \cdot 7H_2O$、$MnSO_4 \cdot H_2O$，则固体硫酸盐中的含水量 $W_盐$：

$$W_盐 = (6x + 7y + z)nM_水 \times 10^{-6} \tag{5-8}$$

式中，$W_盐$ 为固体硫酸盐中的含水量，t/t；$M_水$ 为水的摩尔质量，g/mol。

将式(5-5)代入式(5-8)有：

$$W_盐 = \frac{M_水}{M_{xyz}}(6x + 7y + z) \tag{5-9}$$

那么当生产 1t 三元前驱体，配制盐溶液所消耗的纯水量 $W_1$ 为：

$$W_1 = V_盐 \rho_水 - W_盐 \tag{5-10}$$

式中，$W_1$ 为盐溶液配制所消耗的纯水量，t/t；$\rho_水$ 为水的密度，$1t/m^3$。

将式(5-7)、式(5-9)代入式(5-10)有：

$$W_1 = \frac{1 \times 10^3}{M_{xyz} c_盐} \rho_水 - \frac{M_水}{M_{xyz}}(6x + 7y + z) \tag{5-11}$$

式(5-11)为采用固体硫酸盐配制盐溶液时，生产 1t 三元前驱体所消耗的纯水量。式中可以看出，当盐溶液中配制的 Ni、Co、Mn 比例确定之后，其纯水消耗量只和盐溶液配制浓度有关。行业中盐溶液的配制浓度多在 2～2.5mol/L。当盐溶液配制浓度为 2mol/L 时，可根据式(5-11)求出配制不同 Ni、Co、Mn 比例的混合盐溶液时需要的纯水消耗量。如表 5-2。

表 5-2　配制不同 Ni、Co、Mn 比例的盐溶液的纯水消耗量

| Ni：Co：Mn | $M_{xyz}$ | $c_盐$/(mol/L) | 盐中含水量 $W_盐$/(t/t) | 纯水消耗量 $W_1$/(t/t) |
|---|---|---|---|---|
| 1：1：1 | 91.52 | 2 | 0.918 | 4.55 |
| 4：2：4 | 91.24 | 2 | 0.828 | 4.65 |
| 5：2：3 | 91.61 | 2 | 0.923 | 4.53 |
| 6：2：2 | 91.99 | 2 | 1.018 | 4.42 |
| 8：1：1 | 92.34 | 2 | 1.092 | 4.32 |

从表 5-2 可以看出，配制不同 Ni、Co、Mn 比例的三元前驱体，所需的盐溶液的纯水消耗量相差较小，约为 4.5t/t。

同样三元前驱体中的 $OH^-$ 全部来自碱溶液，生产 1t 三元前驱体所需的碱溶液的总体

积为：

$$V_碱 = \frac{2n}{c_碱} \times 10^{-3} \tag{5-12}$$

式中，$V_碱$ 为碱溶液的总体积，$m^3/t$；$c_碱$ 为配制的碱溶液浓度，mol/L。

将式(5-5) 代入式(5-12) 有：

$$V_碱 = \frac{2 \times 10^3}{M_{xyz} c_碱} \tag{5-13}$$

当采用液碱作为配制碱溶液原料时，液碱中的含水量为：

$$W_碱 = \frac{2n(1-\omega_碱)M_{NaOH}}{\omega_碱} \times 10^{-6} \tag{5-14}$$

式中，$W_碱$ 为原料液碱中的含水量，t/t；$M_{NaOH}$ 为 NaOH 的摩尔质量，g/mol；$\omega_碱$ 为原料液碱中 NaOH 的质量分数。

将式(5-5) 代入式(5-14) 有：

$$W_碱 = \frac{2(1-\omega_碱)M_{NaOH}}{M_{xyz}\omega_碱} \tag{5-15}$$

那么生产 1t 三元前驱体时，配制碱溶液的纯水的消耗量 $W_2$ 为：

$$W_2 = V_碱 \rho_水 - W_碱 \tag{5-16}$$

将式(5-13)、式(5-15) 代入式(5-16) 有：

$$W_2 = \frac{2 \times 10^3}{M_{xyz} c_碱} \rho_水 - \frac{2(1-\omega_碱)M_{NaOH}}{M_{xyz}\omega_碱} \tag{5-17}$$

式(5-17) 就是采用液碱配制碱溶液时，生产 1t 三元前驱体所消耗的纯水量。从式中可以看出，配制碱溶液所消耗的纯水量与液碱的质量分数、碱溶液的配制浓度及三元前驱体的 Ni、Co、Mn 比例有关。不同的 Ni、Co、Mn 比例的三元前驱体之间的摩尔质量 $M_{xyz}$ 差别较小，对纯水消耗量影响较小。当液碱的质量分数确定之后，其纯水消耗量主要和碱溶液配制浓度有关。行业中碱溶液配制浓度的差异较大，其跨度为 $4 \sim 10$ mol/L。如采用 32% 的液碱为碱溶液配制原料，按 Ni∶Co∶Mn＝5∶2∶3，根据式(5-17) 可计算出配制不同碱溶液浓度所消耗的纯水量，计算结果如表 5-3。

表 5-3  配制不同浓度碱溶液所消耗的纯水量

| 液碱质量分数 $\omega_碱$ | 摩尔质量 $M_{xyz}$ | $c_碱/(mol/L)$ | 碱中含水量 $W_碱/(t/t)$ | 纯水消耗量 $W_2/(t/t)$ |
|---|---|---|---|---|
| 32% | 91.61 | 4 | 1.86 | 3.60 |
| 32% | 91.61 | 6 | 1.86 | 1.78 |
| 32% | 91.61 | 8 | 1.86 | 0.87 |
| 32% | 91.61 | 10 | 1.86 | 0.32 |

由表 5-3 可以看出，当采用 32% 的液碱时，配制碱溶液的最大纯水消耗量为 3.6t/t 三元前驱体，且随着碱溶液配制浓度的增大，纯水消耗量逐渐减少。

因此，生产 1t 三元前驱体，配制盐溶液和碱溶液的总纯水消耗量为：

$$a = W_1 + W_2 \tag{5-18}$$

根据表 5-2、表 5-3 的数值可知，盐、碱溶液配制的纯水消耗量最大可达约 8t/t 三元前驱体，最低约为5t/t三元前驱体，因此 $a$ 的取值为5～8。

假设某前驱体厂的三元前驱体产能为10t/d，盐、碱溶液配制纯水消耗为8t/t前驱体，滤饼洗涤的纯水消耗为10t/t前驱体，则该前驱体厂的纯水消耗量为：

$$W_{纯水} = 1.05(a+b)W_{物料} = 1.05 \times (8+10) \times 10 = 189(t/d)$$

因此可配备一台纯水生产量为200t/d的纯水制备设备。

# 5.1.2 冷、热循环水

## 5.1.2.1 热循环水的规格及耗量计算

工业循环水是用于设备加热、冷却的介质。它可采用自来水或纯水，采用自来水成本较低，但长时间运行后，容易在设备换热处结垢，影响换热效率，同时造成管、阀门锈蚀、堵塞，采用工业纯水则成本相对较高。

在三元前驱体生产线，热循环水主要用于反应釜和盐溶液配制罐、盐溶液储罐、碱溶液储罐的加热和保温，其控制温度如表5-4。

表5-4 几种罐体的温度控制范围

| 罐体名称 | 反应釜 | 盐溶液配制罐 | 盐、碱溶液储罐 |
| --- | --- | --- | --- |
| 控制温度/℃ | 50～60 | 30～50 | 50～60 |

从表5-4可以看出，三元前驱体的生产线中几种罐体的控制温度一般在60℃以下，因此可采用进水温度为80～90℃的热循环水进行加热，进水和回水温差按15～20℃设计。生产线中的热循环水耗量可采用式(5-19)进行计算：

$$G_{hw} = \frac{Q_{加热}}{c_{hw}\Delta T} \tag{5-19}$$

式中，$Q_{加热}$ 为系统的总加热量，kJ/h；$G_{hw}$ 为热循环水流量，kg/h；$\Delta T$ 为热循环水进、回水温度差，℃；$c_{hw}$ 为热水的比热容，kJ/(kg·℃)。

从式(5-19)可以看出，要求出热循环水的流量，必须先计算出系统的总加热量 $Q_{加热}$。$Q_{加热}$ 可根据加热过程中的热量平衡求得。

## 5.1.2.2 冷循环水的规格及耗量计算

在三元前驱体生产线中，冷却循环水主要用于反应釜的冷却，少量用于盘干机内物料的冷却。根据表5-4，三元前驱体生产线设备的控制温度均不高，因此可采用常温（20～30℃）冷却循环水作为冷却介质，进、回水温差按5～10℃进行设计。生产线中冷却循环水的流量可按式(5-20)进行计算。

$$G_{cw} = \frac{Q_{冷却}}{c_{cw}\Delta T} \tag{5-20}$$

式中，$Q_{冷却}$ 为系统的总冷却量，kJ/h；$G_{cw}$ 为热循环水流量，kg/h；$\Delta T$ 为冷却循环水进、回水温度差，℃；$c_{cw}$ 为冷却循环水的比热容，kJ/(kg·℃)。

从式(5-20)可以看出，要求出冷却循环水的流量，必须先计算出系统的总冷却量 $Q_{冷却}$。$Q_{冷却}$ 同样可根据冷却过程中的热量平衡求得。

下面以反应釜的换热为例，对反应系统的热循环水和冷却循环水的耗量进行计算。为了得到反应釜系统的换热量，必须对反应釜的换热过程进行热量衡算。根据热量平衡，反应釜反应过程中输入的热量与输出的热量相等。为了简化计算，假设反应釜内气态带走的热量忽略不计。那么整个反应过程中，输入的热量为：反应过程中的盐、碱反应热和反应釜搅拌器的搅拌热；输出的热量为：进入反应釜的盐、碱溶液需要加热的热量和反应釜向环境产生的散热量。

总的能量变化如式(5-21)：

$$Q_{换热} = (Q_{反应} + Q_{搅拌}) - (Q_{环境散失} + Q_{溶液}) \qquad (5\text{-}21)$$

式中，$Q_{换热}$ 为整个反应过程需要的换热量，kJ/h；$Q_{反应}$ 为盐、碱的反应热，kJ/h；$Q_{搅拌}$ 为反应釜搅拌器的搅拌热，kJ/h；$Q_{环境散失}$ 为反应釜向环境散失的热量，kJ/h；$Q_{溶液}$ 为进入反应釜的盐、碱溶液需要的加热量，kJ/h。

如果 $Q_{换热} < 0$，则反应系统需要加热；反之 $Q_{换热} > 0$，则反应系统需要冷却。因此需要对各部分的热量进行计算。

① $Q_{反应}$：反应过程中产生的反应热 $Q_{反应}$ 可按式(5-22)计算：

$$Q_{反应} = n\Delta_r H^{\ominus}_{反应} \qquad (5\text{-}22)$$

式中，$n$ 为单位时间反应釜内发生盐、碱反应的摩尔数，mol/h；$\Delta_r H^{\ominus}_{反应}$ 为三元前驱体的反应摩尔热焓，kJ/mol。

第 1 章曾经介绍，NCM523 三元前驱体的反应摩尔热焓为 3.962kcal/mol，即 16.58kJ/mol，其他规格的三元前驱体相差也不大，三元前驱体的反应摩尔热焓 $\Delta_r H^{\ominus}_{反应}$ 可按 16kJ/mol 计。

② $Q_{搅拌}$：反应釜的搅拌热可按式(5-23)进行计算：

$$Q_{搅拌} = 3600P\eta \qquad (5\text{-}23)$$

式中，$P$ 为反应釜搅拌器的功率，kW；$\eta$ 为搅拌过程的功热转化率，通常取值 92%[3]。

③ $Q_{环境散失}$：假定设备的壁面温度都是相同的，设备向环境散热热量 $Q_{环境散失}$ 按式(5-24)[3]进行计算：

$$Q_{环境散失} = 3.6A\alpha_T(t_w - t_a) \qquad (5\text{-}24)$$

式中，$Q_{环境散失}$ 为反应釜向环境的散热量，kJ/h；$A$ 为设备的总表面积，m²；$\alpha_T$ 为反应釜壁面对空气的联合给热系数，[W/(m²·℃)]；$t_w$ 为反应釜壁面温度，℃；$t_a$ 为环境温度，℃。

当反应釜没有做保温层时，对于式(5-24)中联合给热系数 $\alpha_T$[3]可按式(5-25)进行估算：

$$\alpha_T = 8 + 0.05t_w \qquad (5\text{-}25)$$

当反应釜有做保温层时，对于式(5-24)中联合给热系数 $\alpha_T$[4]可按式(5-26)进行估算：

$$\alpha_T = \cfrac{1}{\cfrac{\delta}{\lambda} + \cfrac{1}{11.62}} \qquad (5\text{-}26)$$

式中，$\delta$ 为保温层的厚度，m；$\lambda$ 为保温材料的热导率；W/(m²·℃)。

④ $Q_溶液$：盐、碱溶液的加热热量 $Q_溶液$ 可按式（5-27）计算：

$$Q_溶液 = c_{yry} G_{yry} (t_w - t_盐) + c_{jry} G_{jry} (t_w - t_碱) \qquad (5-27)$$

式中，$Q_溶液$ 为进入反应釜的盐、碱溶液的加热量，kJ/h；$t_盐$ 为盐溶液进反应釜前的温度，℃；$t_碱$ 为碱溶液进反应釜前的温度，℃；$c_{yry}$ 为盐溶液的比热容，kJ/(kg·℃)；$c_{jry}$ 为碱溶液的比热容，kJ/(kg·℃)；$G_{yry}$ 为盐溶液进入反应釜的流量，kg/h；$G_{jry}$ 为碱溶液进入反应釜的流量，kg/h；$t_w$ 为反应釜壁面温度。

由于混合硫酸盐的浓度配制差异较小，其比热容可近似取 3.0kJ/(kg·℃)。碱溶液的比热容根据浓度不同可取 3.5~4kJ/(kg·℃)，且随着 NaOH 浓度的升高，其比热容的取值降低[5]。

例如：某反应釜系统反应控制温度为 55℃，反应釜数量为 16 个，单个反应釜的搅拌功率为 45kW，表面积为 20m²。单个反应釜进盐流量和碱流量均为 500L/h，盐溶液密度为 1300kg/m³ [比热容为 3.0kJ/(kg·℃)]，碱溶液密度为 1100kg/m³ [比热容为 4.0kJ/(kg·℃)]，盐溶液浓度为 2mol/L，盐、碱溶液进入反应釜前的温度和外界温度相同，反应釜未做保温层。现外界温度为 5℃和 30℃，分别判断反应釜是需要加热还是冷却，并求出相应的换热介质流量。

由于盐溶液浓度为 2mol/L，流量为 500L/h，根据式（5-22）可求得单个反应釜内盐、碱溶液每小时的反应热 $Q_反应$ 为：

$$Q_反应 = n \Delta_r H_{反应}^{\ominus} = 500 \times 2 \times 16 = 16000 (kJ/h)$$

再根据式（5-23）求得单个反应釜每小时产生的搅拌热 $Q_搅拌$ 为：

$$Q_搅拌 = 3600 P \eta = 3600 \times 45 \times 0.92 = 149040 (kJ/h)$$

当室温为 5℃时，由于反应釜未做保温层，其反应釜表面向外界空气的联合给热系数为：

$$\alpha_T = 8 + 0.05 t_w = 8 + 0.05 \times 55 = 10.75 [W/(m^2·℃)]$$

根据式（5-24）可求得单个反应釜向外界散失的热量 $Q_{环境散失}$ 为：

$$Q_{环境散失} = 3.6 A \alpha_T (t_w - t_a) = 3.6 \times 20 \times 10.75 \times (55 - 5) = 38700 (kJ/h)$$

根据式（5-27）可求得进入单个反应釜盐、碱溶液加热热量 $Q_溶液$ 为：

$$Q_溶液 = 3.0 \times 0.5 \times 1300 \times (55 - 50) + 4.0 \times 0.5 \times 1100 \times (55 - 50) = 207500 (kJ/h)$$

根据式（5-21），单个反应釜反应过程的换热热量为：

$$Q_换热 = (Q_{反应热} + Q_搅拌) - (Q_环境 + Q_溶液) = (149040 + 16000) - (207500 + 38700)$$
$$= -81160 (kJ/h) < 0$$

因此反应釜需要加热。考虑热循环水的热损失，其换热热量按 $Q_换热$ 的 1.2 倍工程放大设计，热循环水的进回水温差按 15℃设计，则每台反应釜需要的热循环水流量 $G_{hw}$ 为：

$$G_{hw} = \frac{1.2 Q_加热}{c_{hw} \Delta T} = \frac{1.2 \times 81160}{4.2 \times 15} = 1546 (kg/h)$$

整个反应系统有 16 台反应釜，则需要的总热循环水流量 $G_{hw总}$ 为：

$$G_{hw总} = 16 \times 1546 \approx 25 (t/h)$$

当室温为 30℃时，同理可求得单台反应釜向外界散失的热量为：

$$Q_{环境散失} = 3.6 \times 20 \times 10.75 \times (55 - 30) = 19350 (kJ/h)$$

单台反应釜每小时需要加热盐、碱溶液的热量为：

三元材料前驱体——
产线设计及生产应用

$Q_{溶液}=3.0\times0.5\times1300\times(55-30)+4.0\times0.5\times1100\times(55-30)=103750(\text{kJ/h})$

那么单台反应釜总的换热热量为：

$$Q_{换热}=(149040+16000)-(103750+19350)=41940(\text{kJ/h})>0$$

因此反应釜需要冷却。考虑热损失，其换热热量按 $Q_{换热}$ 的 1.1 倍工程放大设计，冷却循环水的进回水温差按 5℃设计，则每台反应釜需要的冷却循环水流量 $G_{cw}$ 为：

$$G_{cw}=\frac{1.1\times41940}{4.2\times5}=2197(\text{kg/h})$$

整个反应系统有 16 台反应釜，则需要的总冷却循环水流量为 $G_{cw总}$ 为：

$$G_{cw总}=16\times2197\approx35(\text{t/h})$$

通过计算可得上述反应釜的循环水系统的设计参数，如表 5-5。

表 5-5 三元前驱体反应系统循环水系统设计参数

| 外界温度/℃ | 反应温度/℃ | 搅拌功率/kW | 反应釜数量/个 | 进盐流量/(L/h) | 进碱流量/(L/h) | 盐溶液浓度/(mol/L) | 换热类型 | 总换热热量/(kJ/h) | 循环水进回水温差/℃ | 总循环水流量/(t/h) |
|---|---|---|---|---|---|---|---|---|---|---|
| 5 | 55 | 45 | 16 | 500 | 500 | 2 | 加热 | $1.30\times10^6$ | 15 | 25 |
| 30 | 55 | 45 | 16 | 500 | 500 | 2 | 冷却 | $6.71\times10^5$ | 5 | 35 |

# 5.1.3　氮气

在三元前驱体生产线中，氮气主要用于驱赶盐配制罐、反应釜、储料罐的氧气，也可作为气动阀门的动力气用，但耗量较小。如果反应釜采用提固器进行提高固含量，氮气还将作为提固器内滤棒的反吹气。

## 5.1.3.1　氮气的规格

采用氮气驱赶氧气的原理是罐内通入氮气后，氮气逸出时赶走溶液或浆料表面的空气，使溶液或浆料表面的氧分压减小，根据亨利定律，氧气在溶液或浆料中的溶解度大大降低而逸出。因此通入氮气的纯度越高越好，一般氮气的纯度要求达到 99.99%。另外，通入的氮气量只要保证溶液或浆料表面形成氮气氛围即可，根据生产经验，三元前驱体生产线中每台罐体用于除氧的氮气流量一般不超过 5L/min（标况）。

## 5.1.3.2　氮气的消耗量

前驱体生产线中氮气用于除氧的消耗量可按式(5-28)进行计算：

$$V_{N_2}=60N_{盐}L_{盐}T_{盐}+60\times N_{反应}L_{反应}T_{反应}+60\times N_{储料}L_{储料}T_{储料} \qquad (5-28)$$

式中，$V_{N_2}$ 为氮气的总耗量，L/d；$N_{盐}$、$N_{反应}$、$N_{储料}$ 分别为盐配制罐、反应釜、储料罐的个数；$L_{盐}$、$L_{反应}$、$L_{储料}$ 分别为盐配制罐、反应釜、储料罐的氮气流量，L/min；$T_{盐}$、$T_{反应}$、$T_{储料}$ 分别为盐配制罐、反应釜、储料罐的操作时长，h/d。

假设这些氮气全部由液氮提供，则可按式(5-29)转化求得液氮的耗量：

$$V_{N_2}\rho_{N_2}=V_{液氮}\rho_{液氮} \qquad (5-29)$$

式中，$V_{N_2}$ 为氮气的体积，$m^3$；$\rho_{N_2}$ 为氮气的密度，$kg/m^3$；$V_{液氮}$ 为液氮的体积，$m^3$；$\rho_{液氮}$ 为液氮的密度，$kg/m^3$。

例如：某三元前驱体生产系统中，盐配制罐的数量为 2 个，操作时长为 8h/d；反应釜的数量为 12 个，操作时长为 24h/d；储料罐的数量为 4 个，操作时长为 24h/d；所有罐体内通入的氮气流量均为 5L/min，则该生产系统中每天的氮气消耗量计算如下。

根据式(5-28)可直接计算出氮气的日消耗量：

$$V_{N_2} = 60 \times 2 \times 5 \times 8 + 60 \times 12 \times 5 \times 24 + 60 \times 4 \times 5 \times 24 = 120000(L/d) = 120(m^3/d)$$

已知氮气的密度为 $1.25kg/m^3$，液氮的密度为 $810kg/m^3$，则可根据式(5-29)求得液氮的日消耗量：

$$V_{液氮} = \frac{1.25 \times 120}{810} = 0.185(m^3/d)$$

# 5.1.4 压缩空气

在三元前驱体生产线中，压缩空气作为设备动力气用，主要是供给气动隔膜泵和洗涤压滤设备。通常两种设备对压缩气体的压力要求都不超过 0.8MPa。

## 5.1.4.1 气动隔膜泵的压缩空气耗量

气动隔膜泵的耗气量根据流量、扬程、不同厂家制作方式的不同而有所不同，因此较难精确计算。表 5-6 为某厂家给出的不同规格气动隔膜泵的耗气量。

表 5-6 不同规格的气动隔膜泵的耗气量表[6]

| 型号编号 | 进出口径/mm | 流量/(m³/h) | 扬程/m | 吸程/m | 耗气速率/(m³/min) |
|---|---|---|---|---|---|
| 1 | 10 | 0.8 | 50 | 5 | 0.3 |
| 2 | 15 | 1 | 50 | 5 | 0.3 |
| 3 | 25 | 2.4 | 50 | 7 | 0.6 |
| 4 | 40 | 8 | 50 | 7 | 0.6 |
| 5 | 50 | 12 | 50 | 7 | 0.9 |
| 6 | 65 | 16 | 50 | 7 | 0.9 |
| 7 | 80 | 24 | 50 | 7 | 1.5 |
| 8 | 100 | 30 | 50 | 7 | 1.5 |
| 9 | 125 | 36 | 50 | 7 | 1.5 |

在得到气动隔膜泵的耗气速率后，隔膜泵压缩空气的耗量可按式(5-30)进行估算。

$$V_{压缩空气} = 60 N_{隔膜泵} H_{压缩空气} T \tag{5-30}$$

式中，$V_{压缩空气}$ 为气动隔膜泵压缩空气耗量，$m^3/d$；$N_{隔膜泵}$ 为气动隔膜泵的数量；$H_{压缩空气}$ 为单台气动隔膜泵的耗气量，$m^3/min$；$T$ 为单台气动隔膜泵的操作时长，$h/d$。

例如：假设某三元前驱体生产系统中气动隔膜泵的数量为 10 台，气动隔膜泵输送物料的流量为 $30m^3/h$，气动隔膜泵的工作时长为 8h/d，则气动隔膜泵的耗气量计算如下。

根据表 5-6 查得气动隔膜泵的耗气量为 $1.5m^3/min$，根据式(5-30)可求得气动隔膜泵的耗气量为：

$$V_{压缩空气} = 60 N_{隔膜泵} H_{压缩空气} T = 60 \times 10 \times 1.5 \times 8 = 7200 (\text{m}^3/\text{d})$$

#### 5.1.4.2 压滤设备的压缩空气耗量

压滤设备洗涤过程中，压缩空气穿透滤饼而排出，空气的体积流速可用达西定律进行计算。达西定律[7]（Darcy's law）是指气体通过面积为 $A$、厚度为 $L$、黏度为 $\mu$ 的滤饼时（图 5-1），气体的平均体积流量 $\overline{Q}$ 与面积 $A$、气体前后的压力差 $\Delta p$ 成正比，与厚度 $L$、滤饼黏度 $\mu$ 成反比，如式(5-31)。

$$\overline{Q} = \frac{KA\Delta p}{\mu L} \tag{5-31}$$

**图 5-1**
压缩空气穿透滤饼流量示意图

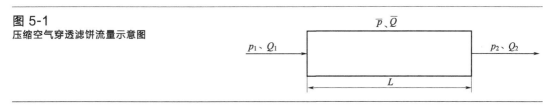

式中，$\overline{Q}$ 为气体的平均体积流量，$\text{m}^3/\text{s}$；$K$ 为渗透系数，$\text{m}^2$；$A$ 为滤饼面积，$\text{m}^2$；$L$ 为滤饼厚度，$\text{m}$；$\Delta p$ 为气体透过滤饼前后的压力差，$\text{Pa}$；$\mu$ 为气体的黏度，$\text{Pa} \cdot \text{s}$。

其中，渗透系数 $K$ 可根据表 5-7 几个级别进行选取。

表 5-7　渗透系数[8]

| 级别 | 渗透系数 $K$/mD |
| --- | --- |
| 特高 | ＞2000 |
| 高 | 500～2000 |
| 中 | 100～500 |
| 低 | 10～100 |
| 特低 | ＜10 |

表 5-7 中渗透系数的单位 mD 为毫达西。$1\text{mD} = 0.987 \times 10^{-3} \mu\text{m}^2 = 9.87 \times 10^{-16} \text{m}^2$。三元前驱体滤饼压滤过程中压缩气体具有较高的渗透率，可以级别最高的渗透系数来估算气体量。

因气体随着压力的变化体积会发生变化，式(5-31) 中计算出的是气体的平均体积流量，因此需要计算出压缩空气的体积流量 $Q_1$。假设气体膨胀为等温过程，则有：

$$p_1 Q_1 = \overline{p}\,\overline{Q} \tag{5-32}$$

$$\overline{p} = \frac{p_1 + p_2}{2} \tag{5-33}$$

联立式(5-32)、式(5-33)，可求得压缩空气的体积流量 $Q_1$：

$$Q_1 = \frac{p_1 + p_2}{2p_1} \overline{Q} \tag{5-34}$$

式中，$p_1$ 为进滤饼之前的压缩空气压力；$p_2$ 为压滤滤饼之后空气的压力；$Q_1$ 为进滤饼之前压缩空气的流量；$\bar{p}$ 为压缩空气前后的平均压力；$\bar{Q}$ 为压缩空气前后的平均流量。

联立式(5-31)、式(5-34)求得压缩空气流量 $Q_1$ 后，洗涤压滤设备的耗气量 $V'_{压缩空气}$ 可按式(5-35)计算。

$$V'_{压缩空气}=3600N_{压滤设备}Q_1T_{压滤} \tag{5-35}$$

式中，$V'_{压缩空气}$ 为压滤设备的空气消耗量，$m^3/d$；$N_{压滤设备}$ 为压滤设备数量；$Q_1$ 为通过压滤设备的压缩空气的体积流量，$m^3/s$；$T_{压滤}$ 为压滤的时间，$h/d$。

例如：现采用一台过滤、洗涤二合一设备进行三元前驱体滤饼压滤洗涤，设备的直径为 2.4m，滤饼厚度为 400mm，现采用的压缩空气为 0.3MPa，黏度为 $1.8\times10^{-5}\,Pa\cdot s$，压缩气体的渗透系数取值 2000mD，洗涤、压滤过程中的压滤时间为 12h/d，求这台设备压缩空气每天的耗量。

过滤、洗涤二合一设备中滤饼的面积和其过滤面积相等，则 $A$ 为：

$$A=\frac{3.14\times2.4^2}{4}=4.52(m^2)$$

由于气体透过滤饼后压力变为常压，因此压滤前后的压力差 $\Delta p$ 为：

$$\Delta p=0.3-0.1=0.2(MPa)$$

滤饼的渗透系数 $K$ 取 2000mD＝$1.974\times10^{-12}m^2$，根据式(5-31)可求出通过滤饼的气体的平均流量 $\bar{Q}$ 为：

$$\bar{Q}=\frac{KA\Delta p}{\mu L}=\frac{1.974\times10^{-12}\times4.52\times0.2\times10^6}{1.8\times10^{-5}\times0.4}=0.25(m^3/s)$$

再根据式(5-34)求得压缩空气流量 $Q_1$ 为：

$$Q_1=\frac{p_1+p_2}{2p_1}\bar{Q}=\frac{0.3+0.1}{2\times0.3}\times0.25=0.167(m^3/s)$$

根据式(5-35)，可求得该过滤、洗涤二合一设备每天消耗的压缩空气流量 $V'_{压缩空气}$ 为：

$$V'_{压缩空气}=3600N_{压滤设备}Q_1T_{压滤}=3600\times1\times0.167\times12=7200(m^3/d)$$

## 5.1.5 饱和蒸汽

### 5.1.5.1 饱和蒸汽的规格

在三元前驱体生产线中，饱和蒸汽主要用于盘干机的加热、洗涤用的热纯水、热循环水以及洗涤用的热稀碱溶液的制备，环保设备也会大量使用蒸汽。饱和蒸汽的温度和压力存在对应关系，且不同温度的饱和蒸汽物性参数不同，如表 5-8。饱和蒸汽的温度越高，压力越大，所以温度越高的蒸汽对管道、设备的承压要求越高。在三元前驱体生产线中，控制温度都在 100℃ 以下，其采用的饱和蒸汽的温度范围一般在 140～160℃。

表 5-8  不同规格饱和蒸汽的物性参数[5]

| 温度<br>/℃ | 压力<br>/ata | 密度<br>/(kg/m³) | 比焓<br>/(kcal/kg) | 汽化热<br>/(kcal/kg) | 比热容<br>/[kcal/(kg·℃)] | 热导率×10²<br>/[kcal/(m·h·℃)] | 黏度×10⁶<br>/(kgf·s/m²) |
|---|---|---|---|---|---|---|---|
| 100 | 1.03 | 0.598 | 639.1 | 539.0 | 0.510 | 2.04 | 1.22 |
| 120 | 2.02 | 1.121 | 646.4 | 526.1 | 0.527 | 2.23 | 1.31 |

  三元材料前驱体——
产线设计及生产应用

| 温度 /℃ | 压力 /ata | 密度 /(kg/m³) | 比焓 /(kcal/kg) | 汽化热 /(kcal/kg) | 比热容 /[kcal/(kg·℃)] | 热导率×10² /[kcal/(m·h·℃)] | 黏度×10⁶ /(kgf·s/m²) |
|---|---|---|---|---|---|---|---|
| 140 | 3.69 | 1.966 | 653.0 | 512.3 | 0.553 | 2.40 | 1.38 |
| 150 | 4.85 | 2.547 | 656.0 | 505.0 | 0.572 | 2.48 | 1.42 |
| 160 | 6.30 | 3.258 | 658.7 | 497.4 | 0.592 | 2.59 | 1.46 |
| 180 | 10.23 | 5.157 | 663.6 | 481.3 | 0.647 | 2.81 | 1.54 |

注：1ata＝98066.5Pa；1kcal/kg＝4186.8J/kg；1kcal/(kg·℃)＝4186.8J/(kg·℃)；1kcal/(m·h·℃)＝1.163W/(m·℃)；1kgf·s/m²＝9.80665Pa·s。

### 5.1.5.2 饱和蒸汽的消耗量

蒸汽消耗的质量流量可用式(5-36)进行计算：

$$L_{蒸汽}=\frac{Q_{换热}}{(H_{蒸汽}-H_{热水})\eta}$$ (5-36)

式中，$Q_{换热}$ 为系统的换热量，kJ/h；$L_{蒸汽}$ 为蒸汽的质量流量，kg/h；$H_{蒸汽}$ 为某温度或压力下蒸汽的比焓，kJ/kg；$H_{热水}$ 为某温度下热水的比焓，kJ/kg；$\eta$ 为蒸汽的换热效率，通常取值 0.6～0.8。

如果蒸汽在换热过程中只是冷凝与蒸汽温度相等的热水，则（$H_{蒸汽}-H_{热水}$）的值可用表 5-8 中的蒸汽汽化热代替。如果蒸汽在冷凝过程中冷凝成比蒸汽温度还低的热水，则要了解热水的焓值，如表 5-9。

表 5-9　不同温度的热水焓值表[9]

| 温度/℃ | 热水比焓/(kJ/kg) | 温度/℃ | 热水比焓/(kJ/kg) | 温度/℃ | 热水比焓/(kJ/kg) |
|---|---|---|---|---|---|
| 60 | 251.1 | 110 | 461.3 | 160 | 675.6 |
| 70 | 293.0 | 120 | 503.7 | 170 | 719.2 |
| 80 | 334.9 | 130 | 546.3 | 180 | 763.1 |
| 90 | 377.0 | 140 | 589.0 | 190 | 807.5 |

从式(5-36)可知，要得到蒸汽的耗量，首先要先计算出系统的换热量。系统的换热量要根据系统的热量平衡进行计算。盘干机换热量的计算方法在第 4 章已经介绍，热循环水换热量的计算方法也在本章有过介绍，下面以热纯水制备系统为例，计算其蒸汽的耗量（热稀碱溶液加热的计算与之相似）。

热纯水制备系统在制备热纯水的过程中，其热量平衡如式(5-37)。

$$Q_{换热}=Q_{热纯水}+Q_{环境散失}$$ (5-37)

式中，$Q_{换热}$ 为系统的总换热量，kJ/h；$Q_{热纯水}$ 为纯水的加热热量，kJ/h；$Q_{环境散失}$ 为加热纯水设备的环境散失热量，kJ/h。

热纯水的加热热量 $Q_{热纯水}$ 可按式(5-38)进行计算：

$$Q_{热纯水}=c_{水}L_{水}(t-t_0)$$ (5-38)

式中，$c_{水}$ 为水的比热容，kJ/(kg·℃)；$L_{水}$ 为热纯水的质量流量，kg/h；$t$ 为热纯水的温度，℃；$t_0$ 为纯水的初始温度，℃。

加热纯水设备的环境散失量可按前面介绍的方法进行计算，也可按 $Q_{热纯水}$ 的 $10\%\sim20\%$ 进行估算。即：

$$Q_{环境散失}=\varphi Q_{热纯水} \tag{5-39}$$

式中，$\varphi$ 为环境散失热量相对于热纯水热量的百分比，取值 $0.1\sim0.2$。

将式(5-38)、式(5-39)代入式(5-37)，可得到热纯水制备系统的总换热量 $Q_{换热}$ 为：

$$Q_{换热}=(1+\varphi)Q_{热纯水} \tag{5-40}$$

求得系统的总换热量后，根据式(5-36)即可得到蒸汽的耗量。

例如：某前驱体生产系统中，采用 0.6MPa、160℃ 的蒸汽进行盘干机、热纯水制备系统、热循环水制备系统的换热，需要 60℃ 的热纯水 5t/h，热纯水的初始水温为 10℃。现盘干机的换热量为 $2.5\times10^5$ kJ/h，热循环水的换热量为 $1.0\times10^5$ kJ/h，求需要的蒸汽的质量流量。

首先根据式(5-38)求得加热纯水的换热量 $Q_{热纯水}$：

$$Q_{热纯水}=c_{水}L_{水}(t-t_0)=4.2\times5000\times(60-10)=1.05\times10^6 (\text{kJ/h})$$

按热纯水制备设备的环境散失热量为 $Q_{热纯水}$ 的 $10\%$，则热纯水制备的总热量为：

$$Q_{换热}=(1+\varphi)Q_{热纯水}=1.1\times1.05\times10^6=1.16\times10^6 (\text{kJ/h})$$

那么蒸汽需要加热的热量为热纯水制备、热循环水以及盘干机的换热量总和，则换热总热量 $Q_{总}$ 为：

$$Q_{总}=1.16\times10^6+2.5\times10^5+1.0\times10^5=1.51\times10^6 (\text{kJ/h})$$

现假设蒸汽换热过程中冷凝为相同温度的热水，根据表 5-8 查得 160℃ 蒸汽的汽化热为 497.4kcal/kg，即 2082.5kJ/kg。蒸汽的效率取值 0.7，根据式(5-36)可求得蒸汽的耗量为：

$$L_{蒸汽}=\frac{Q_{换热}}{\gamma_{汽化}\eta}=\frac{1.51\times10^6}{2082.5\times0.7}=1036 (\text{kg/h})$$

# 5.1.6 电

三元前驱体生产线的供电分为动力用电和照明用电，两个供电系统通常要独立分开，避免相互干扰。动力用电规格为三相用电，电压 380V；照明用电规格为两相用电，电压 220V。生产设备与公辅设备基本为三相用电，整个三元前驱体生产线的用电设备大多为搅拌电机类设备，其整个生产线的设备配电负荷[10]可近似由式(5-41)进行计算：

$$S=K_{\circ}\sum K_{xi}P_i\sqrt{1+\tan\varphi_i^2} \tag{5-41}$$

式中，$S$ 为生产线设备的配电负荷，kV·A；$P_i$ 为某个设备的额定功率，kW；$K_{xi}$ 为某个用电设备功率的需用系数，在三元前驱体生产线中可取值 0.8；$\tan\varphi_i$ 为某个用电设备功率因素角相对应的正切值，三元前驱体生产线中可取值 0.75；$K_{\circ}$ 为用电设备功率的同时系数，三元前驱体生产线设备可取值 0.85。

例如：某三元前驱体厂所有设备的总额定功率为 700kW，求该三元前驱体厂需要配制多大变压器？

直接根据式(5-41)可求得该厂的用电负荷为：

 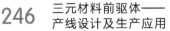

$$S = 0.85 \times 0.8 \times 700 \times \sqrt{1 + 0.75^2} = 595(\mathrm{kV \cdot A})$$

所以该三元前驱体厂应该配备一个 630kV·A 的变压器。

# 5.2 公辅设备

生产线中的公用物料都由公辅设备供给，但有的公用物料可由外界供给，如果三元前驱体厂附近有火力发电厂、煤化工等企业，蒸汽常常为它们的副产品，可直接通过蒸汽管道引入厂内使用，且价格低。但有些公用物料必须通过采购设备制备，下面介绍三元前驱体生产线比较常见的公辅设备。

## 5.2.1 纯水制备系统

纯水制备系统是成熟的设备，它由预处理装置、初级除盐装置、深度除盐装置三大部分组成。

（1）预处理装置　纯水制备的原水通常为自来水，但自来水通常会含有少量的悬浮颗粒、有机物和残余的氯、钙、镁离子，预处理装置是将这些杂质去除。它通常由原水箱、石英砂过滤器、活性炭过滤器和软化器组成，其处理流程如图 5-2。预处理装置各部件的处理原理和功能如表 5-10。

**图 5-2**
**原水预处理流程图**

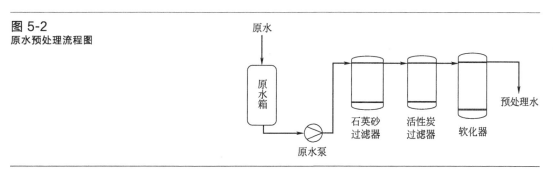

表 5-10　预处理装置功能表[11]

| 装置名称 | 处理原理 | 功能 | 备注 |
| --- | --- | --- | --- |
| 石英砂过滤器 | 内装填一定厚度的石英砂，以其作为过滤介质 | 过滤原水中的颗粒悬浮物 | 过滤孔径被堵塞后，可采用反冲洗办法再生 |
| 活性炭过滤器 | 内装填多孔状颗粒活性炭，以其作为吸附介质，比表面可达 500~2000m²/g | 吸附原水中有机物、残氯、气味等 | 吸附饱和后，也可采用反冲洗办法再生 |
| 软化器 | 常为钠离子软化器，软化器中阳离子树脂中的 $Na^+$ 与原水中 $Ca^{2+}$、$Mg^{2+}$ 进行交换：<br>$2RNa + Ca(Mg)^{2+} \Longrightarrow R_2Ca(Mg) + 2Na^+$ | 去除水中的 $Ca^{2+}$、$Mg^{2+}$ | 阳离子树脂中的 $Na^+$ 完全取代后，可采用 NaCl 进行交换再生：<br>$R_2Ca(Mg) + 2NaCl \Longrightarrow 2RNa + Ca(Mg)Cl_2$。<br>软化器通常为用户自来水硬度较高时进行配制，否则通过添加药剂进行软化 |

（2）初级除盐装置　原水经过预处理装置处理后，依旧会有一些微小粒子、病菌和病毒以及阴、阳离子，需要通过初级除盐装置进一步净化。初级除盐装置主要由保安过滤器、反渗透膜系统、中间水箱等构成，其处理流程图如图 5-3。初级除盐装置各部件处理原理和功能如表 5-11。

图 5-3
初级除盐流程图

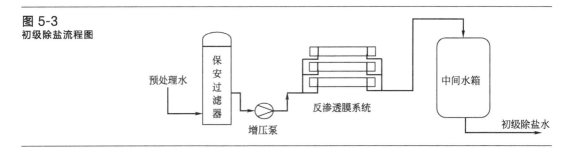

表 5-11　初级除盐装置功能表[11]

| 装置名称 | 处理原理 | 功能 | 备注 |
|---|---|---|---|
| 保安过滤器 | 以滤芯为过滤介质，滤芯的过滤精度为 $1\sim5\mu m$ | 可去除预处理水的微小粒子，从而保证水的 SDI 值（淤泥密度指数），保护反渗透膜不受损害 | 滤芯使用一段时间要更换 |
| 反渗透膜 | 反渗透膜为半透膜，在一定压力的驱动下，它对水分子选择性通过而使杂质与水分开 | 可去除各类细菌和病毒，100% 的有机化合物，95%～99% 的一价离子 | 反渗透膜可先采用清洗液清洗、再用产品水清洗，整个清洗过程可由 PLC 系统自动控制 |

初级除盐系统可采用 1 级反渗透处理，也可采用 2 级反渗透处理。2 级反渗透处理是在 1 级反渗透处理的基础上再进行一次反渗透处理，可以获得更纯净的水质。一般经过 1 级反渗透处理的纯水电导率可达到 $20\mu S/cm$，经过 2 级反渗透处理的纯水电导率可达到 $1\sim5\mu S/cm$，如果配合混床使用，2 级反渗透可大大延长混床的使用周期。

为保证反渗透膜不受损害，通常对进入反渗透装置的水质是有要求的，其要求如表 5-12。要经常对预处理装置和保安过滤器定期进行维护，保证进入反渗透装置的水质。

表 5-12　1 级反渗透装置的进水质量指标[11]

| SDI | 余氯/$(\mu g/L)$ | pH 值 | 温度/℃ |
|---|---|---|---|
| ≤5.0 | ≤0.1 | 3～10 | 5～45℃ |

（3）深度除盐装置　当水经过初级除盐装置后，仍然含有微量的杂质离子，因此需要深度除盐。深度除盐的处理流程如图 5-4。

深度除盐方法主要有阴阳离子树脂混床和连续电除盐技术（electrodeionization，简称 EDI）。根据处理方法的不同，深度除盐装置可分为混床和 EDI 系统两种。

① 混床：混床为立式容器结构，其内部填充有一定比例、充分混合的阴、阳离子树脂，通常阴、阳离子树脂的装填比例为 $(1.5:1)\sim(2:1)$。通常阴离子树脂为 OH 型树脂，用 $OH^-$ 交换树脂中的阴离子；阳离子树脂为 H 型树脂，用 $H^+$ 交换树脂中的阳离子，从而达到去除水中微量离子的目的。其去除原理如下式：

三元材料前驱体——
产线设计及生产应用

图 5-4
深度除盐流程图

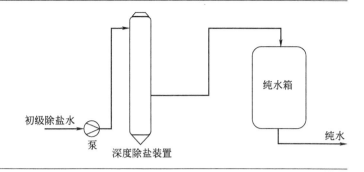

$$RH + X^+ \Longrightarrow RX + H^+$$
$$ROH + X^+ \Longrightarrow RX + OH^-$$
$$H^+ + OH^- \Longrightarrow H_2O$$

当纯水出水水质下降时，证明阴、阳离子树脂的大部分 $OH^-$、$H^+$ 被杂质离子取代，因此需要对阴阳离子树脂进行再生，树脂的再生剂为 HCl 溶液和 NaOH 溶液，其再生原理如下：

$$RX + HCl \Longrightarrow RH + XCl$$
$$RY + NaOH \Longrightarrow ROH + NaY$$

混床的再生步骤[12]如下：

a. 混床分层：通过反洗的方法将密度较小的阴离子树脂浮于上层，密度较大的树脂降至下层。

b. 树脂再生：上层通入 NaOH 溶液，进行阴离子树脂再生；下层通入 HCl 溶液进行阳离子树脂再生。

c. 树脂混合：使混床中的水位高于树脂表面 $100 \sim 200mm$，内通入压缩空气使分层的树脂充分混合。

d. 混床清洗：用正洗的方式将纯水通入混床内进行树脂的清洗，直至混床出水的电导率达到要求为止。

通常树脂再生的时间较长，因此一台纯水制备系统要配制两台混床。

② EDI 系统：EDI 是一种新型膜分离技术，它是电渗析和离子交换相结合的脱盐新工艺。EDI 系统的核心部件为 EDI 模块，EDI 装置则由若干个 EDI 模块并联而成，EDI 模块的结构如图 5-5。

如图 5-5，阳离子交换膜和阴离子交换膜构成淡水室，淡水室内填充有阴、阳离子交换树脂，两个淡水室之间构成浓水室。初级除盐水按一定比例分别通过淡水室和浓水室时，淡水室中水中的阴、阳离子分别与阴、阳离子交换树脂结合。同时，阴、阳极板通入直流电流时，在电场的作用下，阴离子树脂上的阴离子发生解离向阳极板的方向运动，由于阴离子交换膜只允许阴离子透过，阴离子透过阴离子交换膜进入浓水室而被阻隔；同样阳离子树脂上阳离子解离后透过阳离子交换膜进入浓水室而被阻隔。经过这样的过程，初级除盐水中的杂质离子穿过离子交换膜进入浓水室而被去除，产品纯水从淡水室流出，浓水室产生的浓水可回至反渗透系统处理。所以 EDI 装置的水的利用率比混床高，可达到 $80\% \sim 95\%$。

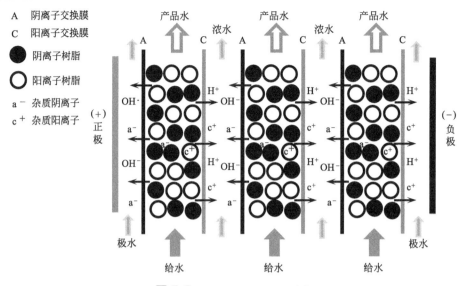

**图 5-5　EDI 模块结构示意图[11]**

由于水会电解产生大量的 $H^+$ 和 $OH^-$，当杂质离子在树脂上解离时，$H^+$ 和 $OH^-$ 会和离子交换树脂结合，从而实现离子交换树脂的连续自动再生，和混床相比没有化学再生产生的废水，无需另行花费再生时间。

EDI 装置的主要运行参数是供电电压和电流。电压是离子从淡水室迁向浓水室的推动力，同时局部电压梯度使水电解为 $H^+$ 和 $OH^-$，从而实现树脂的再生。通常电压值以实现树脂再生为佳。电流则和离子的迁移数目有关，离子迁移数目越大，则电流越大。离子既包括给水中的杂质离子，也包括水电离产生的 $H^+$ 和 $OH^-$，因此一部分电流和给水的电导率成正比关系，另一部分和电压成非线性的正比关系。当给水的电导率确定之后，电流值主要取决于电压。增大电流同样会使离子迁移动力增加，产水水质提高，但过大的电流会增加能耗，使模块基板过载而影响寿命，因此在保证水质的条件下应尽量降低电流。

EDI 装置的进水水质有一定要求，否则会破坏掉 EDI 中的树脂和交换膜而影响 EDI 的性能，其进水水质要求如表 5-13。

**表 5-13　进入 EDI 装置的水质要求条件[11]**

| 硬度/(mg/L) | 电导率/($\mu$S/cm) | 余氯/(mg/L) | $SiO_2$/(mg/L) | $Fe^{2+}$/(mg/L) | 总有机碳/(mg/L) | pH 值 |
|---|---|---|---|---|---|---|
| ≤0.1 | 50 | ≤0.05 | ≤0.5 | ≤0.01 | ≤0.5 | 6.0~9.0 |

三元前驱体采用的纯水装置组合有：一级反渗透膜＋混床组合、二级反渗透膜＋混床组合、二级反渗透膜＋EDI 装置组合。三种组合对比如表 5-14。

**表 5-14　三种纯水装置组合对比表**

| 组合方式 | 一级反渗透膜＋混床 | 二级反渗透膜＋混床 | 二级反渗透膜＋EDI |
|---|---|---|---|
| 纯水电阻率/MΩ·cm | 10~15 | 10~17 | 15~18 |

三元材料前驱体——
产线设计及生产应用

| 组合方式 | 一级反渗透膜+混床 | 二级反渗透膜+混床 | 二级反渗透膜+EDI |
|---|---|---|---|
| 投资成本 | 较低 | 低 | 高 |
| 是否使用酸碱再生剂 | 是 | 是 | 否 |
| 再生剂用量 | 多 | 较少 | 无 |
| 占地面积 | 大 | 大 | 小 |
| 运行费用 | 高 | 较高 | 低 |
| 废水产生量 | 多 | 多 | 少 |
| 水的利用率 | 60%~75% | 60%~75% | 80%~95% |

# 5.2.2 热循环水制备系统

### 5.2.2.1 热循环水制备系统的结构与组成

在三元前驱体生产线中,热循环水是为生产设备如反应釜加热而配置的系统。热循环水的温度要求仅为 80~90℃,因此其制备系统通常采用最简单的罐体加热方式,其制备工艺流程图如图 5-6。

**图 5-6**
**热循环水制备系统示意图**

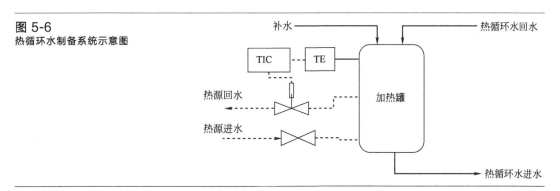

热循环水制备系统通常由罐体、加热装置及温度控制器组成。罐体常使用较为便宜的 PPH 罐,罐体大小则依据循环水的使用总量来确定。温度控制采用 PID 控制,罐体的加热方式有电加热和蒸汽换热两种。电加热是在罐内插入电热棒进行加热,但电热棒容易烧坏,故障率较高,通常只适用于热循环水用量较小的情况。如果有蒸汽条件的,采用蒸汽换热更好。

### 5.2.2.2 热循环水罐内的盘管设计

热循环水制备系统采用的换热器为内盘管换热器或板式换热器,材质有不锈钢和钛材两类。当采用内盘管换热器时,需要对内盘管的换热面积以及尺寸如长度 $L$、管径 $d$ 进行计算和设计,保证换热达到要求。

(1) 盘管直径的确定 一般来说,内盘管的直径不宜过大,直径太大加工有难度,一般常压管径在 $DN$ 25~60mm,内盘管公称直径和管道内的蒸汽流速有关[13],如式(5-42)。

$$v_{\text{蒸汽}} = \frac{4L_{\text{蒸汽}}}{\pi d_i^2 \rho_{\text{蒸汽}}} \quad (5\text{-}42)$$

式中，$v_{\text{蒸汽}}$ 为盘管内的蒸汽流速，m/s；$L_{\text{蒸汽}}$ 为蒸汽的质量流量，kg/s；$d_i$ 为盘管的内径，m；$\rho_{\text{蒸汽}}$ 为蒸汽的密度，kg/m³。

式(5-42) 中的蒸汽质量流量 $L_{\text{蒸汽}}$ 可由前面式(5-36) 进行计算。盘管直径和蒸汽流速有关。可先假定一个盘管直径 $d_i$ 由式(5-42) 求得蒸汽流速 $v_{\text{蒸汽}}$ 后，看是否满足表 5-15 中的蒸汽流速推荐值。如果不满足，则继续假设盘管直径，直到求得的 $v_{\text{蒸汽}}$ 满足表中要求为止。

表 5-15　管道内饱和蒸汽流速的推荐值[14]

| 介质 | 管径范围/mm | 流速/(m/s) |
| --- | --- | --- |
| 饱和蒸汽 | >200 | 30~40 |
| | 100~200 | 25~35 |
| | <100 | 15~30 |

（2）换热面积的确定　盘管的换热面积[15]可根据式(5-43) 进行计算：

$$F = \frac{Q}{K \Delta T} \quad (5\text{-}43)$$

式中，$Q$ 为热流率，W；$K$ 为总传热系数，W/(m²·℃)；$F$ 为传热面积，m²；$\Delta T$ 为被加热液体与传热载体的温差，℃。

类似于前面介绍的热纯水制备的换热量计算方法，在热循环水制备系统加热制备热循环水的过程中，其热量平衡为：热循环水的加热热量 $Q_{\text{hw}}$ 和加热罐体的环境散失热量 $Q_{\text{环境散失}}$ 之和为系统的总换热量 $Q$。其中 $Q_{\text{hw}}$ 按式(5-44) 计算：

$$Q_{\text{hw}} = \frac{c_{\text{hw}} G_{\text{hw}} \Delta t}{3600} \quad (5\text{-}44)$$

式中，$Q_{\text{hw}}$ 为热循环水的加热热量，kW；$c_{\text{hw}}$ 为热水的比热容，kJ/(kg·℃)；$G_{\text{hw}}$ 为热循环水的流量，kg/h，$\Delta t$ 为热循环水的进、出口温差，℃。

为了简化计算，考虑 $Q_{\text{环境散失}}$ 为 $Q_{\text{hw}}$ 的 10%。则系统的总换热量 $Q$ 为：

$$Q = 1.1 Q_{\text{hw}} \quad (5\text{-}45)$$

式中，$Q$ 为热循水制备系统的总换热量，kW。

根据式(5-43)，还要求得盘管的总传热系数 $K$ 后，才能得到盘管的换热面积 $F$。盘管的总传热系数为多个串联的热阻之和，在不考虑盘管内外污垢的情况下，其总传热系数如式(5-46)[15]表示。

$$\frac{1}{K} = \frac{1}{h_i} + \frac{1}{h_o} + \frac{\delta}{\lambda} \quad (5\text{-}46)$$

式中，$K$ 为总传热系数，W/(m²·℃)；$h_i$ 为盘管内的传热系数，W/(m²·℃)；$h_o$ 为盘管外的传热系数，W/(m²·℃)；$\delta$ 为盘管厚度，m；$\lambda$ 为盘管的热导率，W/(m·℃)。

盘管内为蒸汽冷凝传热，盘管内的传热系数 $h_i$ 可由水平管内冷凝经验公式[5]进行计算：

$$h_i = 0.555 \times \left[ \frac{g\rho_L(\rho_L - \rho_{\text{蒸汽}})\lambda_L^3\gamma_{\text{蒸汽}}}{\mu_L d_i(t_{\text{蒸汽}} - t_w)} \right]^{1/4} \left( 1 + 1.77\frac{d_i}{D_c} \right) \tag{5-47}$$

式中，$h_i$ 为盘管内的传热系数，$W/(m^2 \cdot ℃)$；$\lambda_L$ 为盘管内的蒸汽冷凝水的热导率，$W/(m \cdot ℃)$；$d_i$ 为盘管内径，m；$D_c$ 为盘管圈径，可近似等于罐体直径，m；$\rho_L$ 为冷凝水的密度，$kg/m^3$；$\rho_{\text{蒸汽}}$ 为蒸汽的密度，$kg/m^3$；$\mu_L$ 为冷凝水的黏度，$Pa \cdot s$；$t_{\text{蒸汽}}$ 为蒸汽的温度，℃；$t_w$ 为盘管的壁温，℃；$g$ 为重力加速度，取值 $9.8m/s^2$；$\gamma_{\text{蒸汽}}$ 为蒸汽的汽化热，$W/kg$。

罐体内的液体加热可以看作自然对流传热，所以盘管外的自然对流传热系数可根据式 (5-48) 的经验公式[16]进行计算：

$$h_o = \frac{\lambda_{\text{流体}}}{d_o} C(GrPr)^n \tag{5-48}$$

式中，$h_o$ 为盘管外的传热系数，$W/(m^2 \cdot ℃)$；$Gr$ 为格拉斯霍夫数；$Pr$ 为普朗特数；$C$、$n$ 为常数（在过渡流范围，盘管直径为 $DN25 \sim DN125$ 时，$C$ 取值 0.47，$n$ 取值 $1/4$）[13]；$\lambda_{\text{流体}}$ 为盘管外流体的热导率，$W/(m \cdot ℃)$；$d_o$ 为盘管外径，m。

对于两个常数的计算公式[16]有：

$$Pr = \frac{c_p\mu_{\text{流体}}}{\lambda_{\text{流体}}} \tag{5-49}$$

$$Gr = \frac{d_o^3\rho_{\text{流体}}^2 g\alpha_V(t_w - t_{\text{流体}})}{\mu_{\text{流体}}^2} \tag{5-50}$$

式中，$c_p$ 为盘管外流体的定压比热容，$kJ/(kg \cdot ℃)$；$\mu_{\text{流体}}$ 为盘管外流体的黏度，$Pa \cdot s$；$\lambda_{\text{流体}}$ 为盘管外流体的热导率，$W/(m \cdot ℃)$；$g$ 为重力加速度，$9.8m/s^2$；$\alpha_V$ 为盘管外流体的体积膨胀系数，$1/℃$；$\rho_{\text{流体}}$ 为盘管外流体的密度，$kg/m^3$；$t_w$ 为盘管的壁温，℃；$t_{\text{流体}}$ 为流体的平均温度，℃；$d_o$ 为盘管外径。

要求出 $h_i$ 和 $h_o$，必须要知道壁温 $t_w$，壁温 $t_w$ 可由视差法求得。壁温满足式(5-51)、式(5-52)[13]。

$$t_w = t_{\text{蒸汽}} - f\frac{t_{\text{蒸汽}} - t_{\text{流体}}}{h_i} \tag{5-51}$$

$$t_w = t_{\text{流体}} + f\frac{t_{\text{蒸汽}} - t_{\text{流体}}}{h_o} \tag{5-52}$$

将式(5-51)、式(5-52)相除，可得到壁温 $t_w$ 与 $h_i$ 与 $h_o$ 的关系：

$$\frac{t_{\text{蒸汽}} - t_w}{t_w - t_{\text{流体}}} = \frac{h_o}{h_i} \tag{5-53}$$

先假设一个壁温 $t_{w1}$，根据式(5-50)求得格拉斯霍夫数 $Gr$，然后由式(5-48)求得盘管外传热系数 $h_o$，由式(5-47)求得盘管内传热系数 $h_i$，再用求得的 $h_o$ 与 $h_i$ 根据式(5-53)求得 $t_{w2}$。若 $t_{w1} = t_{w2}$，则假设正确，否则继续假设壁温，直到 $t_{w1}$ 与 $t_{w2}$ 相差在 3℃ 以内，则可得到准确的盘管外传热系数 $h_o$。

求得 $h_i$ 和 $h_o$ 后，根据式(5-46)求得总传热系数 $K$，再根据式(5-43)求得盘管的换热面积 $F$。

（3）盘管的长度的确定　盘管长度 $L$ 的计算可采用式(5-54)：

$$L = \frac{F}{\pi d_i} \tag{5-54}$$

下面以具体例子来描述上面介绍的计算方法。

例如，现前驱体生产系统需要 90℃ 的热循环水 $10m^3/h$，循环水的进、出口温差为 20℃，现采用直径为 2m 的加热罐进行制备，采用的蒸汽热源为 0.4MPa、140℃，蒸汽的热效率为 0.75。现采用不锈钢盘管，其热导率为 $60W/(m·℃)$，求盘管的尺寸。

首先根据式(5-44)、式(5-45)求得热循环加热的热量 $Q$ 为：

$$Q = 1.1 \times \frac{4.2 \times 10 \times 10^3 \times 20}{3600} = 256.7(kW)$$

假设蒸汽冷凝为 140℃ 热水，根据表 5-8 查得 140℃ 的饱和蒸汽的汽化潜热 $\gamma$ 为 2145kJ/kg，则根据式(5-36)可求得蒸汽的质量流量 $L_{蒸汽}$：

$$L_{蒸汽} = \frac{256.7}{2145 \times 0.75} = 0.160(kg/s)$$

现采用盘管公称直径为 60mm，由表 5-8 查得 140℃ 蒸汽密度 $\rho_{蒸汽}$ 为 $1.966kg/m^3$。根据式(5-42)可求得盘管内的蒸汽流速为：

$$v_{蒸汽} = \frac{0.160 \times 4}{3.14 \times 0.06 \times 0.06 \times 1.966} = 28.8(m/s)$$

盘管直径的选择符合表 5-15 中的蒸汽流速规定。

对于盘管内物质的物性，定性温度 $t_{定性}$ 为 140℃，查得几种物质的物性数据如表 5-16。

**表 5-16　盘管内的几种物质的物性数据表[5]**

| 参数名称 | $\rho_L/(kg/m^3)$ | $p_{蒸汽}/(kg/m^3)$ | $\lambda_L/[W/(m·℃)]$ | $\mu_L/(Pa·s)$ | $\gamma_{蒸汽}/(W/kg)$ |
|---|---|---|---|---|---|
| 数值 | 926.1 | 1.966 | $688 \times 10^{-3}$ | $0.2 \times 10^{-3}$ | 596 |

由于罐体内热循环水的温差为 20℃，对其罐体内的热循环水物性定性温度 $t_{定性} = \frac{90 \times 2 - 20}{2} = 80℃$。查得 80℃ 的热水一些物性数据如表 5-17。

**表 5-17　盘管内 80℃ 的热水的物性数据表[9]**

| 参数名称 | $c_{p水}/(J/kg·℃)$ | $\alpha_V/(1/℃)$ | $\lambda_水/[W/(m·℃)]$ | $\mu_水/(Pa·s)$ | $\rho_水/(kg/m^3)$ |
|---|---|---|---|---|---|
| 数值 | $4.2 \times 10^3$ | 0.02898 | 0.6754 | $0.357 \times 10^{-3}$ | 972 |

根据式(5-49)先求得罐体内热循环水的 $Pr$ 数：

$$Pr = \frac{c_p \mu_{流体}}{\lambda_{流体}} = \frac{4.2 \times 10^3 \times 0.357 \times 10^{-3}}{0.6754} = 2.22$$

先假设盘管的壁温 $t_{w1}$ 为 97℃，代入式(5-47)，求得盘管内的传热系数 $h_i$ 为：

$$h_i = 0.555 \times \left[ \frac{9.81 \times 926.1 \times (926.1 - 1.966) \times 688^3 \times 596}{0.2 \times 10^{-3} \times 0.06 \times (140 - 97)} \right]^{1/4} \times \left( 1 + 1.77 \times \frac{0.06}{2} \right)$$
$$= 778.9[W/(m^2·℃)]$$

假设盘管壁厚为 2mm，则外径为 0.064m。再根据式(5-50)求格拉斯霍夫数 $Gr$：

$$Gr = \frac{0.064^3 \times 972^2 \times 9.8 \times 0.02898 \times (97 - 80)}{(0.357 \times 10^{-3})^2} = 9.38 \times 10^9$$

根据式(5-48)求得盘管外的传热系数 $h_o$ 为：

$$h_o = \frac{0.6754}{0.064} \times 0.47 \times (9.38 \times 10^9 \times 2.22)^{1/4} = 1884.2 [W/(m^2 \cdot ℃)]$$

将求得的 $h_o$、$h_i$ 根据式(5-53)再求得一个壁温为 $t_{w2}$：

$$\frac{140 - t_{w2}}{t_{w2} - 80} = \frac{1884.2}{778.9}$$

求得 $t_{w2} = 97.5℃$

$t_{w1}$ 和 $t_{w2}$ 很接近，故壁温假设正确。则盘管内的传热系数 $h_i = 778.9 W/(m^2 \cdot ℃)$；盘管外的传热系数 $h_o = 1884.2 W/(m^2 \cdot ℃)$。

根据式(5-46)可求得总传热系数为：

$$K = \frac{1}{\dfrac{1}{h_i} + \dfrac{1}{h_o} + \dfrac{\delta}{\lambda}} = \frac{1}{\dfrac{1}{778.9} + \dfrac{1}{1884.2} + \dfrac{0.002}{60}} = 541 [W/(m^2 \cdot ℃)]$$

热循环水与盘管内的蒸汽的对数平均温差 $\Delta T_m$ 为：

$$\Delta T_m = \frac{(140 - 70) + (140 - 90)}{2} = 60(℃)$$

则由式(5-43)求得热盘管的换热面积 $F$：

$$F = \frac{Q}{K \Delta T} = \frac{256.7 \times 10^3}{541 \times 60} = 7.908(m^2)$$

由于其传热系数未考虑盘管的污垢系数，其最终换热面积放大 10%：

$$F' = 1.1 F = 1.1 \times 7.908 = 8.7(m^2)$$

根据式(5-54)求得盘管的长度 $L$ 为：

$$L = \frac{8.7}{3.14 \times 0.06} = 46.2(m)$$

盘管绕加热罐体的圈数 $n$ 为：

$$n = \frac{L}{\pi D} = \frac{46.2}{3.14 \times 2} = 7.4，圈数为 8 圈。$$

所以该热循环水加热罐的盘管设计参数如表 5-18。

表 5-18　热循环加热罐的盘管设计参数

| 热循环水加热量/(t/h) | 热循环水初始温度/℃ | 热循环水加热温度/℃ | 蒸汽的温度/℃ | 罐体的直径/m | 盘管的传热系数/[W/(m²·℃)] | 盘管的内径/mm | 盘管的长度/m | 盘管的绕罐圈数/圈 |
|---|---|---|---|---|---|---|---|---|
| 10 | 70 | 90 | 140 | 2 | 541 | 60 | 46.2 | 8 |

## 5.2.3　冷却循环水系统

在三元前驱体生产线中，冷却水循环系统是为生产设备如反应釜、盘干机实施水冷却而配置的系统。由于采用的冷却循环水通常为常温水，且进回水温差不大（5~10℃），通常采用风冷的方式进行冷却。

冷却循环水系统由冷却水塔和冷却水罐组成。冷却水塔有敞开式和闭式两种类型，三元前驱体生产线中多采用敞开式冷却水塔。冷却水塔一般由塔体、风机、布水器、填料等部分组成，如图 5-7。

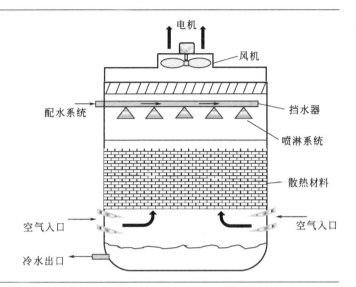

**图 5-7**
敞开式冷却水塔
结构示意图[17]

电机
风机
配水系统
挡水器
喷淋系统
散热材料
空气入口
空气入口
冷水出口

生产系统的冷却水回水经过冷却水塔顶部的配水系统由布水器从上而下喷淋到玻璃纤维填料上，通过与自下而上的空气逆流接触换热，同时顶部风机带动塔内气流循环，促进水分的蒸发，换热后热气流被带走从而达到水降温的目的，冷却后的循环水从塔底部流回至冷水罐。由于水的蒸发损失，通常需要定时补水以维持进水、回水的水量平衡。

冷却水塔的材质常采用玻璃钢，其规格有 $10\sim600t/h$，可根据冷却水需求量确定处理量之后进行选择。冷却水罐的材质主要有 PPH 和玻璃钢两类。当冷却水需求量较小时，往往不需冷却水罐。

## 5.2.4 氮气制备系统

在三元前驱体生产线中，许多厂家选择直接购买液氮，其优点是液氮的纯度高、装置简单。但生产规模较大的厂家往往会购买氮气制备系统。氮气制备系统是以空气为原料将氮气提取出来，制备方法有低温精馏法、变压吸附法和膜空分法[18]。三元前驱体对氮气的质量要求较高，通常采用低温精馏法空分设备或变压吸附法空分设备。

(1) 低温精馏法空分设备 低温精馏法已经有一百多年的历史。它是利用空气中的氧气、氮气的沸点不同，经过精馏塔精馏分离得到液氮产品[19]。低温精馏法空分设备制取氮气的流程如图 5-8。

空气经压缩机压缩到一定压力后，经过预冷机组冷却至 5℃ 左右，送至分子筛低温吸附去除水分、$CO_2$、碳氢化合物、氮氧化合物，得到纯净空气，再通过膨胀致冷的方式将空气液化，然后通过精馏塔精馏。由于氮气的沸点比氧气的沸点低，易挥发的氮气从塔顶挥发，再经过冷凝器液化后得到液氮产品。难挥发的氧气冷凝成液体从塔底流出，这样塔底得到富氧空分液体，再将其进一步精馏则可到液氧产品。

(2) 碳分子筛变压吸附法空分设备 变压吸附法是利用分子筛对氧气、氮气的吸附选

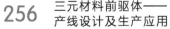

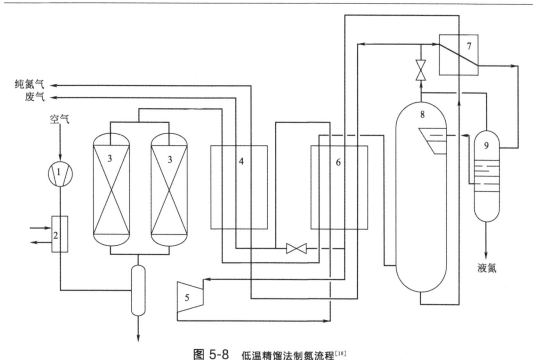

**图 5-8　低温精馏法制氮流程**[18]

1—压缩机；2—预冷机组；3—分子筛纯化器；4—板式换热器；5—透平膨胀机；6—液化器；

7—冷凝蒸发器；8—精馏塔；9—储液筒

择性，同时利用压力的变化改变分子筛的吸附容量，来实现空气中氧和氮的分离[18]。通常压力越大，吸附量越大；反之压力越小，吸附量越小。因此增加压力可完成气体的吸附，常压或抽真空可完成气体的解吸。

　　用变压吸附法制氮常采用碳分子筛作为吸附剂，空气经过分子筛时，氧气被吸附，氮气不被吸附而产出，因此变压吸附装置较简单。变压吸附制氮设备采用两只吸附塔，吸附塔内装填有碳分子筛，一只吸附塔用于吸氧产氮，另一只吸附塔用于脱氧再生。如此交替循环不断产出氮气，如图 5-9。

**图 5-9**
**变压吸附制氮流程**[18]

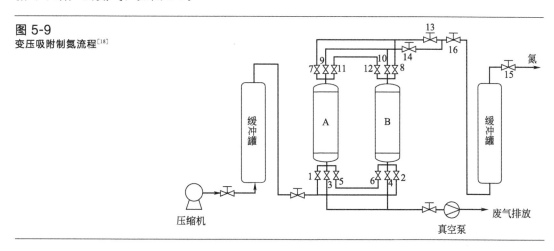

如图 5-9，以 A 塔为例，打开阀门 1，让压缩空气进入 A 吸附塔，当达到吸附压力时，关闭阀门 1，同时打开阀门 7，让未被吸附的氮气流至氮气缓冲罐。当吸附完毕后，打开阀门 3，通过真空泵将 A 吸附塔中的 $O_2$、$CO_2$ 等杂质气体完成解吸并排出，同时打开阀门 11，将氮气缓冲罐中的气体对 A 塔进行冲洗，完成 A 塔的再生。在 A 塔再生的同时，B 塔完成相应的吸氧产氮操作。

两种空分设备综合对比如表 5-19。通过表中对比可以看出，如果仅仅为三元前驱体车间提供氮气，采用碳分子筛变压吸附制氮设备较为合适。如果要同时为三元前驱体和三元正极材料厂供应氮气和氧气，可选用低温精馏空分设备。

表 5-19 低压精馏空分设备与碳分子筛变压吸附空分设备综合对比[19]

| 设备名称 | 低压精馏空分设备 | 碳分子筛变压吸附空分设备 |
|---|---|---|
| 分离原理 | 利用氮气、氧气的沸点差异，精馏分离 | 利用碳分子筛对氮气、氧气的吸附选择性和变压吸附特性进行分离 |
| 产能范围(标态) | 8000m³/h | 3000m³/h |
| 产品种类 | 液氧、液氮、氩气、稀有气体 | 只能生成氮气一种产品 |
| 产品纯度 | $N_2$:99.999%，$O_2$:99.6% | $N_2$:99.99% |
| 单位制氮能耗 | 大 | 小 |
| 产气时间 | 12～24h | 0.5h |
| 适合操作方式 | 连续产气 | 间歇产气 |
| 占地 | 较大 | 较小 |
| 工艺流程 | 复杂 | 简单 |
| 操作温度 | −160～−190℃ | 常温 |
| 维修工作量 | 大 | 小 |
| 应用范围 | 对高纯氮气和高纯氧气都有需求 | 仅需要高纯氮气，或对氧气纯度要求不高 |
| 投资 | 100% | 50%～70% |

## 5.2.5 压缩空气制备系统

压缩空气制备系统制备流程通常如图 5-10。

图 5-10
压缩空气制备流程图

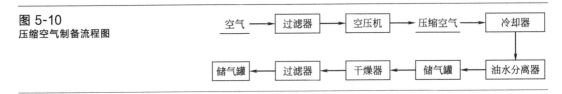

如图 5-10，空气经过过滤器过滤掉尘埃后，进入空压机进行压缩，得到压缩空气，由于压缩过程会使空气的温度升高，压缩空气通过冷却器冷却，同时使压缩空气中油和水汽冷凝，再通过油水分离器去除冷凝油分和水分，进入储气罐存储。为得到更干净的压缩空气，可将压缩空气进一步通过干燥器除去剩余的油、水分杂质，通过过滤器除去机械杂质，再存储到储气罐中以备使用。

空气压缩机是压缩空气制备系统的核心部分，它按照气体的压缩方式分动力式压缩机和容积式压缩机。动力式压缩机是气体通过高速旋转的叶轮的作用，得到较大的动能，随后在扩压装置中急剧降速，使气体的动能转化为势能，从而提高气体的压力；容积式压缩机是通过直接压缩气体而使气体的容积缩小，压力提高。

现市面上比较常见的压缩机类型为活塞式压缩机、螺杆式压缩机和离心式压缩机，其中前两种属于容积式压缩机，后一种属于动力式压缩机。

（1）活塞式空气压缩机　活塞式压缩机是一种传统的压缩机，其结构如图5-11。

**图 5-11**
**活塞式空气压缩机**
**结构简图[20]**
1—气缸；2—活塞；3—活塞杆；
4—十字头；5—连杆；6—曲轴；
7—吸气阀；8—排气阀

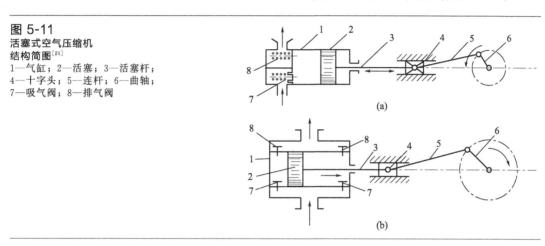

(a)

(b)

如图5-11，通过曲轴的旋转使活塞在气缸内做往复直线运动，当活塞向右运动时，进气阀打开，排气阀关闭，气体进入气缸内；当活塞向左运动时，进气阀关闭，排气阀也关闭；活塞再向右运动，重复进气过程，直至气缸内气体被压缩到一定压力，活塞向左运动，排气阀打开，压缩气体排出。

（2）螺杆式空气压缩机　螺杆式压缩机有单螺杆空气压缩机和双螺杆空气压缩机，其中以双螺杆空气压缩机应用较多，其结构如图5-12。在螺杆式压缩机的机体中，平行地配置一对相互啮合的螺杆，其中带有凸齿的螺杆称为阳转子，带有凹齿的螺杆称为阴转子。阳转子与电机相连，阳转子带动阴转子转动。当阴阳转子之间的齿沟转至与吸气口相通时，齿沟的空间最大，空气从吸气口进入齿沟，随着螺杆的转动，啮合面逐渐向排气口

**图 5-12**
**双螺杆空气压缩机**
**结构示意图[20]**
1—同步齿轮；2—阴转子；
3—推力轴承；4—轴承；
5—挡油环；6—轴封；
7—阳转子；8—气缸

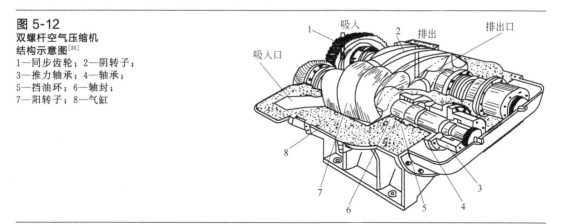

移动，啮合面与排气孔的空间越来越小，气体被压缩而压力升高，当啮合面与排气孔相通时，压缩气体从排气口排出。双螺杆空气压缩机通过转子的回转运动来改变齿沟空间，对气体压缩而使压力升高。

（3）离心式空气压缩机　离心式空气压缩机常为多级压缩，其单级压缩机结构如图 5-13。

**图 5-13**
单机离心压缩机结构图[21]

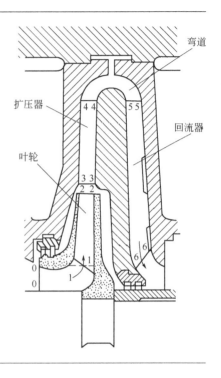

如图 5-13，空气从进气阀进入机体内，此时叶轮高速旋转将气体的速度提高，高速气体进入扩压器进行降速扩压，气体的压力提高。压缩气体通过弯道、回流器引导进入下一级进行压缩。当压缩气体经过多级压缩到达指定压力后从排出管排出。

三种空压机的优缺点比较如表 5-20。三元前驱体生产线中的压缩气体的压力要求一般在 0.8MPa 以下，根据表 5-20 中的几种空压机类型对比，如果仅仅是作为生产设备如

表 5-20　螺杆式、活塞式、离心式三种空压机的比较[22]

| 空压机类型 | 活塞式空压机 | 螺杆式空压机 | 离心式空压机 |
|---|---|---|---|
| 优点 | 1. 产生的气体压力高,且范围宽,最高可达 100MPa；<br>2. 流量可在较宽的范围内变化,排气流量最小可达 1m³/min,最大可达 100m³/min；<br>3. 气体的流量随压力变化较小；<br>4. 价格较低 | 1. 零件小,没有易损件,运转可靠,大修间隔期可到 4 万～8 万小时；<br>2. 无不平衡惯性力,因此对机组地基要求较低；<br>3. 具有强制输气的能力,排气量不受排气压力的影响,效率较高；<br>4. 螺杆齿面具有间隙,因而能耐受液体冲击,可输送含液体、粉尘的气体 | 1. 适合大排量且需要连续供气的设备,排气量最高可达 1500m³/min 以上；<br>2. 易损件少,运行可靠,寿命长,一般可连续运行两年以上；<br>3. 占地面积小,对设备基础要求低；<br>4. 机内不需要润滑,气体不易被油污染 |

| 空压机类型 | 活塞式空压机 | 螺杆式空压机 | 离心式空压机 |
|---|---|---|---|
| 缺点 | 1. 活塞与气体直接接触,摩擦件多,随着使用时间的推移,其排气流量逐渐下降; 2. 易损件较多,设备维护点多,设备维护、维修费用高,维修频繁; 3. 设备较为庞大,占地面积大,需要较高的设备安装基础 | 1. 由于转子刚度和轴承寿命方面的限制,只适用于中低压范围,排气压力不超过 3MPa; 2. 螺杆、气缸需要较高的加工精度,因此造价较高; 3. 不适合制作成微型空气压缩机; 4. 噪声大,必须采取消声减噪措施 | 1. 排气量增加时,压比会下降,因此效率不高; 2. 不适合流量较小的场合,当流量小到压缩空气出口不能维持高压时,出口压力会给转子一个反向阻力,容易产生喘振现象,引起设备振动加大,甚至出现安全问题; 3. 不适合压比过高的场合,一般排气压力不超过 0.8MPa |

隔膜泵、压滤机等的供气,用气压力及用气规模较小,采用螺杆式空压机较为适合;如果生产线内还有空分设备,则用气量大大增加,宜采用离心式空压机。

空气压缩机选型的关键参数为排气流量和排气压力。排气流量可按生产线的设备用气量消耗来进行核算。排气压力设计通常要考虑供气管路损失,在设备用气压力规格上加上 0.1~0.2MPa,例如设备用气压力规格为 0.6MPa,则空气压缩机的排气压力可按 0.8MPa 来设计选型。

# 5.3
# 环保工程

要做好环保工程,必须要先了解三元前驱体生产线产生的废固、废气、废水的来源、组成及数量,然后再选择合适的环保设备进行处理。本节将对三元前驱体的三废及环保设备进行介绍。

## 5.3.1 三元前驱体生产线的三废排放说明

### 5.3.1.1 三废的产污节点及组成

三元前驱体生产线各工序的产污节点如图 5-14。

从图 5-14 可以看出,整个三元前驱体生产工序产污分为废气、废水、废固三大类,其中废气分为含氨废气和粉尘两种。表 5-21 中对三元前驱体生产线中各种污染物的组成及处理措施进行了说明。

三元前驱体的母液废水和洗涤废水中的组成与成分含量和生产工艺有关,如采用的氨水浓度、固含量控制范围等,典型的三元前驱体生产废水中的成分与含量如表 5-22。

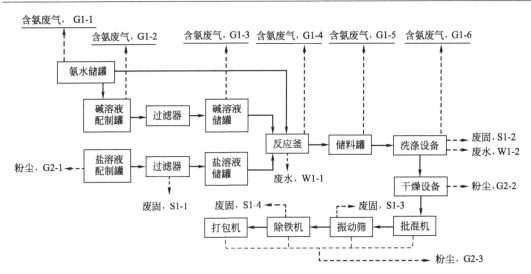

**图 5-14　三元前驱体生产线产污节点图**

**表 5-21　三元前驱体生产线产污节点说明表**

| 污染物种类 | | 污染源 | 排放代码 | 污染物说明 | 污染物主要组成 | 处理措施 | 备注 |
|---|---|---|---|---|---|---|---|
| 废气 | 含氨废气 | 氨水储罐 | G1-1 | 氨水储罐中氨水溶液逸散的氨气 | $NH_3$ | 采用氨气吸收塔吸收后高空排放 | |
| | | 碱溶液配制罐 | G1-2 | 碱溶液配制罐中氨碱混合液逸散的氨气 | $NH_3$ | 采用氨气吸收塔吸收后高空排放 | 采用碱氨混合工艺时 |
| | | 碱溶液储罐 | G1-3 | 碱溶液储罐中氨碱混合液逸散的氨气 | $NH_3$ | 采用氨气吸收塔吸收后高空排放 | 采用碱氨混合工艺时 |
| | | 反应釜 | G1-4 | 反应釜中三元前驱体浆料逸散的氨气 | $NH_3$ | 采用氨气吸收塔吸收后高空排放 | |
| | | 储料罐 | G1-5 | 储料罐中三元前驱体浆料逸散的氨气 | $NH_3$ | 采用氨气吸收塔吸收后高空排放 | |
| | | 洗涤设备 | G1-6 | 洗涤设备中三元前驱体浆料逸散的氨气 | $NH_3$ | 采用氨气吸收塔吸收后高空排放 | |
| | 粉尘 | 盐溶液配制罐 | G2-1 | 投料过程中因抛撒产生的硫酸盐粉尘,主要为硫酸锰粉尘 | $MnSO_4$ | 收尘器收集后生产上回用 | 采用固体硫酸盐配制时 |
| | | 干燥设备 | G2-2 | 干燥过程中因气流、设备、人为等因素造成物料扰动,产生的三元前驱体粉尘 | $Ni_xCo_yMn_z(OH)_2$ | 收尘器收集后高空排放,收集的物料进行回用 | |
| | | 粉体后处理系统 | G2-3 | 粉体后处理过程中因设备振动、流动等造成物料扰动,产生的三元前驱体粉尘 | $Ni_xCo_yMn_z(OH)_2$ | 收尘器收集后高空排放,收集的物料进行回用 | |

| 污染物种类 | 污染源 | 排放代码 | 污染物说明 | 污染物主要组成 | 处理措施 | 备注 |
|---|---|---|---|---|---|---|
| 废固 | 盐溶液过滤器 | S1-1 | 盐溶液过滤时更换的黏附有重金属硫酸盐的过滤介质 | $NiSO_4$、$CoSO_4$、$MnSO_4$ | 统一收集交给有危废处理资质的单位处理 | |
| | 洗涤设备 | S1-2 | 洗涤设备更换的黏附有三元前驱体滤饼的过滤介质 | $Ni_xCo_yMn_z(OH)_2$ | 统一收集交给有危废处理资质的单位处理 | 以离心机、压滤机滤布居多 |
| | 振动筛 | S1-3 | 三元前驱体过筛的筛上物 | $Ni_xCo_yMn_z(OH)_2$ | 统一收集交给有危废处理资质的单位处理 | |
| | 除铁机 | S1-4 | 三元前驱体除铁后的除铁异物 | $Ni_xCo_yMn_z(OH)_2$和磁性异物 | 统一收集交给有危废处理资质的单位处理 | |
| 废水 | 反应釜 | W1-1 | 反应过程中固含量提浓产生的母液 | 见表5-22 | 废水处理设备处理达标后排放 | 采用固含量提浓工艺时 |
| | 洗涤设备 | W1-2 | 洗涤过程中浆料脱水产生的母液和滤饼洗涤产生的洗涤废水 | 见表5-22 | 废水处理设备处理达标后排放 | |

表 5-22 三元前驱体生产废水中的成分与含量

| 排放物 | 成分 | 含量 |
|---|---|---|
| 母液废水 | 氨氮 | 8000～12000mg/L |
| | 硫酸钠 | 150g/L |
| | 镍钴锰 | 150～180mg/L |
| | pH 值 | 11～13 |
| 洗涤废水 | 氨氮 | 500～700mg/L |
| | 硫酸钠 | 10～20g/L |
| | 镍钴锰 | 15～20mg/L |
| | pH 值 | 11-13 |

## 5.3.1.2 三废排放国家标准

（1）废气的排放标准　三元前驱体生产线中产生的废气主要为三元前驱体粉尘和含氨废气。三元前驱体粉尘在空气中颗粒浓度限值可以参照 GB 3095—2012《环境空气质量标准》，该标准中规定的颗粒物浓度限值如表5-23。标准中规定除了自然保护区、风景名胜区和其他需要特殊保护的区域外，其他地区一律执行二级标准。

表 5-23　环境空气颗粒物浓度限值[23]　　　　　　　　　　单位：μg/m³

| 污染物项目 | 平均时间 | 浓度限值 | |
|---|---|---|---|
| | | 一级 | 二级 |
| 颗粒物（粒径≤10μm） | 年平均 | 40 | 70 |
| | 24 小时平均 | 50 | 150 |
| 颗粒物（粒径≤25μm） | 年平均 | 15 | 35 |
| | 24 小时平均 | 35 | 75 |
| 总悬浮颗粒物（TSP） | 年平均 | 80 | 200 |
| | 24 小时平均 | 120 | 300 |

标准 GB 31573—2015《无机化学工业污染物排放标准》规定自 2017 年 7 月 1 日起，大气中的颗粒物、氨气及镍、钴、锰及其化合物的排放限值需达到表 5-24 中的规定。对于有些需要特别保护的区域，氨在大气中污染物排放的限值为 $10mg/m^3$。该标准还对氨、镍、钴、锰及其化合物的企业边界大气污染物的排放限值进行了规定，如表 5-25。

表 5-24　三元前驱体的废气污染物的排放限值[24]

| 污染物名称 | 排放限值/（mg/m³） | 污染物排放监控位置 |
|---|---|---|
| 颗粒物 | 30 | |
| 氨 | 20 | |
| 镍及其化合物（以镍计） | 4 | 车间或生产设施的排气筒，排气筒的高度不得低于 15m |
| 钴及其化合物（以钴计） | 5 | |
| 锰及其化合物（以锰计） | 5 | |

表 5-25　三元前驱体废气企业边界排放限值

| 污染物名称 | 排放限值/（mg/m³） |
|---|---|
| 氨 | 0.3 |
| 镍及其化合物（以镍计） | 0.02 |
| 钴及其化合物（以钴计） | 0.005 |
| 锰及其化合物（以锰计） | 0.015 |

（2）废固排放标准　　三元前驱体生产线产生的废固中均含有 Ni、Co、Mn 重金属，根据《国家危险废物名录》，其危险废物代码为 HW-46——含镍废物。危险废物通常要交由有危废处理资质的单位进行处理。在处理之前，应按照标准 GB 18597—2001《危险废物贮存污染控制标准》中的规定进行废固的储存。必须单独建立储存这些危废的场所，并集中储存，同时应充分考虑废固产生的粉尘、泄漏、扩散造成的大气、土壤、水质的污染。

（3）废水排放标准　　根据表 5-22 可知，三元前驱体的废水中有 $NH_3$、镍钴锰、碱及 $Na_2SO_4$ 四大类。三元前驱体废水排放同样可参照标准 GB 31573—2015《无机化学工业污染物排放标准》，该标准中规定的 pH 值、氨氮、总镍、总锰、总钴的最高允许排放浓度如表 5-26。对于有些需要采取特别保护的地方，氨氮直接排放的最高浓度限值为 5mg/L，间接排放的最高浓度为 10mg/L。

表 5-26　三元前驱体废水中污染物排放浓度限值[24]

| 污染物名称 | 限值 | |
|---|---|---|
| | 直接排放 | 间接排放 |
| pH 值 | 6～9 | 6～9 |
| 氨氮/(mg/L) | 10 | 40 |
| 总镍/(mg/L) | 0.5 | |
| 总钴/(mg/L) | 1.0 | |
| 总锰/(mg/L) | 1.0 | |

注：直接排放是指直接向环境排放水污染物；间接排放是指向公共污水处理系统排放水污染物。

　　国家废水排放标准中并没有 $Na_2SO_4$ 的排放要求，需参考地方法规。部分地方的法规对 $Na_2SO_4$ 有严格规定，甚至要求零排放。在进行三元前驱体项目的环境保护影响评价时，一定要咨询当地的环保部门，了解对各类污染物的排放要求。

## 5.3.2　环保设备

　　三元前驱体生产线产生的污染物除了废固不需厂家自行处理外，废气、废水都需要采购设备进行处理。其中粉尘的处理方法是采用收尘器进行收尘处理，较为简单，在此不作介绍。这里主要介绍含氨废气和废水的环保处理设备。

### 5.3.2.1　含氨废气吸收塔

　　三元前驱体生产线产生含氨废气的节点较多，通常是将所有节点通过管道统一汇集后，再进入氨气吸收塔集中处理。氨气吸收的方式有水吸收和硫酸吸收两种方式。硫酸吸收氨气是化学反应，传质推动力大，在同样填料面积下，硫酸吸收比水吸收效果好，但需要配备危险化学品硫酸。

　　含氨废气吸收塔通常为填料塔，又叫喷淋净化塔，它主要由塔体、风机、填料、除雾器、排气筒等组成，其结构如图 5-15。

　　如图 5-15，含氨废气通过风机从塔底进入塔内自下而上流动，同时喷淋液通过泵从塔顶经液体分布器自上而下流动。废气和喷淋液在填料层充分接触发生吸收或反应，废气吸收后经过除雾器除雾后从塔顶的排气筒高空排放，喷淋液吸收含氨废气后流入塔底的储水箱，并流入废水池进行废水处理。

　　氨气吸收塔通常采用 PPH 材质。为了达到好的吸收效果，常采用两级喷淋。通常吸收温度越低，气体越容易溶解，吸收效果越好。由于吸收为放热反应，塔体还需要配备冷却水循环系统，带走吸收过程产生的热量，所以氨气吸收常在常温下进行。操作压力增加，能够提高氨气在气相内的分压，增加吸收推动力，提高吸收效果，但压力过大，对设备要求较高，同时增大生产操作费用，因此通常吸收在常压下进行。

### 5.3.2.2　废水处理设备

　　三元前驱体生产线产生的废水类型有母液废水和洗涤废水，其中母液废水量来源于配制的盐、碱、氨水溶液，洗涤废水来源于滤饼的洗涤水。对其整个生产系统做水的物料平

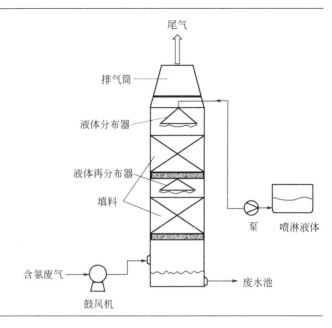

**图 5-15**
氨气吸收塔结构示意图[25]

衡，可得到母液废水量和洗涤废水量。

假设某三元前驱体车间内配制的盐溶液浓度为 2mol/L，碱溶液浓度为 4mol/L，氨水溶液浓度为 10mol/L，其中氨消耗与总金属的摩尔比为 0.4，洗涤水的水量为前驱体质量的 10 倍，干燥水量为前驱体质量的 10%，则其整个生产系统水平衡如表 5-27 所示。从表中可以看出，按照以上的生产工艺，生产 1t 三元前驱体会产生 21.19m³ 的废水，废水体积量与产品质量之比高达 20 以上。因此三元前驱体生产废水处理尤为重要。一般其废水处理流程见图 5-16。

**表 5-27 生产 1t 三元前驱体的水平衡表**

| | 物料名称 | 配制的体积/(m³/t) | 水的体积/(m³/t) | 备注 |
|---|---|---|---|---|
| 入方 | 盐溶液 | 5.43 | 5.43 | 浓度 2mol/L |
| | 碱溶液 | 5.43 | 5.43 | 浓度 4mol/L |
| | 氨水 | 0.43 | 0.43 | 浓度 10mol/L |
| | 洗涤水 | 10 | 10 | 水料比 10∶1 |
| 出方 | 干燥失水 | — | 0.1 | |
| | 母液废水 | — | 11.29 | |
| | 洗涤废水 | — | 9.9 | |
| 废水总量 | | | 21.19 | 母液废水与洗涤废水之和 |

**图 5-16**
三元前驱体废水
处理流程图
注：有些厂家会
先处理重金属，
再进行氨氮处理

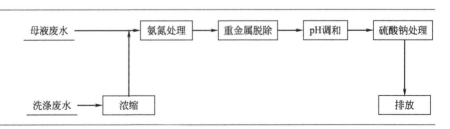

（1）洗涤废水浓缩设备　通常 1t 三元前驱体要产生 5～10t 洗涤废水，废水中污染物含量较低，将其浓缩后再进行处理，可以大大减少后面环保设备的废水处理量，从而减少能耗、节约成本。

洗涤废水一般以电渗析、反渗透、膜处理或其他特制滤芯为核心的浓缩设备进行提浓。浓缩的基本原理是让洗涤废水透过过滤介质，过滤介质选择性地只允许水分子透过，其他离子、分子则不能通过，从而达到浓缩的目的。浓缩产生的清液可以返回至纯水制备系统中进行纯水的制备，达到水循环利用的目的。为了保护浓缩装置中的过滤介质，在洗涤废水进入浓缩系统之前需要除去废水中的颗粒杂质。洗涤废水经过浓缩设备的处理流程及浓缩后指标如图 5-17。

图 5-17
洗涤废水浓
缩流程图

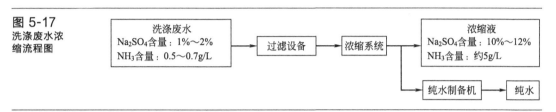

假设某三元前驱体的洗涤废水中 $Na_2SO_4$ 含量为 2%，经过浓缩后，硫酸钠含量达到 12%。对处理前后的硫酸钠做物料平衡，如式（5-55）。

$$\frac{m_{\text{水}1} \times 0.02}{1-0.02} = \frac{m_{\text{水}2} \times 0.12}{1-0.12} \tag{5-55}$$

式中，$m_{\text{水}1}$ 为废水处理之前水的质量；$m_{\text{水}2}$ 为废水处理之后水的质量。

求解式（5-55），得到洗涤废水浓缩前后的废水量之比为：$\dfrac{m_{\text{水}2}}{m_{\text{水}1}} = 0.15$，可见洗涤废水通过浓缩后，减少了 85% 的废水处理量。

（2）氨氮废水处理　根据第 1 章的分析，水中的 pH 值和温度越高，氨与水的结合能力越弱，氨越容易从水中逸出。根据氨的这一特性，三元前驱体行业中几乎都采用汽提法脱氨。汽提脱氨系统由废水预处理系统、脱氨系统、氨回收系统三大部分组成。其氨氮废水处理流程如图 5-18。

预处理系统由混合器、预热器、碱液罐等组成，它的功能是调节废水的 pH 值和预热：三元前驱体废水通过泵提升到管道混合器后，加入碱调节 pH＞11，然后通过预热器加热（换热的热源为塔釜出来的高温废水）后，通过汽提塔的中上部加料板进入塔内。

脱氨系统由汽提塔、冷凝器、气液分离罐等组成。它的功能是通过汽提精馏的方式将废水中的氨提取、分离出来。进入汽提塔的废水向下流动，与塔釜进入的高温蒸汽在塔板处进行充分接触。在刚开始接触过程中，废水中的氨含量在气相中的平衡分压大于蒸汽中的氨分压，因此废水中的氨会不断逸出进入气相之中，同时蒸汽发生冷凝进入液相之中而达到气液平衡。在废水向下流动的过程中，不断建立气液平衡，氨不断挥发逸出，废水中的氨越来越少，到塔底时已降到设计的氨浓度。逸出的含氨蒸汽向上流动，塔顶就会得到浓度较高的氨气，氨气从塔顶出口进入冷凝器冷凝为氨水。为了提高回收氨水的浓度，通常会在汽提塔上部设计一个精馏段，冷凝器中的氨水经过气液分离后一部分回流到塔中，在汽提塔的精馏段不断气化、冷凝，从而得到较高的氨水浓度[27]。

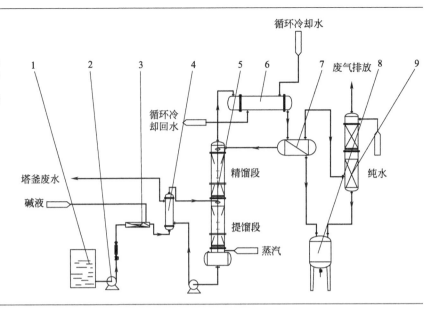

**图 5-18**
氨氮废水处理流程图[26]
1—废水；2—废水泵；
3—混合器；4—预热器；
5—汽提塔；6—冷凝器；
7—气液分离器；8—氨
水储罐；9—氨气吸收塔

氨回收系统由吸氨塔和氨水储罐组成，它的功能是吸收脱氨系统的不凝氨气。脱氨系统的冷凝器和气液分离罐中的不凝氨气进入吸氨塔，用去离子水喷淋吸收。得到的氨水和气液分离罐中的氨水一起进入氨水储罐，并返回生产线循环使用。吸氨塔的结构与氨气吸收塔的结构类似，有的厂家也采用价格较低的文氏吸氨器。

氨氮废水通过上述工艺处理可以得到氨含量为 15%～20% 的氨水。

（3）重金属脱除　三元前驱体废水中的镍、钴、锰重金属离子的脱除通常采用化学法，通常是加碱沉淀，其沉淀原理如式（5-56）所示。

$$M^{2+} + 2OH^- = M(OH)_2(M 代表 Ni、Co、Mn) \qquad (5-56)$$

三元前驱体废水中的 $Ni^{2+}$、$Co^{2+}$、$Mn^{2+}$ 以金属氨配合离子存在，在废水进行氨氮处理时要加碱调节至较高 pH 值，随着氨被分离，金属氨配合离子逐渐被解离成游离金属离子，与碱发生沉淀，因此从汽提塔塔釜出来的废水几乎已将所有的 $Ni^{2+}$、$Co^{2+}$、$Mn^{2+}$ 形成了沉淀悬浮物。塔釜出来的废水可直接进入高效沉淀池沉淀，沉淀浓缩浆用过滤设备如板框压滤机过滤；沉淀清液则通过过滤设备过滤后加酸调节至 pH 值至 6～9，再进行下一步废水处理。其处理流程如图 5-19 所示。

**图 5-19**
化学法重金属
脱除流程图[26]

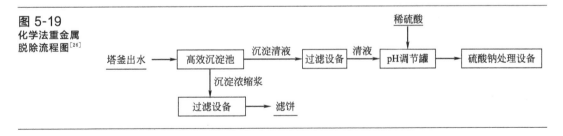

有一种旋流电解法适合处理三元前驱体废水中的较低含量的重金属，它是一种选择性电解的新技术，其装置结构如图 5-20。

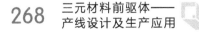

图 5-20
旋流式电解装置
结构简图[28]

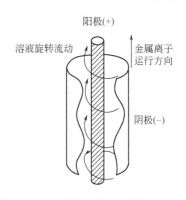

它是基于不同金属有不同析出电位的原理，电位较高的金属离子优先在阴极析出，同时在电解过程中通过高速旋转溶液消除浓差极化等不利因素。但设备较昂贵，耗电量大，目前在三元前驱体废水中较少应用。

（4）硫酸钠处理　当废水中的氨氮、重金属去除后，剩余的杂质基本为硫酸钠。硫酸钠经过处理回收有十水硫酸钠（芒硝）和无水硫酸钠（元明粉）两种产品形式。虽然两者的应用价值都不高，但元明粉比芒硝的纯度更高，市场需求更大一些，因此硫酸钠回收以处理成元明粉为佳。

硫酸钠在水中的溶解度随温度变化如表 5-28 所示。从表中可以看出，当温度低于 40℃ 时，硫酸钠的溶解度随温度降低而逐渐降低；当温度高于 40℃ 时，溶解度随温度升高也逐渐降低，即在低温情况和高温情况下均能造成硫酸钠的结晶析出。图 5-21 为硫酸钠-水溶液体系相图[29]，当温度低于 32.38℃ 时，析出的是十水硫酸钠，这种析出的方式称之为冷冻法。当温度高于 32.38℃ 时，析出的是无水硫酸钠，但溶液浓度必须达到 30% 以上，所以硫酸钠废水通常采用蒸发结晶的方式回收得到元明粉。

表 5-28　硫酸钠的溶解度数据表[9]

| 温度/℃ | 0 | 10 | 20 | 30 | 40 | 50 | 60 | 70 | 80 | 90 | 100 |
|---|---|---|---|---|---|---|---|---|---|---|---|
| 溶解度/(g/100g) | 4.9 | 9.1 | 19.5 | 40.8 | 48.8 | 46.2 | 45.3 | 44.3 | 43.7 | 42.9 | 42.3 |

蒸发结晶是指通过加热将水蒸发，从而使硫酸钠废水变为饱和溶液而析出硫酸钠。直接加热废水的能耗很大，减少能耗的方法是减少蒸发量或采用高效的蒸发设备。三元前驱体生产产生的硫酸钠废水处理采用 MVR 法能有效减少能耗。MVR 是 mechanical vapor recompression 的简称，即机械蒸汽再压缩技术。它是利用蒸发系统产生的二次蒸汽，经过压缩机提高其压力和温度，再进入蒸发系统加热料液。由于蒸汽的二次利用，达到了节能的目的。

MVR 蒸发系统通常由预热器、降膜蒸发器、气液分离器、强制循环蒸发器、压缩机以及固液分离设备、干燥设备组成。按照处理流程可分为预处理单元、浓缩单元、蒸发结晶单元以及固液分离和干燥单元四部分组成。其硫酸钠废水蒸发结晶处理工艺流程如图 5-22所示。

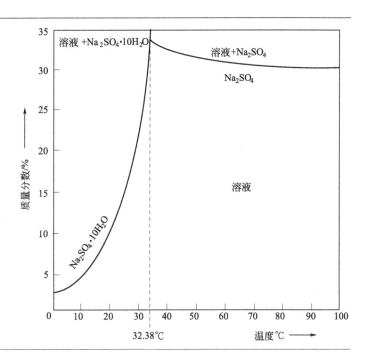

**图 5-21**
Na$_2$SO$_4$-H$_2$O 相图[29]

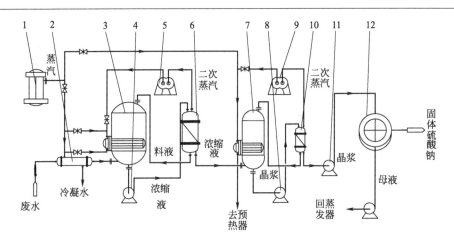

**图 5-22  硫酸钠废水 MVR 处理流程图**[30]

1—蒸汽发生器；2—预热器；3—降膜蒸发器；4—循环泵；5—蒸汽压缩机；6—气液分离器；

7—强制循环蒸发器；8—循环泵；9—蒸汽压缩机；10—结晶分离器；

11—浆料泵；12—离心机

预处理单元是将硫酸钠废水先预热到蒸发温度，避免牺牲蒸发器的蒸发面积来加热物料。硫酸钠废水的加热热源采用降膜蒸发器和强制循环蒸发器的蒸汽冷凝水进行加热，以充分利用整个系统的热量。如果该热量不足以将废水预热到指定温度，可再增加一台蒸汽发生器，通入新鲜蒸汽进行加热。

浓缩单元是指将硫酸钠废水预浓缩。由于三元前驱体废水中硫酸钠的浓度较低，通常质量分数在 20% 以下。当废水量较大时，采用一次蒸发则蒸发水量较大，因此需要将硫酸钠废水在降膜蒸发器浓缩到一定浓度，其浓度通常接近于无晶体析出的最大浓度。根据表 5-28 可知，硫酸钠在 100℃ 的溶解度为 42.3g/100g，则其饱和浓度 $\omega_{Na_2SO_4}$ 为：

$$\omega_{Na_2SO_4} = \frac{42.3}{100+42.3} \times 100\% = 29.7\%$$

因此浓缩单元通常将硫酸钠废水浓缩至硫酸钠质量分数为 27%～28%。

其浓缩流程为预热后的硫酸钠废水进入降膜蒸发器进行蒸发浓缩。降膜蒸发器、分离器通过循环泵形成一个循环体系。物料在降膜蒸发器加热后，进入分离器进行汽液分离，产生的二次蒸汽进入压缩机压缩提升压力和温度后，继续供给降膜蒸发器对废水进行加热。分离器中的液体又返回至降膜蒸发器蒸发，直到硫酸钠浓度达到设计浓度为止。

蒸发结晶单元是对浓缩液继续加热蒸发，让硫酸钠溶液过饱和而结晶析出。强制循环蒸发器、结晶分离器通过循环泵形成一个循环体系。当浓缩液在强制循环蒸发器加热后，进入结晶分离器进行汽液分离，分离出的二次蒸汽通过压缩机压缩再供给强制循环蒸发器，硫酸钠溶液因浓度过饱和，会有硫酸钠晶体析出。经过不断的循环蒸发，硫酸钠不断结晶析出，直至晶浆浓度达到设计要求。

固液分离和干燥单元是将结晶颗粒分离、干燥的过程。通常固液分离设备采用离心机，干燥设备可采用盘式干燥机、振动流化床等。晶浆通过离心机进行固液分离后，母液返回至蒸发器进行蒸发，固体硫酸钠则送至干燥设备干燥，得到无水硫酸钠成品。

三元前驱体生产线中每生产 1t 三元前驱体，则约有 1.5t 硫酸钠产生。但无水硫酸钠市场需求量较小，很多三元前驱体厂家因硫酸钠无法销售出去而选择自己存储。假设一个年产 10000t 的三元前驱体厂，每年有 15000t 硫酸钠产生。若每吨硫酸钠的存储空间需求为 0.5m³，则每年需要 7500m³ 的存储空间，折合为一个 15m×10m×50m 高楼。如果长年累积，硫酸钠将会堆积如山。因此，硫酸钠的去向问题或将成为阻碍未来三元前驱体行业大规模发展的重要因素。

### 5.3.2.3　废水处理成本核算

三元前驱体的废水处理中，重金属和 pH 处理相对简单，环保设备厂家在废水处理设计时将 pH、重金属合并到氨氮废水处理系统中即可。因此在进行废水处理成本核算时按氨氮废水处理系统和硫酸钠废水处理系统两部分核算。

在不考虑人工与设备折旧的情况下，采用汽提法处理氨氮废水的成本主要为电费、蒸汽耗费以及药剂费。废水处理成本和不同环保设备厂家的设计以及和单位时间废水处理量的不同而有所差异。单位时间处理的废水量越大，单位重量废水处理费用越少。根据实际经验，每立方三元前驱体氨氮废水的电耗在 4～6kW，蒸汽耗量为 80～100kg，药剂费为 2～3 元，如表 5-29。

在不考虑人工与设备折旧的情况下，采用 MVR 法处理硫酸钠废水的成本主要为电费以及蒸汽费。根据实际经验，每吨硫酸钠废水的电费消耗量为 40～42kW，补充蒸汽约为 40～50kg，如表 5-30。

表 5-29 氨氮废水处理成本核算（每立方米废水）

| 项目 | 消耗量 | 单价 | 运行费用/元 | 备注 |
|------|--------|------|-------------|------|
| 电 | 4~6kW·h | 0.7 元/kW·h | 2.8~4.2 | 主要为泵类、冷却循环水系统等消耗 |
| 蒸汽 | 80~100kg | 0.20 元/kg | 16~20 | 主要为汽提塔蒸汽消耗 |
| 药剂 | — | | 2~3 | 主要为液碱及硫酸等消耗 |
| 合计 | | | 20.8~27.2 | |

表 5-30 硫酸钠废水处理成本核算（每立方米废水）

| 项目 | 消耗量 | 单价 | 运行费用/元 | 备注 |
|------|--------|------|-------------|------|
| 电 | 40~42kW·h | 0.7 元/kW·h | 28~29.4 | 主要为泵类、压缩机、离心机、干燥设备等消耗 |
| 蒸汽 | 40~45kg | 0.20 元/kg | 8~9 | 主要为蒸发过程中的蒸汽补充及干燥设备蒸汽消耗 |
| 合计 | | | 36~38.4 | |

根据表 5-27 中的废水数据，每生产 1t 三元前驱体，产生的母液废水约为 $11m^3$，洗涤废水约为 $10m^3$。假设洗涤废水浓缩后为 $1.5m^3$，则每吨三元前驱体需要处理 12.5t 废水。如果氨氮废水处理成本按 24 元/$m^3$，硫酸钠废水处理成本为 36 元/$m^3$ 计，则每生产 1t 三元前驱体需要的废水处理成本为 750 元/t 三元前驱体，如表 5-31。

表 5-31 三元前驱体废水处理成本核算

| 废水处理项目 | 废水处理量/（$m^3$/t） | 处理单价/（元/$m^3$） | 处理费用/（元/t） |
|--------------|----------------------|----------------------|-------------------|
| 氨氮废水 | 12.5 | 24 | 300 |
| 硫酸钠废水 | | 36 | 450 |
| 合计 | | | 750 |

# 参 考 文 献

［1］ 王二福. 温度对超纯水电导率测量的影响及其对策［J］. 华北电力技术, 1994,（5）：5-7.

［2］ GB/T 11446.1—2013. 电子级水.

［3］ 杨基和, 蒋培华. 化工工程设计概论［M］. 北京：中国石化出版社, 2005.

［4］ GB/8175—2008. 设备及管道保温设计导则.

［5］ 中石化上海工程有限公司. 化工工艺设计手册［M］. 5 版. 北京：化学工业出版社, 2018.

［6］ 上海希伦流体科技有限公司. 环保在线［N/OL］.［2020-04-05］. http://www.hbzhan.com/tech_news/detail/198419.html.

［7］ 杨守志, 孙德堃, 何方簇. 固液分离［M］. 北京：冶金工业出版社, 2008.

［8］ 杨胜来、魏俊之. 油层物理学［M］. 北京：石油工业出版社, 2004.

［9］ 刘光启, 马连湘, 项曙光. 化学化工物性数据手册·无机卷［M］. 增订版. 北京：化学工业出版社, 2013.

［10］ 中国航空工业规划设计研究院. 工业与民用配电设计手册［M］. 北京：中国电力出版社, 2005.

［11］ 莱特莱德广州水处理设备公司. 技术资料［N/OL］.［2020-04-05］. http://www.guangzhoushui.com/gsxx/gywm.html.

［12］ 蒋伟. 纯水机反渗透膜清洗及混床树脂再生［J］. 清洗世界, 2010, 26（6）：17-19.

［13］ 何文静. 储罐内加热盘管的设计与计算［J］. 化工设计, 2013, 23（3）：10-13.

［14］ HG/T 20570—95. 工艺系统工程设计技术规定.

[15] 王凯，虞军．搅拌设备［M］．北京：化学工业出版社，2003．

[16] 杨世铭，陶文铨．传热学［M］．4版．北京：高等教育出版社，2006．

[17] 马鸿斌，纪玉龙，李海军，等．一种冷却水塔高效节能节水方法及装置．CN 201410583664.5［P］．2015-02-04．

[18] 陈顺杭．PSA变压吸附制氮技术与低温法制氮技术比较［J］．现代化工，2013，33（2）：76-78．

[19] 邓文．低温法和非低温法空分设备的发展现状及趋势［J］．工厂动力，2008，（3）：29-34．

[20] 展朝勇，刘洪海，陈新轩．公路养护机械与运用技术［M］．北京：人民交通出版社，2014．

[21] 吴业正，李红旗，张华等．制冷压缩机［M］．北京：机械工业出版社，2011．

[22] 朱佩璋．几种空压机的比较［J］．山西机械，2002，（S1）：17-18．

[23] GB 3095—2012．环境空气质量标准．

[24] GB 31573—2015．无机化学工业污染物排放标准．

[25] 朱索玄．一种填料吸收塔．CN201310623274.1［P］．2014-03-26．

[26] 文荣，李少龙，李志林等．汽提精馏脱氨技术在锂电池材料生产废水中的现代应用［J］．科学与信息化．2017，33：63，66．

[27] 刘秀庆，向波，曲冬雪等．三元前驱体废水中氨氮废水产生机理及治理技术［J］．世界有色金属，2017，（08）：4-8．

[28] 邓涛，沈李奇，佟永明等．旋流电解技术在铜电解净化生产中的运用［J］．有色冶金设计与研究．2013，34（5）：22-25．

[29] 刘云琴，李志鹏．试谈无水硫酸钠生产中的结晶问题［J］．中国井矿盐，1999，（2）：32-35．

[30] 李鹏飞，许亮，王震，等．一种硫酸钠废水的处理工艺．CN 201611078301.1［P］．2019-10-18．

# 三元材料前驱体
## ——产线设计及生产应用

# Precursors for Lithium–ion Battery Ternary Cathode Materials
## ——Production Line Design and Process Application

# 第 **6** 章

# 三元前驱体生产线设计及投资、运行成本概算

目前，三元前驱体并没有标准化的生产线，我国目前也没有颁布统一行业标准的生产线设计文件，原因主要有：①三元前驱体的产品规格种类较多；②三元前驱体产线的同一工序中，例如洗涤工序、干燥工序，常常有多种设备选择；③采用的设备有许多都是非标设备，例如反应釜、干燥设备等；④三元前驱体生产的结晶操作也有多种方式等。所以，多数企业只能根据自身的行业生产经验进行粗略设计。然而三元前驱体生产线的设计是三元前驱体生产线建设非常重要的工作，它不仅为生产线的投资、厂房要求提供精准的数据，节约投资成本；同时保障产线建设完成后能顺利生产出优质产品，减少生产运行成本。

# 6.1
# 三元前驱体的生产线设计

## 6.1.1　设计基础

### 6.1.1.1　产线的总体要求

虽然三元前驱体的生产工艺流程都是原材料配制、沉淀反应、洗涤、干燥及粉体后处理五大步骤，但不同厂家的生产线却存在较大差异。原因是不同厂家产品的类型及规格不同，生产线的产能及自动化水平不同。其中产品类型及规格决定采用何种结晶操作方式；生产线产能决定选用何种产能的设备；自动化水平会影响生产线的布局和投资。所以设计之初，用户必须要明确产品类型、产能及自动化水平等产线总体要求。

第 2 章曾介绍到三元前驱体的产品规格和类型较多，但不同成分的三元前驱体产品在结晶操作方式上差异不大，产线几乎可以通用。影响产线设计的主要是产品的粒径及粒度分布。产品的粒径大小和粒度分布宽度会影响生产的结晶操作方式。例如，生产小粒径、窄粒度分布的产品，生产线优选间歇法或半间歇法；生产大粒径、宽分布的产品，生产线优选连续法。最理想的情况是生产线具备操作多种工况的能力，可以随时根据市场的情况调整产品的规格与类型。这时要考虑产线的设计需具备多种结晶操作方式的能力。根据第 2 章的介绍，母子釜半连续半间歇法具备涵盖多种结晶方式的能力。

生产线产能，是指单位时间内加工产品的能力，通常按年操作时间来度量，一般年操作时间为 300 天。影响产能的因素主要有：①设备生产能力；②产品的粒径和粒度分布。

不同粒径和粒度分布的产品生产效率不同。例如小粒径、窄粒度分布的三元前驱体产品需要采用间歇结晶的方式，在沉淀反应工序不仅原料液的进液流量较小，而且需要频繁地开、停车。另外，由于粒径较小容易造成提固器堵塞，可能需要中断生产进行维护，单批次的处理周期较长；小粒径颗粒在洗涤工序脱水时脱水效率较低，洗涤周期较长；小粒度的滤饼含水率较高，干燥处理周期也较长。所以同一生产线小粒径的生产效率总是比大粒径低，因此必须明确产品的粒径和粒度分布，才能保证设计的产线能达到预期的要求。

产线自动化、机械化水平提高可以减少人工成本，提高生产效率，但同时也会增大产线投资成本。生产线自动化会影响整个产线的设备布局。例如，采用固体硫酸盐的自动拆包、投料系统时，会因为在盐溶液配制罐的上方增加自动化装置而要求厂房增加高度；三元前驱体滤饼采用自动传输至干燥设备时，要求洗涤设备与干燥设备呈上下紧凑布置而需要增加厂房高度；干燥粉体采用自动传输时，为减少传输阻力和距离，要求批混、过筛、除铁、打包设备依次按上下紧凑布局，同样需要增加厂房高度。对于液体物料如原料液、三元前驱体浆料等自动传输，需要增加远程中央控制系统来实现阀门的开关、泵的启停、流量的控制等，还需要在产线布置中控室。

综合以上几个方面，设计者应首先确定表 6-1 中的信息，确定产品及产线的总体要求。

表 6-1　产品及产线设计总体要求

| | 产品序号 | 产品型号 | 粒径及粒度分布要求/$\mu m$ | | | | | 产能/(t/a) | |
| --- | --- | --- | --- | --- | --- | --- | --- | --- | --- |
| | | | $D_{10}$ | $D_{50}$ | $D_{90}$ | $D_{min}$ | $D_{max}$ | 产品 | 副产品 |
| 产品总体要求 | 1 | | | | | | | | |
| | 2 | | | | | | | | |
| | 3 | | | | | | | | |
| 产线总体要求 | 固体硫酸盐是否采用自动化投料 | | 滤饼是否采用自动输送 | | 干燥粉体是否采用自动输送 | | 是否采用中控室对生产线参数进行远程控制 | | |
| | 是 | 否 | 是 | 否 | 是 | 否 | 是 | | 否 |

注：年操作时间按 300 天计。

## 6.1.1.2　原料及公用物料的规格

（1）原料的规格与消耗量的确定　采用不同种类及规格的原料，会影响到后续的原材料的存储方式、仓储要求以及生产需求量。例如，硫酸盐有固态和液体两种，固态硫酸盐的存储要考虑设计原料仓库，液态硫酸盐的存储则要考虑设计储罐；市场上液碱的浓度规格有 30% 和 50% 两种，不同浓度的液碱生产需求量不同。由于 30% 和 50% 的液碱冰点不一样，需考虑采用不同的伴热和保温措施和加热保温温度。原材料的类型通常和用户当地市场以及自身条件有关，比如附近没有液体硫酸盐的厂家、偏向于采用固态硫酸盐作为生产原料、当地仅能采购到 50% 的液碱或者有些原材料可能用户自身就能提供等。除此之外，还要详细了解这些原材料的供货周期，方便设计其存储量的大小。设计者应按照表 6-2 的内容对这些原材料的种类、规格、供货周期进行调查和咨询，并估算出年需求量。

表 6-2　原材料规格及消耗表

| 原料名称 | 原料种类 | 原料规格 | 供应方式 | 运输方式 | 供货周期/天 | 年需求量/t |
| --- | --- | --- | --- | --- | --- | --- |
| 硫酸镍 | 固态还是液态 | 金属含量 | 外购还是自制 | | | |
| 硫酸钴 | 固态还是液态 | 金属含量 | 外购还是自制 | | | |
| 硫酸锰 | 固态还是液态 | 金属含量 | 外购还是自制 | | | |
| 液碱 | — | 浓度 | 外购还是自制 | | | |
| 氨水 | — | 浓度 | 外购还是自制 | | | |

原材料的年需求量可根据产品的型号、产能、原材料的规格进行计算，估算的公式如式(6-1)~式(6-3)。

$$m(硫酸盐)=\frac{WM_m x}{M\omega_m}\qquad(6\text{-}1)$$

式中，$m$(硫酸盐)为硫酸盐的年消耗量，t/a；$W$ 为三元前驱体产品的产能，t/a；$M_m$ 为镍、钴、锰相应的摩尔质量，g/mol；$x$ 为三元前驱体中镍、钴、锰的摩尔分数；$M$ 为三元前驱体的摩尔质量，g/mol；$\omega_m$ 为硫酸盐中的镍、钴、锰的质量分数。

$$m(液碱)=1.2\times\frac{2WM_{NaOH}}{M\omega_{NaOH}}\qquad(6\text{-}2)$$

式中，$m$(液碱)为液碱的年消耗量，t/a；$W$ 为三元前驱体产品的产能，t/a；$M_{NaOH}$ 为 NaOH 的摩尔质量，g/mol；$M$ 为三元前驱体的摩尔质量，g/mol；$\omega_{NaOH}$ 为液碱的质量分数；1.2 为校正系数，液碱除了用于沉淀反应之外，还可能会用于三元前驱体的洗涤。

$$m(氨水)=n\frac{WM_N}{M\omega_N}\qquad(6\text{-}3)$$

式中，$m$(氨水)为氨水的年消耗量，t/a；$W$ 为三元前驱体产品的产能，t/a；$M_N$ 为 $NH_3$ 的摩尔质量，g/mol；$M$ 为三元前驱体的摩尔质量，g/mol；$\omega_N$ 为氨水中氨的质量分数；$n$ 为生产工艺中 $NH_3$ 与总金属的摩尔比，通常取值 0.4~0.5。

(2) 公用物料规格的确定　三元前驱体生产线中采用的公用物料分为水、电、热、气四类。现场公用物料规格或参数不同，会对后续的设计产生较大的影响。例如，产线中的干燥设备、热循环水设备采用蒸汽换热时，不同压力和温度的蒸汽传热效率和换热量不同，所以蒸汽的需求量及设计换热器的换热面积也不同；如果蒸汽和压缩空气输送至厂界的距离较长，则要考虑气体压力的管损耗；或者有些地区没有蒸汽，采用导热油来进行换热。所以设计者应充分调查当地的公用物料规格、来源。具体内容见表 6-3。

表 6-3　公用物料规格表

| 公用物料名称 | 公用物料规格/参数要求 | 用户的实际规格/参数 | 来源 |
| --- | --- | --- | --- |
| 纯水 | ≥10MΩ·cm | | |
| 热循环水 | 温度：≥80℃，压力：0.2MPa | | |
| 冷却循环水 | 温度：20~25℃，压力：0.2MPa | | |
| 蒸汽 | 压力≥0.4MPa | | |
| 氮气 | 纯度≥99.99% | | |
| 压缩空气 | ≥0.8MPa | | |
| 电 | 380/220V，三相 | | |
| 导热油 | | | |

### 6.1.1.3　物性数据收集

物性数据是指生产中使用的所有物料如原材料、公用物料、中间物料、产品、废水等的物理、化学性质参数，如成分、沸点、熔点、凝固点、密度、黏度、汽化热、比热容、粒度等。这些参数和物料的存储、输送、盛装、换热等条件的设计有很大关系。例如采用50％的液碱时，如果收集到正确的凝固点数据，可以避免液碱的结晶而造成的计量的偏差、管路的堵塞等。通常这些物性收集的方法有：

① 通过权威的书籍、文献查阅，如《化学工程手册》《化工物性数据手册》《CRC 化学物理手册》等；

② 进行实际测量，因为三元前驱体产线中有些物料多数为混合物，如盐溶液、三元前驱体浆料，并非典型的物料，可以通过实际测量的方式获取物性数据；

③ 进行理论计算，有些混合物知道其组成后，可以通过理论计算的方式来获取物性数据；

④ 对于实在无法获得的物性数据，可通过与其物性较为接近的物质进行估算。

(1) 原材料的物性数据　需要收集的原材料物性数据参数如表 6-4～表 6-6 所示。

表 6-4　固体硫酸盐的物性数据

| 物料名称 | 状态 | 化学组成 | 分子量 | 密度/(g/cm³) | 堆积密度/(g/cm³) | 溶解度(25℃)/(g/100g) | 熔点/℃ | 平均粒径/μm | 风化特性 |
| --- | --- | --- | --- | --- | --- | --- | --- | --- | --- |
| 硫酸镍 | | | | | | | | | |
| 硫酸钴 | | | | | | | | | |
| 硫酸锰 | | | | | | | | | |

表 6-5　液态硫酸盐的物性数据

| 物料名称 | 状态 | 化学组成 | 金属元素质量分数/% | 密度(25℃)/(g/cm³) | 黏度(25℃)/cP | pH 值 | 凝固点/℃ |
| --- | --- | --- | --- | --- | --- | --- | --- |
| 硫酸镍 | | | | | | | |
| 硫酸钴 | | | | | | | |
| 硫酸锰 | | | | | | | |

表 6-6　液碱和氨水的物性数据

| 物料名称 | 状态 | 化学组成 | 溶质的分子量 | 溶质的质量分数/% | 密度(25℃)/(g/cm³) | 黏度(25℃)/cP | 凝固点/℃ |
| --- | --- | --- | --- | --- | --- | --- | --- |
| 液碱 | | | | | | | |
| 氨水 | | | | | | | |

(2) 中间物料的物性数据　在三元前驱体的生产线中，中间物料有盐溶液、碱溶液、三元前驱体浆料、三元前驱体滤饼四大类，其需要收集的物性数据参数如表 6-7～表 6-9 所示。

表 6-7　盐溶液和碱溶液物性数据

| 物料名称 | 状态 | 化学组成 | 溶质的浓度/(mol/L) | 密度(25℃)/(g/cm³) | 黏度(25℃)/cP | pH 值 | 凝固点/℃ | 比热容/[kJ/(kg·℃)] |
| --- | --- | --- | --- | --- | --- | --- | --- | --- |
| 盐溶液 | | | | | | | | |
| 碱溶液 | | | | | | | | |

表 6-8　三元前驱体浆料物性数据

| 物料名称 | 状态 | 化学组成 | 固含量/(g/L) | 密度(25℃)/(g/cm³) | 平均粒径/μm | pH 值 | 黏度(25℃)/cP | 沉降速度/(mm/h) |
|---|---|---|---|---|---|---|---|---|
| 三元前驱体浆料 | | | | | | | | |

表 6-9　三元前驱体滤饼物性数据

| 物料名称 | 状态 | 化学组成 | 含水率/% | 堆积密度(25℃)/(g/cm³) | 平均粒径/μm | 比热容/[kJ/(kg·℃)] |
|---|---|---|---|---|---|---|
| 三元前驱体浆料 | | | | | | |

（3）公用物料的物性数据　水、热、气类公用物料的物性对介质输送、设备设计有较大影响。各种公用物料所需收集的物性数据参数如表 6-10～表 6-12 所示。

表 6-10　水类公用物料的物性数据

| 物料名称 | 状态 | 化学组成 | 温度/℃ | 压力/MPa | 电阻率/(MΩ·cm) | 密度/(g/cm³) | 比热容/[kJ/(kg·℃)] | pH 值 | 黏度(25℃)/cP | 凝固点/℃ |
|---|---|---|---|---|---|---|---|---|---|---|
| 源水 | | | | | | | | | | |
| 纯水 | | | | | | | | | | |
| 热循环水 | | | | | | | | | | |
| 冷却循环水 | | | | | | | | | | |

表 6-11　气类公用物料的物性数据

| 物料名称 | 状态 | 化学组成 | 温度/℃ | 压力/MPa | 纯度/% | 密度/(g/cm³) | 露点/℃ | 黏度(25℃)/cP |
|---|---|---|---|---|---|---|---|---|
| 氮气 | | | | | | | | |
| 压缩空气 | | | | | | | | |

表 6-12　热类公用物料的物性数据

| 物料名称 | 状态 | 化学组成 | 温度/℃ | 压力/MPa | 汽化潜热/(kJ/kg) | 比热容/[kJ/(kg·℃)] | 密度/(g/cm³) | 黏度(25℃)/cP |
|---|---|---|---|---|---|---|---|---|
| 蒸汽 | | | | | | | | |
| 导热油 | | | | | — | | | |

（4）产品及废水的物性数据　干燥后的三元前驱体粉体可称之为产品，它的物性数据对物料传输、设备设计都有较大影响。对干燥粉体需要收集的物性数据参数如表 6-13 所示。

表 6-13　产品的物性数据

| 物料名称 | 状态 | 化学组成 | 含水率/% | 平均粒径/μm | 堆积密度/(g/cm³) | 黏度(25℃)/cP | 安息角/(°) |
|---|---|---|---|---|---|---|---|
| 产品 | | | | | | | |

废水分为母液废水和洗涤废水两大类，其需要收集的相关数据如表 6-14 所示。

表 6-14　废水的物性数据

| 物料名称 | 状态 | 化学组成 | 密度/(g/cm³) | 黏度(25℃)/cP | 凝固点/℃ |
|---|---|---|---|---|---|
| 母液废水 | | | | | |
| 洗涤废水 | | | | | |

# 6.1.2　工艺方案设计

根据第 1 章的介绍，三元前驱体的结晶操作方式主要有连续法、间歇法、多级串接间歇法、母子釜半连续半间歇法四种。当确定结晶操作方式后，设计者首先应根据产品型号将生产线分成若干条独立生产线。所谓独立生产线是指生产中不被其他生产线干扰的最小生产线单元。独立生产线的条数和用户需要同时生产的不同规格产品数目有关。例如，某生产线的总产能为 10000t/a，需要同时生产 4 种不同规格的产品，则可将生产线分为 4 条独立生产线。将生产线进行分线后，其产线的设计工作量将大大减少，如果 4 条产线生产的产品为同一粒径和粒度分布规格，则只需要设计一条独立生产线，再将其他产线复制即可。即便粒径和粒度分布有差异，其他产线也只是在某些环节稍作调整。

## 6.1.2.1　工艺技术内容说明

将产线进行分线后，可单独将独立生产线拿出来进行工艺方案的设计。根据三元前驱体的生产流程可将三元前驱体产线分为原材料配制、沉淀反应、洗涤、干燥及粉体后处理五大单元，因此可将各个单元分别进行工艺方案设计。在工艺方案设计之前，工艺人员首先要确定工艺技术路线，并将工艺技术的数据内容列出，方便设计者按工艺要求设计。

（1）原材料的配制　原材料配制需要确定的工艺技术内容包括盐、碱、氨水溶液的配制浓度以及存储过程的控制温度；盐溶液配制罐中是否需要通氮气保护，并给出通入的氮气流量；氨水溶液是单独配制，还是配制成氨碱混合液。将具体的工艺数据列入表 6-15 中。

表 6-15　原材料配制的工艺数据

| 盐溶液配制、存储工艺方案 | | | | 碱溶液配制、存储工艺方案 | | | 氨水配制工艺方案 | |
|---|---|---|---|---|---|---|---|---|
| 配制浓度/(mol/L) | 配制温度/℃ | 氮气流量/(L/min) | 存储温度/℃ | 配制浓度/(mol/L) | 配制温度/℃ | 存储温度/℃ | 配制浓度/(mol/L) | 配制形式 |
| 2 | 30 | 5 | 50 | 4 | 常温 | 50 | 10 | 单独配制 |

注：表中的数据均为范例。

（2）沉淀反应　沉淀反应需要确定的工艺技术内容包括采用哪种结晶操作方式，如果是间歇操作，还需给出间歇操作周期时间；采用反应釜的容积；盐溶液的流量；反应釜内氨与总金属的摩尔比；反应过程的控制温度；温度与 pH 的控制精度；反应釜内的氮气流量；釜内浆料的固含量。将具体的工艺数据列入表 6-16 中。

表 6-16  沉淀反应的工艺数据

| 结晶操作方式 | 间歇法的操作周期/h | 反应釜的容积/m³ | 单釜盐溶液的进液流量/(L/h) | 反应釜内氨与总金属的摩尔比 | 反应过程的温度/℃ | 温度控制精度/℃ | pH控制精度 | 单釜及储料罐内分别通入的氮气流量/(L/min) | 浆料固含量/(g/L) |
|---|---|---|---|---|---|---|---|---|---|
| 连续法 | — | 8 | 400 | 0.4 | 50 | ±1 | ±0.01pH | 3 | 90(不提固) |

注：表中的数据均为范例。

（3）洗涤  洗涤工艺需要确定的工艺技术内容有：采用的洗涤设备类型；洗涤水的温度及洗涤水量；是否采用稀碱洗涤；稀碱的浓度、用量及温度；洗涤终止时废水达到的pH值；滤饼的含水率。将具体的工艺数据列入表 6-17 中。

表 6-17  洗涤工艺数据

| 洗涤设备 | 洗涤水温/℃ | 洗水用量/(t/t) | 是否采用碱洗 | 稀碱浓度/(mol/L) | 稀碱用量/(t/t) | 稀碱的温度/℃ | 洗涤废水最终pH值 | 滤饼的含水率/% |
|---|---|---|---|---|---|---|---|---|
| 离心 | 50 | 10 | 是 | 0.5 | 1 | 50 | ≤9.5(25℃) | ≤12 |

注：表中的数据均为范例。

（4）干燥  干燥工艺需要确定的工艺技术内容有：干燥的操作方式是连续操作还是间歇操作；干燥后产品的水分要求；干燥的温度。将具体的工艺数据列入表 6-18 中。

表 6-18  干燥工艺数据

| 干燥方式 | 干燥产品的水分要求/% | 干燥温度/℃ |
|---|---|---|
| 连续干燥 | ≤0.3% | 120~150 |

注：表中的数据均为范例。

（5）粉体后处理  粉体后处理工艺需要确定的工艺技术内容有：单批次混合质量；包装规格及精度要求；包装方式是真空包装还是充氮包装；最终产品的水分要求。将具体的工艺数据内容列入表 6-19 中。

表 6-19  粉体后处理工艺数据

| 单批次混合质量/t | 包装规格/(t/包) | 包装质量的精度/kg | 包装方式 | 产品的水分要求/% |
|---|---|---|---|---|
| 4 | 1 | 0.1 | 充氮 | ≤0.5 |

注：表中的数据均为范例。

## 6.1.2.2  工艺操作条件

工艺操作条件是指生产线操作的工况，如各个单元操作方式、操作频次、处理量以及过程控制要求等。它除了和工艺技术方案有关外，还与各单元的处理量有关。

（1）产品的物料衡算  各单元的处理量可通过产品的物料平衡来计算。物料平衡示意图如图 6-1 所示。

为能更好地展现整个物料平衡的计算过程，下面采用具体实例进行说明。假设某独立生产线生产设计产能为 2400t/a，设计产品为大粒径 $Ni_{0.5}Co_{0.2}Mn_{0.3}(OH)_2$，年操作时

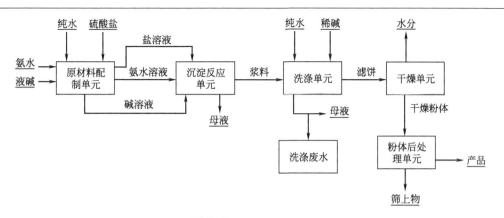

图 6-1　物料平衡示意图

间为 300 天，采用的原料为固态硫酸盐、液碱（10mol/L）、氨水（10mol/L），采用的工艺技术方案如表 6-15～表 6-19 中的数据。

① 原材料配制单元物料衡算：首先根据盐、碱溶液的配制浓度及年产能，计算出盐、碱溶液的配制量。如式(6-4)、式(6-5)。

$$c_{盐}V_{盐}=\frac{W}{M}\times10^3 \tag{6-4}$$

$$c_{碱}V_{碱}=\frac{2W}{M}\times10^3 \tag{6-5}$$

式中，$c_{盐}$、$c_{碱}$为盐、碱溶液的配制浓度，mol/L；$V_{盐}$、$V_{碱}$为盐、碱溶液的年配制量，$m^3/a$；$W$ 为 $Ni_{0.5}Co_{0.2}Mn_{0.3}(OH)_2$ 的年产量，t/a；$M$ 为 $Ni_{0.5}Co_{0.2}Mn_{0.3}(OH)_2$ 的摩尔质量，g/mol。

取 $c_{盐}$ 为 2mol/L，$W$ 为 2400t/a，$M$ 为 91.613g/mol。代入式(6-4)求得盐溶液的年配制量 $V_{盐}$：

$$V_{盐}=\frac{2400}{2\times91.613}\times10^3=13098(m^3/a)$$

取 $c_{碱}$ 为 4mol/L，同理可求得碱溶液的年配制量 $V_{碱}$＝13098($m^3/a$)

氨水的加工量可根据氨与总金属的摩尔比求出，如式(6-6)。

$$\frac{c_NV_N}{c_{盐}V_{盐}}=n \tag{6-6}$$

式中，$c_N$ 为氨水的浓度，mol/L；$V_N$ 为氨水的年加工量，$m^3/a$；$c_{盐}$ 为盐溶液的配制浓度，mol/L；$V_{盐}$ 为盐溶液的年配制量，$m^3/a$；$n$ 为采用的氨与镍钴锰总金属的摩尔比。

取 $n$＝0.4，$c_N$ 为 10mol/L，代入式(6-6) 可求得氨水的年配制量 $V_N$ 为：

$$V_N=\frac{0.4\times2\times13098}{10}=1048(m^3/a)$$

② 沉淀反应单元物料衡算：由于采用连续法结晶，反应釜内浆料不进行提固，则浆料的年产生量可近似认为是三种原料的体积加和，如式(6-7)。

$$V_{浆料} = V_{盐} + V_{碱} + V_N \tag{6-7}$$

式中，$V_{浆料}$ 为三元前驱体浆料的年产生量，$m^3/a$。

将求得的 $V_{盐}$、$V_{碱}$、$V_N$ 的数值代入式（6-7），可求得反应工段的浆料年产生量 $V_{浆料}$：

$$V_{浆料} = 13098 + 13098 + 1048 = 27244 (m^3/a)$$

反应釜内浆料的固含量可按式（6-8）进行计算：

$$M_T = \frac{W}{V_{浆料}} \times 10^3 \tag{6-8}$$

式中，$M_T$ 为浆料的固含量，$g/L$。

根据 $W$ 为 $2400t/a$，$V_{浆料}$ 为 $27244m^3/a$，根据式（6-8）可求得该工艺的固含量 $M_T$ 为：

$$M_T = \frac{2400}{27244} \times 10^3 = 88 (g/L)$$

③ 洗涤单元的物料衡算：洗涤单元的滤饼加工量可根据滤饼含水率进行计算，如式（6-9）所示。

$$m_{滤饼} = \frac{W}{1 - \omega_1} \tag{6-9}$$

式中，$m_{滤饼}$ 为滤饼的年产生量，$t/a$；$\omega_1$ 为滤饼的含水率，%。

根据 $W$ 为 $2400t/a$，$\omega_1$ 为 12%，根据式（6-9）可求得滤饼的年产生量 $m_{滤饼}$：

$$m_{滤饼} = \frac{2400}{1 - 0.12} = 2727 (t/a)$$

洗涤单元的稀碱用量可采用式（6-10）进行计算：

$$V_{稀碱} = xW \tag{6-10}$$

式中，$V_{稀碱}$ 为稀碱的年用量，$m^3/a$；$x$ 为稀碱用量与产品的质量之比，$m^3/t$。

取 $x = 1$，则根据式（6-10）可求得稀碱的年用量 $V_{稀碱}$：

$$V_{稀碱} = 1 \times 2400 = 2400 (m^3/a)$$

④ 干燥及粉体后处理单元。粉体后处理的粉体处理量均按干燥单元的粉体处理量进行计算。干燥粉体的年产生量可按式（6-11）进行计算：

$$m_{干粉} = \frac{W}{1 - \omega_2} \tag{6-11}$$

式中，$m_{干粉}$ 为干燥粉体的年产生量，$t/a$；$\omega_2$ 为干燥粉体的含水率，%。

取 $\omega_2$ 为 0.3%，则求得干燥粉体的年产生量为：

$$m_{干粉} = \frac{2400}{1 - 0.003} = 2407 (t/a)$$

将各单元计算的加工量列入表 6-20 中。

表 6-20　各单元的加工量

| 装置单元名称 | 物料名称 | 年加工量 | 日加工量 |
| --- | --- | --- | --- |
| 原材料配制单元 | 盐溶液（2mol/L） | 13098m³ | 43.66m³ |
| | 碱溶液（4mol/L） | 13098m³ | 43.66m³ |
| | 氨水溶液（10mol/L） | 1048m³ | 3.50m³ |

| 装置单元名称 | 物料名称 | 年加工量 | 日加工量 |
|---|---|---|---|
| 沉淀反应单元 | 浆料(固含量88g/L) | 27244m³ | 90.82m³ |
| 洗涤单元 | 滤饼(含水率12%) | 2727t | 9.1t |
| | 稀碱溶液(0.5mol/L) | 2400m³ | 8m³ |
| 干燥单元 | 干燥粉体(含水率0.3%) | 2407t | 8.02t |
| 粉体后处理单元 | 干燥粉体(含水率0.3%) | 2407t | 8.02t |

注：操作时间按300天计，粉体后处理单元的加工量近似按干燥单元的加工量计算。

（2）设备主体规格及数量确定　根据表6-20的加工量及各单元的操作方式，就可初步确定各装置单元主体设备的规格及数量。现以上面的例子对主体设备规格及数量的确定方法进行说明。

① 原材料配制单元的主体设备规格与数量：根据第4章的介绍，原材料配制的主体设备主要为原料储罐、配制罐以及盐、碱溶液储罐。氨水溶液通常不用配制，由储罐直接供给反应釜。根据氨水溶液日加工量和前面调查的氨水供货周期，可由式(6-12)初步得到氨水的储罐容积。

$$V_{氨罐}=\frac{V_{dN}\tau_N}{\varphi_N} \qquad (6-12)$$

式中，$V_{氨罐}$为氨水储罐需要的容积，m³；$V_{dN}$为氨水的日消耗量，m³/d；$\tau_N$为氨水的供货周期，天；$\varphi_N$为氨水储罐的装填系数，通常取值0.9。

假设氨水的供货周期为15d，根据表6-20查得氨水的日处理量为3.50m³/d。根据式(6-12)计算出氨水储罐的容积为：

$$V_{氨罐}=\frac{3.50\times15}{0.9}=58.33(m^3)，圆整为60m^3。$$

由于60m³的储罐较大，可选择2个30m³的储罐。

液碱储罐的容积可按式(6-13)进行计算：

$$V_{液碱罐}=\frac{V_{d液碱}\tau_{液碱}}{\varphi_{液碱}} \qquad (6-13)$$

式中，$V_{液碱罐}$为液碱储罐需要的容积，m³；$V_{d液碱}$为液碱的日消耗量，m³/d；$\tau_{液碱}$为液碱的供货周期，d；$\varphi_{液碱}$为液碱储罐的装填系数，通常取值0.9。

液碱的日消耗量可以从表6-2进行查询，也可通过日加工量进行换算。液碱的消耗量由碱溶液和稀碱溶液两部分组成，如式(6-14)。

$$V_{d液碱}=\frac{c_{碱}V_{d碱}+c_{稀碱}V_{d稀碱}}{c_{液碱}} \qquad (6-14)$$

式中，$V_{d液碱}$为液碱的日消耗量，m³/d；$c_{碱}$为反应用碱溶液的配制浓度，mol/L；$V_{d碱}$为反应用碱溶液的日加工量，m³/d；$c_{液碱}$为原料液碱的浓度，mol/L；$c_{稀碱}$为稀碱溶液的配制浓度，mol/L；$V_{d稀碱}$为洗涤用稀碱的日加工量，m³/d。

假设液碱的供货周期为15d，由表6-20查得碱溶液的日加工量为43.66m³/d，稀碱溶液的加工量为8m³/d，根据式(6-14)可求得液碱的日需求量为：

$$V_{d液碱} = \frac{4 \times 43.66 + 0.5 \times 8}{10} = 17.86 (m^3/d)$$

再根据式(6-13)求得液碱储罐的容积为：

$$V_{液碱罐} = \frac{17.86 \times 15}{0.9} = 297.7 (m^3)，圆整为 300m^3。$$

$300m^3$ 的罐体太大，用户可选择 3 个 $100m^3$ 的罐体。

如果盐溶液配制是采用液态硫酸盐，可采用类似液碱储罐的计算方法计算得到各液态硫酸盐储罐的大小。盐、碱溶液的配制为间歇操作，它们的罐体容积可按式(6-15)进行计算：

$$V_{配制罐} = \frac{V_d}{N_d \varphi} \tag{6-15}$$

式中，$V_{配制罐}$ 为盐、碱溶液配制罐的容积，$m^3$；$V_d$ 为盐、碱溶液的日加工量，$m^3/d$；$N_d$ 为每天操作的频次，次/天；$\varphi$ 为盐、碱配制罐的装填系数，通常取值 0.8。一般而言，使用液态硫酸盐和液碱时，配制的操作时间较短，其操作频次可采用 1 天 2 次；当采用固态硫酸盐时，配制时间较长，其操作频次可 1 天 1 次。

由表 6-20 查得盐、碱溶液的日配制量为 $43.66m^3/d$，当采用液态硫酸盐和液碱为配制原料时，其盐、碱溶液配制罐的容积为：

$$V_{配制罐} = \frac{43.66}{2 \times 0.8} = 27.29 (m^3)，圆整为 30m^3。$$

当采用固态硫酸盐和液碱为配制原料时，同样可计算碱溶液配制罐的容积为 $30m^3$，盐溶液配制罐的容积为 $60m^3$，罐体容积较大，宜选择两个 $30m^3$ 的罐体。

盐、碱溶液储罐的容积计算公式如式(6-16)：

$$V_{储} = \frac{V_d}{N_d \varphi_{储}} \tag{6-16}$$

式中，$V_{储}$ 为盐、碱溶液储罐的容积，$m^3$；$V_d$ 为盐、碱溶液的日加工量；$N_d$ 为每天操作的频次，次/天；$\varphi_{储}$ 为盐、碱溶液储罐的装填系数，通常取值 0.9。

按式(6-16)计算的好处是盐、碱溶液储罐和盐、碱溶液配制罐形成了一一对应的关系，即一个配制罐对应一个储罐。取 $V_d = 43.66m^3/d$，当盐、碱溶液配制的操作频次为 1 天 1 次时，由式(6-16)可求得盐、碱溶液储罐的容积为：

$$V_{配制罐} = \frac{43.66}{1 \times 0.9} = 48.51 (m^3)，圆整为 50m^3。$$

罐体容积较大，可采用 2 个 $25m^3$ 的罐体。

当盐、碱溶液配制的操作频次为 1 天 2 次时，其盐、碱溶液的储罐容积为：

$$V_{配制罐} = \frac{43.66}{2 \times 0.9} = 24.26 (m^3)，圆整为 25m^3。$$

② 沉淀反应单元的主体设备规格及数量：根据第 4 章的介绍，沉淀反应装置单元的主体设备通常为反应釜、储料罐、提固器三种。反应釜的容积通常由工艺技术方案来定，其数量与结晶操作方式以及设计的原料液进液流量有关。

当采用连续法的结晶操作时，反应釜的数量与原料液的进液流量有关，可按式(6-17)计算：

$$N_{反应釜} = 1.2 \times \frac{V_{d盐}}{24 G_{盐}} \times 10^3 \tag{6-17}$$

式中，$N_{反应釜}$ 为反应釜的数量，个；$V_{d盐}$ 为盐溶液的日加工量，$m^3/d$；$G_{盐}$ 为单釜内盐溶液的流量，$L/h$；1.2 为放大系数，用于反应釜的维修、维护。

取 $G_{盐}$ 为 400L/h，由表 6-20 查得 $V_{d盐}$ 为 43.66$m^3/d$，由式（6-17）可计算出该连续法的生产线需要的反应釜的数量为：

$$N_{反应釜} = 1.2 \times \frac{43.66}{24 \times 400} \times 10^3 = 5.46（个），圆整为 6 个$$

当采用间歇法或半连续半间歇法时，其反应釜的数量不仅与原料液的流量有关，还和间歇法的操作周期有关，间歇法的操作周期包括开车、生产、停车，其中开、停车时是没有产能的。由于间歇操作时开、停车较为频繁，开、停车的时间不能忽略，因此间歇法或半间歇法的反应釜数量采用式（6-18）进行计算：

$$N_{反应釜} = 1.2 \times \frac{V_{d浆料} T}{V_R} \tag{6-18}$$

式中，$N_{反应釜}$ 为反应釜的数量，个；$V_{d浆料}$ 为浆料的日加工量，$m^3/d$；$T$ 为间歇操作的周期，d；$V_R$ 为单个反应釜的有效容积，$m^3$；1.2 为放大系数，用于反应釜的维修、维护。

若工艺技术方案要求对反应釜内的浆料进行提固，则需采用提固器。一般提固器的数量等于反应釜的数量。母子釜半连续半间歇法工艺中的母釜不需要提固器。提固器的规格通常用清母液的排出流量来表示，提固器规格的选取由原料液的总流量决定，可由式（6-19）计算。

$$G_{清母液} = 1.1(G_{盐} + G_{碱} + G_{氨}) \tag{6-19}$$

式中，$G_{清母液}$ 为提固器清母液的流量，$L/h$；$G_{盐}$ 为进入反应釜内的盐溶液流量，$L/h$；$G_{碱}$ 为进入反应釜内的碱溶液流量，$L/h$；$G_{氨}$ 为进入反应釜内的氨水溶液流量，$L/h$；1.1 为放大系数。

储料罐是反应釜与洗涤设备之间三元前驱体浆料的缓冲、暂存装置。它的容积大小和洗涤设备的处理周期有关，可以用式（6-20）来计算。

$$V_{储料} = \frac{G_{浆料} N_{洗涤设备} \tau_{洗涤设备}}{\varphi_{储料}} \tag{6-20}$$

式中，$V_{储料}$ 为储料罐的容积大小，$m^3$；$G_{浆料}$ 为反应釜的浆料流量，$m^3/h$；$\tau_{洗涤设备}$ 为单台洗涤设备的处理周期，h；$N_{洗涤设备}$ 为洗涤设备的数量，台；$\varphi_{储料}$ 为储料罐的装填系数，通常取值 0.85。

假设洗涤设备的数量为 4 台，单台处理周期为 3h，由表 6-20 查得反应釜的浆料日产生量为 90.82$m^3$，那么反应釜的浆料流量为：

$$G_{浆料} = \frac{90.82}{24} = 3.784（m^3/h）$$

再根据式（6-20）可求得储料罐的容积为：

$$V_{储料} = \frac{3.874 \times 4 \times 3}{0.85} = 54.70（m^3），圆整为 60m^3$$

计算出的罐体容积较大，可选择两个 30m³ 的储罐。

③ 洗涤单元的主体设备规格与数量：洗涤单元的主体设备主要有洗涤设备、稀碱储罐、热纯水罐。三元前驱体生产线的洗涤设备主要有离心机、压滤机、过滤洗涤二合一设备。行业中以离心机使用范围最广，因为它适用于任何粒径的物料的脱水，其他两类压滤设备对小粒径三元前驱体的脱水效率较低。

行业中普遍采用的离心机规格为 $\phi 1250\text{mm}$ 的间歇式离心机，根据第 4 章的介绍，它的单批次产能在 $400 \sim 450\text{kg}$ 滤饼左右。在选用离心机作为洗涤设备时，它的数量可按式（6-21）来计算。

$$N_{\text{离心机}} = 1.2 \times \frac{m_{\text{d滤饼}}}{m_{\text{离心机}} n_{\text{离心机}}} \qquad (6\text{-}21)$$

式中，$N_{\text{离心机}}$ 为产线离心机的数量，台；$m_{\text{d滤饼}}$ 为滤饼的日处理量，$\text{kg/d}$；$m_{\text{离心机}}$ 为离心机单批次处理滤饼的质量；$n_{\text{离心机}}$ 为离心机每天操作的频次，次/天；1.2 为放大系数，用于离心机的维护、维修。

离心机的操作频次和它周期处理时间有关，如果按 24h 不间断运转，$n_{\text{离心机}}$ 可由式（6-22）进行计算。

$$n_{\text{离心机}} = \frac{24}{\tau_{\text{离心机}}} \qquad (6\text{-}22)$$

式中，$n_{\text{离心机}}$ 为离心机每天操作的频次，次/天；$\tau_{\text{离心机}}$ 为离心机单批次处理时间，h。根据生产经验，对于不同粒径的三元前驱体，离心机的单批次处理时间如表 6-21。

表 6-21　离心机对不同粒径三元前驱体的单批次处理时间

| 三元前驱体类型 | 单批次处理时间/h | 每天可操作频次/(次/天) |
|---|---|---|
| 小粒径三元前驱体（$D_{50} \leqslant 5\mu\text{m}$） | 6 | 4 |
| 大粒径三元前驱体（$D_{50} \geqslant 8\mu\text{m}$） | 3 | 8 |

假设离心机每批次处理滤饼的质量为 400kg，由表 6-20 查得滤饼的日处理量为 9.1t。当产品为小粒径三元前驱体时，根据式（6-21）可计算出需要的离心机的台数为：

$$N_{\text{离心机}} = 1.2 \times \frac{9100}{400 \times 4} = 6.825（台），圆整为 7 台$$

当产品为大粒径三元前驱体时，则需要的离心机的台数为：

$$N_{\text{离心机}} = 1.2 \times \frac{9100}{400 \times 8} = 3.412（台），圆整为 4 台$$

稀碱储罐兼具稀碱配制和存储的功能，由于生产中稀碱可能需要加热到一定温度，为了节约能耗，以能存储一天的量为宜，它的容积可由式（6-23）进行计算。

$$V_{\text{稀碱储罐}} = \frac{x m_{\text{d产品}}}{\varphi_{\text{稀碱储罐}}} \qquad (6\text{-}23)$$

式中，$V_{\text{稀碱储罐}}$ 为稀碱储罐的容积，$\text{m}^3$；$x$ 为稀碱用量与产品质量之比，$\text{m}^3/\text{t}$，一般取值为 1；$m_{\text{d产品}}$ 为产品的日产能，t/天；$\varphi_{\text{稀碱储罐}}$ 为稀碱储罐的装填系数，通常取值 0.8。

取稀碱用量与产品质量的比值 $x$ 为 1，根据式（6-23）可求得稀碱储罐的容积为：

$$V_{\text{稀碱储罐}} = \frac{1 \times 8}{0.8} = 10（\text{m}^3）$$

热纯水罐是用来制备洗涤用的热纯水，它的储备量应满足所有洗涤设备同时所需的热水量。它的容积可由式(6-24)来计算。

$$V_{热纯水罐} = \frac{lN_{洗涤设备}m_{洗涤设备}}{\varphi_{热纯水罐}} \tag{6-24}$$

式中，$V_{热纯水罐}$ 为热纯水罐的容积，$m^3$；$l$ 为单位质量的三元前驱体的纯水用量，$m^3/t$；$N_{洗涤设备}$ 为洗涤设备的数量，台；$m_{洗涤设备}$ 为单台洗涤设备的间歇处理量，t；$\varphi_{热纯水罐}$ 为热纯水罐的装填系数，取值 0.85。

取离心机为 4 台，每台离心机间歇处理量为 0.4t，洗涤水与产品的质量比为 10，根据式(6-24)可求得热纯水罐的容积为：

$$V_{热纯水罐} = \frac{10 \times 4 \times 0.4}{0.85} = 18.82(m^3)，圆整为 20m^3。$$

④ 干燥单元的主体设备规格与数量：干燥设备通常有间歇式操作如烘箱和连续式操作如盘式干燥机、回转筒干燥机。一般而言，烘箱处理量较小，且粉尘较大，在行业中已经较少应用。回转筒干燥机则要求产能规模极大，目前应用范围不广。盘式干燥机产能可调且劳动力较小，在三元前驱体产线得到广泛应用。

盘干机设计的产能通常在 200~500kg/h，产能太小，需要的盘干机数量较多；产能太大，则盘干机的尺寸较大，对厂房高度要求较高。盘干机为连续操作的干燥设备，它的数量可按式(6-25)进行计算。

$$N_{盘干机} = \frac{m_{d干粉}}{24G_{盘干机}} \tag{6-25}$$

式中，$N_{盘干机}$ 为盘干机的数量，台；$m_{d干粉}$ 为产线干燥粉体的日加工量，kg/d；$G_{盘干机}$ 为盘干机的小时产能，kg/h。

由表 6-20 查得干燥粉体的日加工量为 8.02t，当盘干机的小时产能分别取 250kg、300kg、350kg、400kg 时，根据式(6-25)分别计算出所需的盘干机的数量，如表 6-22。

表 6-22　不同产能所需的盘干机的数量

| 盘干机的产能/(kg/h) | 盘干机的数量/台 |
| --- | --- |
| 250 | 1.34 |
| 300 | 1.11 |
| 350 | 0.95 |
| 400 | 0.84 |

从表 6-22 结果来看，选择盘干机产能为 350~400kg/h 时，盘干机需求的数量仅为 1 台。

⑤ 粉体后处理单元的主体设备规格及数量：粉体后处理工序依次为批混、过筛、除铁、打包，主体设备为批混机、振动筛、电磁除铁机和包装机。批混为间歇性操作，通常批混的操作时长较短，一般在 30~60min 之间。通常一种规格产品只需配置一台批混机。批混机的大小根据单批次批混的质量来决定，批混机的容积可按式(6-26)进行计算。

$$V_{批混机} = \frac{m_{批混}}{\rho_{堆} \varphi_{批混机}} \tag{6-26}$$

式中，$V_{批混机}$为批混机的容积，$m^3$；$m_{批混}$为干燥粉末单次批混的质量，kg；$\rho_{堆}$为三元前驱体的堆积密度，$kg/m^3$；$\varphi_{批混机}$为批混机的装填系数，通常取值0.5。

取单次批混的质量为4t，干燥粉末的堆积密度为$1600kg/m^3$，根据式(6-26)求得批混机的容积为：

$$V_{批混机} = \frac{4000}{1600 \times 0.5} = 5(m^3)$$

振动筛通常为连续操作，但振动筛长期工作时易造成筛网破裂，一般控制筛分时间在8h之内。三元前驱体一般采用筛网直径为1m左右的旋振筛，对于大粒径前驱体振动筛的产能在$600 \sim 800kg/h$；对于小粒径前驱体振动筛的产能在$300 \sim 500kg/h$。振动筛的数量可按式(6-27)进行计算。

$$N_{振动筛} = \frac{m_{d干粉}}{8G_{振动筛}} \tag{6-27}$$

式中，$N_{振动筛}$为振动筛的数量，台；$m_{d干粉}$为干粉的日加工量，kg/d；$G_{振动筛}$为振动筛的产能，kg/h。

假设振动筛的产能为600kg/h，根据表6-20查得振动筛的日处理量为8.02t。根据式(6-27)可计算出振动筛的数量为：

$$N_{振动筛} = \frac{8020}{8 \times 600} = 1.67(台)，圆整为 2 台$$

电磁除铁机为连续操作设备，产能一般为$600 \sim 900kg/h$。为了能和振动筛形成连贯操作，其配置的数量通常和振动筛数量一致。

在三元前驱体产线中，包装机并非必需的设备，如果有配置需求，一般一种规格产品配置一台，其规格要求取决于打包的重量，例如是吨包还是公斤包。

通过上面的计算，可将整个产线主体设备的初步规格和数量整理得到一个生产主体设备数据初表，如表6-23，表中的数据依据表6-15～表6-20中的数据计算得到。

表 6-23　生产主体设备数据初表

| 装置单元名称 | 设备名称 | 设备规格 | 设备数量 |
| --- | --- | --- | --- |
| 原材料配制 | 氨水储罐 | $30m^3$ | 2个 |
| | 液碱储罐 | $100m^3$ | 3个 |
| | 盐溶液配制罐 | $30m^3$ | 2个 |
| | 碱溶液配制罐 | $30m^3$ | 1个 |
| | 盐溶液储罐 | $25m^3$ | 2个 |
| | 碱溶液储罐 | $25m^3$ | 1个 |
| 沉淀反应 | 反应釜 | $8m^3$ | 6台 |
| | 提固器 | — | — |
| | 储料罐 | $30m^3$ | 2个 |
| 洗涤 | 离心机 | $\phi1250mm$ | 4台 |
| | 稀碱储罐 | $10m^3$ | 1个 |
| | 热纯水罐 | $20m^3$ | 1个 |

| 装置单元名称 | 设备名称 | 设备规格 | 设备数量 |
|---|---|---|---|
| 干燥 | 盘式干燥机 | 产能350kg/h | 1台 |
| 粉体后处理 | 批混机 | 5m³ | 1台 |
| | 振动筛 | ≥600kg/h | 2台 |
| | 电磁除铁机 | ≥600kg/h | 2台 |
| | 包装机 | 吨袋包装 | 1台 |

(3) 工艺操作条件表　当各种工艺物料的加工量以及主体设备的规格数量确定之后，设计者对各单元的操作方式、操作频次和处理量都已经了解，结合工艺技术数据内容可以编制出整个生产线的工艺操作条件表。在编制工艺操作条件表时，操作方式为间歇操作的必须指出间歇操作时间。表 6-24 为以表 6-15～表 6-20 以及表 6-23 为基础编制的工艺操作条件表的范例。

表 6-24　工艺操作条件表

| 工艺装置单元名称 | | 操作温度/℃ | 操作压力/MPa | 物料相态 | 物料特性 | 过程控制条件 | 操作方式 | 操作频次 | 间歇操作时间 |
|---|---|---|---|---|---|---|---|---|---|
| 原材料配制工序 | 液碱存储 | 10～30 | 常压 | 液态 | 10mol/L | 温度,密闭 | — | — | — |
| | 氨水存储 | 常温 | 常压 | 液态 | 10mol/L | 密闭 | — | — | — |
| | 盐溶液配制 | 30 | 常压 | 液态 | 2mol/L | 配置氮气保护,温度控制 | 间歇操作 | 1天1次 | 纯水至每个盐溶液配制罐的间歇操作时间为0.3h;每个盐溶液配制罐至盐溶液储罐的间歇操作时间为0.5h |
| | 盐溶液存储 | 50 | 常压 | | | | | | |
| | 碱溶液配制 | 常温 | 常压 | 液态 | 4mol/L | 存储温度控制 | 间歇操作 | 1天2次 | 纯水至每个碱溶液配制罐的间歇操作时间为 0.25h;液碱至每个碱溶液配制罐的间歇操作时间为0.2h;碱溶液配制罐至碱溶液储罐的间歇操作时间为0.5h |
| | 碱溶液存储 | 50 | 常压 | | | | | | |
| 沉淀反应工序 | 沉淀反应 | 50 | 常压 | 固液混合物 | 固含量88g/L | 反应温度、pH控制、氮气保护 | 连续操作 | — | — |
| | 浆料存储 | 50 | 常压 | 固液混合物 | 固含量88g/L | 氮气保护 | — | — | — |

| 工艺装置单元名称 | | 操作温度/℃ | 操作压力/MPa | 物料相态 | 物料特性 | 过程控制条件 | 操作方式 | 操作频次 | 间歇操作时间 |
|---|---|---|---|---|---|---|---|---|---|
| 洗涤工序 | 稀碱配制 | 50 | 常压 | 液态 | 0.5mol/L | 稀碱温度控制 | 间歇操作 | 1天1次 | 纯水至稀碱储罐的间歇操作时间为0.2h;液碱至稀碱储罐的间歇操作时间为0.1h |
| | 滤饼洗涤、脱水 | 50 | 常压 | 固态 | 滤饼含水率≤12% | 洗涤水温度、洗涤废水pH | 间歇操作 | 1天8次 | 储料罐至每台离心机间歇操作时间为0.5h;稀碱储罐至每台离心机间歇操作时间为0.5小时;热纯水至每台离心机的间歇操作时间为1h |
| 干燥工序 | | 150℃ | 常压 | 固态 | 含水率≤0.3% | 干燥温度、干燥水分 | 连续操作 | — | — |
| 粉体后处理工序 | 批混 | 常温 | 常压 | 固态 | 含水率≤0.3% | 混合时间 | 间歇操作 | 1天2次 | 干燥粉体至批混机的间歇操作时间为0.5h |
| | 筛分 | 常温 | 常压 | 固态 | 含水率≤0.3% | 筛网 | 连续操作 | — | — |
| | 除铁 | 常温 | 常压 | 固态 | 含水率≤0.3% | 磁性异物 | 连续操作 | — | — |
| | 包装 | 常温 | 常压 | 固态 | 含水率≤0.3% | 重量 | 间歇操作 | 1天8次 | 干燥粉体至包装机的间歇操作时间为1h |

### 6.1.2.3 工艺物流数据

工艺物流数据是指工艺管道中各种物料的起止点、流量、组成、密度、黏度等特性数据,它对管道、泵等的规格确定有非常重要的指导作用。

(1) 水物料平衡 6.1.2.2 只是通过产品的物料衡算确定了各单元的加工量及主体的工艺设备规格及数量,还无法得到完整的工艺物料数据。这是因为三元前驱体生产线还有一个非常重要的物料平衡没做——水物料平衡。这里指的水物料平衡并非真正意义的水平衡,除了盐、碱溶液配制加入的水为纯水外,其他工艺管道内都是盐、碱溶液或浆料,因此这里做的水物料平衡实际为各种水溶液平衡,并以体积为单位进行衡算。为了简单计算,水物料平衡假设各种水溶液混合时体积不变。下面对三元前驱体产线中在日加工量的范围内对水物料平衡进行衡算。

根据图 6-1 可知，三元前驱体生产线中的水物料平衡如图 6-2。需要根据图中各种水物料项目数量一一衡算。还是以表 6-15～表 6-20 中的数据为例来介绍各种项目的计算方法。

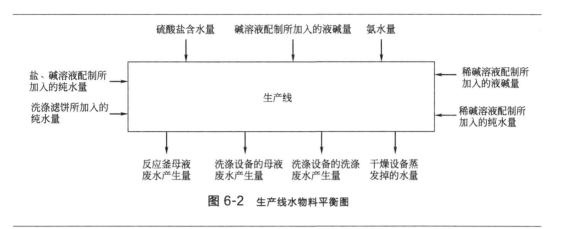

图 6-2　生产线水物料平衡图

① 硫酸盐含水量：硫酸盐有固体硫酸盐和液体硫酸盐两种，下面介绍固体硫酸盐的含水量计算方法。根据各固体硫酸盐的化学式求出理论含水率，如表 6-25。

表 6-25　各固体硫酸盐的理论含水率

| 物料名称 | 化学式 | 理论含水率/% |
|---|---|---|
| 硫酸镍 | $NiSO_4 \cdot 6H_2O$ | 41.11 |
| 硫酸钴 | $CoSO_4 \cdot 7H_2O$ | 44.85 |
| 硫酸锰 | $MnSO_4 \cdot H_2O$ | 10.65 |

用硫酸盐溶液的日加工量并根据元素平衡求出各固体硫酸盐的需求量，计算的公式如式（6-28）。

$$m_{me} = \frac{M_{me} V_{d盐} c_{盐} z}{\omega_{me}} \times 10^{-3} \tag{6-28}$$

式中，$m_{me}$ 为镍、钴、锰硫酸盐的日需求量，t/d；$M_{me}$ 为 Ni、Co、Mn 的摩尔质量，g/mol；$V_{d盐}$ 为盐溶液的日加工量，$m^3/d$；$c_{盐}$ 为盐溶液的配制浓度，mol/L；$z$ 为 Ni、Co、Mn 的摩尔分数；$\omega_{me}$ 为镍、钴、锰在其相应的硫酸盐中的含量。

假设采用的固体镍、钴、锰的硫酸盐中的主金属含量分别为 0.22、0.20、0.32，根据表 6-20 查得盐溶液日加工量为 43.66$m^3$，取盐溶液的配制浓度为 2mol/L，则按照式（6-28）可分别求出生产 $Ni_{0.5}Co_{0.2}Mn_{0.3}(OH)_2$ 所需的镍、钴、锰的硫酸盐的日需求量。

$$m_{me} = \frac{58.69 \times 43.66 \times 2 \times 0.5}{0.22} \times 10^{-3} = 11.647(t/d)$$

$$m_{me} = \frac{58.93 \times 43.66 \times 2 \times 0.2}{0.20} \times 10^{-3} = 5.146(t/d)$$

$$m_{me} = \frac{54.94 \times 43.66 \times 2 \times 0.3}{0.32} \times 10^{-3} = 4.498(t/d)$$

将求得的硫酸盐质量乘以硫酸盐的含水率可得到每种硫酸盐每天带入的水量，如表 6-26。

表 6-26　硫酸盐的结晶水量

| 物料名称 | 日需求量/(t/d) | 理论含水率/% | 带入水量/m³ |
|---|---|---|---|
| 硫酸镍 | 11.647 | 41.11 | 4.788 |
| 硫酸钴 | 5.146 | 44.85 | 2.308 |
| 硫酸锰 | 4.498 | 10.65 | 0.479 |
| 合计 | | 7.575 | |

② 盐、碱溶液配制所加入的纯水量：可按式(6-29) 计算。

$$V_{d盐w} = V_{d盐} - V_{d结晶} \tag{6-29}$$

式中，$V_{d盐w}$ 为盐溶液配制所加入的纯水量，$m^3/d$；$V_{d盐}$ 为盐溶液的日加工量，$m^3/d$；$V_{d结晶}$ 为硫酸盐结晶水量，$m^3/d$。

根据表 6-20 查得盐、碱溶液的日加工量为 43.66$m^3$，由式(6-29) 求得每日配制盐溶液需加入的纯水量为：

$$V_{d盐w} = 43.66 - 7.575 = 36.085 (m^3/d)$$

碱溶液配制所加入的纯水量按式(6-30) 进行计算。

$$V_{d碱w} = V_{d碱} - V_{d液碱} = V_{d碱} - \frac{c_{碱} V_{d碱}}{c_{液碱}} \tag{6-30}$$

式中，$V_{d碱w}$ 为碱溶液配制所加入的纯水量，$m^3/d$；$V_{d碱}$ 为碱溶液的日加工量，$m^3/d$；$V_{d液碱}$ 为碱溶液配制所加入的液碱量，$m^3/d$；$c_{碱}$ 为碱溶液的浓度，mol/L；$c_{液碱}$ 为液碱的浓度，mol/L。

液碱的浓度取 10mol/L，碱溶液浓度取 4mol/L，可求得碱溶液配制所加入的纯水量为：

$$V_{d碱w} = 43.66 - \frac{4 \times 43.66}{10} = 26.196 (m^3/d)$$

③ 洗涤滤饼所加入的纯水量：可按洗涤水与物料的质量比来计算，如式(6-31)。

$$V_{d洗涤水} = l m_{d产品} \tag{6-31}$$

式中，$V_{d洗涤水}$ 为洗涤滤饼所加入的纯水量，$m^3/d$；$l$ 为洗涤水与物料的质量比，$m^3/t$前驱体；$m_{d产品}$ 为产品的日加工量，t/d。

取洗涤水与物料比为 10$m^3/t$ 前驱体，根据式(6-31) 可求得洗涤滤饼所加入的纯水量为：

$$V_{d洗涤水} = l m_{d产品} = 10 \times 8 = 80 (m^3/d)$$

④ 稀碱溶液配制所加入的纯水量：可按式(6-32) 进行计算。

$$V_{d稀碱w} = V_{d稀碱} - V_{d液碱}^* = V_{d稀碱} - \frac{c_{稀碱} V_{d稀碱}}{c_{液碱}} \tag{6-32}$$

式中，$V_{d稀碱w}$ 为稀碱溶液配制所加入的纯水量，$m^3/d$；$V_{d稀碱}$ 为稀碱溶液的加工量，$m^3/d$；$V_{d液碱}^*$ 为稀碱溶液配制所加入的液碱量，$m^3/d$；$c_{稀碱}$ 为稀碱的配制浓度，mol/L。

三元材料前驱体——
产线设计及生产应用

取 $c_{稀碱}$ 为 0.5mol/L，由表 6-20 查得 $V_{d稀碱}$ 为 8m³。根据式(6-32)求得配制稀碱溶液所需加入的纯水量为：

$$V_{d稀碱w} = 8 - \frac{0.5 \times 8}{10} = 7.6(\text{m}^3/\text{d})$$

⑤ 反应釜母液废水产生量：当反应过程需要提固时，反应过程会产生母液废水，其计算公式如式(6-33)。

$$V_{母液1} = V_{d盐} + V_{d碱} + V_{dN} - V_{d浆料} \tag{6-33}$$

式中，$V_{母液1}$ 为反应釜内的母液产生量，m³/d；$V_{d盐}$、$V_{d碱}$、$V_{dN}$、$V_{d浆料}$ 分别为盐溶液、碱溶液、氨水溶液、浆料的加工量，m³/d。

上面的例子没有采用提固器，故母液废水产生量为 0。

⑥ 洗涤设备的母液废水产生量：通常稀碱洗涤产生的废水也归并到母液废水当中，因此洗涤设备的母液废水产生量计算如式(6-34)。

$$V_{母液2} = V_{d浆料} + V_{d稀碱} \tag{6-34}$$

式中，$V_{母液2}$ 为洗涤设备产生的母液废水量，m³/d。

由表 6-20 查得浆料的日产生量为 90.82m³，根据式(6-34)可求得洗涤设备产生的母液废水量为：

$$V_{母液2} = 90.82 + 8 = 98.82(\text{m}^3/\text{d})$$

⑦ 洗涤设备的洗涤废水产生量：洗涤废水的产生量可由式(6-35)进行计算。

$$V_{d洗涤废水} = V_{d洗涤水} - \frac{m_{d产品}\omega_1}{1 - \omega_1} \tag{6-35}$$

式中，$V_{d洗涤废水}$ 为洗涤废水的产生量，m³/d；$\omega_1$ 为滤饼的含水率。

滤饼的含水率取 0.12，根据式(6-35)可求得洗涤废水量为：

$$V_{d洗涤废水} = 80 - \frac{8 \times 0.12}{1 - 0.12} = 78.91(\text{m}^3/\text{d})$$

⑧ 干燥设备蒸发掉的水量：干燥后的粉体含水量极低，干燥设备蒸发掉的水量可近似认为是滤饼中的含水量，如式(6-36)。

$$V_{d蒸发水} = \frac{m_{d产品}\omega_1}{1 - \omega_1} \tag{6-36}$$

式中，$V_{d蒸发水}$ 为干燥设备蒸发掉的水量，m³/d。

根据表 6-20 中的数据以及式(6-36)，可求得干燥设备的蒸发水量为：

$$V_{d蒸发水} = \frac{8 \times 0.12}{1 - 0.12} = 1.09(\text{m}^3/\text{d})$$

通过上面的计算，将流入产线内的水物料归并于入方，将流出产线的水物料归并于出方，得到整个产线的水物料平衡数据，并整理于表 6-27 中，表中数据为按表 6-15～表 6-20 计算得到的数据。

(2) 物流流量的确定 表 6-20 以及表 6-27 中各种工艺物料的处理量是按生产线中各单元为界区衡算得到的，必须将这些处理量转化为流量才能得到物流数据。除某些物流流量有特定的工艺要求外，其他物流流量和操作方式以及设备数量有关。对于连续操作的物流，其流量计算如式(6-37)。

表 6-27　产线中的水物料平衡数据　　　　　　　　　　　　单位：m³/d

| | | 水物料项目 | 数量 |
|---|---|---|---|
| 入方 | 原材料配制单元 | 碱溶液配制所加入的液碱 | 17.464 |
| | | 氨水 | 3.50 |
| | | 硫酸盐中结晶水 | 7.575 |
| | | 盐溶液配制所加入的纯水 | 36.085 |
| | | 碱溶液配制所加入的纯水 | 26.196 |
| | 洗涤单元 | 稀碱溶液配制所加入的液碱 | 0.4 |
| | | 稀碱溶液配制所加入的纯水 | 7.6 |
| | | 洗涤滤饼所加入的纯水 | 80 |
| | 合计 | | 178.82 |
| 出方 | 反应单元 | 反应釜产生的母液废水 | 0 |
| | 洗涤单元 | 洗涤设备产生的母液废水 | 98.82 |
| | | 洗涤设备产生的洗涤废水 | 78.91 |
| | 干燥单元 | 干燥设备蒸发掉的水 | 1.09 |
| | 合计 | | 178.82 |

$$Q_{连续} = \frac{V_d}{24N_1} \qquad (6\text{-}37)$$

式中，$Q_{连续}$ 为连续操作物料流量，m³/h；$V_d$ 为连续操作物料日加工量，m³/d；$N_1$ 为起、止点分流物流数。

对于间歇操作的物流，其流量不仅和设备数量有关，还和间歇操作时间与处理量有关，如式 6-38。其中间歇操作时间可在表 6-24（工艺操作条件表）中查到。

$$Q_{间歇} = \frac{V_d}{nN_1\tau_{时间}} \qquad (6\text{-}38)$$

式中，$Q_{间歇}$ 为间歇操作的物料流量，m³/h；$V_d$ 为间歇操作物料的日加工量，m³/d；$n$ 为间歇操作每天操作的频次；$\tau_{间歇}$ 为间歇操作的时间，h；$N_1$ 为起、止点的分流物流数。

式(6-37)、式(6-38)计算出的物流流量均为界区起、止点之间各分流物流流量。如果界区的起点或止点的多股分流物流为不同时操作，则各分流流量与总物流流量相等。如果各分流物流为同时操作，则各分流物流流量的总和与总流量相等。下面以产线中几个物流例子进行说明。

例如以纯水储罐和盐配制罐之间为界区，根据表 6-23 查得盐溶液配制罐为两个，如图 6-3。

图 6-3
纯水储罐与盐溶液
配制罐之间的物流

盐溶液配制罐采用间歇操作，根据表 6-26 及表 6-27 查得纯水的加入量为 $36.085\mathrm{m}^3/$天，间歇操作时间为 0.3h，操作频次为 1 天 1 次，分流物流数为 2 条。由式（6-37）计算纯水储罐与各盐溶液配制罐之间的流量为：

$$Q_1=Q_2=\frac{36.085}{2\times 0.3}=60.14(\mathrm{m}^3/\mathrm{h})，圆整为\ 60\mathrm{m}^3/\mathrm{h}$$

纯水加入两个盐溶液配制罐时采用不同时操作可减少纯水计量设备的用量，因此总流量 $Q_0=Q_1=60\mathrm{m}^3/\mathrm{h}$。

以盐溶液储罐和反应釜之间为界区，由表 6-23 查得盐溶液储罐为两个，反应釜数量为 6 个，如图 6-4。

**图 6-4**
盐溶液储罐与反应
釜之间的物流

根据表 6-16，盐溶液进入反应釜的流量的工艺要求为 400L/h，则 $Q_n=0.4\mathrm{m}^3/\mathrm{h}(n=1\sim6)$。盐溶液输送至反应釜各分流物流为同时操作，则 $Q_0=6Q_n=2.4\mathrm{m}^3/\mathrm{h}$。

例如以反应釜与储料罐之间为界区，根据表 6-23 查得反应釜数量为 6 个，储料罐为 2 个，如图 6-5。根据表 6-20 查得浆料的日加工量为 $90.82\mathrm{m}^3/\mathrm{h}$，根据前面介绍，计算反应釜的数量有放大系数，该加工量为 5 个反应釜的加工量。首先将两个储料罐看作一个整体，则分流物流数为 5 条。反应釜内的浆料产出过程为连续操作，则根据式（6-37）可求得反应釜至储料罐的各分流物流的流量为：

**图 6-5**
反应釜与储料
罐之间的物流

$$Q_n=\frac{90.82}{24\times 5}=0.76(\mathrm{m}^3/\mathrm{h})(n=1\sim6)，圆整为\ 1\mathrm{m}^3/\mathrm{h}$$

考虑 6 个反应釜全开的情况，则总物流流量 $Q_0=6Q_n=6\times1=6(\mathrm{m}^3/\mathrm{h})$。

流入两个储料罐要考虑不同时操作，则流入各储料罐的分流物流流量 $Q_a=Q_b=Q_0=$

$6 m^3 / h$。

（3）物流数据表　根据表 6-20、表 6-27 中各种工艺物流的处理量，以及表 6-23 中的设备数量，结合上面的物流流量计算方法得到各物流的流量，再根据表 6-24 的工艺操作条件将各种物流的物性、操作方式、操作条件以及流量等数据汇总得到工艺物流数据表，见表 6-28。表 6-28 中的数据是依据表 6-20、表 6-23、表 6-24、表 6-27 中的内容得到的数据范例。

#### 6.1.2.4　初步工艺方案

通过前面的分析与计算，只要结合工艺技术数据对整个生产线做产品物料平衡、物流衡算，就可以得到工艺操作条件、工艺主体设备的数量及规格和工艺物流数据，根据这些数据就可得到产线的整个初步工艺方案。可见物料平衡在产线设计中起到非常重要的作用。图 6-6 是结合表 6-23（工艺主体设备数据初表）、表 6-24（工艺操作条件表）以及表 6-28（工艺物流数据表）绘制出的初步三元前驱体生产工艺流程图。

## 6.1.3　工艺流程图（PFD）

图 6-6 中只有一些主要工艺设备和工艺物流的数据，物流也只标注来源和去向，并没有完全地、详细地展现出工艺方案和条件，还需进一步完善。例如主体设备之间是否能直接衔接，还是需要缓冲装置；主要的工艺控制参数如温度、流量、pH 值的控制方案没有体现；产线中的热能公用物料数据也未在图中体现；主体设备之间的物料传输方案也没有形成。因此需要进行 PFD 的编制。PFD 是 process flow diagram 的简称，中文为工艺流程图，它是基础设计的重要文件，能让读者对工艺方案有一个根本性的了解，为后面的详细设计打下基础。

#### 6.1.3.1　主体设备之间的衔接优化

通常不同工序之间由于主体设备加工量不匹配，或者设备产生的物料不能直接达到后续设备的进料要求，需要添加相应的缓冲、处理装置进行过渡。在三元前驱体产线中，主要体现在如下几个方面。

（1）固体硫酸盐的投料方案　如果用户采用固体硫酸盐为原料，由于硫酸钴具有易风化结块的特性，在硫酸钴投料之前需要采用挤压机进行挤压，将包装袋中的大块硫酸钴破碎成小块。然后还需对固体硫酸盐进行称量、投料。以表 6-26 中的例子为例，固体硫酸盐的日投料量达到 20t。市场上固体硫酸盐多以吨袋包装，如果采用人工搬运难度较大，还需配置电葫芦或者行车进行吊运。至于硫酸盐的拆包方式是人工还是自动拆包机，则完全取决于用户的投资大小。

（2）废水中的材料回收　从图 6-6 的工艺流程图可以看出，离心机产出的废水是直接走向环保设备的。但实际情况中，不论何种洗涤设备在脱母液和洗涤过程中总会出现漏料现象，说明废水中或多或少会含有固体颗粒产品，为了提高产品的收率，通常会对废水中的固体产品进行回收后再用环保设备处理。

在三元前驱体发展初期，多采用板框压滤机来回收废水中的固体产品，但板框压滤机占地面积大，劳动强度大，设备的密闭性差容易产生较大的氨气味而逐渐被弃用。现在采

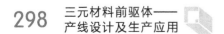

表 6-28 工艺物流数据表

| 序号 | 物料名称 | 相态 | 主要组成及浓度 | 起止点 | 操作方式及频次 | 流量/(m³/h) | 温度/℃ | 压力/MPa | 密度/(g/mL) | 黏度/(mPa·s) | 备注 |
|---|---|---|---|---|---|---|---|---|---|---|---|
| 1 | 液碱 | 液态 | NaOH 和 $H_2O$,10mol/L | 液碱储罐—碱溶液配制罐 | 间歇操作,1天2次 | 45 | 常温 | 0.2 | 1.35 | 13.4 | 分流物流流量,可不同时操作 |
| 2 | 纯水 | 液态 | $H_2O$ | 纯水储罐—碱溶液配制罐 | 间歇操作,1天2次 | 55 | 常温 | 0.2 | 1 | 1 | 分流物流流量,可不同时操作 |
| 3 | 纯水 | 液态 | $H_2O$ | 纯水储罐—盐溶液配制罐 | 间歇操作,1天2次 | 60 | 常温 | 0.2 | 1 | 1 | |
| 4 | 碱溶液 | 液态 | NaOH 和 $H_2O$,4mol/L | 碱溶液配制罐—碱溶液储罐 | 间歇操作,1天2次 | 45 | 常温 | 0.2 | 1.16 | 5 | 分流至盐溶液配制罐操作 |
| 5 | 盐溶液 | 液态 | $NiSO_4$,$CoSO_4$,$MnSO_4$,$H_2O$,2mol/L | 盐溶液配制罐—盐溶液储罐 | 间歇操作,1天1次 | 45 | 30 | 0.2 | 1.3 | 7 | 分流物流流量。盐溶液配制罐至盐溶液储液罐为不同时操作 |
| 6 | 氨水 | 液态 | $NH_3$,$H_2O$,10mol/L | 氨水储罐—反应釜 | 连续操作 | 0.2 | 常温 | 0.2 | 0.93 | 1.2 | 总物流流量,要分流至6个反应釜,且6个反应釜为同时操作 |
| 7 | 盐溶液 | 液态 | $NiSO_4$,$CoSO_4$,$MnSO_4$,$H_2O$,2mol/L | 盐溶液储罐—反应釜 | 连续操作 | 2.4 | 50 | 0.2 | 1.3 | 7 | 总物流流量,要分流至6个反应釜操作 |
| 8 | 碱溶液 | 液态 | NaOH 和 $H_2O$,4mol/L | 碱溶液储罐—反应釜 | 连续操作 | 2.4 | 50 | 0.2 | 1.16 | 5 | 总物流流量,要分流至6个反应釜操作 |
| 9 | 三元前驱体浆料 | 固液混合 | $Ni_{0.5}Co_{0.2}Mn_{0.3}(OH)_2$,$NaSO_4$,$NH_3$,$H_2O$,固含量88g/L | 反应釜—储料罐 | 连续操作 | 6 | 50 | 0.2 | 1.3 | 15 | 为所有反应釜流量的总物流流量,2个储料罐可不同时操作 |
| 10 | 三元前驱体浆料 | 固液混合 | $Ni_{0.5}Co_{0.2}Mn_{0.3}(OH)_2$,$NaSO_4$,$NH_3$,$H_2O$,固含量88g/L | 储料罐—离心机 | 间歇操作,1天8次 | 9 | 50 | 0.2 | 1.3 | 15 | 为储料罐进入单台离心机的流量,总物流量要考虑所有离心机同时操作 |

| 序号 | 物料名称 | 相态 | 主要组成及浓度 | 操作方式及频次 | 流量/(m³/h) | 温度/℃ | 压力/MPa | 密度/(g/mL) | 黏度/(mPa·s) | 备注 |
|---|---|---|---|---|---|---|---|---|---|---|
| 11 | 纯水 | 液态 | $H_2O$ | 间歇操作,1天8次 | 4 | 50 | 0.2 | 1 | 1 | 为分流物流量,总物流流量要考虑所有离心机同时操作 |
| 12 | 纯水 | 液态 | $H_2O$ | 间歇操作,1天1次 | 40 | 常温 | 0.2 | 1 | 1 | |
| 13 | 液碱 | 液态 | $NaOH$,$H_2O$,10mol/L | 间歇操作,1天1次 | 4 | 常温 | 0.2 | 1.35 | 13.4 | |
| 14 | 稀碱溶液 | 液态 | $NaOH$,$H_2O$,0.5mol/L | 间歇操作,1天1次 | 1 | 50 | 0.2 | 1.02 | 2 | 为分流物流量,总物流流量要考虑所有离心机同时操作 |
| 15 | 母液废水 | 液态 | $Na_2SO_4$,$NH_3$ | 间歇操作,1天8次 | 9 | 50 | 0.2 | 1.2 | 2 | 为分流物流量,总物流流量要考虑所有离心机同时操作 |
| 16 | 洗涤废水 | 液态 | $Na_2SO_4$,$NH_3$,$H_2O$ | 间歇操作,1天8次 | 4 | 50 | 0.2 | 1.05 | 2 | 为分流物流量,总物流流量要考虑所有离心机同时操作 |
| 17 | 滤饼 | 固态 | $Ni_{0.5}Co_{0.2}Mn_{0.3}(OH)_2$,$H_2O$,含水率12% | 连续操作 | 400kg/h | 常温 | 0.2 | 1.3 | — | 密度为堆积密度 |
| 18 | 干燥粉体 | 固态 | $Ni_{0.5}Co_{0.2}Mn_{0.3}(OH)_2$ | 间歇操作 | 8t/h | 60 | 0.2 | 1.5 | — | 密度为堆积密度 |
| 19 | 干燥粉体 | 固态 | $Ni_{0.5}Co_{0.2}Mn_{0.3}(OH)_2$ | 连续操作 | 1200kg/h | 常温 | 0.2 | 1.5 | — | 为总物流流量,各分物流流量同时操作 |
| 20 | 干燥粉体 | 固态 | $Ni_{0.5}Co_{0.2}Mn_{0.3}(OH)_2$ | 连续操作 | 1200kg/h | 常温 | 0.2 | 1.5 | — | 为总物流流量,各分物流流量同时操作 |
| 21 | 干燥粉体 | 固态 | $Ni_{0.5}Co_{0.2}Mn_{0.3}(OH)_2$ | 间歇操作 | 1200kg/h | 常温 | 0.2 | 1.5 | — | 为分流物流量,各分流量可同时操作 |
| 22 | 氮气 | 气态 | $N_2$ | 连续操作 | 5L/min | 常温 | 0.2 | $1.25\times10^{-3}$ | 0.0177 | 为分流物流量,各分流量可同时操作 |
| 23 | 氮气 | 气态 | $N_2$ | 连续操作 | 3L/min | 常温 | 0.2 | $1.25\times10^{-3}$ | 0.0177 | 为分流物流量,各分流量可同时操作 |
| 24 | 氮气 | 气态 | $N_2$ | 连续操作 | 3L/min | 常温 | 0.2 | $1.25\times10^{-3}$ | 0.0177 | 为分流物流量,各分流量可同时操作 |

起止点:
11 热水储罐—离心机;
12 纯水储罐—稀碱储罐;
13 液碱储罐—稀碱储罐;
14 稀碱储罐—离心机;
15 离心机—环保设备;
16 离心机—环保设备;
17 离心机—盘干机;
18 盘干机—批混机;
19 批混机—振动筛;
20 振动筛—除铁机;
21 除铁机—包装机;
22 氮气储罐—盐溶液配制罐;
23 氮气储罐—反应釜;
24 氮气储罐—储料罐

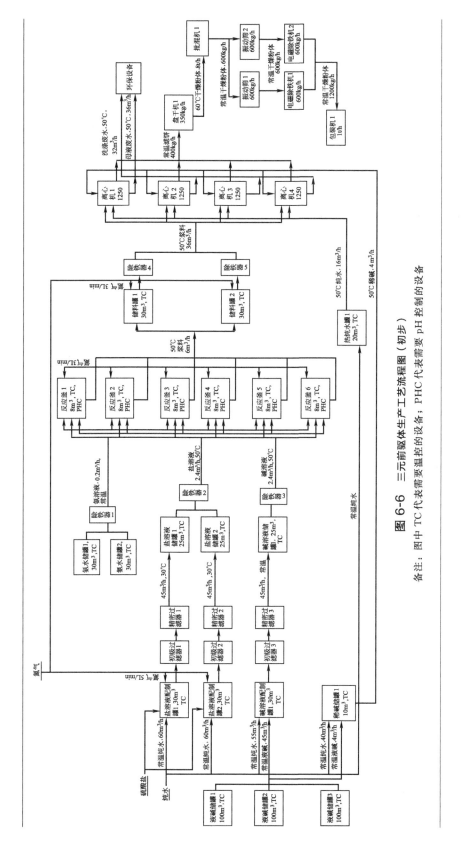

图 6-6 三元前驱体生产工艺流程图（初步）

备注：图中 TC 代表需要温度控制的设备；PHC 代表需要 pH 控制的设备

用得较多的设备是微孔过滤机（见第 4 章相关介绍），经过它过滤浓缩得到的浓浆可返回至储料罐再次过滤洗涤。通常母液废水和洗涤废水需要各配置一台。微孔过滤机浓缩回收废水中的固体产品采用间歇操作，它的规格选型可由式（6-39）进行计算：

$$Q_{微孔过滤机} = \frac{Q_{d废水}}{nT_{微孔过滤机}} \tag{6-39}$$

式中，$Q_{微孔过滤机}$ 为微孔过滤机处理废水的能力，$m^3/h$；$Q_{d废水}$ 为废水的日产生量，$m^3/d$；$n$ 为微孔过滤机的操作频次，次/天；$T_{微孔过滤机}$ 为微孔过滤机的操作时间，h。

以表 6-27 为例，查得母液废水的日产生量为 98.82t/d，查得洗涤废水的产生量为 78.91t/d，假设每天采用微孔过滤机的操作频次为 3 次，周期处理时间为 1h，根据式（6-39）可计算出处理母液废水的微孔过滤机的处理能力为：

$$Q_{微孔过滤机} = \frac{98.82}{3 \times 1} \approx 33(m^3/h)$$

同理可计算出处理洗涤废水微孔过滤机的处理能力为：

$$Q_{微孔过滤机} = \frac{78.91}{3 \times 1} \approx 26(m^3/h)$$

（3）滤饼的输送　三元前驱体滤饼由洗涤设备向干燥设备传输，由于洗涤设备为间歇操作，当干燥设备采用连续操作时，滤饼是不能直接输送的，中间需要一个缓冲、暂存的装置。由于三元前驱体滤饼的软黏特性，在暂存装置中静态存储时间稍长容易黏结成较大块而造成传输受阻，且存量越大，结块越严重。即便在暂存装置中增加破拱装置，也无法解决这个问题，而且破拱装置还易对三元前驱体颗粒产生破坏。所以实现滤饼的自动输送是行业面临的难题。

根据第 4 章的介绍，行业中滤饼的输送常有料斗输送方式和管链输送方式。滤饼输送方式的选择可从表 6-1（产品及产线设计总体要求）查到用户的需求来选择对应的滤饼输送方式。

（4）干燥粉体的输送　从干燥设备出来的干燥粉体采用管道输送较为适合，可以避免产生大量的粉尘。采用管道输送粉体时必须确定输送方式。例如干燥粉体从盘干机需要输送至较高位置的设备时，采用正压气力输送为佳，但必须对使用的气体进行除油、除水处理，避免对三元前驱体物料造成污染。

批混工序为间歇操作，当干燥工序为连续操作时，物料由干燥工序到批混工序的传输之间须增加缓冲料仓。缓冲料仓除了要具备存储单批次批混质量物料的能力外，还应考虑批混设备检修或其他原因造成的批混操作的中断。缓冲料仓的容积可按式（6-40）计算。

$$V_{缓冲罐1} = 1.2 \times \frac{m_{批混}}{\rho_{堆积} \varphi_{缓冲罐}} \tag{6-40}$$

式中，$V_{缓冲罐1}$ 为缓冲罐的容积，$m^3$；$m_{批混}$ 为单次批混的质量，kg；$\rho_{堆积}$ 为三元前驱体干燥粉体的堆积密度，$kg/m^3$；$\varphi_{缓冲罐}$ 为缓冲罐的填充系数，通常取值 0.9。

根据表 6-19 查得间歇单次批混量为 4t，三元前驱体干粉的堆积密度按 $1600kg/m^3$ 计，根据式（6-40）可计算出缓冲罐的容积为：

三元材料前驱体——
产线设计及生产应用

$$V_{\text{缓冲罐1}} = 1.2 \times \frac{4000}{1600 \times 0.9} = 3.33(\text{m}^3)，圆整为 4\text{m}^3$$

由于批混机可起到缓冲罐的作用，批混机与振动筛之间可不设缓冲罐。除铁机与包装机由于两种操作方式的差异，应设缓冲罐。其缓冲罐的容积大小可按式(6-41)计算。

$$V_{\text{缓冲罐2}} = 1.2 \times \frac{G_{\text{除铁机}}\tau_{\text{包装机}}}{\rho_{\text{堆积}}\varphi_{\text{缓冲罐}}} \tag{6-41}$$

式中，$V_{\text{缓冲罐2}}$为缓冲罐的容积，$\text{m}^3$；$G_{\text{除铁机}}$为除铁机总产能，$\text{kg/h}$；$\tau_{\text{包装机}}$为包装机的间歇操作时间，$\text{h}$；$\rho_{\text{堆积}}$为三元前驱体干燥粉体的堆积密度，$\text{kg/m}^3$；$\varphi_{\text{缓冲罐}}$为缓冲罐的填充系数，通常取值0.9。

由图6-6可以看出除铁机数量为2台，产能按600kg/h计，三元前驱体干粉的堆积密度按1600kg/m³计，假设包装机的间歇操作时间为1h，根据式(6-41)求得缓冲罐的容积为：

$$V_{\text{缓冲罐2}} = 1.2 \times \frac{600 \times 2 \times 1}{1600 \times 0.9} = 1(\text{m}^3)$$

### 6.1.3.2 生产线的主要控制、联锁方案

在三元前驱体生产线中，关键的工艺参数如流量、pH值、温度必须得到稳定控制，才能保证生产线能稳定地生产出要求的产品。其中主要的工艺控制参数内容如表6-29。

表6-29 三元前驱体生产线主要的工艺控制点

| 工序 | 控制点 | 控制内容 | 控制要求 | 备注 |
|---|---|---|---|---|
| 原材料配制工序 | 液碱储罐 | 温度控制 | 能自动控制到要求的温度范围 | |
| | 盐溶液配制罐 | 纯水的定量计量控制 | 能自动、定量控制介质的加入量 | |
| | 盐溶液配制罐 | 液体硫酸盐的定量计量控制 | 能自动、定量控制加入量 | 当采用液态硫酸盐为原料时 |
| | 盐溶液配制罐 | 温度控制 | 能自动控制达到要求的温度 | |
| | 盐溶液配制罐 | 氮气流量控制 | 能控制介质的流量在要求值 | |
| | 碱溶液配制罐 | 液碱、纯水、氨水的定量计量控制 | 能自动、定量控制加入量 | 当配制氨碱混合液时，有氨水的定量控制 |
| | 盐溶液储罐 | 温度控制 | 能自动控制达到要求的温度 | |
| | 碱溶液储罐 | 温度控制 | 能自动控制达到要求的温度 | |
| 反应工序 | 反应釜 | 氮气流量控制 | 能控制介质的流量在要求值 | |
| | 反应釜 | 盐溶液流量控制 | 能控制流量在要求值 | |
| | 反应釜 | 氨水浓度控制 | 能自动控制氨水浓度达到要求值 | 当氨水单独加入反应釜时 |
| | 反应釜 | pH控制 | 能自动控制达到要求的pH值 | |
| | 反应釜 | 温度控制 | 能自动控制达到要求的温度 | |
| | 储料罐 | 氮气流量控制 | 能控制介质的流量在要求值 | |

**续表**

| 工序 | 控制点 | 控制内容 | 控制要求 | 备注 |
|---|---|---|---|---|
| 洗涤工序 | 热纯水罐 | 温度控制 | 能自动控制达到要求的温度 | |
| | 稀碱配制罐 | 温度控制 | 能自动控制达到要求的温度 | |
| | 稀碱配制罐 | 液碱定量计量控制 | 能自动、定量地控制加入量 | |
| | 洗涤设备 | 浆料流量控制 | 能控制流量在要求值 | |
| | 洗涤设备 | 热纯水流量控制 | 能控制流量在要求值 | |
| | 洗涤设备 | 稀碱溶液流量控制 | 能控制流量在要求值 | |
| 干燥工序 | 干燥设备 | 温度控制 | 能自动控制达到要求的温度 | |

从表 6-29 可看出，三元前驱体生产线的主要控制可分为液体自动定量计量、介质流量控制、介质温度控制以及特殊参数的自动控制四类，下面分别对这四类的控制方案进行说明。

在 PFD 和以后要讲述的 P&ID 中，通常用一些字母代号来表示控制、联锁方案及方式，一般情况下这些字母的意义如表 6-30。

**表 6-30　仪表中各字母代表的含义[1]**

| 字母 | 第一位字母 | | 后继字母 | | |
|---|---|---|---|---|---|
| | 被测量变量或引发变量 | 修饰词 | 读出功能 | 输出功能 | 修饰词 |
| A | 分析 | | 报警 | | |
| B | 烧嘴、火焰 | | 供选用 | 供选用 | 供选用 |
| C | 电导率 | | | 控制 | |
| D | 密度 | 差 | | | |
| E | 电压(电动势) | | 检测元件 | | |
| F | 流量 | 比(分数) | | | |
| G | 供选用 | | 视镜;观察 | | |
| H | 手动 | | | | 高 |
| I | 电流 | | 指示 | | |
| J | 功率 | 扫描 | | | |
| K | 时间、时间程序 | 变化速率 | | 操作器 | |
| L | 物位 | | 灯 | | 低 |
| M | 水分或湿度 | 瞬间 | | | 中、低 |
| N | 供选用 | | 供选用 | 供选用 | 供选用 |
| O | 供选用 | | 节流孔 | | |
| P | 压力、真空 | | 连接、测量点 | | |
| Q | 数量 | | 积算式累计 | | |
| R | 核辐射 | | 记录 | | |
| S | 速度、频率 | 安全 | | 开关、联锁 | |
| T | 温度 | | | 传送 | |

| 字母 | 第一位字母 | | 后继字母 | | |
| --- | --- | --- | --- | --- | --- |
| | 被测量变量或引发变量 | 修饰词 | 读出功能 | 输出功能 | 修饰词 |
| U | 多变量 | | 多功能 | 多功能 | 多功能 |
| V | 振动、机械监视 | | | 阀、风门、百叶窗 | |
| W | 重量、力 | | 套管 | | |
| X | 未分类 | X 轴 | 未分类 | 未分类 | 未分类 |
| Y | 事件、状态 | Y 轴 | | 继动器、计算器、转换器 | |
| Z | 位置、尺寸 | Z 轴 | | 驱动器、执行结构未分类的最终执行元件 | |

仪表和字母代号说明:

① "供选用" 指的是在个别设计中多次使用,而表中未规定含义。

② 字母 "X" 未分类,即表中未规定其含义,适用于在设计中一次或有限几次使用。

③ 后继字母确切含义,根据实际需要可以有不同解释。

④ 被测量的任何第一位字母若与修饰字母 D(差)、F(比)、M(瞬间)、K(变化速率)、Q(积算式累计)中任何一个组合在一起,则表示另外一个含义的被测量。例如 TD1 和 T1 分别表示温差指示和温度指示。

⑤ 分析变量字母 "A",当有必要表明具体的分析项目时,在圆圈外右上方写出具体的分析项目。例如:分析二氧化碳,圆圈内标 A,圆圈外标注 $CO_2$。

⑥ 用后继字母 "Y" 表示继动或计算功能时,应在仪表圆圈外(一般在右上方)标注它的具体功能。如果功能明显时,可以不标注。

⑦ 后继字母修饰词 H(高)、M(中)、L(低)可分别写在仪表圆圈外的右上方。

⑧ 当 H(高)、L(低)用来表示阀或其他开关装置的位置时,"H" 表示阀在全开或接近全开位置,"L" 表示阀在全关或接近全关位置。

⑨ 后继字母 "K" 表示设置在控制回路内的自动-手动操作器。例如流量控制回路的自动-手动操作器为 "KF",它区别于 HC——手动操作器。

(1)液体自动定量计量控制方案　液体自动定量计量控制是应用于配制盐溶液、碱溶液及稀碱溶液,能自动定量加入原料液的量。该种控制方案通常采用流量计与开关阀门形成互锁,当液体加入量达到要求时,自动关闭阀门。其控制方案如图 6-7。

**图 6-7**
液体自动定量计量控制方案

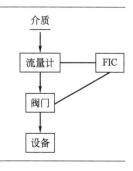

(2)介质流量控制方案　介质流量控制仅要求对某些物料如进入反应釜的盐溶液和氮气、进入洗涤设备的纯水、稀碱溶液等的流量起指示作用,对流量的精度要求不高。这种控制方案直接采用流量计控制到要求流量后,显示其运行流量即可。其控制方案图如图 6-8。

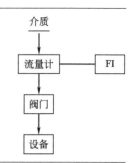

图 6-8
介质流量控制方案

（3）特殊参数自动控制方案　三元前驱体产线中特殊参数控制有反应釜内氨水浓度与 pH 值两种。从工艺的角度来说，反应釜内氨水浓度稳定，且与釜内的总金属离子浓度成一定的比值，因此它的控制方案可将进入反应釜内的盐溶液流量和氨水溶液流量联锁，当盐溶液流量发生变化时，氨水溶液流量也相应发生变化，而且比值不变，其控制方案如图 6-9。

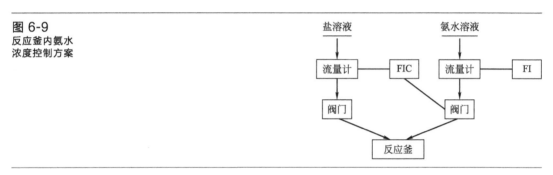

图 6-9
反应釜内氨水
浓度控制方案

反应釜内 pH 控制方案在第 4 章有过讲述，它主要是通过碱溶液流量的自动调节来实现 pH 值的控制，具体控制方案如图 6-10。

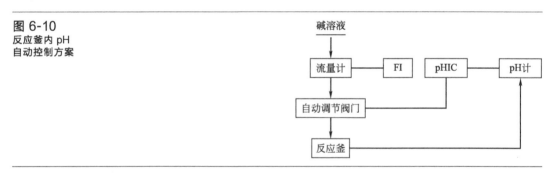

图 6-10
反应釜内 pH
自动控制方案

（4）温度自动控制方案　在三元前驱体产线中，许多设备如液碱储罐、盐溶液配制罐、碱溶液储罐、盐溶液储罐、反应釜等需要对温度进行自动、稳定的控制，以保证某些工艺参数不发生变化。温度控制方案都与进入设备的换热介质的量进行联锁控制，如图 6-11。

### 6.1.3.3　生产线的热能平衡

（1）换热介质的类别及规格确定　图 6-6 的工艺方案缺少公用热物料数据，所以必须

 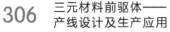

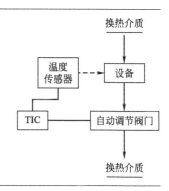

图 6-11
温度自动控制方案

对整个生产线进行热能衡算，计算出换热介质的用量。在热能衡算之前，必须要确定整个产线中换热介质的类别。通常热介质和冷却介质的类别不要选择太多，一般选择 1~2 种为宜。三元前驱体产线中应用的加热介质一般为热循环水和蒸汽，冷却介质为冷却循环水。

当确定换热介质的类别后，还需根据设备的类型、换热型式以及控制温度等确定采用哪种规格的换热介质。当生产线确定了热循环水和蒸汽两种加热介质时，如对液碱储罐的加热保温采用蒸汽容易引起碱脆，故采用热循环水较为合适；又如热纯水储罐需要的换热量较大，采用蒸汽换热才能达到要求；若反应釜采用夹套型式，采用蒸汽换热会让反应釜变为压力容器，故采用热循环水较为合适。

(2) 生产线中换热介质的用量计算　将生产线中需要换热的设备采用的换热介质的规格确定以后，可以对各种换热介质的用量一一计算。设备的环境散热量会影响换热介质的用量，最好在计算换热介质用量之前根据表 6-31 的内容对用户所在城市的气温进行调查。如有更详细的信息，可按表 6-32 的信息进行调查。

表 6-31　用户所在城市气温信息表/℃

| 城市 | 年平均气温 | 极端最高气温 | 极端最低气温 | 最热月平均气温 | 最冷月平均气温 |
| --- | --- | --- | --- | --- | --- |
| | | | | | |

表 6-32　用户所在城市月平均气温表/℃

| 城市 | 1 月 | 2 月 | 3 月 | 4 月 | 5 月 | 6 月 | 7 月 | 8 月 | 9 月 | 10 月 | 11 月 | 12 月 |
| --- | --- | --- | --- | --- | --- | --- | --- | --- | --- | --- | --- | --- |
| | | | | | | | | | | | | |

在计算换热量时，不同换热工况下的热量平衡情况是不一样的。下面对三元前驱体产线中不同加热工况的热量衡算的计算方法进行一一说明。

① 物料在罐体中静止状态下加热保温，如液碱储罐中的液碱、盐溶液储罐中的盐溶液、碱溶液储罐中的碱溶液、稀碱储罐中的稀碱溶液、热纯水罐中的纯水。此种状况下热量平衡如式(6-42)。

$$Q_{换热介质} = Q_{介质加热} + Q_{环境散热} \tag{6-42}$$

式中，$Q_{换热介质}$ 为换热介质带入罐体的热量，kW；$Q_{介质加热}$ 为罐体加热到指定温度的热量，kW；$Q_{环境散热}$ 为罐体向环境的散热量，kW。

当换热介质为热循环水时，$Q_{热循环水}$的计算公式如式(6-43)。

$$Q_{热循环水} = \frac{c_{热循环水} m_{热循环水} \Delta t}{3600} \qquad (6-43)$$

式中，$Q_{热循环水}$为热循环水的换热量，kW；$c_{热循环水}$为热循环水的比热容，kJ/(kg·℃)；$m_{热循环水}$为热循环水的质量，kg；$\Delta t$为热循环水进、回水温度之差，℃。

当换热介质为蒸汽时，$Q_{蒸汽}$的计算公式如式(6-44)。

$$Q_{蒸汽} = G_{蒸汽}(H_{蒸汽} - H_{热水})\eta \qquad (6-44)$$

式中，$Q_{蒸汽}$为蒸汽的换热量，kW；$G_{蒸汽}$为蒸汽的质量流速，kg/h；$H_{蒸汽}$为某温度下蒸汽的比焓，kJ/kg；$H_{热水}$为某温度下的热水比焓，kJ/kg；$\eta$为蒸汽的换热效率，通常取值0.6~0.8。

介质的加热量按式(6-45)进行计算。

$$Q_{介质加热} = \frac{c_{介质} m_{介质} \Delta T}{3600} \qquad (6-45)$$

式中，$Q_{介质加热}$为介质需要的换热量，kW；$m_{介质}$为加热介质的总质量，kg；$\Delta T$为介质的温升，℃。

通常这些罐体设有保温层，则罐体向环境的散热量可按式(6-46)计算：

$$Q_{环境散热} = \frac{t_w - t_{环境}}{3600\left(\dfrac{\delta}{\lambda} + \dfrac{1}{\alpha}\right)} \times A\tau \times 10^{-3} \qquad (6-46)$$

式中，$Q_{环境散热}$为环境散热量，kW；$A$为罐体的表面积，m²；$\alpha$为保温材料表面对空气联合给热系数，W/(m²·℃)，取值11.63[2]；$t_w$为壁面温度，℃；$t_{环境}$为环境温度，℃；$\delta$为保温层的厚度，m；$\lambda$为保温材料的热导率，W/(m·℃)；$\tau$为操作时间，s。

例如：容积为100m²、表面积为200m²的液碱储罐3个，现每年150天时间用80℃热循环水对液碱加热到30℃，环境的温度按0℃计，液碱的年用量为5400m³，已知液碱的密度为1350kg/m³，比热容为3.5kJ/(kg·℃)，采用的保温材料的热导率为0.04W/(m·℃)，保温层厚度为50mm，热循环水的温差按20℃设计，求液碱的换热量及热循环水的用量。

根据式(6-45)求得液碱的总加热量为：

$$Q_{液碱} = \frac{3.5 \times 5400 \times 1350 \times (30-0)}{3600} = 212625(kW/a)$$

根据式(6-46)求得每个液碱储罐的环境散失热量为：

$$Q_{环境散热} = \frac{30-0}{3600 \times \left(\dfrac{0.05}{0.04} + \dfrac{1}{11.63}\right)} \times 200 \times 150 \times 24 \times 3600 \times 10^{-3} = 16168(kW/a)$$

根据式(6-42)求得总换热量为：

$$Q_{介质换热} = 212625 + 3 \times 16168 = 261129(kW/a)$$

根据式(6-43)可求得热循环水的总质量：

$$m_{热循环水} = \frac{261129 \times 3600}{4.2 \times 20} = 1.12 \times 10^7(kg/a)$$

有 3 个液碱储罐，则每个液碱储罐需要的热循环水流量 $G_{热循环水}$ 为：

$$G_{热循环水} = \frac{1.12 \times 10^7}{3 \times 150 \times 24} \times 10^{-3} = 1(t/h)$$

例如：容积为 $25m^3$、表面积为 $50m^2$ 的盐、碱溶液储罐，其中盐溶液储罐为 2 个，碱溶液储罐为 1 个，现每年有 300 天的时间需要采用 $80℃$ 的热循环水对盐、碱溶液从 $30℃$ 加热到 $50℃$，环境温度按年平均温度 $20℃$ 计，盐、碱溶液每天的加工量为 $44m^3$，现盐、碱溶液储罐采用的保温材料的热导率为 $0.04W/(m \cdot ℃)$，厚度为 $25mm$，盐溶液的比热容按 $3.0kJ/(kg \cdot ℃)$ 计，密度为 $1300kg/m^3$，碱溶液的比热容按 $4.0kJ/(kg \cdot ℃)$ 计，密度为 $1200kg/m^3$，热循环水按 $20℃$ 温差设计，分别求出盐、碱溶液的换热量及热循环水用量。

根据式(6-45)分别求出盐、碱溶液加热量为：

$$Q_{盐溶液} = \frac{3 \times 44 \times 1300 \times 300 \times (50-30)}{3600} = 286000(kW/a)$$

$$Q_{碱溶液} = \frac{4 \times 44 \times 1200 \times 300 \times (50-30)}{3600} = 352000(kW/a)$$

根据式(6-46)求得单个盐、碱溶液储罐的环境散失：

$$Q_{环境散失} = \frac{50-20}{3600 \times \left(\dfrac{0.025}{0.04} + \dfrac{1}{11.63}\right)} \times 50 \times 300 \times 24 \times 3600 \times 10^{-3} = 15190(kW/a)$$

根据式(6-42)可求得盐溶液加热保温的换热量为：

$$Q_{介质换热1} = 286000 + 2 \times 15190 = 316380(kW/a)$$

根据式(6-43)可求得盐溶液加热保温需要的热循环水总量为：

$$m_{循环热水1} = \frac{3600 \times 316380}{4.2 \times 20} = 1.36 \times 10^7(kg/a)$$

盐溶液储罐为 2 个，单个盐溶液储罐需要的热循水流量为：

$$G_{循环热水1} = \frac{1}{2} \times \frac{1.36 \times 10^7}{300 \times 24} \times 10^{-3} = 0.95(t/h)$$

同理可求得碱溶液加热的换热量为：

$$Q_{介质换热2} = 352000 + 15190 = 367190(kW/a)$$

碱溶液加热保温需要的热循环水总量为：

$$m_{循环水热2} = \frac{3600 \times 367190}{4.2 \times 20} = 1.57 \times 10^7(kg/a)$$

碱溶液储罐需要的循环热水流量为：

$$G_{循环水热2} = \frac{1.57 \times 10^7}{300 \times 24} \times 10^{-3} = 2.18(t/h)$$

例如：容积为 $20m^3$、表面积为 $45m^2$ 的加热纯水储罐 1 个，现每年 300 天需要采用 $0.4MPa$、$140℃$ 的低压蒸汽对其加热到 $50℃$，加热纯水量为 $80t/d$，纯水的初始水温和环境温度按年平均温度 $20℃$ 计，现加热纯水罐采用的保温材料的热导率为 $0.04W/(m \cdot ℃)$，厚度为 $25mm$，求加热纯水的换热量及蒸汽用量。

首先求出纯水的加热量：

$$Q_{纯水加热} = \frac{4.2 \times 80 \times 10^3 \times 300 \times (50-20)}{3600} = 840000(kW/a)$$

加热纯水储罐的热散失量：

$$Q_{环境散失} = \frac{50-20}{3600 \times \left( \frac{0.025}{0.04} + \frac{1}{11.63} \right)} \times 45 \times 300 \times 24 \times 10^{-3} = 13671(kW/a)$$

纯水加热需要的蒸汽换热量为：

$$Q_{蒸汽换热} = 840000 + 13671 = 853671(kW/a)$$

假设蒸汽换热时冷凝成相同温度的热水，蒸汽的换热效率为0.8，查得140℃的蒸汽的汽化潜热为2144.9kJ/kg，需要蒸汽的质量为：

$$m_{蒸汽} = \frac{853671 \times 3600}{2144.9 \times 0.8} = 1791002(kg/a)$$

则热纯水储罐需要的蒸汽流量为：

$$G_{蒸汽} = \frac{1791002}{300 \times 24} = 249(kg/h)$$

例如：容积为10m³、表面积为30m²的稀碱储罐1个，每年300天需要采用0.4MPa、140℃的低压蒸汽对其加热到50℃，加热稀碱量为8m³/d，稀碱的初始温度和环境温度按年平均温度20℃计，现稀碱储罐采用的保温材料的热导率为0.04W/(m·℃)，厚度为25mm，稀碱溶液的密度按1100kg/m³计，比热容为4.1kJ/(kg·℃)，稀碱的稀释热忽略不计，求加热稀碱的换热量及蒸汽用量。

首先求出稀碱的加热量为：

$$Q_{稀碱} = \frac{4.1 \times 8 \times 1100 \times 300 \times (50-20)}{3600} = 90200(kW/a)$$

稀碱储罐的热散热量为：

$$Q_{环境散失} = \frac{50-20}{3600 \times \left( \frac{0.025}{0.04} + \frac{1}{11.63} \right)} \times 30 \times 300 \times 24 \times 3600 \times 10^{-3} = 9114(kW/a)$$

稀碱溶液加热需要的换热量为：

$$Q_{蒸汽换热} = 90200 + 9114 = 99314(kW/a)$$

同样假设蒸汽换热时冷凝成相同温度的热水，蒸汽的换热效率为0.8，查得140℃的蒸汽的汽化潜热为2144.9kJ/kg，需要蒸汽的质量为：

$$m_{蒸汽} = \frac{99314 \times 3600}{2144.9 \times 0.8} = 208361(kg/a)$$

则稀碱加热的蒸汽的流量为：

$$G_{蒸汽} = \frac{208361}{300 \times 24} = 29(kg/h)$$

② 物料在罐体中搅拌状态下且没有化学反应的换热，如盐溶液储罐中的盐溶液。其热量平衡由式(6-47)表示。

$$Q_{介质换热} = Q_{盐溶液加热} + Q_{环境散热} + Q_{溶解热} - Q_{搅拌热} \tag{6-47}$$

式中，$Q_{盐溶液加热}$为盐溶液的加热量，kW；$Q_{溶解热}$为盐溶液的溶解热，kW；$Q_{搅拌热}$

三元材料前驱体——
产线设计及生产应用

为盐溶液配制罐的搅拌热，kW。

盐溶液的溶解热在第 1 章有过讲述，按 Ni：Co：Mn＝0.5：0.2：0.3 的比例配制混合盐溶液时，其溶解热为－1.71kcal/mol，折合约为－2W/mol。混合盐溶液的溶解热可用式(6-48) 计算。

$$Q_{溶解热} = nQ_{m溶解} \tag{6-48}$$

式中，$n$ 为盐溶液中总盐摩尔数，mol；$Q_{m溶解}$ 为混合盐溶液的摩尔热，kW/mol，取值－0.002。

盐溶液的搅拌热可按式(6-49) 进行计算。

$$Q_{搅拌热} = \frac{P\tau_{搅拌}\eta}{3600} \tag{6-49}$$

式中，$P$ 为搅拌器功率，kW；$\tau_{搅拌}$ 为搅拌时间，s；$\eta$ 为功热转化率，通常取值 0.92。

例如：2mol/L 盐溶液每天的加工量为 44m³，由两个盐配制罐完成，配制罐的搅拌器功率为 17.5kW，每天的搅拌时间为 8h，每年 150 天需要盐溶液采用 80℃ 热循环水从 5℃ 加热到 30℃，环境温度按 0℃ 计，采用的保温材料的热导率为 0.04W/(m·℃)，厚度为 25mm，盐溶液的比热容按 3.0kJ/(kg·℃) 计，盐溶液密度为 1300kg/m³，盐溶解罐的表面积为 50m²，循环热水温差按 20℃ 设计，求需要的热循环水的换热量及用量。

首先计算每个盐溶液配制罐的盐溶液年加热量：

$$Q_{盐溶液加热} = \frac{3 \times 22 \times 150 \times 1300 \times (30-5)}{3600} = 89375(\text{kW/a})$$

根据式(6-48) 求得每个盐溶液配制罐内产生的溶解热为：

$$Q_{溶解热} = nQ_{m溶解} = 22 \times 10^3 \times 2 \times 150 \times (-0.002) = -13200(\text{kW/a})$$

根据式(6-49) 求得每个盐溶液配制罐产生的搅拌热为：

$$Q_{搅拌热} = \frac{17.5 \times 8 \times 150 \times 3600 \times 0.92}{3600} = 19320(\text{kW/a})$$

每个盐溶液罐的环境散失热量为：

$$Q_{环境散热} = \frac{30-0}{3600 \times \left(\frac{0.025}{0.04} + \frac{1}{11.63}\right)} \times 50 \times 150 \times 8 \times 3600 \times 10^{-3} = 2532(\text{kW/a})$$

根据式(6-47) 求得每个盐溶液配制罐的换热量为：

$$Q_{介质换热} = 89375 + 2532 - 13200 - 19320 = 59387(\text{kW/a})$$

两个盐溶液配制罐的总换热量为：

$$Q_{总} = 2Q_{介质换热} = 118774(\text{kW/a})$$

需要的热循环水的用量为：

$$m_{循环热水} = \frac{3600 \times 118774}{4.2 \times 20} = 5090314(\text{kg/a})$$

每个盐溶液配制罐的循环热水流量为：

$$G_{循环热水} = \frac{1}{2} \times \frac{5090314}{8 \times 150} \times 10^{-3} = 2.12(\text{t/h})$$

③ 物料在罐体中搅拌状态下且存在化学反应的换热，如反应釜中的三元前驱体浆料。

其热量平衡如式(6-50)计算：

$$Q_{介质换热}＝Q_{原料液加热}＋Q_{环境散热}＋Q_{反应热}－Q_{搅拌热} \qquad (6-50)$$

式中，$Q_{原料液加热}$为进入反应釜内的盐、碱、氨水溶液的加热量，kW；$Q_{反应热}$为反应釜内盐、碱反应产生的热量，kW；$Q_{环境散热}$为反应釜的环境散失热量，kW；$Q_{搅拌热}$为反应釜内搅拌产生的热量，kW。

进入反应釜的原料液如果预热到反应釜内指定温度，$Q_{原料液加热}$的热量可认为是0。反应釜内反应热在第1章有过讲述，NCM523的三元前驱体的反应摩尔热约为$-16$kJ/mol，折合$-4.5$W/mol。$Q_{反应热}$可按式(6-51)进行计算。

$$Q_{反应热}＝nQ_{m反应} \qquad (6-51)$$

式中，$n$为反应生产的三元前驱体的摩尔数，mol；$Q_{m反应}$为三元前驱体的反应摩尔热，kW/mol，取值$-0.0045$。

反应釜换热量的计算在第5章有过讲述，那里介绍的换热条件为盐、碱溶液没有进行预热以及反应釜没有保温的情况。下面介绍盐、碱溶液进行预热后进入有保温的反应釜内的换热情况。

例如：现采用容积为8m³、表面积为25m³的反应釜数量为6个，反应釜的电机功率为45kW，每天反应2mol/L的盐溶液44m³，每年操作时间按300天计，反应釜的反应温度为50℃，盐、碱溶液进入反应釜前均已预热到50℃，现反应釜保温材料的热导率为0.04W/(m·℃)，厚度为25mm，计算环境温度为5℃和30℃时其系统的换热量，判断需要加热还是冷却，并求出换热介质的用量。（加热循环水温差按20℃设计，冷却循环水温差按5℃设计）

根据式(6-49)求出每台反应釜的搅拌热为：

$$Q_{搅拌热}＝\frac{45×24×300×3600×0.92}{3600}＝298080(kW/a)$$

根据式(6-51)求得每台反应釜内盐、碱反应热为：

$$Q_{反应热}＝2×44×10^3×300×(-0.0045)＝-118800(kW/a)$$

当环境温度为5℃时，每台反应釜向环境散失热为：

$$Q_{环境散热1}＝\frac{50-5}{3600×\left(\frac{0.025}{0.04}+\frac{1}{11.63}\right)}×25×24×300×3600×10^{-3}＝11393(kW/a)$$

共有6台反应釜，根据式(6-50)求得6台反应釜的总换热量为：

$$Q_{介质换热1}＝6×(11393-118800-298080)＝-2432922(kW/a)$$

可见当环境温度为5℃时，反应釜是需要冷却的。其冷却循环水的总用量为：

$$m_{冷却循环水1}＝\frac{2432922×3600}{4.2×5}×10^{-3}＝417072(t/a)$$

则单台反应釜需要的冷却循环水的流量为：

$$G_{冷却循环水1}＝\frac{417072}{6×300×24}＝9.66(t/h)$$

当环境温度为30℃时，单个反应釜向环境的散失热为

$$Q_{环境散失2}＝\frac{50-30}{3600×\left(\frac{0.025}{0.04}+\frac{1}{11.63}\right)}×25×24×300×3600×10^{-3}＝5064(kW/a)$$

三元材料前驱体——
产线设计及生产应用

同理求得整个反应系统的换热量为：

$$Q_{介质换热2} = 6 \times (5064 - 298080 - 118800) = -2470896(\text{kW/a})$$

环境温度为30℃时，反应釜同样需要冷却，其冷却循环水的用量为：

$$m_{冷却循环水2} = \frac{2470896 \times 3600}{4.2 \times 5} \times 10^{-3} = 423582(\text{t/a})$$

则单台反应釜需要的冷却循环水的流量为：

$$Q_{冷却循环水2} = \frac{423582}{6 \times 300 \times 24} = 9.8(\text{t/h})$$

可见当进入反应釜内盐、碱溶液经过预热以及反应釜保温后，不论何种环境温度下，反应釜均只需要冷却。

④ 物料在干燥设备内的换热，如采用盘干机对滤饼进行加热。它在加热过程中的热量平衡由式(6-52)进行计算：

$$Q_{介质加热} = Q_{固体加热} + Q_{水分加热} + Q_{空气加热} + Q_{环境散热1} \tag{6-52}$$

式中，$Q_{介质加热}$ 为盘干机干燥加热所需要的加热量，kW；$Q_{固体加热}$ 为滤饼中固体的加热量，kW；$Q_{水分加热}$ 为滤饼中水分的加热量；$Q_{空气加热}$ 为盘干机进入的空气的加热量，kW；$Q_{环境散热1}$ 为盘干机加热过程向环境的散热量，kW。

$Q_{环境散热1}$ 的计算比较复杂，为了简化计算，采用其他几种物料的加热量的20%进行估算。

当盘干机对干燥物料进行冷却时，其冷却过程的热量平衡如式(6-53)。

$$Q_{介质冷却} = Q_{固体冷却} + Q_{空气冷却} - Q_{环境散热2} \tag{6-53}$$

式中，$Q_{介质冷却}$ 为盘干机干燥冷却所需要的冷却量，kW；$Q_{固体冷却}$ 为三元前驱体粉体冷却量；$Q_{空气冷却}$ 为盘干机进入的空气的冷却量，kW；$Q_{环境散热2}$ 为盘干机冷却过程向环境的散热量，kW。

通常为了简化计算，$Q_{空气冷却}$ 与 $Q_{环境散热2}$ 的差值用 $Q_{固体冷却}$ 的10%进行估算。

盘干机的换热量在第4章进行盘干机的选型时有过介绍，这里再对整个系统的换热量以及换热介质的用量的计算方法进行说明。

例如：一台盘干机的产能为350kg/h的干料，其中三元前驱体滤饼的含水率为12%，现要求三元前驱体干燥后水分含量为0.3%，其中年工作时间为300天，环境温度和前驱体滤饼的初始温度按10℃计，出料温度为60℃，采用的加热介质为0.4MPa、140℃的低压蒸汽，冷却循环水温差按5℃设计，三元前驱体的比热容为1.3kJ/(kg·℃)，空气的比热容为1.0kJ/(kg·℃)，水的汽化潜热为2260kJ/kg。计算其相应的加热介质和冷却介质的量。

近似认为前驱体干料中的水分为0，则每小时需要处理的滤饼的质量为：

$$G_{滤饼} = \frac{350}{1 - 0.12} = 398(\text{kg/h})$$

每小时需要蒸发的水的质量：

$$m_{h水} = 398 - 350 = 48(\text{kg/h})$$

由于物料冷却温度为60℃，为防止热风内的水分在盘干机、物料及布袋内冷凝，取盘干机内的露点温度为55℃，根据大气露点-水分含量关系表查得水分含量为0.114kg/

kg。进入盘干机的空气湿度看作 0，那么盘干机内热风气氛中的水分全部来自物料蒸发的水分，那么为了保证机内的露点达到要求，则每小时需要向盘干机内补充的空气流量为：

$$G_{热风} = \frac{m_{h水}}{0.114} = \frac{48}{0.114} = 421(kg/h)$$

然后再分别求出水、三元前驱体、空气的加热量：

$$Q_{水分加热} = \frac{[4.2 \times 48 \times 24 \times 300 \times (100-10) + 48 \times 24 \times 300 \times 2260]}{3600} = 253248(kW/a)$$

$$Q_{固体加热} = \frac{1.3 \times 350 \times 24 \times 300 \times (100-10)}{3600} = 81900(kW/a)$$

$$Q_{空气加热} = \frac{1.0 \times 421 \times 24 \times 300 \times (100-10)}{3600} = 75780(kW/a)$$

根据式(6-52)，可求得加热阶段的总换热量为：

$$Q_{介质加热} = 1.2 \times (253248 + 81900 + 75780) = 493114(kW/a)$$

假设蒸汽换热后冷凝为相同温度的热水，查得 140℃ 的蒸汽的汽化潜热为 2144.9kJ/kg，蒸汽的效率为 0.8，则需要的总的蒸汽用量为：

$$m_{蒸汽} = \frac{493114 \times 3600}{2144.9 \times 0.8} = 1034553(kg/a)$$

那么物料加热阶段所需要的蒸汽流量为：

$$G_{蒸汽} = \frac{1034553}{24 \times 300} = 144(kg/h)$$

计算出干燥粉体的冷却量：

$$Q_{固体冷却} = \frac{1.3 \times 350 \times 24 \times 300 \times (100-60)}{3600} = 36400(kW/a)$$

根据式(6-53) 求得物料冷却阶段的总冷却量为：

$$Q_{介质冷却} = 1.1 \times 36400 = 40040(kW/a)$$

那么物料冷却阶段需要循环冷却水的质量为：

$$m_{循环冷却水} = \frac{40040 \times 3600}{4.2 \times 5} = 6864000(kg/a)$$

那么通入盘干机内的循环冷却水的流量为：

$$G_{循环冷却水} = \frac{6864000}{24 \times 300} \times 10^{-3} = 0.95(t/h)$$

通过上述对生产线中所有换热设备的热能进行——衡算，可以得到热能公用物料物流数据。将这些数据按换热介质的规格分类并归纳至表格中，如表 6-33。表中的数据为范例。

表 6-33 中，生产线中所采用的热循环水的制备由 140℃ 蒸汽换热制备，蒸汽的效率为 0.8，则制备热循环水的蒸汽需要的蒸汽用量：$m_{蒸汽} = \frac{1063473 \times 3600}{2144.9 \times 0.8} \times 10^{-3} = 2231(t/a)$

则所需的蒸汽流量为：$G_{蒸汽} = \frac{2231}{24 \times 300} = 0.310(t/h)$

则总蒸汽流量为：$G_{总蒸汽} = 0.422 + 0.310 = 0.732(t/h)$

三元材料前驱体——
产线设计及生产应用

表 6-33 热能公用物料物流数据表

| 介质 | 温度控制点 | 设备数量 | 控制温度/℃ | 换热物料名称 | 换热方式 | 设备的换热型式 | 规格 | 总换热量/(kW/a) | 换热介质总用量/(t/h) | 备注 |
|---|---|---|---|---|---|---|---|---|---|---|
| 热循环水 | 液碱储罐 | 3 | 30 | 液碱 | 加热 | 内盘管 | 80℃, 0.2MPa | 261129 | 3 | 分流物流同时操作 |
| | 盐溶液配制罐 | 2 | 30 | 盐溶液 | 加热 | 内盘管 | 80℃, 0.2MPa | 118774 | 4.24 | 分流物流同时操作 |
| | 盐溶液储罐 | 2 | 50 | 盐溶液 | 加热 | 内盘管 | 80℃, 0.2MPa | 316380 | 1.9 | 分流物流同时操作 |
| | 碱溶液储罐 | 1 | 50 | 碱溶液 | 加热 | 内盘管 | 80℃, 0.2MPa | 367190 | 2.18 | |
| 合计 | | | | | | | | 1063473 | 11.32 | |
| 冷却循环水 | 反应釜 | 6 | 50 | 三元前驱体浆料 | 冷却 | 夹套 | 30℃, 0.2MPa | 2470896 | 58.8 | 分流物流同时操作 |
| | 盘式干燥机 | 1 | 60 | 粉体 | 冷却 | 空心圆盘 | 30℃, 0.2MPa | 40040 | 0.95 | |
| 合计 | | | | | | | | 2510936 | 59.75 | |
| 蒸汽 | 热纯水罐 | 1 | 50 | 纯水 | 加热 | 内盘管 | 140℃, 0.4MPa | 853671 | 0.249 | |
| | 稀碱储罐 | 1 | 50 | 稀NaOH溶液 | 加热 | 内盘管 | 140℃, 0.4MPa | 99314 | 0.029 | |
| | 盘式干燥机 | 1 | 120 | 滤饼 | 加热 | 空心圆盘 | 140℃, 0.4MPa | 493114 | 0.144 | |
| 合计 | | | | | | | | 1446099 | 0.422 | |

### 6.1.3.4 生产线的各种液态物流的传输方案

在三元前驱体生产线中的液态物流种类较多，其传输方案的确定有利于泵的选型以及设备的布置。一般液态物流的传输方案有两种：一种是通过自身的重力流动；另一种是通过泵的传输。将物流的传输设计成靠自身重力的流动，可节约能耗，但前提是设备可布置成高差。对于需要泵传输的液态单相物流，常采用密封较好的磁力泵，但磁力泵的压力随流量变化较大，需对磁力泵采用压力变频控制，其控制方案如图 6-12。对于需要泵传输的固液混合物多相流体如三元前驱体浆料，如果采用磁力泵，其流体中的固体颗粒会对叶片造成损坏，此时采用隔膜泵较为合适。另外，对于需要长时间运行的泵，最好采用一备一用的模式。三元前驱体各种液态物流采用的传输方案如表 6-34。

### 6.1.3.5 压缩空气的物流数据

隔膜泵有气动驱动和电动驱动两种类型，在三元前驱体浆料输送时由于没有计量要求

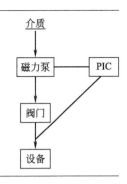

图 6-12
磁力泵的变频
压力控制方案图

表 6-34　三元前驱体产线中各种液态物流传输方案

| 物流名称 | 起止点 | 泵的选型 | 泵的控制方案 | 备注 |
|---|---|---|---|---|
| 液碱 | 液碱储罐—碱溶液配制罐、稀碱储罐 | 磁力泵 | 变频压力控制 | |
| 液态硫酸盐 | 液态硫酸盐储罐—盐溶液配制罐 | 磁力泵 | 变频压力控制 | |
| 纯水 | 纯水储罐—所有需用纯水的设备 | 磁力泵 | 变频压力控制 | 一备一用 |
| 氨水 | 氨水储罐—碱溶液配制罐 | 磁力泵 | 变频压力控制 | |
| 氨水 | 氨水储罐—反应釜 | 磁力泵① | 变频压力控制 | 一备一用 |
| 盐溶液 | 盐溶液配制罐—盐溶液储罐 | 磁力泵 | 变频压力控制 | |
| 盐溶液 | 盐溶液储罐—反应釜 | 磁力泵① | 变频压力控制 | 一备一用 |
| 碱溶液 | 碱溶液配制罐—碱溶液储罐 | 磁力泵 | 变频压力控制 | |
| 碱溶液 | 碱溶液储罐—反应釜 | 磁力泵① | 变频压力控制 | 一备一用 |
| 冷却循环水 | 冷却循环水罐—所有需要冷却水的设备 | 磁力泵 | 变频压力控制 | 一备一用 |
| 热循环水 | 热循环水罐—所有需要热循环水的设备 | 磁力泵 | 变频压力控制 | 一备一用 |
| 稀碱溶液 | 稀碱储罐—洗涤设备 | 磁力泵 | 变频压力控制 | |
| 热纯水 | 热纯水储罐—洗涤设备 | 磁力泵 | 变频压力控制 | 一备一用 |
| 三元前驱体浆料 | 反应釜—储料罐 | 重力自流 | — | 连续法溢流时 |
| 三元前驱体浆料 | 储料罐—洗涤设备 | 气动隔膜泵 | 压缩空气 | 一备一用 |
| 三元前驱体 | 反应釜—储料罐 | 气动隔膜泵 | 压缩空气 | 用于停车时反应釜内的浆料清空 |

① 也可采用计量泵。

而多采用气动隔膜泵。气动隔膜泵采用压缩空气作为动力，它所需要的压缩空气流量和介质输送流量有关，可参考第 5 章。

以图 6-6 中储料罐至洗涤设备的界区为例，如图 6-13。图中隔膜泵 1 和隔膜泵 2 为一备一用，要考虑所有离心机同时操作时，隔膜泵所需输送的最大浆料流量为 36m³/h，根据第 5 章表 5-6 查得隔膜泵需要的压缩空气流量约为 1.5m³/min，得到的空气的物流数据见表 6-35，表中数据为范例。

图 6-13
储料罐至离心机
浆料输送示意图

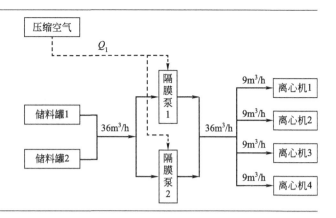

表 6-35 压缩空气的物流数据表

| 介质名称 | 起止点 | 隔膜泵数量 | 压力/MPa | 温度/℃ | 流量/(m³/h) | 备注 |
|---|---|---|---|---|---|---|
| 压缩空气 | 压缩空气储罐—储料罐隔膜泵 | 2 | 0.8 | 常温 | 90 | 隔膜泵为一备一用，为不同时操作 |

## 6.1.3.6 PFD 的绘制

通过 6.1.3.1~6.1.3.5 对工艺方案中的主体设备衔接、控制、联锁方案的确定以及公用物流数据的完善，就可以在工艺初步方案的基础上用 CAD 软件绘制三元前驱体产线的 PFD。绘制 PFD 时要注意如下几点。

① 对图中的工艺设备如主体设备、辅助设备（如过滤器、除铁器等）、泵、公用设备（如热循环水罐、冷却循环水塔）的名称、位号进行标注，设备位号的注写形式可参考图 6-14。

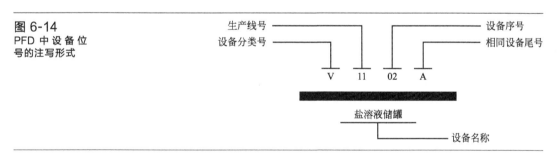

图 6-14
PFD 中设备位
号的注写形式

在标准 HG/T 20519—2009《化工工艺设计施工图内容和深度统一规定》中规定了设备类别采用的代码，如表 6-36。

表 6-36 设备类别及代码[3]

| 设备类别 | 代码 |
|---|---|
| 塔 | T |
| 泵 | P |
| 压缩机、风机 | C |

| 设备类别 | 代码 |
|---|---|
| 换热器 | E |
| 反应器 | R |
| 工业炉 | F |
| 火炬、烟囱 | S |
| 容器（槽、罐） | V |
| 起重运输设备 | L |
| 计量设备 | W |
| 其他机械 | M |
| 其他设备 | X |

② 对每股物流包含公用物流如冷热循环水、蒸汽、压缩空气等进行编号，并标注出其操作压力、温度、流量。物流号的注写形式可参考图 6-15。

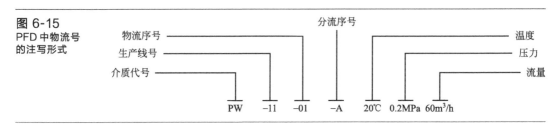

图 6-15
PFD 中物流号
的注写形式

③ 对每股物流中的阀门类型（如闸阀、截止阀、球阀、蝶阀等）及其位置进行标注。

④ 对主要的控制、联锁方案进行标注。

⑤ 对于不同种类物流线条的颜色、粗细进行区分，并用箭头标出物流的来源和去向。各种物流连通和交错的绘制形式可参考图 6-16。

图 6-16
PFD 中各种物流
的连接形式

图 6-17 为三元前驱体生产线的 PFD 范例。

# 6.1.4　管道仪表流程图（P&ID）

当绘制 PFD 后，还不具备生产线的建设条件，如物流的管道规格没有确定、生产线中的控制仪表未标注出；生产线各控制点的控制方式以及需要实现的远程中控的实施方案没有确定。PFD 图中只是考虑正常生产的方案，对于其停车、生产过程中由于异常导致的不合格品的走向、三废排放等可能考虑不周，需要对 PFD 进一步详细设计，即要在 PFD 的基础上绘制 P&ID。P&ID 是 piping and instrumentation diagram 的缩写，即管道仪表流程图。它是生产线施工图设计的重要依据，也可以作为生产开停车的指导，通常是

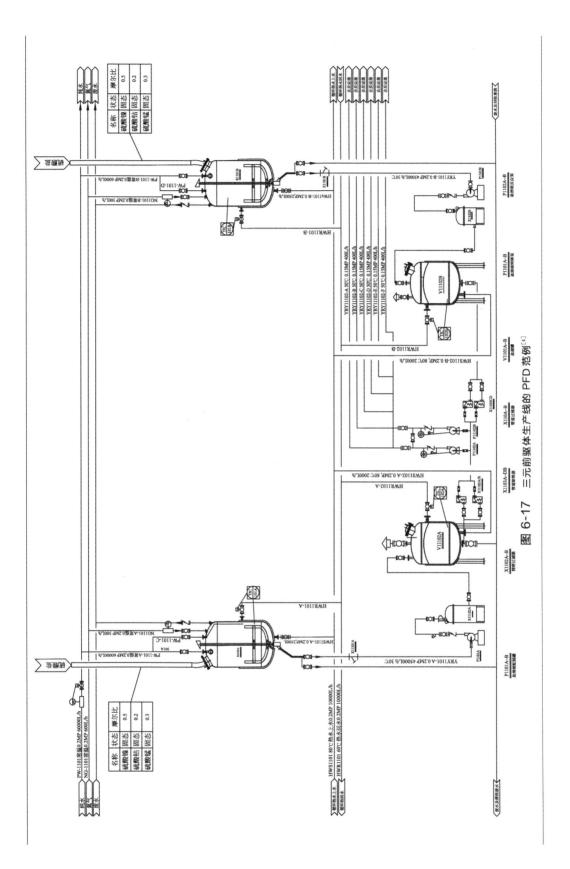

图 6-17 三元前驱体生产线的 PFD 范例[4]

由工艺、管道、设备、电气、自控仪表、热工、电讯等设计人员共同完成的结果。P&ID 是在 PFD 上完善的内容，主要体现在如下几个方面。

### 6.1.4.1　三废排放收集

前面虽然讲述了三元前驱体产线的废水排放，但这种排放是有规则的排放，三元前驱体产线还有一些无规则的三废排放，需要设计者继续完成相应的收集。

（1）废气的排放　在第 5 章曾介绍了三元前驱体生产线的排污节点，废气主要包含含氨废气和粉尘两类。其中氨水储罐、碱溶液配制罐、反应釜、储料罐、洗涤设备等都会由于氨气的逸散产生含氨废气，应在这些设备上补充废气收集管道，并集中收集至氨气吸收塔统一处理。干燥设备、粉体后处理设备则会由于物料的翻动产生粉尘，应在这些设备上方采用收尘器进行收集，并达标后高空排放。但设计的难点是没有确定的废气流量数据，只能估算。

（2）设备洗涤废水的排放　三元前驱体的罐体如盐溶液配制罐、碱溶液配制罐、盐溶液储罐、碱溶液储罐、反应釜、储料罐等在长时间使用后或更换生产产品规格前需要对罐体进行清洗，清洗后的水不能随意排放，需要收集后集中送往污水处理池。由于清洗的频次需要根据实际生产情况来定，计算这些废水的排放流量时，可用式(6-54)进行估算。

$$Q_{洗涤设备废水} = \frac{V_{罐体}}{t_{排空}} \tag{6-54}$$

式中，$Q_{洗涤设备废水}$ 为洗涤设备废水的排放流量，$m^3/h$；$V_{罐体}$ 为罐体的容积，$m^3$；$t_{排空}$ 为罐内废水的排空时间，$h$。

通常排空时间尽量要短，以缩短洗涤设备的工时。例如某反应釜的容积为 $8m^3$，要求排空反应釜内的液体时间为 10min，则反应釜内洗涤废水的排放流量为：

$$Q_{洗涤设备废水} = \frac{8 \times 60}{10} = 48 (m^3/h)$$

### 6.1.4.2　生产线中不合格品的物流走向

生产线中经常会发生因人为控制、设备故障等原因造成的不合格品的产生。在产线设计时，尤其是对于连续、自动操作工序，要设计不合格品的物流走向，避免不合格品与合格品混合。在三元前驱体产线的原材料配制单元，由于设备、操作简单，很少有不合格品产生，即便发生盐溶液、碱溶液的配制浓度偏离配制比例的情况，但通过分析化验计算后可补料更正。在粉体后处理单元，处理的是易收集的粉体颗粒，若有不合格品产生，只需要通过人工将不合格物料返回至上一级再处理即可。下面重点说明其他工序的不合格品的物流走向。

（1）沉淀反应单元的不合格品物流走向　沉淀反应单元的不合格品通常是指粒度分布和振实密度未达到要求的产品，它的物流走向通常要看采用的结晶操作方式，当采用的是多级串接间歇法或者母子釜法时，其操作工艺本身是具备抵御不合格品产生的能力的。当某反应釜内出现不合格品时，只需要将反应釜内浆料进行分釜再继续反应。当采用连续法时，建议单独配置一个小容积的不合格品中转罐，反应釜内的不合格浆料溢流至中转罐内，然后由中转罐转至其他反应釜继续反应，其操作流程如图 6-18。中转罐的容积一般为反应釜容积的一半，中转罐输向反应釜的流量 $Q_2$ 可采用式（6-55）计算。

图 6-18
连续法不合格品
处理流程图

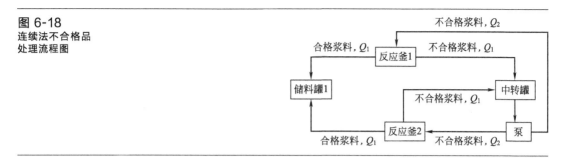

$$Q_2 = \frac{V_{中转罐} \varphi_{中转罐}}{t_{转料}} \tag{6-55}$$

式中，$Q_2$ 为中转罐转向反应釜的流量，$m^3/h$；$V_{中转罐}$ 为中转罐的容积，$m^3$；$\varphi_{中转罐}$ 为中转罐的装填系数，通常取值 0.85；$t_{转料}$ 为中转罐内的浆料完全转至反应釜所需的时间，h。

中转罐的转料时间要短，以减少工时，通常控制在 15min 左右，假设中转罐的容积为 $4m^3$，则其中转流量 $Q_2$ 为：

$$Q_2 = \frac{4 \times 0.85 \times 60}{15} = 13.6 (m^3/h)$$

（2）洗涤设备的不合格品物流走向　洗涤设备单元出现的不合格品常因洗涤设备故障导致洗涤过程无法进行，造成洗涤品内的杂质未洗涤干净、脱水未达到要求。例如离心机内的滤布很容易在洗涤过程中发生破裂，这时要降速让离心机内物流尽量甩干，再将滤饼卸出。如果离心机出料口的滤饼自动输送至干燥设备，则必须设计一个旁路用于这些不合格品的卸出，然后通过料斗收集后返回至储料罐重新洗涤。

（3）干燥设备的不合格品物流走向　干燥设备的不合格品是指粉体的水分未达到要求的产品。当采用连续式的干燥设备，且出料口的干燥粉体自动输送至下一装置时，必须要在干燥设备的出料口设置一旁路用于不合格品的卸出，然后通过料斗收集后返回至干燥设备的进料口重新干燥。

### 6.1.4.3　生产线的节能优化

生产线内某些物料可以实现重复利用而达到节约能耗的目的。例如洗涤三元前驱体滤饼的末期洗涤废水可以作为下一批物料的初期洗涤水来使用；蒸汽的冷凝水可作为加热循环水再次热能利用等。可将这些节能优化方案在 P&ID 中体现。

### 6.1.4.4　生产线中控制、联锁及远程中控实施方式

在 PFD 图中只是给出了控制、联锁方案，在 P&ID 图中则需要画出这些控制、联锁的完整的实施方式。如果采用远程中控，要标注出需要远传的控制参数。通过这些要求选择合适的控制器来进行控制。在三元前驱体中几种典型的控制、联锁方式如下。

（1）液体自动定量计量控制、联锁方式　液体自动定量计量控制、联锁要求对液

体的流量进行计量，并对流量值进行累计，一旦测得累计值达到设置值后，自动开关联锁关闭阀门。它的控制方式如图 6-19。首先在控制器上设置加入量，控制器控制两位电动控制阀为打开状态。当介质以一定流量流入罐体内，流量传感器测量流入管道内的介质流量，并变送给控制器，控制器不断累计其流量值，当控制器得到流量累计信号与设定值相同时，将开关控制信号传输给两位控制电动阀关闭。因此控制器具备流量累计功能和开关联锁功能。为了防止电动阀门失控，通常在电动阀门前后装两个手动阀门。

图 6-19
液体自动定量计量
控制、联锁方式[4]

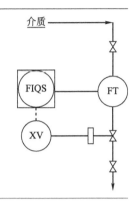

（2）介质流量自动控制方式　　如果仅是对介质的流量进行监控，只需要流量指示器即可。如果要对介质的流量自动控制，则需控制器对电动调节阀进行控制，其控制方式如图 6-20。在控制器上设定一个流量信号，介质以一定流量流入罐体内，流量传感器测量流入管道内介质的流量，并变送给控制器，控制器将流量信号与设定信号进行比对，将流量控制信号传递给电动调节阀，从而自动控制阀门的开度来调节流量的稳定。

图 6-20
介质的流量自动
控制方式[4]

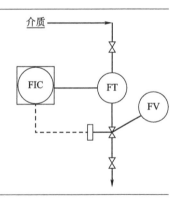

（3）反应釜内 pH 与氨水浓度的自动控制方式　　反应釜内 pH 与氨水浓度的控制在三元前驱体产线中是最重要的环节，两种参数控制的稳定性将会直接影响到产品的品质。在前面 PFD 的控制方案中，盐溶液的流量是固定的，pH 通过自动调节碱溶液的流量来控制；氨水浓度则是通过氨水流量与盐溶液流量的联锁控制，使它们的流量比稳定。它们的自动控制方案如图 6-21。

三元材料前驱体——
产线设计及生产应用

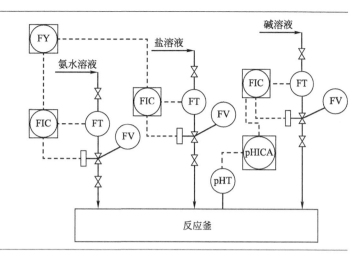

图 6-21
反应釜内 pH 和氨水
浓度自动控制方式[4]

如图 6-21，在盐溶液流量控制器上设置某一值时，控制器自动控制一定流量的盐溶液进入反应釜。反应釜内浆料的 pH 值通过 pH 计测量并变送给 pH 控制器，当测得的 pH 值与控制器上的设置值有偏差时，pH 控制器将信号传送给碱溶液流量控制器，碱溶液流量控制器根据流量传感器变送过来的流量信号，自动控制碱溶液电动调节阀的阀门开度来保证 pH 稳定。通常为了防止控制器出现故障、自动调控失效而导致 pH 值偏离，pH 控制器还应具备自动报警功能，当 pH 实测值与设定值之差超过某一限值时，控制器开启报警，引起操作者的注意。

氨水浓度的控制则是通过一个继动控制器进行控制，氨水溶液的流量控制器和盐溶液流量控制器分别将氨水流量信号和盐溶液流量信号传送给继动控制器，继动控制器通过计算、换算后，根据设定的流量比值关系将流量信号又传送给氨水溶液流量控制器，控制器将流量控制信号传送给氨水溶液的电动调节阀门来进行流量的调节。

（4）温度自动控制方式　在三元前驱体的产线中温度控制主要有两种方式：一种是单程控制，如液碱、盐溶液、碱溶液、稀碱溶液的加热保温；另一种是反应釜内温度的分程控制。

单程温度控制是指只采用一种换热介质，它的温度控制通常是调节换热介质的回水流量，其控制方式如图 6-22。在温度控制器上设置一个温度值，换热介质进入设备的换热器内，温度传感器测量设备内的温度并将信号变送给温度控制器，温度控制器根据实测值与设定值温度差，将流量调节信号传送给温控阀，调节换热介质回水流量来实现温度的控制。

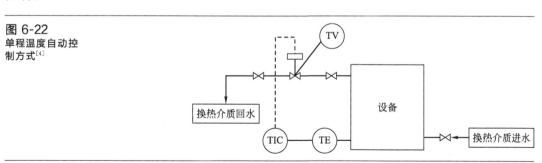

图 6-22
单程温度自动控
制方式[4]

如果反应釜要根据外界气温的变化采取加热或冷却两种换热方式，则需进行分程温度控制。通过温度控制器对两种换热介质的调节阀进行控制就可实现，其控制方式如图6-23。在温度控制器上设置一个温度值，并用温度传感器对反应釜内的温度进行监测，当实际温度值比设定值低时，温度控制器将流量控制信号传送给加热循环回水的温控阀，通过调节加热循环水回水的流量来使温度达到设定值；当实际温度值比设定值高时，则温度控制器将流量控制信号传送给冷却循环回水的温控阀，通过调节冷却循环回水的流量来使温度达到设定值。

**图 6-23**
反应釜温度分程
控制方式[4]

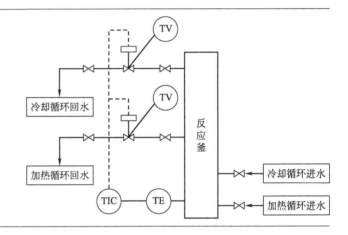

　　三元前驱体产线的控制还有压力自动控制、液位自动控制、阀门自动控制等，其控制原理和上述几种控制方式较为类似，在此不一一介绍。如果要对这些控制参数进行远程中控，只需将现场仪表信号接入远程 I/O 控制柜，再与中控室控制器进行通信即可实现远程中控。

### 6.1.4.5　管道规格

　　根据 PFD 图中物流的流量、操作条件、介质的物性可以确定对应的管道规格，包括管道的材质、管道的公称尺寸、管道的绝热工程等。

　　(1) 管道的材质　三元前驱体产线管道的材质由介质的物性、操作条件、工艺条件和投资条件共同决定。首先，管道材质不能被介质腐蚀；其次，管道材质不会因为磨损、锈蚀产生磁性异物杂质；最后，根据投资条件选择相应的管道材质。根据实际经验，表 6-37 中列出了三元前驱体产线中涉及的管道材质的推荐选择。

表 6-37　三元前驱体产线的管道材质推荐表

| 物料名称 | 物料特性 | 操作条件 | 管道推荐材质 | 备注 |
|---|---|---|---|---|
| 液碱 | 有较强的腐蚀性 | 常温,0.2MPa | 316/304 不锈钢或 PPH | 当需要伴热时只能采用不锈钢 |
| 氨水 | 有一定的腐蚀性和刺激性气味 | 常温,0.2MPa | 316/304 不锈钢或 PPH | |
| 碱溶液 | 有较强的腐蚀性 | ≤60℃,0.2MPa | 316/304 不锈钢或 PPH | |
| 液态硫酸盐 | 重金属盐溶液 | 常温,0.2MPa | 316 不锈钢或 PPH | |

| 物料名称 | 物料特性 | 操作条件 | 管道推荐材质 | 备注 |
|---|---|---|---|---|
| 盐溶液 | 重金属盐溶液 | 常温,0.2MPa | 316 不锈钢或 PPH | |
| 纯水 | — | ≤60℃,0.2MPa | 304 不锈钢或 PPH | |
| 三元前驱体浆料 | 固液混合物,具有刺激性气味 | ≤60℃,0.2MPa | 316 不锈钢或 PPH | |
| 三元前驱体粉体 | 微米级颗粒粉末,易吸水和易磨损 | ≤60℃,0.2MPa | 316 不锈钢或带内衬 | |
| 母液废水 | 高盐、高氨、高 pH 水溶液 | ≤60℃,0.2MPa | 316 不锈钢或 PPH | |
| 洗涤废水 | 低盐、低氨、低 pH 水溶液 | ≤60℃,0.2MPa | 316 不锈钢或 PPH | |
| 废气 | 含氨废气 | ≤60℃,常压 | PPH | 设备的逸散废气 |
| 氮气 | — | 常温,0.2MPa | 304 不锈钢 | |
| 压缩空气 | 压力气体 | 常温,0.8MPa | 304 不锈钢 | |
| 热循环水 | 一定温度的水溶液 | ≤90℃,0.2MPa | 碳钢 | |
| 冷却循环水 | 一定温度的水溶液 | ≤40℃,0.2MPa | 碳钢 | |
| 蒸汽 | — | ≤160℃,≤0.6MPa | 碳钢 | |

（2）管道的公称直径　管道的公称直径和介质的流量有较大的关系,当通过介质流速来确定管径时,可按式(6-56)[5]进行计算。

$$d = 18.81 V_0^{0.5} u^{-0.5} \qquad (6\text{-}56)$$

式中,$d$ 为管道的内径,mm；$V_0$ 为管道介质的体积流量,$m^3/h$；$u$ 为介质在管道内的平均流速,m/s。

标准 HG/T 20570—95《工艺系统工程设计技术规定》给出一些介质的推荐流速,与三元前驱体产线相关的物料的推荐流速如表 6-38,表中的数据所采用的管道材质为钢。

**表 6-38　常用的流速范围表[5]**

| 介质名称 | 操作条件 | 流速/(m/s) |
|---|---|---|
| 饱和蒸汽 | $p < 1MPa$ | 15~20 |
| | $p = 1 \sim 4MPa$ | 20~40 |
| | $p = 2 \sim 12MPa$ | 40~60 |
| 压缩气体 | 真空 | 5~10 |
| | $p \leqslant 0.3MPa$(表) | 8~12 |
| | $p = 0.3 \sim 0.6MPa$ | 20~10 |
| | $p = 0.6 \sim 1MPa$ | 15~10 |
| 氨气 | $p = $ 真空 | 15~25 |
| | $p < 0.3MPa$(表) | 8~15 |
| | $p < 0.6MPa$(表) | 10~20 |
| 氮 | 气体 | 10~25 |
| 水及黏度相似的液体 | $p = 0.1 \sim 0.3MPa$(表) | 0.5~2 |

| 介质名称 | 操作条件 | 流速/(m/s) |
|---|---|---|
| 氢氧化钠 | 浓度 0~30% | 2 |
| | 浓度 30%~50% | 1.5 |
| | 浓度 50%~73% | 1.2 |
| 氯化钠 | 无固体 | 1.5 |
| 排出废水 | | 0.4~0.8 |
| 泥状混合物 | 浓度 15% | 2.5~3 |
| | 浓度 25% | 3~4 |
| | 浓度 65% | 2.5~3 |

在采用上述公式计算管径时，应采用管道内通过的最大流量数据进行计算，计算后的数值再根据标准 HG/T 20592—2009《钢制管法兰》上的公称尺寸进行圆整，如表 6-39。

**表 6-39　钢管的公称尺寸与外径[6]**

| 公称尺寸 DN | | 10 | 15 | 20 | 25 | 32 | 40 | 50 | 65 | 80 | |
|---|---|---|---|---|---|---|---|---|---|---|---|
| 钢管外径 | A | 17.2 | 21.3 | 26.9 | 33.7 | 42.4 | 48.3 | 60.3 | 76.1 | 88.9 | |
| | B | 14 | 18 | 25 | 32 | 38 | 45 | 57 | 76 | 89 | |
| 公称尺寸 DN | | 100 | 125 | 150 | 200 | 250 | 300 | 350 | 400 | 450 | 500 |
| 钢管外径 | A | 114.3 | 139.7 | 158.3 | 219.1 | 273 | 323.9 | 355.6 | 406.4 | 457 | 508 |
| | B | 108 | 133 | 159 | 219 | 273 | 325 | 377 | 426 | 480 | 530 |

假设三元前驱体产线中碱溶液配制罐通往碱溶液储罐的最大流量为 55m³/h，根据表 6-38 查得氢氧化钠溶液的管道流速为 2m/s，代入式(6-56) 求得管内径为：

$d = 18.81 \times 55^{0.5} \times 2^{-0.5} = 98.64$(mm)，圆整为 DN 100mm 的管。

假设三元前驱体浆料流入离心机的最大流量为 9m³/h，其固含量为 10%，根据表 6-38，三元前驱体浆料的流速按表中泥状混合物查询，取流速为 4m/s，根据式(6-56) 求得进入离心机的三元前驱体浆料管道的管内径：

$d = 18.81 \times 9^{0.5} \times 4^{-0.5} = 28.22$(mm)，圆整为 DN 32mm 的管。

假设设计进入反应釜的盐溶液最大流量为 0.6m³/h，根据表 6-38，盐溶液的流速按表中水及相似流体查询，取流速为 2m/s，根据式(6-56) 可求得进入反应釜的盐溶液管道的管内径为：

$d = 18.81 \times 0.6^{0.5} \times 2^{-0.5} = 10.30$(mm)，圆整为 DN 15mm 的管。

(3) 管道的绝热工程　管道的绝热工程是指对管道进行保温、伴热、保冷或者防烫等措施。在三元前驱体产线中采取的管道的绝热工程为保温和伴热，其原因是为了防止物料在输送过程中因环境温度的变化而造成管内介质温度的变化，从而导致固相析出或者达不到工艺温度要求，所以有些管道的伴热要视用户所在地的环境和物料的凝固点来定。一般三元前驱体生产线中需要伴热或保温的管道如表 6-40。

表 6-40　三元前驱体产线中管道中的绝热工程

| 序号 | 管道起止点 | 介质名称 | 绝热方式 | 采取绝热方式的原因 |
|---|---|---|---|---|
| 1 | 液碱储罐—碱溶液配制罐 | 液碱 | 伴热/保温 | 防止液碱输送过程中温度降低造成液碱析出,通常输送管路较长时,要采取伴热;输送管路较短时,采取保温 |
| 2 | 盐溶液配制罐—盐溶液储罐 | 盐溶液 | 保温 | 防止盐溶液输送过程中温度下降太多而造成盐溶液析出以及反应釜内温度调节不稳定 |
| 3 | 碱溶液配制罐—盐溶液储罐 | 碱溶液 | 保温 | 防止碱溶液输送过程中温度下降太多而造成碱溶液析出以及反应釜内温度调节不稳定 |
| 4 | 稀碱储罐—洗涤设备 | 稀碱溶液 | 保温 | 防止稀碱溶液在输送过程中温度降低而达不到工艺要求的温度 |
| 5 | 热纯水储罐—洗涤设备 | 热纯水 | 保温 | 防止热纯水溶液在输送过程中温度降低而达不到工艺要求的温度 |
| 6 | 热循环水储罐—加热设备 | 热水 | 保温/防烫 | 防止热循环水在输送过程中温度降低而达不到设备的加热效果以及造成人员烫伤 |
| 7 | 蒸汽管道—加热设备 | 蒸汽 | 保温/防烫 | 防止蒸汽在输送过程中温度降低而达不到设备的加热效果以及造成人员烫伤 |

当物流采用的管道材质、内径及绝热方式确定之后,要对管道进行编号,并在 P&ID 中进行标注。管道编号标注的内容通常包含管的介质的名称、管的公称尺寸、生产线号、管道序号、管道压力等级、管道材质、绝热方式及绝热层厚度。通常这些标注的内容用一些代号组成,代号可以采用标准 HG/T 20519—2009《化工工艺设计施工图内容和深度统一规定》中规定的代号,也可自行编制。管道编号的标注方式可参考图 6-24。

图 6-24
P&ID 管道
编号标注
方式

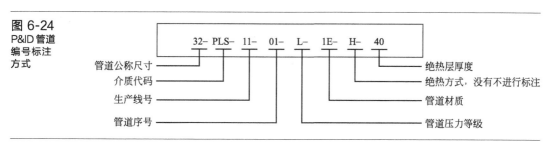

标准 HG/T 20519—2009 规定的 P&ID 管道编号的代号含义如表 6-41~表 6-44。

表 6-41　绝热工程的代号及含义[3]

| 代号 | 功能类型 |
|---|---|
| H | 保温 |
| C | 保冷 |
| E | 电伴热 |
| P | 人身防护 |

表 6-42　物料的代号及含义[3]

| 物料类型 | 物料名称 | 代号 |
|---|---|---|
| 工艺物料 | 工艺空气 | PA |
| | 工艺液体 | PL |
| | 工艺气体 | PG |
| | 液固两相流工艺物料 | PLS |
| | 气液两相流工艺物料 | PGL |
| | 工艺固体 | PS |
| | 气固两相流工艺物料 | PGS |
| | 工艺水 | PW |
| 辅助、公用工程物料 | 空气 | AR |
| | 压缩空气 | CA |
| | 仪表空气 | IA |
| | 高压蒸汽 | HS |
| | 中压蒸汽 | MS |
| | 低压蒸汽 | LS |
| | 伴热蒸汽 | TS |
| | 热循环水回水 | HWR |
| | 热循环水上水 | HWS |
| | 冷却循环水回水 | CWR |
| | 冷却循环水上水 | CWS |
| | 原水、新鲜水 | RW |
| | 脱盐水 | DNW |
| | 自来水、生活用水 | DW |
| | 生产废水 | WW |
| 其他物料 | 废气 | WG |
| | 放空 | VT |
| | 废渣 | WS |
| | 氨气 | AG |
| | 氨水 | AW |
| 备注 | 如果产线中的物料没有包含在内,也可自行编制代号 | |

表 6-43　管道材质类型代号及含义[3]

| 管道材质 | 代号 | 备注 |
|---|---|---|
| 铸铁 | A | |
| 碳钢 | B | |
| 普通低合金钢 | C | 在代号前加入阿拉伯数字 1～9 后，可代表同种材质的不同等级，如通常用 1E 代表 304 不锈钢，2E 代表 316 不锈钢 |
| 低合金钢 | D | |
| 不锈钢 | E | |
| 有色金属 | F | |
| 非金属 | G | |
| 衬里及内防腐 | H | |

表 6-44　国内标称的管道公称压力等级代号及含义[3]

| 代号 | 公称压力/MPa |
|---|---|
| H | 0.25 |
| K | 0.6 |
| L | 1.0 |
| M | 1.6 |
| N | 2.5 |
| P | 4.0 |
| Q | 6.4 |
| R | 10.0 |
| S | 16.0 |
| T | 20.0 |
| U | 22.0 |
| V | 25.0 |
| W | 32.0 |

## 6.1.4.6　P&ID 的绘制

通过 6.1.4.1～6.1.4.5 对整个工艺方案的完善、控制联锁方式、仪表的确认以及管道规格的设计，就可以在 PFD 的基础上进行 PI&D 的绘制，但要注意如下几点：①要将所有设备如工艺设备、泵、管道、阀门通过图示的方式画出，并标注出名称、位号及管道编号。各种设备、泵、管道、阀门的图示可参照标准 HG/T 20519—2009 给出的各种设备的图例，没有可参照的图例可根据设备的形状、特征简化画出。②所有仪表必须画出，并用代号标注出各仪表的功能及安装方式。③必须画出所有的控制、联锁回路。④要将图中管线、阀门、仪表及其安装方式、流量计、过滤器等图例符号以及介质、设备类别、管道材质、绝热方式代号进行标注说明，并形成首页图。图 6-25 为三元前驱体生产线的 P&ID 图的范例。

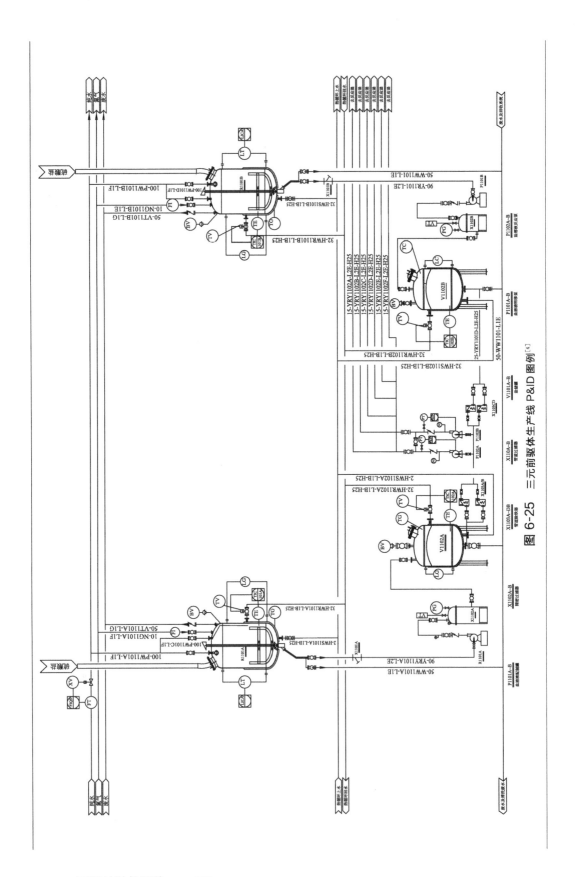

图 6-25　三元前驱体生产线 P&ID 图例[4]

## 6.1.5  设备一览表

当 P&ID 完成后，可以将整个 P&ID 中所有的工艺主体设备的数量、辅助设备的数量、规格尺寸、材质以及特殊部件的要求进行统计，形成设备一览表，为厂房设备布置、设备安装提供有效的依据，也是后续设备采购的重要文件。

三元前驱体生产线设备一般可分为非定型设备和定型设备两类。非定型设备是指需要设计的塔类、换热器、容器类、反应釜、盘干机等非标设备；定型设备是指离心机、泵、空压机、振动筛、除铁机等标准设备。在编制设备一览表时，可以按这两类分类统计。

第 4 章和第 5 章对三元前驱体生产线中的工艺设备和公辅设备的规格、参数的设计及材质的选择进行过详细讲述，本章对生产线设备的数量及规格选型也有介绍，设计者在编制设备一览表时可做参考。表 6-45 为三元前驱体生产线设备一览表范例。

## 6.1.6  产线布置

在 P&ID 中各设备的大小、相对位置都未得到体现，因此需要绘制厂线布置图。厂线布置图不仅能直观地展现出厂房的大小、高度要求，也是日后设备安装的重要指导文件。

### 6.1.6.1  生产线的功能区

三元前驱体产线通常由生产区、公辅设备区、仓库、化验室、配电室、控制室、机修室、办公区构成。各种功能区的作用如下：

① 生产区是三元前驱体生产操作的核心区域，该区域布置所有的生产工艺设备。

② 公辅设备区是制备生产区所需的公辅物料如纯水、压缩空气、氮气等的区域，该区域布置的是一些公辅设备，如纯水制备机、空压机或制氮机等，也可不布置在厂房内。

③ 仓库是用于储存原材料、产品以及生产用品如备品备件、工人日常劳保用品等的区域。通常为了方便仓储物料的管理，将仓库分为原材料仓库、产品仓库以及综合用品仓库。原材料仓库主要用于存储固态硫酸盐，其仓库的大小可根据固态硫酸盐的消耗量以及供货周期来设计大小；产品仓库用于存储产品，其设计大小可提供产线约 2 个月的产能存储。

④ 化验室用于中间产品的检测分析，主要是沉淀反应过程中的过程检验，一般存放的检测设备有粒度仪、pH 计、振实密度仪等，所占空间不大。

⑤ 配电室是为厂房内所有设备进行电能分配的区域。

⑥ 控制室是进行生产区的一些工艺参数远程控制的区域。

⑦ 机修室是产线设备维修的场所。在三元前驱体生产线中，不建议将机修室布置在生产区和储料区，原因是在机修过程中会产生大量的磁性异物而污染产品。

⑧ 办公区是生产线人员用于办公、开会、资料存放、休息等的场所。

### 6.1.6.2  产线布置的原则

产线布置的总体原则是：满足生产工艺要求；便于操作和检修；符合国家的安全、环保等相关法规规定；经济合理，整齐美观。在三元前驱体产线中，生产区的设备布置是核

表6-45 三元前驱体生产线设备一览表

| 序号 | 设备位号 | 设备名称 | 设备技术规格及附件 | 图号/型号 | 材料 | 单位 | 数量 | 绝热及隔声 代号 | 绝热及隔声 厚度/mm | 设备来源/图纸来源 | 管口方位图图号 | 备注 |
|---|---|---|---|---|---|---|---|---|---|---|---|---|
| 1 | V1101A/B/C | 液碱储罐 | 100m³, φ4900mm×5500mm | D1101 | 碳钢 | 个 | 3 | H | 50 | 外购/另行委托设计 | 按设备图纸 | 内置加热盘管和罐体内壁衬里氯丁橡胶 |
| 2 | V1102A/B | 氨水储罐 | 30m³, φ3300mm×3600mm | D1102 | PPH | 个 | 3 | — | — | 外购/另行委托设计 | 按设备图纸 | |
| 3 | V1103A/B | 盐溶液配制罐 | 30m³, φ3200mm×3800mm, 17.5kW | D1104 | PPH | 个 | 2 | H | 25 | 外购/另行委托设计 | 按设备图纸 | 内置加热盘管,搅拌器涂层聚四氟乙烯 |
| 4 | V1104A | 碱溶液配制罐 | 30m³, φ3200mm×3800mm, 17.5kW | D1103 | PPH | 个 | 1 | — | — | 外购/另行委托设计 | 按设备图纸 | 搅拌器涂层PP |
| 5 | V1105A/B | 盐溶液储罐 | 25m³, φ3100mm×3400mm | D1106 | PPH | 个 | 2 | H | 25 | 外购/另行委托设计 | 按设备图纸 | 内置加热盘管 |
| 6 | V1106A | 碱溶液储罐 | 25m³, φ3100mm×3400mm | D1105 | PPH | 个 | 1 | H | 25 | 外购/另行委托设计 | 按设备图纸 | 内置加热盘管 |
| 7 | R1101A/B/C/D/E/F | 反应釜 | 8m³, φ1900mm×2800mm, 45kW | D1107 | 316钢 | 个 | 6 | H | 25 | 外购/自行设计 | 按设备图纸 | 夹套换热,其中搅拌器、进料管、挡板为钛材 |
| 8 | V1107A | 反应中转罐 | 4m³, φ1600mm×2000mm, 7.5kW | D1108 | PPH | 个 | 1 | — | — | 外购/另行委托设计 | 按设备图纸 | 搅拌器涂层特氟龙 |
| 9 | V1108A/B | 储料罐 | 30m³, φ3200mm×3800mm, 17.5kW | D1109 | PPH | 个 | 2 | — | — | 外购/另行委托设计 | 按设备图纸 | 搅拌器涂层特氟龙 |
| 10 | M1101A/B/C/D | 离心机 | φ1250mm, 22kW, 400kg/批, 每批操作时间3h | — | 316钢 | 台 | 4 | — | — | 外购 | — | 布料器,刮刀,料位探测板采用钛材 |
| 11 | V1109A | 稀碱储罐 | 10m³, φ2200mm×2700mm | D1110 | PPH | 个 | 1 | H | 25 | 外购/另行委托设计 | 按设备图纸 | 内置加热盘管 |

三元材料前驱体——
产线设计及生产应用

续表

| 序号 | 设备位号 | 设备名称 | 设备技术规格及附件 | 图号/型号 | 材料 | 单位 | 数量 | 绝热及隔声 代号 | 绝热及隔声 厚度/mm | 设备来源/图纸来源 | 管口方位图图号 | 备注 |
|---|---|---|---|---|---|---|---|---|---|---|---|---|
| 12 | V1110A | 加热纯水储罐 | 20m³，φ2800mm×3400mm | D1111 | PPH | 个 | 1 | H | 25 | 外购/另行委托设计 | 按设备图纸 | 内置加热盘管 |
| 13 | M1102A/B | 微孔过滤机 | 母液废水处理能力33m³/h；洗涤废水处理能力27m³/h，过滤精度0.5μm | — | 316钢 | 台 | 2 | — | — | 外购 | — | 与物料接触处涂层PPS |
| 14 | M1103A | 盘干机 | 350kg/h，φ3500mm×4500mm，11kW | — | 钛材 | 台 | 1 | — | — | 外购 | — | 加热圆盘、耙杆、耙架为钛材，耙叶为聚四氟乙烯 |
| 15 | M1104A | 螺带混合机 | 5m³ | — | 304钢 | 台 | 1 | — | — | 外购 | — | 内壁及搅拌涂层特氟龙 |
| 16 | M1105A/B | 超声波振动筛 | 600kg/h，φ1100mm×1400mm，11kW | — | 316钢 | 台 | 2 | — | — | 外购 | — | — |
| 17 | M1106A/B | 除铁机 | 600kg/h，φ1500mm×2000mm，11kW | 电磁除铁 | 316钢 | 台 | 2 | — | — | 外购 | — | — |
| 18 | M1107A | 吨袋包装机 | 1000kg/h | — | 316钢 | 台 | 1 | — | — | 外购 | — | — |
| 19 | M1108A | 吨包挤压机 | 1200mm×1200mm×1000mm | — | 316钢 | 台 | 1 | — | — | 外购 | — | — |
| 20 | L1101A/B | 电动葫芦 | 2t | — | — | 台 | 2 | — | — | 外购 | — | 用于固体碱盐的吊装 |
| 21 | L1102A | 电动葫芦 | 2t | — | — | 台 | 1 | — | — | 外购 | — | 用于滤饼的吊装 |
| 22 | V1111A | 热循环水罐 | 20m³，φ2800mm×3300mm | D1112 | PPH | 个 | 1 | H | 25 | 外购/另行委托设计 | 按设备图纸 | 内置加热盘管 |
| 23 | M1109A | 逆流式冷却塔 | 100m³/h | — | 玻璃钢 | 台 | 1 | — | — | 外购 | — | — |

| 序号 | 设备位号 | 设备名称 | 设备技术规格及附件 | 图号/型号 | 材料 | 单位 | 数量 | 绝热及隔声 代号 | 绝热及隔声 厚度/mm | 设备来源/图纸来源 | 管口方位图图号 | 备注 |
|---|---|---|---|---|---|---|---|---|---|---|---|---|
| 24 | M1110A | 纯水制备设备 | 电阻率≥10MΩ·cm,20m³/h | 二级反渗透+EDI | — | 台 | 1 | — | — | 外购 | — | — |
| 25 | C1101A | 螺杆空压机 | 1MPa,产气量20m³/min | — | — | 台 | 1 | — | — | 外购 | — | — |
| 26 | V1112A | 缓冲料斗 | 3.5m³,φ1600mm×1800mm | D1113 | 304衬PP | 个 | 1 | — | — | 外购 | 按设备图纸 | 盘干机与批混机之间的缓冲料罐 |
| 27 | V1113A | 缓冲料斗 | 2m³,φ1300mm×1500mm | D1114 | 304衬PP | 个 | 1 | — | — | 外购 | 按设备图纸 | 除铁机与包装机之间的缓冲料罐 |
| 28 | L1103A | 粉体输送系统 | 8t/h | — | 316钢 | 套 | 1 | — | — | 外购 | — | 与物料接触处涂层纳米陶瓷 |
| 29 | X1101A/B | 盐溶液精密过滤器 | 过滤精度≤5μm,φ450mm×1300mm | 滤袋式 | 316钢 | 个 | 2 | — | — | 外购 | — | — |
| 30 | X1102A | 碱溶液精密过滤器 | 过滤精度≤5μm,φ450mm×1300mm | 滤袋式 | 316钢 | 个 | 1 | — | — | 外购 | — | — |
| 31 | X1103A | 氨水溶液精密过滤器 | 过滤精度≤5μm,φ450mm×1300mm | 滤袋式 | 316钢 | 个 | 1 | — | — | 外购 | — | — |
| 32 | X1104A/B | 盐溶液管道除铁器 | 12000Gs,φ250mm×350mm | 永磁 | 316钢 | 个 | 2 | — | — | 外购 | — | — |
| 33 | X1105A/B | 碱溶液管道除铁器 | 12000Gs,φ250mm×350mm | 永磁 | 316钢 | 个 | 2 | — | — | 外购 | — | — |
| 34 | X1106A/B | 氨水溶液管道除铁器 | 12000Gs,φ250mm×350mm | 永磁 | 316钢 | 个 | 2 | — | — | 外购 | — | — |
| 35 | X1106 A/B/C/D | 浆料管道除铁器 | 12000Gs,φ250mm×350mm | 永磁 | 316钢 | 个 | 4 | — | — | 外购 | — | — |

| 序号 | 设备位号 | 设备名称 | 设备技术规格及附件 | 图号/型号 | 材料 | 单位 | 数量 | 绝热及隔声代号 | 厚度/mm | 设备来源/图纸来源 | 管口方位图图号 | 备注 |
|---|---|---|---|---|---|---|---|---|---|---|---|---|
| 36 | P1101A/B | 液碱输送泵 | 60m³/h,扬程22m,3kW | 磁力泵 | 氟塑料 | 个 | 2 | — | — | 外购 | — | — |
| 37 | P1102A/B | 纯水输送泵 | 65m³/h,扬程27m 4kW | 磁力泵 | 氟塑料 | 个 | 2 | — | — | 外购 | — | — |
| 38 | P1103A/B | 盐溶液转移泵 | 60m³/h,扬程22m 3kW | 磁力泵 | 氟塑料 | 个 | 2 | — | — | 外购 | — | — |
| 39 | P1104A/B | 碱溶液转移泵 | 60m³/h,扬程22m 3kW | 磁力泵 | 氟塑料 | 个 | 2 | — | — | 外购 | — | — |
| 40 | P1105A/B | 盐溶液反应泵 | 4m³/h,扬程20m 1.5kW | 磁力泵 | 氟塑料 | 个 | 2 | — | — | 外购 | — | — |
| 41 | P1106A/B | 碱溶液反应泵 | 4m³/h,扬程20m 1.5kW | 磁力泵 | 氟塑料 | 个 | 2 | — | — | 外购 | — | — |
| 42 | P1106A/B | 氨水溶液反应泵 | 2m³/h,扬程20m 1.5kW | 磁力泵 | 氟塑料 | 个 | 2 | — | — | 外购 | — | — |
| 43 | P1107A/B | 稀水溶液输送泵 | 10m³/h,扬程20m 1.5kW | 磁力泵 | 氟塑料 | 个 | 2 | — | — | 外购 | — | — |
| 44 | P1108A/B | 热纯水输送泵 | 20m³/h,扬程22m 1.5kW | 磁力泵 | 氟塑料 | 个 | 2 | — | — | 外购 | — | — |
| 45 | P1109A/B | 热循环水输送泵 | 20m³/h,扬程22m 1.5kW | 磁力泵 | 氟塑料 | 个 | 2 | — | — | 外购 | — | — |
| 46 | P1110A/B | 冷却循环水输送泵 | 65m³/h,扬程27m 4kW | 磁力泵 | 氟塑料 | 个 | 2 | — | — | 外购 | — | — |
| 47 | P1111A/B/C/D/E/F | 浆料输送隔膜泵 | 30m³/h,扬程0.8MPa | | 特氟龙 | 个 | 6 | — | — | 外购 | — | 输送反应釜内浆料 |
| 48 | P1112A/B/C/D | 浆料输送隔膜泵 | 30m³/h,扬程0.8MPa | | 特氟龙 | 个 | 4 | — | — | 外购 | — | 输送储料罐内浆料 |

心，其他功能区对是为其辅助、服务的，通常先对生产线的设备进行布置，再对其他功能区进行布局。

三元前驱体设备布置的基础是P&ID和表6-45（三元前驱体生产线设备一览表），通过工艺流程、管道走向以及设备的大小、数量对其进行布置。布置过程中应遵循如下几个原则。

① 按三元前驱体生产工艺流程的顺序布置：即按原材料配制、沉淀反应、洗涤、干燥、粉体后处理的流程顺序布置，且各装置单元的工艺设备也按工艺流程的顺序布置，这样能保证前后工序衔接得当。

② 按照P&ID图上物料输送方式进行设备布置：如果在P&ID中物料的传输是依靠重力输送的，应将两个装置按高差布置，保证物料能顺畅落下。例如连续法产线中，反应釜内的浆料是通过溢流的方式流入储料罐，所有反应釜与储料罐应按高差布置；如果粉体后处理工序从批混到包装靠物料的重力下落传输，那么批混机、振动筛、除铁机、包装机要依次呈高差布置，设备的高差布置采用平台。这种高差布置的好处是可以节约传输物料的能耗，减少外力对物料的摩擦，设备之间连接紧凑，但对厂房的高度要求增加。

③ 虽然设备布置紧凑时占地面积较小，且物料的传输距离缩短，但设备之间、设备与墙体之间要保持一定距离，要给操作者提供必要的操作空间及安装、检修空间。

设备之间的操作间距不仅要考虑操作人员的操作位置，还要考虑堆放一定数量的原料、中间产品和成品所需要的面积和空间。例如在盐溶液配制罐投料口处要考虑有堆放固体硫酸盐的空间；洗涤设备卸料口和干燥设备进料口处要考虑有堆放一定数量的滤饼的空间。其中设备之间或设备与构筑物（障碍物）之间的净距应至少满足标准HG/T 20546—2009《化工装置设备布置设计规定》中的要求，如表6-46。

表6-46　设备之间或设备与构筑物（障碍物）之间的最小净距[7]

| 项目 | 最小净距/mm |
| --- | --- |
| 操作、维修、逃生通道 | 800 |
| 两个容器之间 | 1500 |
| 立式容器基础至墙 | 1000 |
| 立式容器人孔至平台边(侧面)距离 | 750 |
| 两排泵之间或单排泵至墙的维修通道 | 2000 |
| 泵的端面或基础至墙或柱子 | 1000 |
| 控制室、配电室至加热炉 | 15000 |

设备上方的空间要方便使用起吊设备将设备吊入安装和吊出维修，在三元前驱体产线中有许多搅拌容器和罐体，对操作平台上的设备布置空间设计时，一定要根据罐体高度考虑这些搅拌器电机、主轴方便被吊出，设备下方的空间要方便设备的卸料操作。其通道和操作平台上方的净空高度和尺寸应至少符合标准HG/T 20546—2009中的规定，如表6-47。

**表 6-47　通道和操作平台上方的净空高度或垂直距离**[7]

| 项目 | 说明 | 尺寸/mm |
|---|---|---|
| 道路、走道和检修所需的净空高度 | 操作通道、平台 | 2100 |
| | 管廊下泵区检修通道 | 3300 |
| | 两层管廊之间 | 1500（最小） |
| | 反应器下方卸料口至地面（运输车进入） | 3000 |
| | 反应器下方卸料口至地面（人工卸料） | 1200 |
| 平台 | 立式容器人孔中心线与下面平台之间的距离 | 600～1300 |
| | 立式容器人孔法兰面与下面平台之间的距离 | 180～1200 |
| | 设备或盖的顶法兰面与下面平台之间距离 | 1500（最大） |

④ 布置设备时应满足土建要求：笨重设备如盘干机和会产生很大振动的离心机应尽量设置在底层；设备不宜布置在大门、楼梯、窗前；设备布置应避开厂房建筑的柱子和主梁。

⑤ 要布置原料、中间产品、成品运输的物流通道，其通道宽度应满足叉车、料车的进出。在三元前驱体生产过程中经常有许多物料如固体硫酸盐、滤饼、产品的运输，要根据这些物料的走向布置相应的物流通道。

⑥ 布置要考虑经济合理性：在布置三元前驱体产线中的公辅设备时，热循环水罐、冷却循环水罐应布置在主要使用的反应釜附近，热纯水罐和稀碱罐应布置在洗涤设备附近。如有可能，洗涤设备和干燥设备可采用联合平台，既方便物料运输，又节约投资。

⑦ 布置要符合国家的安全、消防等规定：例如液碱储罐、氨水储罐属于重大危险源，可布置在产线车间外；车间的消防及逃生通道要符合消防规定等。

完成对生产区的工艺设备布置后，再对其他功能区进行布置，其布置原则如下。

① 原材料仓库区的出口应布置在原材料配制工序；成品仓库的入口应布置在粉体后处理段，这样不仅缩短了物料的运输距离，还防止了原料和产品之间的相互交叉污染。

② 分析化验室应布置在反应操作平台附近，且与反应操作平台同高，缩短操作人员的行走距离，提高工作效率。

③ 公辅设备如纯水制备机、空压机如要布置在厂房内，空压机由于噪声较大应远离办公区域和生产的主要操作区；纯水制备机宜布置在纯水使用量较大的洗涤工序和配料工序附近。

④ 配电室应布置在靠近产线中部区域，避免管线敷设过长，增加投资成本，但也要考虑远离干燥设备和有泄漏的水源地区，避免引发安全事故。

⑤ 办公区应远离原材料配制工序区域和液碱、氨水储罐区域。

### 6.1.6.3　产线布置图的绘制

产线布置图的画法可参见标准 HG/T 20519—2009《化工工艺设计施工图内容和深度的统一规定》中的要求，在此不作叙述。图 6-26 为三元前驱体生产线布置图的范例。

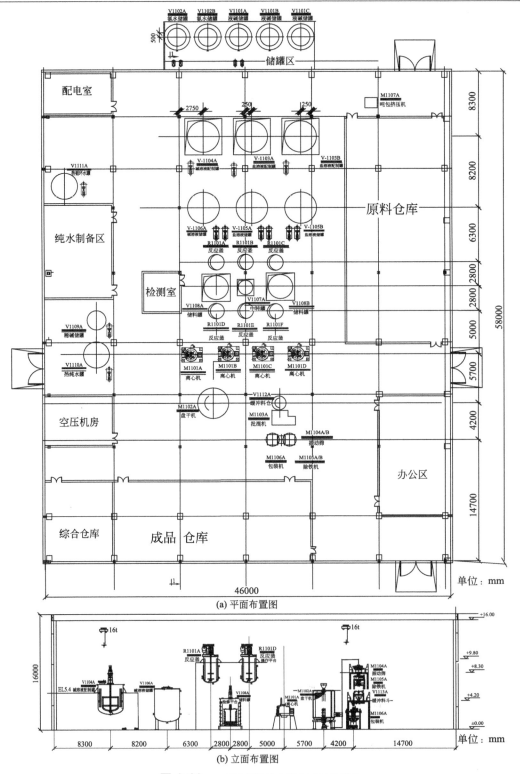

图 6-26 三元前驱体生产线布置图范例[4]

在有了三元前驱体生产线 P&ID 和产线布置图两个文件后，可交由工程设计部门完成产线的工程设计，就可以进行产线建设了。

# 6.2
# 三元前驱体生产线的投资及运行成本概算

本节 6.1 节的基础上对三元前驱体生产线的投资及运行成本进行概算，以供参考。

## 6.2.1 三元前驱体生产线的投资成本概算

三元前驱体生产线的投资成本主要包含设备投资成本及产线建设成本。设备投资成本取决于产品产能和对产线的总体要求，而产品与产能和产线的要求又直接影响着装置规格和数量，因此对产线的投资成本概算一定是建立在某一产品和产线的要求之下进行的，需要按表 6-1 填写相关信息。例如某产线的产品、产能及产线要求如表 6-48。

**表 6-48 三元前驱体生产线的产品、产能及产线要求**

| 产品总体要求 | 产品序号 | 产品型号 | 粒径及粒度分布要求/μm | | | | | 产能/(t/a) | |
|---|---|---|---|---|---|---|---|---|---|
| | | | $D_{10}$ | $D_{50}$ | $D_{90}$ | $D_{min}$ | $D_{max}$ | 产品 | 副产品 |
| | 1 | NCM523 | ≥2.0 | 3.8±0.5 | ≤8.0 | ≥1.0 | ≤15 | 10000 | 15000 |
| 产线总体要求 | 固体硫酸盐是否采用自动化投料 | | 滤饼是否采用自动输送 | | 干燥粉体是否采用自动输送 | | 是否采用中控室对生产线参数进行远程控制 | | |
| | 否 | | 否 | | 是 | | 否 | | |

注：年操作时间按 300 天计。

当生产小粒度三元前驱体时，宜选择多级串接间歇法或母子釜法，但为了能让产线可适用多种规格产品的生产，常按母子釜法来进行设计。若单条产线按 1 母釜＋6 子釜设计，通常产能取决于子釜，根据实际经验，单个子釜（体积 10m³）生产小粒径的三元前驱体产能为 1.5t/天，即年产能 2700t，因此设计 4 条这样的产线可使产能达到 10000t。根据本章 6.1 讲述的设计方法，将该产线所需要的设备规格和数量以及投资费用整理如表 6-49。

从表 6-49 可以看出，投资 10000t 小粒度前驱体产线的设备总投资约需 8500 万元，整个产线的建设费用约 500 万元，如果算上仓库的建设、办公区的办公设施、人员进出厂房的风淋室、员工生活设施等其他投资费用，整个产线从采购设备到建设完成具备投产能力约需 10000 万元，如表 6-50。当然这里不包括厂房的建设费用。

表 6-49　10000t/a 小粒度前驱体产线设备投资概算表

| 工段 | 设备名称 | 规格 | 单位 | 数量 | 单价/万元 | 总价/万元 | 备注 |
|---|---|---|---|---|---|---|---|
| 配料工段 | 液碱储罐 | 100m³/碳钢 | 个 | 6 | 30 | 180 | 带加热、保温,内涂层 |
| | 氨水储罐 | 30m³/304 | 个 | 8 | 8 | 64 | |
| | 盐溶液配制罐 | 30m³/PPH | 个 | 8 | 8 | 64 | 带加热、保温 |
| | 碱溶液配制罐 | 30m³/PPH | 个 | 4 | 6 | 24 | |
| | 稀碱储罐 | 10m³/PPH | 个 | 4 | 4 | 16 | 带加热、保温 |
| | 盐溶液储罐 | 25m³/PPH | 个 | 8 | 5 | 40 | 带加热、保温 |
| | 碱溶液储罐 | 25m³/PPH | 个 | 4 | 5 | 20 | 带加热、保温 |
| | 精密过滤器 | 保安过滤器,过滤精度 5μm | 台 | 16 | 2 | 32 | |
| | 管道初级过滤器 | 篮式过滤器 | 个 | 16 | 0.05 | 0.8 | |
| | 磁力泵 | — | 台 | 80 | 0.8 | 64 | 输送液碱、氨水、碱溶液、盐溶液、稀碱溶液 |
| | 管道除铁器 | 12000Gs | 台 | 16 | 1 | 16 | |
| | 挤压破碎机 | 吨包挤压 | 台 | 4 | 5 | 20 | |
| | 地磅 | 1200kg,精度 0.05kg | 台 | 4 | 1 | 4 | |
| | 电动葫芦 | 2t | 台 | 4 | 1.5 | 6 | |
| | 液体流量计量系统 | 精度 2‰ | 台 | 4 | 2 | 8 | |
| 合计 | | | | | | 558.8 | |
| 反应工段 | 反应釜 | 2.5m³/316 钢 | 台 | 4 | 10 | 40 | 部分部件钛材 |
| | 反应釜 | 10m³/316 钢 | 台 | 24 | 30 | 720 | 部分部件钛材 |
| | 提固器 | 浓密机 | 台 | 24 | 40 | 960 | |
| | 储料罐 | 30m³/PPH | 台 | 8 | 6.5 | 52 | 带搅拌 |
| | 储料罐 | 20m³/PPH | 台 | 4 | 5.5 | 22 | 带搅拌 |
| | 管道除铁器 | 12000Gs | 台 | 8 | 1 | 8 | |
| | 反应 pH、温度控制系统 | — | 台 | 28 | 3 | 84 | |
| | 隔膜泵 | 聚四氟乙烯 | 台 | 42 | 1 | 42 | 输送前驱体浆料 |
| | 激光粒度仪 | 0.1~1000μm | 台 | 2 | 20 | 40 | |
| | pH 计 | 0~14,0.01pH | 台 | 2 | 2 | 4 | |
| | 振实密度仪 | — | 台 | 2 | 0.8 | 1.6 | |
| | 实验烘箱 | 300℃ | 台 | 2 | 1 | 2 | |
| 合计 | | | | | | 1975.6 | |
| 洗涤工段 | 离心机 | φ1250 | 台 | 32 | 45 | 1440 | 部分钛材 |
| | 稀碱储罐 | 10m³/PPH | 个 | 4 | 3 | 12 | 带加热、保温 |

三元材料前驱体——
产线设计及生产应用

| 工段 | 设备名称 | 规格 | 单位 | 数量 | 单价/万元 | 总价/万元 | 备注 |
|---|---|---|---|---|---|---|---|
| 洗涤工段 | 洗涤热水罐 | 25m³/PPH | 个 | 4 | 5 | 20 | 带加热、保温 |
| | 磁力泵 | — | 台 | 20 | 0.8 | 16 | 输送热纯水、稀碱溶液 |
| | 电磁流量计 | 5‰ | 个 | 96 | 0.8 | 76.8 | 计量稀碱、纯水、浆料 |
| | 微孔过滤机 | 35m³/h | 台 | 8 | 30 | 240 | |
| 合计 | | | | | | 1804.8 | |
| 干燥工段 | 盘干机 | 350kg/h | 台 | 4 | 120 | 480 | |
| | 电动葫芦 | 2t | 台 | 4 | 1.5 | 6 | |
| | 粉体输送系统 | 真空输送 | 套 | 4 | 10 | 40 | |
| | 缓冲料斗 | 3.5m³/304＋内衬PP | 个 | 4 | 2 | 8 | |
| 合计 | | | | | | 534 | |
| 粉体后处理工段 | 批混机 | 5m³/304内衬特氟龙 | 台 | 4 | 40 | 160 | |
| | 振动筛 | 600kg/h | 台 | 8 | 5 | 40 | |
| | 缓冲料斗 | 2m³/304＋内衬PP | 个 | 4 | 1 | 4 | |
| | 电磁除铁机 | ≥12000Gs | 台 | 8 | 40 | 320 | |
| | 打包机 | 真空打包 | 台 | 4 | 30 | 120 | |
| 合计 | | | | | | 644 | |
| 公辅工段 | 纯水机 | 25t/h | 台 | 1 | 60 | 60 | |
| | 脱氨设备＋MVR蒸发系统及废气、粉尘收集系统 | — | 套 | 1 | 2000 | 2000 | |
| | 空压机系统 | — | 套 | 1 | 30 | 30 | |
| | 加热循环水罐 | 30m³/PPH | 个 | 2 | 10 | 20 | 含加热系统 |
| | 冷却塔 | — | 个 | 1 | 1 | 1 | |
| | 磁力泵 | — | 台 | 12 | 0.8 | 9.6 | 输送热循环水、冷却循环水 |
| | 电线 | — | 套 | 1 | 400 | 400 | 含配电柜、电线电缆、桥架、电气配件等 |
| | 通风系统 | — | 套 | 1 | 50 | 50 | |
| | 平台 | — | 套 | 5 | 20 | 100 | |
| | 管路、仪表 | — | 套 | 1 | 300 | 300 | 含管路、阀门、仪表及管路的伴热和保温 |
| 合计 | | | | | | 2970.6 | |
| 总计 | | | | | | 8487.8 | |

注：表中各设备、设施的价格均是按2019年市场调研的大概价格。

表 6-50　三元前驱体/年生产线投资概算一览表

| 项目名称 | 费用/万元 |
|---|---|
| 产线设备投资 | 8500 |
| 产线建设 | 500 |
| 其他投资费用 | 1000 |
| 合计 | 10000 |

如果想了解三元前驱体厂房的建设费用，可按表 6-51 给出的要求进行核算。

表 6-51　10000t/a 三元前驱体厂房要求

| 项目 | 要求 |
|---|---|
| 面积/m² | 8400 |
| 高度/m | ≥16 |
| 厂房结构 | 钢构厂房,1.2m 高的砖墙,水泥地面,屋顶、侧墙通风 |
| 防火等级 | 丁类厂房 |

当然要保证整个生产运行，还需要机修车间、废水处理车间、硫酸钠库房、办公楼（含检测部和研发部）、宿舍楼（含食堂）。其整个三元前驱体建筑项目占地面积要求如表 6-52。

表 6-52　10000t/a 三元前驱体建筑项目占地面积

| 建筑项目名称 | 面积/m² |
|---|---|
| 生产厂房 | 8400 |
| 机修车间 | 500 |
| 废水处理车间 | 600 |
| 硫酸钠库房 | 1000 |
| 办公楼 | 600 |
| 宿舍楼 | 600 |
| 合计 | 11700 |

从表 6-52 来看，10000t/a 的三元前驱体建筑项目总占地面积为 11700m²，约 18 亩。考虑到绿化、道路、围墙建设以及容积率要求，10000t 三元前驱体的项目用地约 30 亩。

# 6.2.2　三元前驱体生产运行成本概算

三元前驱体的生产运行成本通常包含原材料成本、水费成本、电费成本、热能成本、人工成本、废水处理成本、易损易耗品费用以及固定资产折旧费用。下面分别对这几项进行说明。

三元材料前驱体——
产线设计及生产应用

#### 6.2.2.1 原材料成本

三元前驱体的原材料包含硫酸镍、硫酸钴、硫酸锰、液碱和氨水。通常原材料成本与原材料的类型和采购量有关。例如，采用回收废料制备的硫酸镍、硫酸钴、硫酸锰时，会便宜很多，但是产品的品质很难保证；当原材料采购量较大时，原材料厂家可能会给出优惠的价格。当然有些三元前驱体厂家自身有这些原料资源，其原料成本会比采购低很多。

原材料成本的计算比较简单，以 1t 原材料为例，通过物料平衡计算出相应的原材料量，再乘以各自的价格。表 6-53 为生产 1t NCM523 三元前驱体的原材料成本，表中各原材料的价格来自有色金属网（同一时段），有色金属网上与原材料同一时段的 NCM523 前驱体的售价为 86000 万元/t。

表 6-53　1t NCM523 三元前驱体的原材料成本

| 材料名称 | 用量/t | 单价/(元/t) | 总价/(元/t) | 备注 |
|---|---|---|---|---|
| 硫酸镍 | 1.456 | 24150 | 35162.4 | 均价 |
| 硫酸钴 | 0.628 | 56000 | 35168 | 均价 |
| 硫酸锰 | 0.562 | 6100 | 3428.2 | 均价 |
| 液碱(32%) | 2.8 | 1200 | 3360 | 均价 |
| 合计 | | | 77118.6 | |

注：由于氨水可采用氨氮环保设备从废水中回收后重复利用，且其用量较小，故表中未将氨水的成本包含在内。

#### 6.2.2.2 水费成本

根据第 5 章的介绍，1t 三元前驱体配料用纯水为 5～8t，洗涤用纯水为 5～10t。假设自来水费用为 3.5 元/t，纯水价格为 7 元/t，则三元前驱体的生产水费成本如表 6-54。

表 6-54　1t NCM523 三元前驱体的水费成本

| 用水项目 | 用量/t | 单价/(元/t) | 总价/(元/t) |
|---|---|---|---|
| 配料用水 | 8 | 7 | 56 |
| 洗涤用水 | 10 | 7 | 70 |
| 合计 | | | 126 |

#### 6.2.2.3 电费成本

整个产线的设备耗电量可按(6-57)进行计算[8,9]：

$$W = K_o \sum_{i=1}^{n} \tau_i P_{ei} K_{xi} \tag{6-57}$$

式中，$W$ 为设备的耗电量，$kW \cdot h$；$K_{xi}$ 为设备的需用系数；$P_{ei}$ 为设备的额定功率，$kW$；$\tau_i$ 为设备的工作时间，h；$K_o$ 为设备的同时系数，一般为 0.8～0.95。不同设备的需用系数可参见《工业与民用配电设计手册》。

以表 6-49 为例，表中的设备是按产能 10000t/a、年操作时间 300 天进行配置的，其年耗电量统计如表 6-55。

表 6-55　10000t/a 三元前驱体产线耗电量概算

| 设备名称 | 设备数量/台 | 设备额定功率/kW | 同时系数 | 需用系数 | 运行时间/(h/d) | 年运行时间/(h/d) | 耗电量/(kW·h/a) |
|---|---|---|---|---|---|---|---|
| 盐溶液配制罐 | 8 | 17.5 | 0.85 | 0.8 | 6 | 1800 | 171360 |
| 碱溶液配制罐 | 4 | 17.5 | 0.85 | 0.8 | 6 | 1800 | 85680 |
| 母反应釜 | 4 | 22 | 0.85 | 0.8 | 24 | 7200 | 430848 |
| 子反应釜 | 24 | 45 | 0.85 | 0.8 | 24 | 7200 | 5287680 |
| 储料罐 | 12 | 17.5 | 0.85 | 0.8 | 24 | 7200 | 1028160 |
| 离心机 | 32 | 22 | 0.85 | 0.8 | 24 | 7200 | 3446784 |
| 盘干机 | 4 | 11 | 0.85 | 0.8 | 24 | 7200 | 215424 |
| 批混机 | 4 | 30 | 0.85 | 0.8 | 8 | 2400 | 195840 |
| 振动筛 | 8 | 11 | 0.85 | 0.8 | 8 | 2400 | 143616 |
| 除铁机 | 8 | 11 | 0.85 | 0.8 | 8 | 2400 | 143616 |
| 包装机 | 4 | 3 | 0.85 | 0.8 | 8 | 2400 | 19584 |
| 空压机 | 1 | 130 | 0.85 | 0.8 | 12 | 3600 | 318240 |
| 冷却塔风机 | 1 | 15 | 0.85 | 0.8 | 24 | 7200 | 73440 |
| 磁力泵 | 112 | 3 | 0.85 | 0.8 | 8 | 2400 | 548352 |
| 合计 | | | | | | | 12108624 |

根据表 6-55 可得到每吨前驱体的耗电量 $W$ 为：

$$W = \frac{12108624}{10000} \approx 1211(\mathrm{kW \cdot h})$$

根据每吨三元前驱体的耗电量，可得到前驱体的电费成本如表 6-56。

表 6-56　1t NCM523 三元前驱体电费成本

| 项目 | 用量/(kW·h/t) | 电费单价/(元/kW·h) | 总价/(元/t) |
|---|---|---|---|
| 电耗 | 1211 | 0.7 | 848 |

### 6.2.2.4　热能成本

产线中的加热能耗主要为蒸汽和加热循环水，如果将产线中的热能能耗全部转化成蒸汽，则计算较为容易。根据表 6-33 中对三元前驱体的热能公用物料用量计算，将加热循环水全部转化为蒸汽能耗后，生产 2400t/a 三元前驱体需要的蒸汽能耗为 0.732t/h。换算成每吨三元前驱体消耗的蒸汽能耗：

$$m_{蒸汽}(三元前驱体)=\frac{0.732\times24\times300}{2400}=2.20(t/t)$$

则 1t 三元前驱体的热能成本如表 6-57。

表 6-57　1t NCM523 三元前驱体热能成本

| 项目 | 用量/(t/t) | 蒸汽单价/(元/t) | 总价/(元/t) |
| --- | --- | --- | --- |
| 蒸汽能耗 | 2.20 | 200 | 440 |

#### 6.2.2.5　人工成本

三元前驱体生产所需要的人工是指管理人员、技术人员、操作人员，其成本为付给他们的工资、保险及福利待遇。人工成本通常因地而异，一般根据实际生产经验，生产 1t 三元前驱体的人工成本在 500 元左右。

#### 6.2.2.6　废水处理成本

三元前驱体的废水处理成本是指将废水进行脱氨氮处理以及硫酸钠处理。在第 5 章中曾介绍过 1t 三元前驱体的废水处理成本约为 750 元。

#### 6.2.2.7　易损易耗品费用

易损易耗品费用是指三元前驱体生产线中有许多设备的易损易耗件需要经常更换或者使用，主要为反应工序需要使用的 pH 计、离心机使用的滤布、盘干机的耙叶、振动筛的筛网、包装机使用的包装袋、一些过滤设备需要更换的滤芯，它们的费用也必须计算到生产成本当中。根据经验，它们产生的费用如表 6-58。

表 6-58　1t 三元前驱体的易损易耗品成本

| 易损易耗品名称 | 费用/(元/t) |
| --- | --- |
| pH 计 | 20 |
| 滤布 | 4 |
| 耙叶 | 15 |
| 筛网 | 1 |
| 包装袋 | 3 |
| 滤芯 | 25 |
| 合计 | 68 |

#### 6.2.2.8　固定资产折旧费用

固定资产折旧费用是指固定资产在使用过程中因磨损而转移到产品成本中去的那部分

价值。每吨产品的固定资产折旧费用可按式(6-58)进行简单计算。

$$C_{折旧} = \frac{C_{投资}}{Ym_Y} \quad (6\text{-}58)$$

式中，$C_{折旧}$ 为摊到每吨产品的固定资产折旧费用，万元/t；$C_{投资}$ 为生产线的固定资产总投资，万元；$Y$ 为折旧年限，a；$m_Y$ 为生产线的年产能，t/a。

按前面的分析，建设 10000t/a 的三元前驱体产线需投资 1 亿元，按十年折旧年限，则每吨产品增加的固定资产折旧费用 $C_{折旧}$ 为：

$$C_{折旧} = \frac{10000}{10 \times 10000} = 0.1(万元)$$

通过上述对三元前驱体生产过程中的成本费用的概算，除了原材料成本随市场价格变动外，6.2.2.2～6.2.2.8 的费用项目可统称为产品加工成本，几乎可认为是定值。根据上面的计算，每吨三元前驱体的加工成本为：

$$C_{加工成本} = 848 + 126 + 440 + 500 + 750 + 68 + 1000 = 3732(元)$$

根据同一时期的原材料成本和三元前驱体的价格，可以计算三元前驱体的毛利润 $B$ 为：

$$B = 86000 - 77118.6 - 3732 = 5149.4(元)$$

# 6.2.3 三元前驱体项目的建设周期

三元前驱体的项目建设工作一般包含项目的报建、厂房的建设、产线的设计、设备采购、产线的安装与调试五个部分。其中项目的报建包含项目的环境影响评价、项目规划方案设计及审核、施工图设计及审核等一系列的政府批复工作，这些工作大概需要 4～5 个月才能完成。厂房的建设是根据项目报建审批的施工图纸完成产房建设的工程部分，一般需要 5 个月左右。产线的设计工作包含产线的工艺设计和工程设计两部分工作，产线的工艺设计时间一般为 2～3 个月；产线的工程设计工作通常较为烦琐，需要设计院来完成，通常需要 5～6 个月。设备采购工作则包含设备的询价和设备的交货，一般来说，三元前驱体中的中大型设备如反应釜、离心机、盘干机、环保设备等的交货期至少为 3 个月，因此设备采购工作通常为 5 个月。产线的安装与调试主要是指将产线搭建完成，并调试运行，一般需要 3 个月。因此三元前驱体的产线建设周期如表 6-59。从表中可以看出，三元前驱体项目建设周期至少需要 1 年半的时间。

表 6-59　三元前驱体项目的建设周期

| 项目内容 | 建设周期/月 | 备注 |
|---|---|---|
| 项目的报建 | 5 | 在此期间可完成产线的工艺与工程设计工作 |
| 厂房的建设 | 5 | |
| 设备采购 | 5 | |
| 产线的安装与调试 | 3 | |
| 合计 | 18 | |

## 参 考 文 献

[1] 中石化上海工程有限公司. 化工工艺设计手册 [M]. 5 版. 北京：化学工业出版社，2018.

［2］ GB 8175—2008. 设备及管道保温导则设计向导.

［3］ HG/T 20519—2009. 化工工艺设计施工图内容和深度统一规定.

［4］ 深圳市新创材料科技有限公司. 三元前驱体工艺包, 2019.

［5］ HG/T 20570—95. 工艺系统工程设计技术规定.

［6］ HG/T 20592—2009. 钢制管法兰.

［7］ HG/T 20546—2009. 化工装置设备布置设计规定.

［8］ 古华, 古辉. 需要系数法计算电力负荷［J］. 山西大学师范学院学报（综合版）, 1994,（1）: 53-55.

［9］ 中国航空工业规划设计研究院. 工业与民用配电设计手册［M］. 北京: 中国电力出版社, 2005.

# 三元材料前驱体
## ——产线设计及生产应用

# Precursors for Lithium-ion Battery Ternary Cathode Materials
## ——Production Line Design and Process Application

第 **7** 章

# 三元前驱体的
# 规模化生产

三元前驱体生产的流程包含原材料配制、沉淀反应、洗涤、干燥及粉体后处理五大工序。每一道工序的产品都是下一道工序的"原料"。在规模化生产中，必须对每一道工序的工艺参数进行监视、监控、监测，才能生产出品质稳定、均一的产品。通常要做到如下几点：①了解生产过程中影响产品品质的因素；②总结各项生产工艺参数控制规律，为现场操作工人减负，减少人为操作失误；③加强设备管理、管控，减少设备故障，保障工艺参数的稳定；④对生产过程发生的故障或事故，找到合适的处理方法，减少不合格品的产生。

下面对三元前驱体生产中每道工序的生产过程中品质影响因素及过程控制进行分析。

# 7.1
# 原材料配制工序

原材料配制包含盐溶液、碱溶液及氨水溶液配制三部分。

## 7.1.1 盐溶液配制生产流程

生产过程中，盐溶液配制流程通常分为以下几个步骤：

① 根据硫酸盐检测报告计算所需硫酸盐和纯水用量，给出配料单。

② 按配料单在盐溶液配制罐中计量所需的纯水用量，并在盐溶液配制罐的温度控制器上设置配制温度，开始加热。同时通入氮气，开启搅拌。

③ 按配料单在盐溶液配制罐中计量所需的各硫酸盐的用量，并搅拌。如果采用固体硫酸盐，在计量之前需对结块的硫酸钴先进行破碎。

④ 将配制好的盐溶液经管道过滤器过滤后转移至盐溶液储罐，并在盐溶液储罐上设置储存温度，开始加热和保温。

⑤ 储罐中的盐溶液经过管道除铁器除磁后可输入反应釜使用。

根据采用的硫酸盐形式不同，盐溶液配制流程如图 7-1、图 7-2。

## 7.1.2 影响盐溶液品质的因素

在生产过程中，要求盐溶液配制工序在规定的时间内制备出满足镍钴锰分散均匀、比例符合工艺要求及纯净的盐溶液。通常影响盐溶液品质的因素如下。

（1）硫酸盐的检验 硫酸盐主金属含量的检验数据会作为盐溶液配料计算的依据，在进行检验时必须注意如下几点。

① 分析样采样必须具有代表性：固体硫酸盐应按照 GB/T 6678—2003《化工样品采样总则》中 7.6.1 规定的方法进行采样。液态硫酸盐应将储罐内的溶液充分循环混合后（见第 4 章）再采样，采样的方法可参照 GB/T 6680—2003《液体化工样品采样通则》。

② 选择合适的检测方法：各硫酸盐的主金属元素的含量应采用 EDTA 配位滴定法来

 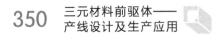

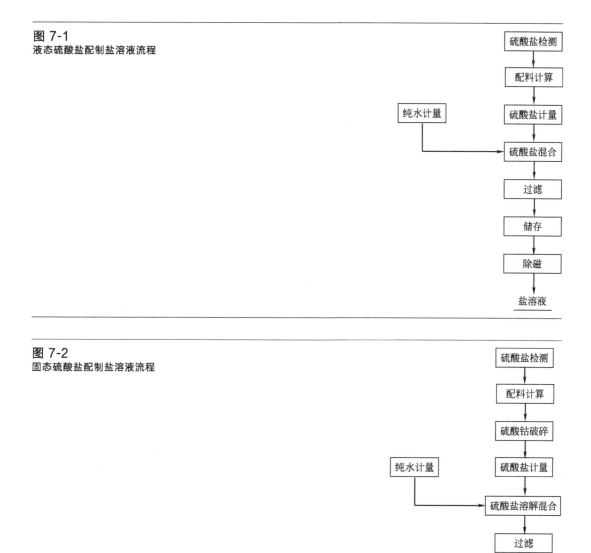

图 7-1
液态硫酸盐配制盐溶液流程

硫酸盐检测 → 配料计算 → 硫酸盐计量 → 硫酸盐混合 → 过滤 → 储存 → 除磁 → 盐溶液

纯水计量

图 7-2
固态硫酸盐配制盐溶液流程

硫酸盐检测 → 配料计算 → 硫酸钴破碎 → 硫酸盐计量 → 硫酸盐溶解混合 → 过滤 → 储存 → 除磁 → 盐溶液

纯水计量

进行检测，而不能采用电感耦合等离子体发射光谱法（ICP-OES）或原子吸收发射光谱法（AAS）检测的数据作为配料计算的依据。因为 ICP-OES 法和 AAS 法都要求被测元素的样品溶液在较低浓度下测试，检测结果才更精确。镍、钴、锰的硫酸盐需要的称样量很少（不具有代表性），或溶解定容后多次稀释至较低浓度才能采用 ICP-OES 或 AAS 进行主金属元素含量的测试。所以此种检测方法的测试结果存在很大的误差。

（2）盐溶液配料计算　固体硫酸盐或者液态硫酸盐和水由于相互作用而溶解，其溶解过程伴随着体积效应[1]。即盐溶液配制前的溶质与溶剂的体积之和（$V_\text{盐} + V_\text{水}$）会大于配制后盐溶液的体积（$V_{盐溶液}$）。为了简化计算，在生产上进行配料计算时通常不考虑这种配制前后的体积变化。因为这种体积变化只会导致配制的盐溶液浓度稍微偏离既定浓度，不会改变盐溶液中镍、钴、锰的比例。

通常要根据盐溶液的配制浓度以及配制体积计算配料单，如表 7-1 所示。

表 7-1　盐溶液配料单

| 原料名称 | 需求量 | 原料名称 | 需求量 |
|---|---|---|---|
| 硫酸镍/kg | | 硫酸钴/kg | |
| 硫酸锰/kg | | 纯水/L | |
| 其他/kg | | | |

表 7-1 中的内容可按式(7-1)、式(7-2)进行计算。

$$m_i = \frac{c_{盐} V_{盐} x M_i}{\omega_i} \times 10^{-3} \tag{7-1}$$

式中，$m_i$ 为所需镍、钴或锰的硫酸盐质量，kg；$c_{盐}$ 为盐溶液配制浓度，mol/L；$V_{盐}$ 为盐溶液配制体积，L；$x$ 为盐溶液中镍、钴、锰元素的摩尔分数；$M_i$ 为镍、钴或锰的摩尔质量，g/mol；$\omega_i$ 为镍、钴或锰的硫酸盐中相应金属的质量分数。

$$V_{纯水} = V_{盐} - \frac{\sum(m_i \omega_{i结晶水})}{\rho_{水}} \tag{7-2}$$

式中，$V_{纯水}$ 为所需的纯水体积，L；$V_{盐}$ 为盐溶液配制体积，L；$m_i$ 为所需的镍、钴或锰的硫酸盐的质量，kg；$\omega_{i结晶水}$ 为镍、钴或锰的硫酸盐各自所含结晶水的质量分数；$\rho_{水}$ 为水的密度，kg/L。

（3）硫酸盐与纯水的计量　根据第 4 章介绍，固体硫酸盐的计量通常采用电子秤，液态硫酸盐的计量多采用质量流量计，纯水多采用体积流量计。为保证称量的准确性，电子秤每次使用前必须进行校正，并定期由有资质的计量单位进行校验。计量液态硫酸盐的质量流量计与计量纯水的体积流量计也应定期进行自校。为保证校正工作的实施，应形成纸质校正记录。

（4）纯水的质量　纯水作为溶解硫酸盐的溶剂，应充分保证其质量。如水中的 $Ca^{2+}$、$Mg^{2+}$ 等阳离子杂质会进入三元前驱体产品中而无法去除，水中的 $Cl^-$ 杂质也容易黏附在三元前驱体晶体表面而较难去除。三元前驱体的配料用纯水的电阻率应不小于 $10M\Omega \cdot cm$。应定期检查和监视纯水系统供应的纯水电阻率，并定期按要求对纯水系统的过滤器、反渗透膜以及树脂混床等相关部件进行维护、清洗。

（5）盐溶液的溶解、混合　盐溶液的配制要达到镍、钴、锰三元素在溶液中快速、均匀分散的目的，还要对盐溶液进行除氧处理，防止沉淀反应过程中发生金属离子的氧化副反应。通常其控制应注意如下几点。

① 整个溶解、混合过程需要通氮除氧处理：在搅拌过程中会卷入空气，必须对通入盐溶液配制罐中的氮气流量进行监视。

② 制定最佳的溶解、混合时间：溶解、混合时间太长，影响生产效率；溶解、混合时间太短，无法保证盐溶液的均匀性。尤其是采用固体硫酸盐时如果固体颗粒溶解不完全，会造成镍、钴、锰金属离子损失而影响配制比例。当盐溶液配制浓度与配制量一定

时，溶解、混合时间主要与搅拌强度、温度有关。一般搅拌强度越大，温度越高，溶质的溶解、混合速率越快。应根据既定的溶解、混合条件，如搅拌强度、混合温度，通过试验的方式制定最佳的溶解、混合时间。

③ 保证盐溶液的溶解、混合条件稳定：当盐溶液的溶解、混合条件稳定，配制每批盐溶液时在相同的时间内可以获得相同的混合效果，所以在生产过程中只需简单控制溶解、混合时间就可以达到生产要求。首先不得随意改变搅拌转速，其次是对盐溶液配制罐内的温度进行监控，保证温度的稳定性。例如冬天气温较低，如果配制罐内不进行温度控制，硫酸盐溶解度下降，溶解、混合时间会延长。

生产中可以按表7-2中的内容对盐溶液的溶解、混合过程进行控制。

表 7-2　盐溶液的溶解、混合过程记录

| 盐溶液配制批号 | 氮气流量/(L/min) | 搅拌频率/Hz | 溶解、混合温度/℃ | 硫酸盐投料开始时间 | 配制结束时间 |
|---|---|---|---|---|---|
|  |  |  |  |  |  |

（6）管道过滤器、除铁器的维护　管道过滤器、除铁器对盐溶液起着净化、除杂的作用，应定期对其进行维护，避免其除杂、净化效率下降。例如采用滤袋式过滤器过滤盐溶液时，使用一定时间后，滤袋被杂质堵塞导致其通透性下降，会影响过滤效率，应对滤袋进行清洗。如果滤袋破损，应及时更换滤袋。管道除铁器使用一定时间后，磁棒吸附量饱和后会失去除磁功能，导致盐溶液中的磁性物质含量升高，所以应定期对磁棒进行清洗。生产中应对管道过滤器、除铁器的维护形成如表7-3所示的维护记录。

表 7-3　设备维护记录

| 维护设备名称 | 设备编号 | 维护时间 | 维护内容 | 维护人 |
|---|---|---|---|---|
| 管道过滤器 |  |  |  |  |
| 管道除铁器 |  |  |  |  |

（7）盐溶液储存条件　配制好的盐溶液储存于储罐中以待输入反应釜反应。储存过程应保持密闭，避免外界杂质的引入。盐溶液的储存温度需要保持恒定。这是因为当外界气温较低时，可以避免盐溶液的局部结晶析出，造成反应釜内局部过饱和度偏高；有助于反应釜内温度控制的稳定。通常将盐溶液储罐的温度保持在接近或等于反应釜内的控制温度。通过第6章计算可知，当盐、碱储罐内温度和反应釜内温度一致时，无论外界气温高低，反应釜内仅需通入冷却介质便可维持温度的稳定。

## 7.1.3　碱溶液配制生产流程

根据工艺要求的不同，碱溶液配制常有两种配制方法。一种是液碱加水稀释，另一种是配制成氨碱混合溶液。生产过程中碱溶液配制通常分为如下几个步骤：

① 根据液碱、氨水的检测报告计算所需的液碱、氨水及纯水用量，给出配料单。

② 按配料单在碱溶液配制罐中计量所需的纯水、液碱用量，开启搅拌混合。

③ 如需配制成氨碱混合溶液时，待碱溶液冷却至 30～40℃时加入配料单中所需用量的氨水，继续搅拌混合。

④ 将配好的碱溶液经管道过滤器过滤后转移至碱溶液储罐，设置储存温度，开始加热。

⑤ 储罐中的碱溶液经管道除铁器除磁后可输入反应釜使用。

碱液及氨碱混合溶液的配制流程见图7-3、图7-4。

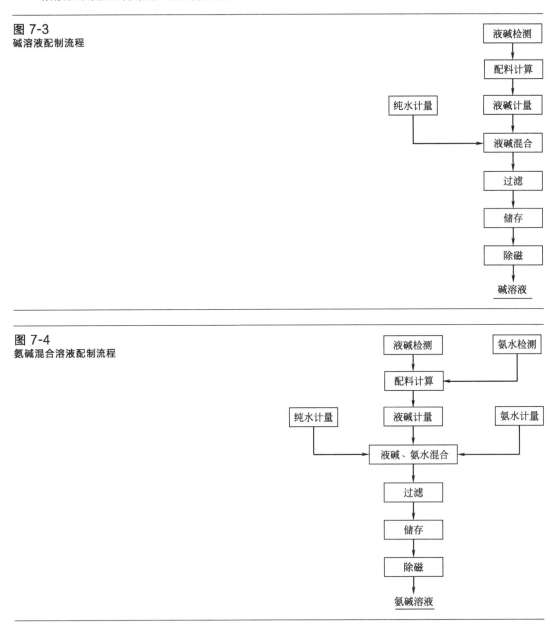

图 7-3
碱溶液配制流程

图 7-4
氨碱混合溶液配制流程

## 7.1.4 影响碱溶液品质的因素

在生产过程中，要求碱溶液配制工序在规定时间内制备出碱、氨浓度满足工艺要求以及纯净的碱溶液。一般影响碱溶液品质的因素有如下几点。

（1）液碱、氨水的储存条件　根据第1章的分析，液碱的冰点温度较高，必须对储罐进行温度控制，防止液碱的结晶析出。例如浓度50％的液碱冰点约为10℃，当外界气温较低时，液碱结晶析出会造成计量不准确，甚至导致管路、阀门堵塞。液碱的储存温度也不能太高，太高不仅耗能而且会加速液碱对罐体的腐蚀，反而导致液碱中的磁性异物升高。通常液碱的储存温度以高于液碱冰点10℃为宜。另外，液碱易与空气中的二氧化碳发生中和反应，所以液碱应在密闭条件下存储。

氨水易挥发，因此氨水应在密闭条件下存储。当氨水储罐放置于室外时，应防止氨水储罐因暴晒引起氨水的挥发速率增加。

（2）液碱、氨水的检测　液碱、氨水的检测数据都是配料计算的依据，要注意如下几点。

① 采样必须有代表性：当储罐侧壁装有上、中、下取样口时，应将从各取样口等体积采样混合后的样品作为采样分析样。当储罐只有一个取样口时，应根据液体硫酸盐储罐的泵循环混合形式进行采样[2]。采完的分析样应立即密封储存，防止氨水挥发或液碱被空气污染。氨水在储罐中会逐渐挥发，尤其是当储罐内储存量较大时，应多频次采样及时更新储罐中的氨水浓度数据。

② 选择合适的分析方法：取到液碱和氨水的分析样应立即进行分析。液碱的NaOH含量应按标准GB/T 4348.1—2013《工业用氢氧化钠和碳酸钠含量的测定》中的酸碱滴定法进行测定。氨水中的氨含量应按照GB 29201—2012《食品国家安全标准　食品添加剂　氨水》中规定的返酸碱滴定法进行测定。

（3）配料计算　在生产过程中，需根据配制浓度和配制体积计算配料单，如表7-4所示。

表7-4　碱溶液配料单

| 原料名称 | 需求量 | 原料名称 | 需求量 |
|---|---|---|---|
| 液碱/L | | 氨水[①]/L | |
| 纯水/L | | | |

① 配制氨碱混合液时需要计算出氨水的用量。

碱溶液的配料计算同样忽略混合过程中的体积效应。表7-4中的内容可按式（7-3）～式（7-5）进行计算。

$$V_{液碱} = \frac{c_{碱} V_{碱} M_{NaOH}}{\omega_{NaOH} \rho_{NaOH}} \tag{7-3}$$

式中，$V_{液碱}$为液碱所需的体积，L；$c_{碱}$为碱溶液的配制浓度，mol/L；$V_{碱}$为碱溶液的配制体积，L；$M_{NaOH}$为NaOH的摩尔质量，g/mol；$\omega_{NaOH}$为液碱中NaOH的质量分数；$\rho_{NaOH}$为液碱的密度，g/L。

$$V_{氨水} = \frac{c_{氨} V_{碱} M_{氨}}{\omega_{氨} \rho_{氨}} \tag{7-4}$$

式中，$V_{氨水}$为氨水所需的体积，L；$c_{氨}$为碱溶液中氨的配制浓度，mol/L；$V_{碱}$为碱溶液的配制体积，L；$M_{氨}$为NH₃的摩尔质量，g/mol；$\omega_{氨}$为原料氨水中NH₃的质量分数；$\rho_{\text{氨}}$ 为原料氨水的密度，g/L。

$$V_{\text{纯水}} = V_{\text{碱}} - V_{\text{液碱}} - V_{\text{氨}} \tag{7-5}$$

式中，$V_{\text{纯水}}$ 为碱溶液配制所需纯水的体积，L。

值得注意的是，式(7-3)、式(7-4) 中 $\rho_{\text{NaOH}}$ 和 $\rho_{\text{氨}}$ 的取值和原料浓度、温度有关。可参见第 3 章表 3-12、表 3-15 进行查询。

(4) 液碱、氨水的计量　流量计使用时间较长后，流量计传感器易被液碱、氨水腐蚀导致其计量精确度下降。应定期对体积式流量计进行自校。

(5) 碱溶液的混合　液碱和纯水的混合属于均相混合，两者具有很好的互溶性，因此能较快达到均匀混合的状态。碱溶液的混合过程为放热过程，其混合效果主要和搅拌强度有关。在生产过程中，当搅拌转速一定时，可固定每批次碱溶液的混合时间来控制碱溶液混合质量。当配制氨碱混合液时，应等碱溶液冷却至 30～40℃时再加入氨水，否则氨水受热易挥发损失。

生产中可按表 7-5 中的内容对碱溶液混合过程进行控制。

表 7-5　碱溶液配制过程记录表

| 碱溶液配制批号 | 搅拌转速/Hz | 液碱加入时间 | 氨水加入时间[①] | 配制结束时间 |
| --- | --- | --- | --- | --- |
|  |  |  |  |  |

① 当配制氨碱混合液时。

(6) 管道过滤器、除铁器的维护　碱溶液的管道过滤器、除铁器的维护可参见盐溶液过滤器、除铁器的维护。

(7) 碱溶液的储存条件　根据第 1 章液碱的冰点图可以看出，当液碱被稀释成浓度为 15%～25%的碱溶液时，其冰点小于-20℃。除非在极寒冷的地区，一般可不用考虑其结晶析出风险。但为了保证反应釜内温度控制的稳定性，应保持碱溶液储存温度的稳定。当按图 7-3 的流程配制碱溶液时，其储存温度可接近或等于反应釜内的温度；当按图 7-4 配制氨碱混合液时，其储存温度不可太高，一般控制在 30～40℃为宜。储存过程应保持密闭条件，防止碱溶液与空气反应。

# 7.1.5　原材料配制工序的设备检查与维护

原材料配制工序设备日常检查工作如表 7-6。原材料配制工序设备定期维护工作如表 7-7。

表 7-6　原材料配制工序设备日常检查工作

| 检查设备、设施名称 | 日常检查工作内容 |
| --- | --- |
| 吨包挤压机液压系统 | 检查液压油是否变质 |
| 原材料配制工序的管道系统 | 检查管道、泵、阀门、过滤器、除铁器有无跑、冒、滴、漏 |
| 盐、碱溶液配制罐的搅拌系统 | 检查搅拌运行过程中有无异常振动和声响,减速机油是否低于限位 |
| 原材料配制工序的换热系统 | 检查换热介质的压力、温度是否正常,温度控制器能否正常显示及工作 |
| 纯水系统 | 检查纯水的电阻率是否符合要求 |
| 氮气供气系统 | 检查氮气储量是否充足,盐溶液配制罐的氮气流量计是否正常工作 |

表 7-7  原材料配制工序设备定期维护工作

| 维护设备、设施名称 | 维护内容 | 维护方法 |
|---|---|---|
| 吨包挤压机液压系统 | 液压油更换 | 将液压系统的油箱中变质的液压油全部放出,补充新的液压油至指定限位 |
| 计量固体硫酸盐的电子秤 | 秤的校正 | 用标准砝码对秤的四角及中心进行校正 |
| 盐、碱溶液配制罐的搅拌系统 | 机架轴承及减速机的润滑 | 用黄油枪向搅拌轴承的黄油孔注入黄油到指定位置,用机油枪向减速机的注油孔注入机油到指定位置 |
| 盐、碱、氨水溶液管道过滤器 | 过滤介质的清洗或更换 | 打开过滤器上盖,将过滤介质取出,用纯水冲洗或更换 |
| 盐、碱、氨水溶液管道除铁器 | 磁棒的清洗 | 打开除铁器的上盖,取出磁棒,用纯水冲洗磁棒上的吸附物质,并用干净的抹布擦拭干净 |

## 7.1.6  原材料配制工序的故障或事故处理方法

原材料配制工序生产过程中较易发生的故障或事故处理方法见表 7-8。

表 7-8  原材料配制工序故障或事故处理方法

| 故障或事故名称 | 可能的原因 | 处理方法 |
|---|---|---|
| 盐、碱溶液配制罐搅拌突然停止 | 1. 搅拌电机没有供电<br>2. 搅拌电机电流过载跳闸或烧坏 | 接通电源或将电机维修好后直接开启搅拌,注意维修期间保证盐、碱溶解罐处于密封状态,防止异物落入 |
| 盐溶液配制罐中氮气供应中断 | 1. 氮气流量计或管路堵塞<br>2. 氮气气源不足 | 关闭搅拌,疏通氮气流量计(管路)或增加气源后再开启搅拌 |
| 盐溶液配制罐及盐、碱溶液储罐实际温度与设置温度不符 | 1. 加热介质异常<br>2. 供热阀门及泵故障<br>3. 加热控制器故障<br>4. 温度传感器故障 | 逐步排查相关原因,如维修时间较短,可不用暂停生产,否则应停车检修 |
| 液态原料计量时未按配料要求计量 | 1. 人为操作失误<br>2. 液体化工定量计量设备故障 | 根据配料单的配比要求补加其他原料继续搅拌混合,使各原料配比符合要求 |
| 盐、碱、氨水溶液配制罐转移至储罐时无法抽动 | 1. 管道精密过滤器内有压力<br>2. 管道过滤器堵塞<br>3. 泵故障 | 立即停泵及关闭阀门,查明原因后再进行盐、碱溶液转移 |

# 7.2
# 沉淀反应工序

## 7.2.1  沉淀反应生产流程

三元前驱体的反应结晶方式虽然较多,但其生产流程(如图 7-5)都可分为如下步骤。

① 在反应釜内纯水加入量至少盖过最上层搅拌。开启搅拌,通入氮气,同时在反应釜的温度控制器上设置反应温度,开始加热。

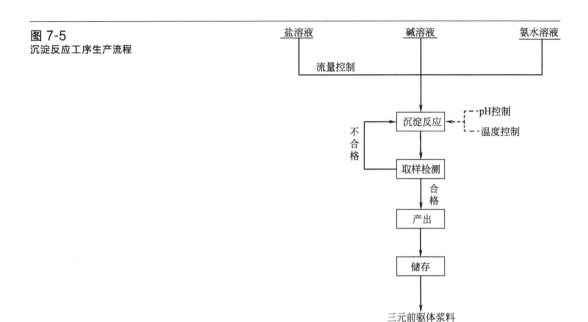

**图 7-5**
沉淀反应工序生产流程

盐溶液　　　碱溶液　　　氨水溶液

流量控制

沉淀反应 ← - - pH控制
　　　　　- - 温度控制

不合格

取样检测

合格

产出

储存

三元前驱体浆料

② 待温度达到设定值后，在反应釜内注入一定量的氨碱混合液，控制盐、碱、氨水溶液以一定流速输入反应釜。

③ 控制反应釜内的 pH 值，对反应釜内浆料定时取样，进行线下 pH 值、粒径及粒度分布、振实密度的检测。若粒径及粒度分布与振实密度检测合格，将三元前驱体浆料输送至储料罐，否则在反应釜或流入其他反应釜继续反应。

## 7.2.2　影响三元前驱体浆料品质的因素

在生产过程中，根据沉淀反应工序产出的三元前驱体浆料的品质，基本可判定产品是否满足工艺要求。生产过程中影响三元前驱体浆料品质的因素有如下几点。

（1）盐溶液的流量　在第 2 章分析过，在沉淀反应过程中，输入反应釜内的碱溶液和氨水溶液的流量与盐溶液的流量存在着定量比值关系，调节盐溶液的流量，其他两种原料液的流量会随之发生相应变化。所以通常只需控制盐溶液流量即可。盐溶液的流量越大，则生产产能越大，同时三元前驱体颗粒在反应釜内停留时间越小，可能会影响产品质量。当盐溶液流量太大而超过搅拌器的分散上限时，反应釜内会出现局部过饱和度过大，导致浆料的粒度分布变宽。所以在生产过程中，应根据产能和产品品质，制定一个最佳的盐溶液流量，且不要随意更改。

（2）氨水浓度　反应釜内的氨水浓度是影响过饱和度的关键因素。氨水浓度越低，反应釜内过饱和度越大；氨水浓度越高，反应过饱和度越小。当氨水浓度太高时，金属离子与氨结合太紧密，沉淀剂很难从金属氨配位离子中将金属离子争夺出来，从而造成金属离子损失。例如在沉淀反应过程中，三元前驱体浆料的上清液变蓝，表明有未完全反应的 $Ni(NH_3)_n^{2+}$。根据第 1 章的分析，过饱和度的变化不仅会影响晶体的粒度分布，还会影响晶体的形貌。所以要保持反应釜内氨水浓度的稳定。在生产过程中，控制氨水浓度需要做到如下两点：①对氨水储罐内的氨水多频次采样检测浓度。②控制进入釜内的氨水流量和盐溶液流量成定比值关系，并根据氨水浓度的检测结果及时调整。

（3）搅拌速度  反应釜的搅拌起着分散、促进结晶的重要作用。搅拌速度太慢，釜内浆料及进入釜内的原料液分散效果不好，易造成过饱和度不均匀，引起浆料粒度分布变差。当搅拌速度太快时，晶体的二次成核速率会变大，也会引起反应釜内的液面飞溅，增大浆料与空气的接触机会而氧化，同时也会使电机功率过大导致跳闸甚至烧坏。生产过程中对于固含量不变的反应方式，确定好最佳转速后，不要随意变更搅拌转速；而对于固含量逐渐升高的反应方式，必须对搅拌电机的运行电流进行监视，当电流增大时，应适当降低转速，避免电流过载，出现电机跳闸或者烧坏的情况。

（4）氮气流量  根据第1章的分析，反应釜内存在着多种氧化副反应，这些副反应会造成三元前驱体结晶度变差、杂质含量增多等。在生产过程中，必须对反应釜内的氮气流量进行监控，及时检查总氮气源的存量，保证氮气流量的稳定。

（5）反应温度  反应釜内的温度越高，溶质离子的布朗运动加剧，对溶质的分子扩散起促进作用，并减少晶体对杂质离子的吸附，但也会加速釜内氨的挥发，反而引起过饱和度不稳定。同时，温度升高会增大釜内氧化副反应的发生概率（见第1章）。所以确定好最佳温度后不要随意更改。另外，温度和pH值互为反比关系，当釜内温度波动时，亦会引起pH值的变化，因此必须保持反应温度的稳定性。反应过程中应随时对温度进行监控，确保釜内温度的波动在$\pm 1^{\circ}C$。

（6）反应pH和粒度检测  在沉淀反应过程中，当上述因素（1）～（6）全部稳定之后，pH成为控制过饱和度的变量。一般来说，通过pH调节可实现对粒径及粒度分布的控制。根据第2章的分析，反应釜内过饱和度与pH值成指数关系，所以pH值的变化也会对釜内的过饱和度产生较大影响。通过调节pH值控制粒度时应注意如下几点：①监控反应釜内pH值，控制pH值波动在$\pm 0.01$pH单位。②定时对釜内浆料取样进行pH值和粒度检测：反应釜内pH计（线上pH计）探头由于长期浸泡在高碱性的三元前驱体浆料中，其测量灵敏度及精确度会降低。所以必须对釜内浆料进行线下pH值检测，并以线下pH计测量数据为准。釜内浆料的粒度数据既能反映出釜内的粒度是否符合要求，也是釜内过饱和度的判断依据。定时对釜内浆料的粒度进行检测是控制浆料粒度的重要手段。浆料粒度的检测数据应至少包含$D_{10}$、$D_{50}$、$D_{90}$、$D_{min}$、$D_{max}$等项目。③反应釜内需要调节pH值时，必须以检测的粒度变化数据为依据（可参阅第2章），且不可骤升骤降，一般不超过0.1pH单位，避免釜内过饱和度变化较大。④保证pH值数据检测的准确性：无论是线上还是线下pH计，都要定时采用校正液进行校正，并定期维护。pH计至少采用两点校正，且校正液的pH值应和实际测量的pH值接近。为保证pH计校正工作的实施，应按表7-9中的内容形成校正的纸质记录。⑤保证粒度数据监测的准确性：粒度数据的准确性在沉淀反应的粒度调控过程中非常重要，它能反映出釜内过饱和度的变化。首先，应对粒度仪定期进行校正，校正标样的粒度特征值应和浆料的粒度特征值相近。粒度仪的校正应形成表7-10所示的校正记录。其次，在测量时输入正确的样品的光学参数，包括分散介质的折射率、待测样品的吸光率与折射率等。再次，要按照正确的操作程序进行分析测试。例如，三元前驱体浆料具有易沉降特性，应搅拌均匀后再加样测试才具有代表性；对于多数激光粒度仪来说，粒度小于$20\mu m$的样品检测时的样品浓度范围一般在$5\% \sim 15\%$[3]，偏离此范围会造成粒度测试结果不准确；三元前驱体颗粒较小，可在分析过程中延长超声时间或加入适量的分散剂（如2%的六偏磷酸钠），防止测试过程中颗粒团聚。最后，要对粒度仪定期进行维护，主要为样品池、进样管路的清洗和更换。

表7-9　pH计校正记录表

| pH计编号 | 校正时间 | 温度/℃ | 校正液1的pH值 | 校正液2的pH值 | 校正曲线斜率 | 零点 | 校正人 |
|---|---|---|---|---|---|---|---|
| | | | | | | | |

表7-10　粒度仪校正记录表

| 粒度仪编号 | 校正日期 | 标样名称 | 粒度特征值 | $D_{10}$ | $D_{50}$ | $D_{90}$ | $D_{min}$ | $D_{max}$ | 校正人 |
|---|---|---|---|---|---|---|---|---|---|
| | | | 标准值 | | | | | | |
| | | | 校正值 | | | | | | |

在生产过程中，沉淀反应过程中粒度控制应形成纸质记录，其内容可按表7-11记录。

表7-11　沉淀反应过程中粒度控制记录表

| 取样时间 | 线上温度/℃ | 线上pH值 | 线下温度/℃ | 线下pH值 | 粒度特征值 | | | | |
|---|---|---|---|---|---|---|---|---|---|
| | | | | | $D_{10}$ | $D_{50}$ | $D_{90}$ | $D_{min}$ | $D_{max}$ |
| | | | | | | | | | |

（7）反应釜的清洗　反应釜反应时间较长后，反应釜内壁会结垢。凹凸不平的内表面会造成釜内非均相成核速率增加，导致反应过程粒度变化不稳定。所以应定期对反应釜清洗。

（8）三元前驱体浆料的储存条件　反应釜内产出的合格浆料会暂存至储料罐以待洗涤。由于浆料母液中含有大量的 $SO_4^{2-}$ 和 $Na^+$，如果三元前驱体此时被氧化，金属离子的价态升高会导致晶体晶格内的电荷不平衡，则会从母液中吸附 $SO_4^{2-}$ 至晶格层间。这会给后续的洗涤带来较大的难度。所以储料罐内仍然要通入氮气保护，防止三元前驱体氧化反应的发生。在生产过程中，必须对储料罐内的氮气流量进行监控。

## 7.2.3　沉淀反应工序的设备检查与维护

沉淀反应工序设备的日常检查及定期维护工作见表7-12、表7-13。

表7-12　沉淀反应工序的设备日常检查工作

| 检查设备、设施名称 | 日常检查工作内容 |
|---|---|
| 反应工序的管道系统 | 检查各盐、碱、氨水及浆料管道、泵、阀门有无跑、冒、滴、漏 |
| 反应釜搅拌系统 | 检查搅拌运行过程中有无异常振动和声响,搅拌电机运行电流是否低于限值,减速机油是否低于限位 |
| 反应釜的换热系统 | 检查换热介质的压力、温度是否正常,温度控制器及其仪表是否正常显示,釜内实际温度与设置温度是否相符 |

| 检查设备、设施名称 | 日常检查工作内容 |
|---|---|
| 线上 pH 控制系统 | 检查线上 pH 计及其仪表是否正常显示,实际 pH 值与设置 pH 值是否相符 |
| 流量控制系统 | 检查各原料液流量计能否正常工作,盐、碱、氨水溶液流量是否在要求的范围内 |
| 氮气供气系统 | 检查氮气储量是否充足,反应釜及储料罐的氮气流量计是否正常工作 |
| 线下检测系统 | 检查线下 pH 计、粒度仪能否正常工作,工作环境如温度、湿度是否符合要求 |
| 提固器 | 检查提固器的出清母液是否清澈,流量是否在要求值 |

表 7-13  沉淀反应工序的设备定期维护工作

| 维护设备、设施名称 | 维护内容 | 维护方法 |
|---|---|---|
| 反应釜、储料罐搅拌系统 | 机架轴承、减速机的润滑 | 用黄油枪向搅拌轴承的黄油孔注入黄油到指定位置,用机油枪向减速机的注油孔注入机油到指定位置 |
| 提固器 | 滤棒的更换 | 将提固器的滤棒取下,并装上新的滤棒 |
| 线上 pH 计 | pH 计探头的维护与更换 | 将探头置于 0.1mol/L 的稀 HCl 溶液中浸泡 24h,然后置于 3mol/L 的 KCl 溶液中活化 24h。或者采用 4% 的 HF 溶液浸泡 3~5s,然后放置于 3mol/L 的 KCl 溶液中活化 24h。如果 pH 计探头损坏,则将 pH 计探头取下更换新的 pH 探头 |
| 线下 pH 计 | pH 计探头的维护与更换 | 见线上 pH 计的维护方法 |
| 线下粒度仪 | 样品池与进样管的清洗与更换 | 将粒度仪内的样品池及进样管小心取下,用厂家专用清洗液和清洗工具清洗,直至背景值达到要求,否则更换新的样品池和进样管 |
| 反应釜釜体 | 内壁清洗 | 在反应釜内注入质量分数为 1%~2% 的稀硫酸,搅拌数小时直至反应釜内壁光亮。排掉废液后再用纯水冲洗干净 |

## 7.2.4  沉淀反应工序的故障或事故处理方法

在生产过程中,沉淀反应工序出现事故和故障,如果处理不及时或处理不当,将会造成三元前驱体浆料的品质无法挽救。例如,在反应过程中,反应釜的搅拌突然停止,如果没有及时关闭进入釜内的盐、碱、氨水溶液,这些原料液未得到分散,会生成大量的晶核及细小颗粒。这些颗粒很难再继续长大。表 7-14 为沉淀反应较易发生的故障或事故及处理方法。

表 7-14  沉淀反应工序故障或事故处理方法

| 故障或事故名称 | 可能的原因 | 处理方法 |
|---|---|---|
| 反应釜搅拌突然停止 | 1. 搅拌电机电流过载跳闸或烧坏<br>2. 电机供电故障 | 立即关闭进入反应釜内的盐、碱、氨水溶液。搅拌电机维修好,且反应釜内温度达到设定值后再继续进行反应 |

| 故障或事故名称 | 可能的原因 | 处理方法 |
| --- | --- | --- |
| 反应釜搅拌轴出现异常摆动或者发出异常声响 | 1. 轴承支架螺栓松动<br>2. 轴承磨损 | 1. 关闭盐、碱、氨水溶液及搅拌,紧固螺栓后再进行反应<br>2. 立即停车,将反应釜内浆料清空后检修 |
| 反应釜内落入金属异物 | 1. 釜内螺栓脱落<br>2. 外界异物落入 | 立即停车,将釜内金属异物用泵前过滤器分离出 |
| 反应釜内实际温度与设置温度不符 | 1. 换热介质异常<br>2. 换热介质阀门或泵故障<br>3. 温度传感器故障<br>4. 加热控制器故障 | 立即关闭进入反应釜内的盐、碱、氨水溶液,减小搅拌速度,查找故障原因并维修好,待反应釜内温度达到设定值后再开始反应 |
| 反应釜内实际 pH 值与设置 pH 值不符 | 1. pH 探头没有接触到反应釜内浆料<br>2. pH 探头故障<br>3. pH 控制系统的流量调节阀故障<br>4. pH 控制器故障 | 立即关闭进入反应釜内的盐、碱、氨水溶液,减小搅拌速度。逐步排查原因并维修后方可再进行反应 |
| 反应釜或储料罐内氮气中断 | 1. 氮气流量计或管路堵塞<br>2. 氮气存量不足 | 对于反应釜的氮气中断,应立即关闭盐、碱、氨水溶液和搅拌,有氮气供应后再继续反应。对于储料罐的氮气中断,立即关闭搅拌,有氮气供应后再开启搅拌 |
| 提固器出清母液流量逐渐变小,甚至为 0 | 提固器的过滤器发生堵塞 | 立即关闭进入反应釜内的盐、碱、氨水溶液。先对提固器进行反吹和反冲洗,如仍未解决,停车更换过滤器再继续反应 |

# 7.3
# 洗涤工序

## 7.3.1 洗涤工序生产流程

三元前驱体生产采用的洗涤设备种类较多,但其洗涤流程步骤一致,可分为:

① 三元前驱体浆料除铁后输入洗涤设备,当料位达到设备限位时,停止进料。

② 根据洗涤设备的类型不同,通过离心或压滤脱去母液。

③ 当脱液完成后,根据工艺要求向洗涤设备内注入一定量的稀碱溶液,进行碱洗。碱洗完成后,再脱去碱液。

④ 向洗涤设备内通入纯水开始水洗,从洗涤设备出水口取洗涤废水样进行 pH 检测。当 pH 值达到工艺要求时,停止水洗。

⑤ 对洗涤设备内的物料进行脱水,直至洗涤设备出水口无水流出。将滤饼从洗涤设备卸出。

三元前驱体的洗涤流程如图 7-6。

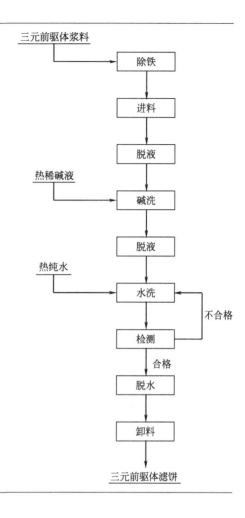

**图 7-6**
洗涤工序生产流程

三元前驱体浆料 → 除铁 → 进料 → 脱液 → 碱洗 ← 热稀碱液 → 脱液 → 水洗 ← 热纯水 → 检测 → 脱水 → 卸料 → 三元前驱体滤饼

（不合格 → 水洗；合格 → 脱水）

## 7.3.2 影响三元前驱体滤饼品质的因素

在生产过程中，要求洗涤工序在规定时间内获得杂质含量较少、含水率较低的滤饼。通常影响滤饼品质的因素主要有如下几点。

（1）管道除铁器的维护　当管道除铁器使用一段时间后，其磁棒的吸附量饱和，导致除磁效果下降。应定期对管道除铁器进行清洗，并形成如表 7-3 所示的维护记录。

（2）进料量　根据第 4 章介绍，三元前驱体洗涤采用的洗涤设备的洗涤过滤原理均为滤饼过滤机理。进料量越大，滤饼层越厚，过滤阻力越大，脱水效率和洗涤效果都会变差。但进料量太小，设备利用率不足，生产效率低下。在生产过程中，应严格控制每批次的进料量，并保持一致。对于有滤饼料位控制的洗涤设备（如离心机），可采用料位控制进料量，而对于没有料位控制的洗涤设备，可保持进料流量一致，也可通过固定进料时间来控制进料量。

（3）稀碱液温度与用量　在第 1 章曾经介绍过，稀碱溶液对于去除三元前驱体晶体内部的 $SO_4^{2-}$ 有促进作用。一般来说，稀碱溶液温度越高，$SO_4^{2-}$ 去除效果越好，但能耗也会增加。确定好最佳的稀碱溶液温度后，应对稀碱溶液储罐内的温度进行监控，防止各批次的滤饼因采用的稀碱温度不一致而引起洗涤批次的稳定性较差。另外，要控制每批次稀碱用量与滤饼质量之比恒定。当洗涤设备内每次的滤饼量一致时，可控制稀碱进料时间来控制稀碱用量。

（4）纯水的温度与用量　纯水的温度增加，杂质对晶体表面的吸附作用下降，但硫酸钠的溶解度在 40℃开始下降，说明纯水温度高到一定程度后对洗涤效果增加不明显，反而会增加能耗。必须对热纯水加热储罐的温度进行监控，保证每批次滤饼的洗涤温度一致。根据第 1 章的分析，三元前驱体的洗涤终点可用洗涤水的 pH 进行判断。当同规格的物料每批次浆料进料量、稀碱用量稳定时，固定每批次的纯水洗涤时间应该可以获得相近的洗涤效果。

（5）脱水时间　滤饼含水率的大小会影响后续干燥设备的干燥负荷。同规格不同批次的滤饼应保证有相近的含水率。一般滤饼的脱水终点可从洗涤设备的出水口有无水排出进行判断。当上述因素（2）～（4）控制稳定时，相同规格不同批次的滤饼应有相近的脱水时间。在生产上，也可通过制定脱水时间和检查洗涤设备排水口来共同控制滤饼的含水率。

（6）过滤介质的维护　洗涤设备的过滤介质一般有滤布和烧结金属网两种。过滤介质的网孔被三元前驱体堵塞后其过滤效率会下降。生产过程中发现同种规格的三元前驱体的脱水时间变长或者滤饼的含水率增大时，则应考虑过滤介质的网孔堵塞。可采用浓度 1%～2% 的稀硫酸清洗过滤介质。过滤介质破损应立即更换。当离心机的滤布损坏时，转鼓内受力不均，离心机会出现剧烈的振动，导致设备损坏。

生产过程中，可按表 7-15 内容对洗涤过程进行控制。

**表 7-15　洗涤过程控制记录表**

| 日期 | | | 洗涤批号 | | 设备编号 | |
|---|---|---|---|---|---|---|
| 进料 | 开始时间 | 结束时间 | 脱液 | 开始时间 | 结束时间 |
| | | | | | | |
| 碱洗 | 开始时间 | 结束时间 | 稀碱溶液浓度 | 稀碱溶液温度/℃ | 稀碱溶液用量 |
| | | | | | | |
| 水洗 | 开始时间 | 结束时间 | 纯水温度/℃ | 洗涤水最终 pH 值 | 洗涤水量 |
| | | | | | | |
| 脱水 | 开始时间 | 结束时间 | 卸料 | 开始时间 | 结束时间 |
| | | | | | | |

## 7.3.3　洗涤工序设备检查与维护

在生产过程中，洗涤工序设备的日常检查和定期维护工作见表 7-16、表 7-17。

三元材料前驱体——
产线设计及生产应用

表 7-16　洗涤工序设备的日常检查工作

| 检查设备、设施名称 | 日常检查工作内容 |
|---|---|
| 洗涤工序的管道系统 | 检查稀碱溶液、纯水及浆料管道、管道除铁器、泵、阀门有无跑、冒、滴、漏 |
| 洗涤设备 | 检查洗涤设备搅拌运行过程中有无异常振动和声响。减速机油是否低于限位。检查洗涤设备各接口处有无浆料、液体泄漏。检查离心机有无异常振动。检查压滤洗涤设备的压缩空气压力是否正常,减压阀能否正常工作。检查压滤设备的过滤介质是否堵塞或破损 |
| 稀碱、纯水储罐的换热系统 | 检查换热介质的压力、温度是否正常。温度控制器及其仪表是否正常显示,罐内实际温度与设置温度是否相符 |

表 7-17　洗涤设备的定期维护工作

| 维护设备、设施名称 | 维护内容 | 维护方法 |
|---|---|---|
| 管道除铁器 | 磁棒的清洗 | 打开除铁器的上盖,取出磁棒,用纯水冲洗磁棒上的吸附物质,并用干净的抹布擦拭干净 |
| 洗涤设备的搅拌系统 | 机架轴承、减速机的润滑 | 用黄油枪向搅拌轴承的黄油孔注入黄油到指定位置。用机油枪向减速机的注油孔注入机油到指定位置 |
| 微孔过滤机 | 滤棒的更换 | 将微孔过滤机的滤棒取下,并装上新的滤棒 |
| 洗涤设备的过滤介质 | 过滤介质的清洗和更换 | 用1%~2%的稀硫酸溶液直接浸泡过滤介质,然后采用纯水冲洗。当过滤介质破损后,更换新的过滤介质 |
| 压滤洗涤设备的液压系统 | 液压油的更换 | 将液压油箱中变质的液压油全部放出,并注入新的液压油至指定限位 |

# 7.3.4　洗涤工序的故障或事故处理方法

在生产过程中,比较常见的洗涤设备的故障或事故及处理方法见表7-18。

表 7-18　洗涤工序的故障或事故处理方法

| 故障或事故名称 | 可能的原因 | 处理方法 |
|---|---|---|
| 洗涤设备浆料进料时无法抽动 | 1. 管道或阀门被三元前驱体固体颗粒堵塞<br>2. 浆料输送泵故障 | 1. 用纯水冲洗浆料输送管道<br>2. 停泵维修 |
| 离心机进料或进水时出水口料液一直浑浊 | 进料或进水流速太大,物料从拦液口跑出 | 立即调小进料或进水速度 |
| 离心机异常剧烈振动,且出水口出液浑浊 | 离心机滤袋破裂 | 降低离心机转速,尽量将滤袋内物料水分甩干,将料卸出后更换滤袋。卸出的物料返回至储料罐重新清洗 |
| 离心机异常剧烈震动 | 1. 离心机轴承磨损<br>2. 离心机转鼓内受力不均 | 立即停车检修 |
| 洗涤设备脱水时间延长或滤饼含水率变高 | 过滤介质堵塞 | 处理完设备内物料后,立即清洗或更换过滤介质再进行卸料 |

第 **7** 章　三元前驱体的规模化生产　　365

| 故障或事故名称 | 可能的原因 | 处理方法 |
|---|---|---|
| 压滤设备的泄压阀频繁泄压 | 1. 人为调节压力过高<br>2. 减压阀故障 | 调节压力到指定值 |
| 压滤设备的液压系统压力较低 | 1. 液压油变质<br>2. 液压油泵故障 | 停车,更换液压油或维修好液压油泵再开车压滤、洗涤 |
| 稀碱溶液储罐或热纯水储罐的实际出液温度与设置温度不符 | 1. 换热介质异常<br>2. 换热介质阀门或泵故障<br>3. 温度传感器故障<br>4. 加热控制器故障 | 稀碱溶液储罐或热纯水储罐的温度恢复至工艺要求值后再进行洗涤 |

# 7.4
# 干燥工序

## 7.4.1 干燥工序流程

在三元前驱体干燥工序中,有间歇干燥和连续干燥两种方式。两种方式的处理步骤上稍有不同。图 7-7 为三元前驱体的干燥流程图。

**图 7-7**
**干燥工序生产流程**

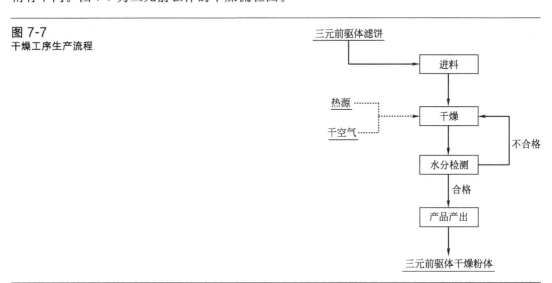

间歇干燥方式的生产流程为:①将三元前驱体滤饼装至干燥设备内;②在干燥设备温度控制器上设置干燥温度,打开引风机和加热开关,开始加热干燥;③干燥过程中取样检测干燥粉体水分,若水分检测合格,停止干燥;④待干燥粉体冷却至60℃以下,将其卸出。

连续干燥方式的生产流程为:①在干燥设备的温度控制器上设置干燥温度,打开引风机和加热开关,开始加热设备;②当干燥设备的温度达到设定值时,从加料口以一定加料速度加入滤饼,开始干燥;③定时从设备的出料口取样进行水分检测,如果水分检测合格，可将干燥粉体卸出。

## 7.4.2　影响三元前驱体干燥粉体品质的因素

在生产过程中，要求干燥工序在规定时间内得到含水率达标、批次稳定性较好的干燥粉体。干燥过程影响其粉体品质的因素主要有如下几点。

（1）滤饼的加料量　间歇干燥设备如烘箱为一次性加料。一次性加料太少，产能较少；一次性加料太多，产能虽大，但装料厚度较厚，内部物料水分扩散比较困难，降速干燥阶段较长，且物料干燥不均匀。所以间歇干燥设备的加料量应考量产能与干燥效果。例如，烘箱托盘的装料厚度以不超过托盘外缘为宜，托盘与托盘之间留有间隙，为水分扩散提供空间。连续干燥设备的加料量常由加料速度来表示，加料速度太小产能不足，加料速度超过其设计产能值，则达不到干燥要求。干燥过程滤饼的加料速度要保持恒定，确保干燥粉体的均一性。

（2）干燥温度　一般来说，干燥温度越高，水分干燥速率越快。但烘箱干燥物料时为静态干燥，当干燥温度较高时，反而会过早地进入降速干燥阶段，导致干燥时间延长和干燥不均匀。所以干燥温度一般不超过120℃。盘干机和回转筒干燥机干燥物料时为动态干燥，可适当提高干燥温度以加快干燥速率，但干燥温度也不宜超过150℃，避免三元前驱体过度氧化。无论采用何种干燥设备，干燥温度一旦确定便不可随意更改，干燥过程中应对干燥温度进行监控，避免温度出现波动。

（3）进风速度　干燥过程中需要不断补充干空气，降低干燥物料上方的干燥气氛湿度。根据第1章的分析，干燥气氛的湿度越低，干燥速率越快，但同时也会加速三元前驱体的氧化、失水反应。在三元前驱体的干燥过程中以控制干燥气氛的露点为50～60℃为宜。同时，干燥过程中不得随意调节进风速度，避免影响干燥的均匀性和批次稳定性。

（4）干燥时间　间歇干燥设备如烘箱干燥物料时有具体的干燥时间。当因素（1）～（3）及滤饼的含水率控制稳定时，每个批次的物料的干燥时间应相等。在生产过程中可以控制干燥时间来确保间歇干燥设备的批次稳定性。

生产过程中，可按表7-19和表7-20中的内容对干燥过程进行控制。

表7-19　间歇干燥过程控制记录表

| 日期 | 设备编号 | 干燥批号 | 装料量/kg | 干燥温度/℃ | 进风速度/(L/min) | 干燥开始时间 | 干燥结束时间 | 最终水分含量 |
|---|---|---|---|---|---|---|---|---|
|  |  |  |  |  |  |  |  |  |

表7-20　连续干燥过程控制记录表

| 日期 |  | 设备编号 |  | 干燥批号 |  |
|---|---|---|---|---|---|
| 时间 | 加料速度 | 引风速度 | 干燥设置温度/℃ | 干燥实际温度/℃ | 干燥粉体水分 |
|  |  |  |  |  |  |

## 7.4.3　干燥工序设备检查与维护

在生产过程中，干燥工序设备的日常检查和定期维护工作见表7-21、表7-22。

表 7-21　干燥工序设备的日常检查工作

| 检查设备、设施名称 | 日常检查工作内容 |
|---|---|
| 干燥设备的换热介质 | 检查换热介质的压力、温度是否正常,输送管路有无泄漏 |
| 干燥设备的温度控制系统 | 检查温度显示是否正常,温度实际值与设定值是否相符 |
| 干燥设备的引风系统 | 检查引风系统是否正常工作 |
| 干燥设备的搅拌系统 | 检查干燥设备的搅拌系统有无异常振动和声响,减速机油是否低于限位要求 |

表 7-22　干燥工序设备的定期维护工作

| 维护设备、设施名称 | 维护内容 | 维护方法 |
|---|---|---|
| 干燥设备的搅拌系统 | 减速机、轴承的润滑 | 用黄油枪向搅拌轴承的黄油孔注入黄油到指定位置,用机油枪向减速机的注油孔注入机油到指定位置 |
| 盘式干燥机的耙叶 | 耙叶的更换 | 停止干燥时,打开盘干机侧门,将磨损的耙叶取出,换上新的耙叶 |
| 盘式干燥机干燥盘 | 干燥盘的清洗 | 停止干燥时,打开盘干机侧门,用纯水将干燥圆盘逐一清洗,然后再加热将水分干燥 |

# 7.4.4　干燥工序的故障或事故处理方法

在生产过程中,干燥工序常见的故障或事故及其处理方法见表 7-23。

表 7-23　干燥工序的故障或事故处理方法

| 故障或事故名称 | 可能的原因 | 处理方法 |
|---|---|---|
| 干燥设备的实际温度与设定温度不符 | 1. 换热介质异常<br>2. 换热介质阀门或泵故障<br>3. 温度传感器故障<br>4. 加热控制器故障 | 立即停止加料和干燥,待温度控制稳定后再继续加热干燥 |
| 干燥设备内无风引入 | 1. 风机故障<br>2. 干空气气源不足 | 立即停止加料和干燥,待引风流量正常稳定后再继续干燥 |
| 连续干燥设备出料口物料水分不达标 | 1. 干燥温度太低<br>2. 加料速度太快<br>3. 引风速度太小 | 将水分不达标物料与合格物料区分,查明原因后再返回至加料口重新干燥 |
| 盘干机内物料下落速度变慢或盘内积料太多 | 耙叶磨损 | 停止进料,将机内物料全部干燥完毕后,将盘干机冷却至室温后,更换耙叶后再继续加料干燥 |
| 烘箱干燥时表层物料和内层物料颜色不一致 | 1. 干燥时间太短<br>2. 干燥温度太高 | 1. 继续加热干燥<br>2. 降低干燥温度后再继续干燥,并调试出合适的干燥工艺 |

# 7.5
# 粉体后处理工序

## 7.5.1　粉体后处理生产流程

在生产过程中，干燥粉体的后处理步骤（见图7-8）由如下几步组成：

① 将干燥粉体输入批混机混合；

② 批混完成后，将粉体依次输入振动筛、除铁机进行过筛、除铁；

③ 再输送至包装机进行定量包装。包装过程中采成品样检测，送至检验部门检验。

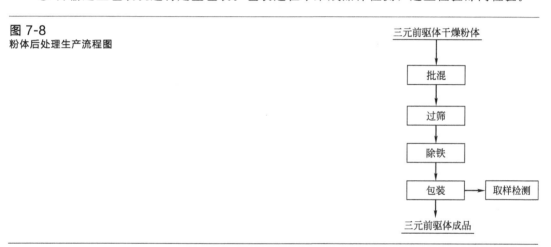

**图 7-8**
粉体后处理生产流程图

三元前驱体干燥粉体

批混
→ 过筛
→ 除铁
→ 包装 → 取样检测

三元前驱体成品

## 7.5.2　影响三元前驱体成品品质的因素

在生产过程中，粉体后处理为三元前驱体生产的最后一道工序。它要求获得批次均一、纯净、达到可售卖要求的三元前驱体包装成品。影响三元前驱体成品品质的因素有如下几点。

（1）批混重量　批混的目的是消除前面几道工序所引起的产品品质差异。每次批混重量太小，设备利用率不足；批混的重量太多，在相同时间内批混的均匀性较差，甚至超出批混机的承载能力，造成批混机损坏。在生产过程中应确保每次批混重量和批混时间的一致性。

（2）筛网的状况　振动筛的筛网线径极细，振动过程中很容易发生断裂而失去杂质拦截功能。在筛分过程中应对筛网的状况进行监视，一旦发生破损应立即停车更换。筛网在振动筛内部，很难从外面观察出筛网是否破裂。可以严格控制每张筛网的使用时间，定期进行更换。超声波振动筛的超声波换能器上会显示恒定电流值。一般筛网发生破损时，电流值会发生改变，所以也可通过监视该电流值来判断筛网状况。

（3）电磁线圈的温度　根据第4章的介绍，电磁除铁机是通过电磁线圈通电后产生强大的磁场来对三元前驱体粉体进行除磁的。电磁线圈工作过程中会发热。如果温度较高的话，会导致其磁性减弱，甚至烧坏线圈。所以生产过程中，应对电磁线圈的温度进行监控，确保电磁除铁机有最佳的工作效能。

（4）包装机的计量　包装机对产品计量的准确性不仅会影响到生产产品的收率计算，还关系到产品销售时包装重量是否符合要求。每次包装之前应对包装机的称量传感器以及复验秤进行校正，并形成校正记录。

（5）粉体后处理的工作条件　三元前驱体属于微米级颗粒，暴露于空气中很容易导致产品中的水分升高。在生产过程中，粉体后处理工序过程中应确保粉体处于密闭状态，避免粉体暴露于空气中而造成水分升高。在生产过程中，粉体后处理工序可按表 7-24 中的内容进行过程控制。

表 7-24　粉体后处理工序过程控制记录表

| 日期 | | 成品批号 | | |
|---|---|---|---|---|
| 批混 | 设备编号 | 批混开始时间 | 批混结束时间 | 批混质量/kg |
| | | | | |
| 过筛 | 设备编号 | 过筛开始时间 | 过筛结束时间 | 筛网状况 |
| | | | | |
| 除铁 | 设备编号 | 除铁开始时间 | 除铁结束时间 | 线圈温度/℃ |
| | | | | |
| 包装 | 设备编号 | 包装袋数 | 包装质量/kg | 复验质量/kg |
| | | | | |

（6）成品检测　三元前驱体成品检测是甄别合格品与不合格品的判定依据，也是三元正极材料烧结工艺数据，所以检测的准确性尤为重要。成品检测应注意如下三点。

① 采样要具有代表性：应在粉体后处理最后一个工序的出料口的落流中随机取截面样品，将采得的样品混匀后，缩分至 500g 作为采样分析样[4]。

② 检测项目要采用合适的分析方法：三元前驱体成品的检测项目可分为金属元素、金属杂质离子、杂质阴离子及水分、磁性异物及物理性能五大类。多数检测项目没有形成三元前驱体的检测标准，所以各种项目的检测方法较多，如表 7-25。

从表 7-25 可以看出，三元前驱体成品的检测项目，尤其是元素检测方法，常有多种。完成三元前驱体成品所有检测项目需要的检测仪器种类较多，让企业配备表中全部的检测仪器需要大量经费。对于检测项目的检测方法的选择，应从数据准确度要求、仪器配备情况、检测方法的繁简程度、测试费用等多方面综合考虑。

例如，在测定三元前驱体的镍钴锰总金属含量时，$Ni^{2+}$、$Co^{2+}$、$Mn^{2+}$ 均能和 EDTA-2Na 形成 1:1 的配合物，所以可将三元前驱体溶解后，采用 EDTA-2Na 一次性滴定镍、钴、锰的总量。也有厂家采用 ICP-OES 法分别测出镍、钴、锰的含量后，再将三者之和作为总金属含量。总金属含量常作为三元正极材料烧结的配料计算数据，它检测的准确性和稳定性对于三元正极材料的生产非常重要。当采用后者的检测方式时，ICP-OES 的测量原理是通过 ICP 光源将元素激发产生特征发射光谱，再检测这些发射光谱强度而得到元素含量。因此它要求被测元素溶液有如下两点要求：

**表 7-25　三元前驱体检测项目及检测方法**[5]

| 检测项目类别 | 检测项目 | 分析方法/原理 | 主要检测仪器 | 参考标准 |
|---|---|---|---|---|
| 主金属元素 | Ni、Co、Mn 总金属含量 | EDTA-2Na 滴定法 | 滴定管等 | YS/T 1006.1 |
| | Ni 含量 | ICP-OES 内标法 | 电感耦合等离子体发射光谱仪 | YST 928.3　2013 |
| | | 丁二酮肟重量法 | 烘箱、电子天平等 | YST 928.2—2013 |
| | Co 含量 | ICP-OES 内标法 | 电感耦合等离子体发射光谱仪 | YST 928.3—2013 |
| | | 氧化还原电位滴定法 | 电位滴定仪 | HG/T 4822—2015 |
| | Mn 含量 | ICP-OES 内标法 | 电感耦合等离子体发射光谱仪 | YST 928.3—2013 |
| | | 氧化还原电位滴定法 | 电位滴定仪 | GB/T 5686.1—2008 |
| 杂质金属元素 | Na、Fe、Ca、Mg、Cu、Zn 含量 | ICP-OES 外标法 | 电感耦合等离子体发射光谱仪 | YST 928.4—2013 |
| | | AAS 法 | 原子吸收光谱仪 | GB/T 26524—2011 |
| | Pb 含量 | ICP-MS 法 | 电感耦合等离子体质谱仪 | YS/T 928.5—2013 |
| | | AAS 法 | 原子吸收光谱仪 | GB/T 26524—2011 或 HG/T 4822—2015 |
| 杂质阴离子及水分 | $SO_4^{2-}$ 含量 | $BaSO_4$ 重量法 | 烘箱、电子天平等 | GB/T 22660.8—2008 |
| | | ICP-OES 测 S 法 | 电感耦合等离子体发射光谱仪 | — |
| | | 离子色谱法 | 离子色谱仪 | YS/T 928.6—2013 |
| | | 碳硫仪法 | 高频红外碳硫仪 | GB/T 8647.8—2006 |
| | pH | pH 计直接测定法 | pH 计 | GB 1717—86 |
| | $H_2O$ 含量 | 干燥失重法 | 卤素灯水分仪 | GB/T 5009.3—2016 |
| | | 卡尔·费休滴定法 | 卡尔·费休水分仪 | GB/T 6284—2006 |
| 磁性异物 | 磁性异物 | ICP-OES 法 | 电感耦合等离子体发射光谱仪 | GB/T 24533—2019 |
| 物理性能 | 粒径及粒度分布 | 激光粒度仪法 | 激光粒度仪 | GB/T 26300—2010 和 GB/T 19077.1—2008 |
| | 比表面积 | 气体吸附 BET 法-容量法 | 氮吸附比表面积仪 | GB/T 26300—2010 和 GB/T 19587—2017 |
| | 振实密度 | 振实密度仪法 | 振实密度仪 | GB/T 26300—2010 和 GB/T 5162—2006 |
| | 微观形貌 | 扫描电镜法 | 扫描电子显微镜 | GB/T 26300—2010 和 JY/T 010—1996 |

a. 被测溶液浓度必须较低，一般为 μg/mL 级别，否则元素激发过程中会产生自吸现象（吸收自身辐射出的谱线），导致谱线强度减弱而使测量不准确。三元前驱体中主金属含量较高，需要稀释数十倍或样品分析量极少才能达到浓度要求。

b. 被测溶液内其他元素对被测元素的基体效应较小。所谓基体效应是指待测溶液内其他元素对被测元素谱线强度的干扰。在三元前驱体的镍、钴、锰混合溶液中，由于镍、钴、锰三者的原子序数相近，各自辐射出的发射光谱波长较为接近，很容易被其他两种元素激发时吸收，所以测定一种元素时，其他两种元素的基体效应较大。尽管标准 YST 928.3—2013 中通过配制与待测溶液组分相同镍钴锰比例的标准溶液，和在待测组分中加入内标来尽量减少基体效应，但并不能完全消除。

另外，ICP-OES 中的精密光学检测仪器受环境的影响很大，其测试结果也较不稳定。所以三元前驱体的总金属含量采用 EDTA-2Na 法较为合理。

从表 7-25 可以看出，三元前驱体的 $SO_4^{2-}$ 或 S 含量的测定方法有四种，这几种方法各有各的特点。重量法测试及仪器要求简单，准确度较高，但检测操作时间较长。离子色谱法检测快速、灵敏度高，但仪器较为昂贵。碳硫仪法检测高效，但需采用昂贵的进口仪器和纯度较高的坩埚其准确度才会较高。ICP-OES 法可随同其他元素一起测量，检测方便，但需配备能激发 S 元素的电感耦合等离子体发射光谱仪。综合而言，当具备 ICP-OES 法条件时，采用 ICP-OES 测 S 含量不需配置其他仪器，且能减少检测操作。否则，采用重量法测量较经济，且较准确。

从表 7-25 中还可以看出，三元前驱体的水分检测可采用卡尔·费休滴定法和干燥失重法。两种检测方法的特点也不相同。卡尔·费休滴定法是国际标准公认的水分测试准确性最高的方法，其精度可达 $10^{-6}$ 级，但缺点是操作烦琐，设备昂贵；而干燥失重法的测量精度仅为 $10^{-3}$ 级，但操作简单、仪器便宜、检测快速。三元前驱体的水分一般在 $3000 \sim 10000 \mu g/g$ 之间，因此采用干燥失重法检测不仅能满足测试准确度要求，且较为经济。

③ 检测人员还必须具备良好的检测素质，以保证检测数据的可信度。

# 7.5.3  粉体后处理工序的设备检查与维护

在生产过程中，粉体后处理工序设备的日常检查与定期维护见表 7-26、表 7-27。

表 7-26  粉体后处理工序的设备日常检查工作

| 设施名称 | 日常检查工作内容 |
|---|---|
| 批混机 | 检查批混机的搅拌系统有无异常振动和声响,减速机油是否低于限位 |
| 振动筛 | 检查振动筛换能器电流是否正常,筛网是否破损 |
| 电磁除铁机 | 检查电磁除铁机油枕内油位是否低于限位要求,电磁线圈温度是否在限度范围 |
| 包装机 | 检查包装机称量系统及复验秤是否正常工作,包装机封包是否严密 |

表 7-27  粉体后处理的设备定期维护工作

| 设施名称 | 维护内容 | 维护方法 |
|---|---|---|
| 批混机搅拌系统 | 减速机、轴承的润滑 | 用黄油枪向搅拌轴承的黄油孔注入黄油到指定位置,用机油枪向减速机的注油孔注入机油到指定位置 |
| 振动筛的筛网 | 筛网的更换 | 将振动筛束环螺丝松掉,卸下上框,将破损的筛网取出,再把新的筛网装上,把束环装上紧固 |
| 电磁除铁机的电磁线圈 | 更换变压器油 | 在除铁机油枕上加入变压器油至指定位置 |
| 包装机的称量秤及复验秤 | 秤的校正 | 用标准砝码按厂家给定的校正步骤对秤进行校正 |

# 7.5.4 粉体后处理工序的故障或事故处理方法

在生产过程中，粉体后处理工序操作过程中常见的事故或故障总结于表 7-28。

**表 7-28 粉体后处理工序故障或事故处理方法**

| 故障或事故名称 | 可能的原因 | 处理方法 |
|---|---|---|
| 批混机搅拌混合突然停止 | 1. 搅拌电机电流过载跳闸或烧坏<br>2. 搅拌电机无供电 | 停车,待电机维修好后继续混合 |
| 超声波换能器电流变小 | 1. 筛网破裂<br>2. 换能器故障 | 立即停止进料过筛。待更换筛网或换能器维修好后再继续过筛 |
| 振动筛筛网频繁破裂 | 1. 筛网安装不当,受力不均<br>2. 振动筛振幅过大 | 立即停止进料过筛,重新安装筛网或调节偏心锤的重量后再继续过筛 |
| 电磁除铁机电磁线圈温度超过限度 | 1. 变压器油太少<br>2. 冷却循环水供应不足 | 立即停止过筛、除铁。补充变压器油或冷却循环水后至电磁线圈温度恢复正常后再继续过筛、除铁 |
| 包装机称量系统称量误差在要求范围之外 | 1. 包装机的称量秤未校正<br>2. 包装机的称量控制器故障或参数设置不当 | 停止包装,查明故障原因并维修,通过复验秤确保包装机称量系统称量无误后,再重新称量包装 |

## 参 考 文 献

[1] 严宣申. 溶解过程的体积效应. 化学教育, 2007, 28 (5): 60.
[2] GB/T 6680—2003. 液体化工样品采样通则.
[3] GB/T 19077—2016. 粒度分布 激光衍射法.
[4] GB/T 6679—2003. 固体化工样品采样通则.
[5] 深圳市新创材料科技有限公司. 三元前驱体工艺包, 2019.